中国博士后科学基金资助指南（2024年度）

中国博士后科学基金会　编

中国人事出版社

图书在版编目(CIP)数据

中国博士后科学基金资助指南. 2024 年度/中国博士后科学基金会编. -- 北京：中国人事出版社，2024

ISBN 978-7-5129-2013-2

Ⅰ. ①中… Ⅱ. ①中… Ⅲ. ①博士后-科学基金-政府补贴-中国-2024-指南 Ⅳ. ①G322. 2-62

中国国家版本馆 CIP 数据核字(2024)第 100152 号

中国人事出版社出版发行

(北京市惠新东街 1 号 邮政编码：100029)

*

河北品睿印刷有限公司印刷装订 新华书店经销

787 毫米×1092 毫米 16 开本 23. 75 印张 618 千字

2024 年 5 月第 1 版 2024 年 5 月第 1 次印刷

定价：80. 00 元

营销中心电话：400-606-6496

出版社网址：http://www. class. com. cn

前　言

中国博士后科学基金由李政道先生倡议、邓小平同志决策于1985年设立，是国家专门为在站博士后研究人员设立的科研基金，旨在促进具有发展潜力和创新能力的优秀博士后研究人员在站期间开展创新研究，培养造就一支高层次创新型博士后人才队伍。中国博士后科学基金经费主要来源于中央财政拨款。我国实施博士后科学基金资助制度，是一项富有远见的战略决策，对实施人才强国战略、培养博士后创新人才和促进高层次人才队伍建设，具有独特的不可替代的重要作用。

中国博士后科学基金会在人力资源社会保障部、全国博士后管理委员会领导下，具体负责中国博士后科学基金资助的预算编制、申报、评审、经费管理和追踪问效等工作。2023年，中国博士后科学基金资助金额91 461万元，资助博士后研究人员10 366人。其中，面上资助金额66 058万元，资助8 648人；特别资助金额21 195万元，资助1 192人；“博士后创新人才支持计划”金额3 976万元[①]，资助497人；资助出版优秀学术专著29部。

2024年，中国博士后科学基金会将开展面上资助、特别资助、优秀学术专著出版资助、“博士后创新人才支持计划”以及与地方联合资助等工作。

为帮助博士后设站单位及博士后研究人员全面了解2024年中国博士后科学基金资助工作内容和要求，充分体现公开、公正、公平的资助原则，中国博士后科学基金会编印了《中国博士后科学基金资助指南（2024年度）》（以下简称《指南》）。同时，2024年资助工作的变更内容在《指南》中以脚注形式做了标识。2024年“博士后创新人才支持计划”申报工作由全国博士后管委会办公室另行印发通知。

请各省（自治区、直辖市）、军队以及中央有关部门单位和各博士后设站单位根据《指南》要求组织好2024年度中国博士后科学基金资助工作。《指南》内容如有调整，中国博士后科学基金会将在中国博士后科学基金会网站（https://www.chinapostdoctor.org.cn/bshjjh）发布相关信息。

---

① 该金额指“博士后创新人才支持计划”中国博士后科学基金资助经费金额。

目　　录

一、面 上 资 助

（一）资助简介

面上资助是给予博士后研究人员在站期间从事自主创新研究的科研启动或补充经费，由专家通讯评审确定资助对象。资助标准分为自然科学和社会科学两类。自然科学资助标准为每人 8 万元，社会科学资助标准为每人 5 万元。

对从事基础研究的博士后研究人员适当倾斜。

在面上资助中实施“地区专项支持计划”，对在西部地区、东北地区及经济欠发达地区、边疆民族地区和革命老区博士后设站单位从事研究工作的博士后研究人员予以倾斜资助。“地区专项支持计划”不面向以上地区军队设站单位、中央部属高校、一流高校、高校中的一流学科及中国科学院研究单位的博士后研究人员，优先资助申请项目与上述地区经济社会发展密切相关的博士后研究人员。“地区专项支持计划”与同批次面上资助工作一同组织开展，申请人不得同时申请。2024 年资助约 300 人（两批面上资助各约 150 人），资助标准为自然科学每人 8 万元、社会科学每人 5 万元。

（二）申请要求

1. 申请条件

（1）具备良好思想品德、较高学术水平和较强科研能力，无科研失信行为。

（2）进站 18 个月以内可多次申请[①]，每站只能获资助一次。

（3）申请项目应具有基础性、原创性和前瞻性，具有重要科学意义和应用价值。项目非涉密，且为本人承担。

（4）入选国家各类博士后国（境）外派出项目的人员（学术交流项目除外），在完成派出工作或提前结束国（境）外研究工作后，继续在国内开展博士后研究工作的，由所在设站单位出具证明后可申请。

提示：

◆“地区专项支持计划”与同批次面上资助一同组织申请，申请人在同批次申请时只能选其一。

◆工作站博士后研究人员可选择参加工作站单独评审。

---

① 18 个月的计算方式改为动态计算，即自进站之日到申请书首次提交当日不超过 18 个月。

◆如果申请项目所属一级学科为心理学或二级学科为教育技术学，申请人需明确项目所属学科门类，教育学或理学选其一。

◆对在资助结果公布之前出（退）站的博士后研究人员不予资助。

2. 申请材料

申请材料包括“中国博士后科学基金面上资助申请书”（以下简称“面上资助申请书”）。

“面上资助申请书”由“中国博士后科学基金管理信息系统”生成（模板见附录一）。其中，“一、个人信息”的“2. 科研成果和奖励”要求填报代表申请人最高学术水平和科研成果的论文、专著、专利或奖励等，可以从以上类型材料中任选，但总数不超过 5 项①；“二、项目信息”中（“6. 研究基础”除外）② 不得涉及个人信息，包括申请人姓名、设站单位名称、博士后合作导师姓名等明显泄露申请人身份信息的内容，否则评审专家可将其视为申请人故意泄露个人信息，计 0 分。

提示：

◆“面上资助申请书”为在线生成。在网上申请开始前，申请人可在中国博士后科学基金会网站“资料下载”专区下载“面上资助申请书”模板作为填报参考，但下载的“面上资助申请书”模板不得作为正式申请书上传，否则视为无效申请。

3. 提交申请

申请人登录中国博士后科学基金会网站“中国博士后科学基金管理信息系统”，按要求填写相关申请信息，在线生成“面上资助申请书”并提交。

提示：

◆申报截止日期前，如申请人对已提交的申请有修改需求，须由审核单位逐级驳回。

4. 材料审核

设置院系分级管理权限的流动站设站单位及园区工作站设站单位须先由院系或工作站分站审核，再提交至设站单位审核。设站单位在网上审核申请材料并提交至中国博士后科学基金会。设站单位应认真核查申请人科研诚信情况，申请人处于科研失信惩戒期内的，对其申请不予同意。

（三）专家评审

中国博士后科学基金会组织专家通讯评审。通讯评审采取网上匿名评审形式。具体程

① “科研成果和奖励”填报数量由 3 项调整为 5 项。

② 调整填报要求。

序为：

1. 按照申请人申报项目所属二级学科进行分组。
2. 为每个评审组随机匹配同行专家。
3. 评审专家根据评审指标（见表 1、表 2）按百分制打分。
4. 计算每位申请人的得分，在评审组内排序。
5. 根据当批次资助名额，在各评审组中按照分数从高到低遴选拟资助人员。

表 1　　面上资助评审指标

序号	指标项	评价内容	分值
1	学术绩效	已取得的科研成果	30 分
2	创新能力	研究内容的创新性 选题的自主性 学科交叉情况	60 分
3	研究基础和条件保障	研究基础和平台情况	10 分

表 2　　面上资助（工作站）评审指标①

序号	指标项	评价内容	分值
1	学术绩效	已取得的科研成果	20 分
2	创新能力	解决关键技术（问题）情况 自主创新技术的占比 技术（方案）的稳定性和成熟度	60 分
3	研究基础	研究基础和科研条件	10 分
4	对工作站的贡献	解决本单位重大、关键技术难题情况 创新效益情况（博士后成果取得的经济效益、社会效益与影响，或对国家、行业发展重大决策的支撑作用，如参与起草的政策建议、研究报告及被采纳情况）	10 分

① 调整评审指标内容。

二、特别资助①

（一）资助简介

特别资助是为激励在站博士后研究人员增强创新能力，对表现优秀的博士后研究人员实施的资助。由专家会议评审确定资助对象。2024 年资助约 1 200 人，资助标准为自然科学每人 18 万元、社会科学每人 15 万元。

（二）申请要求

1. 申请条件

（1）进站满 4 个月［即 2023 年 12 月 1 日（含）以前进站］。

（2）已取得突出的科研成果，或在项目成果转化方面已取得较好的成效。发展潜力大，在站期间表现出较强的创新能力。无科研失信行为。

（3）申请项目应具有突出的学术价值或创新性。申请项目可以是获得中国博士后科学基金面上资助项目的延续和深化，但必须有创新点或创新成果，且为非涉密项目。

（4）设站单位择优推荐。各单位按照在站博士后研究人员人数的 1/20 推荐；不足 20 人的，推荐 1 人。

（5）设站单位推荐时，可将下列条件作为优先推荐条件：获得中国博士后科学基金面上资助、国家自然科学基金或国家社会科学基金等资助，作为主要研究人员参加国家重大科技项目，获得省部级以上科技奖励或学术荣誉称号，设站单位引进的优秀留学回国人才，设站单位重点培养的学术技术带头人或后备人才。

（6）每站只能获资助一次。本站内已获得特别资助（站前）、特别资助（站中）、中国博士后科学基金会与天津市联合资助（特别资助）以及“博士后创新人才支持计划”的人员不可申请。入选国家各类博士后国（境）外派出项目的人员（学术交流项目除外），在完成派出工作或提前结束国（境）外研究工作后，继续在国内开展博士后研究工作的，由所在设站单位出具证明后可申请。

提示：

◆对在资助结果公布之前出（退）站的博士后研究人员不予资助。

① 自 2024 年起，取消特别资助（站前）项目，特别资助（站中）更名为特别资助。

2. 申请材料

申请材料包括“中国博士后科学基金特别资助申请书”（以下简称“特别资助申请书”）和科研成果材料。所有申请材料均不需提交纸质材料。具体填报要求如下：

（1）“特别资助申请书”由“中国博士后科学基金管理信息系统”生成（模板见附录一）。其中，“一、个人信息”的“2. 科研成果和奖励”要求填报代表申请人最高学术水平和科研成果的论文、专著、专利或奖励等，可以从以上类型材料中任选，但总数不超过5项①。

（2）科研成果材料是指在“特别资助申请书”中“一、个人信息”的“2. 科研成果和奖励”填报的内容的证明材料。其中，论文提供全文，项目课题提供批准通知书或项目计划书首页及基本信息页等相关证明，专著提供目录和摘要，专利或奖励提供证书。以上材料均须提供原件扫描件。

提示：

◆“特别资助申请书”在线生成。在网上申请开始前，申请人可在中国博士后科学基金会网站“资料下载”专区下载“特别资助申请书”模板作为填报参考，但下载的“特别资助申请书”模板不得作为正式申请书上传，否则视为无效申请。

3. 提交申请

申请人登录中国博士后科学基金会网站“中国博士后科学基金管理信息系统”，按要求填写相关申请信息，在线生成“特别资助申请书”，上传相关证明材料并提交。

提示：

◆申报截止日期前，如申请人对已提交的申请有修改需求，须由审核单位逐级驳回。

4. 材料审核

设置院系分级管理权限的流动站设站单位及园区工作站设站单位须先由院系或工作站分站审核，再提交至设站单位审核。设站单位在网上审核申请材料并提交至中国博士后科学基金会。设站单位应认真核查申请人科研诚信情况，申请人处于科研失信惩戒期内的，对其申请不予同意。

提示：

◆推荐名额是根据申报截止日期当日博士后设站单位的在站博士后研究人员人数据实核定的。

◆博士后设站单位在博士后研究人员申报截止后才能进行网上审核。

---

① “科研成果和奖励”填报数量由3项调整为5项。

（三）专家评审

中国博士后科学基金会组织专家会议评审。具体程序为：

1. 按照申报项目所属一级学科进行分组。

2. 为每个评审组聘请同行专家。

3. 根据参评人数，将资助名额按比例分配至各一级学科。

4. 组织召开专家评审会议。评审专家审阅材料（评审指标见表 3），开展评议并投票确定拟资助人员。

表 3　特别资助评审指标

序号	指标内容
1	申请人是否已取得突出的科研成果，在项目成果转化方面是否已取得了突出成效
2	申请人是否具有较大发展潜力，在站期间的研究工作是否表现出突出的创新能力

三、与地方联合资助[①]

2024 年，中国博士后科学基金会将继续实施第 2 批中国博士后科学基金会与天津市联合资助（特别资助）项目（以下简称博士后基金天津联合资助）。

（一）资助简介

博士后基金天津联合资助旨在瞄准国家及天津市重大战略、战略性高新技术和基础科学前沿领域，遴选一批应届或新近毕业的海内外优秀博士，进入天津市博士后设站单位在自然科学前沿领域从事博士后研究工作，为国家及天津市高质量发展培养更多高层次创新型青年人才。2024 年资助人数为 30 人，资助标准为每人 18 万元。

（二）申请要求

1. 申请条件

申请人须为拟进站或已进站从事博士后研究工作的人员，同时应具备以下条件：

（1）具有良好的科研潜质和学术道德，无科研失信行为。

（2）拟进站人员须是获得博士学位 3 年以内的全日制博士，应届博士毕业生优先。应届博士毕业生在申报时须满足通过博士学位论文答辩的基本要求。

已进站的博士后研究人员应为 2023 年 3 月 1 日（含）以后进站，进站时博士学位获得时间未超过 3 年。

（3）拟进站人员须依托拟进入的天津市博士后科研流动站、工作站申请；已进站的博士后研究人员须依托所在的天津市博士后科研流动站、工作站申请，且不得变更博士后合作导师；在职身份在站博士后研究人员不得申请。

（4）年龄不超过 35 周岁（1988 年 3 月 31 日后出生）。拟进站人员办理进站手续时须满足博士后人员进站年龄要求。

（5）进站学科属于自然科学，申请项目须为表 4 中所列的研究方向，且为非涉密项目。

（6）拟进站人员已初步选定博士后合作导师，并与博士后合作导师商议形成初步研究计划。

（7）拟进站人员获选后须在资助名单公布后 6 个月内办理进站手续，并应符合博士后进站相关要求，逾期视为主动放弃资助资格。办理入站手续时须将人事关系转入博士后设站

① 自 2024 年开始，“与地方联合资助”内容纳入资助指南。

单位并保证全脱产从事博士后研究工作。

（8）博士后基金天津联合资助在“中国博士后科学基金管理信息系统”中按中国博士后科学基金特别资助管理，不得与中国博士后科学基金特别资助、“博士后创新人才支持计划”以及国家实施的博士后国（境）外派出类项目同时获选。在上述项目未公布获选结果前，可以同时申报。

提示：

◆对在资助结果公布之前出（退）站的博士后研究人员不予资助。

表 4　　博士后基金天津联合资助研究方向一览表

序号	类别	研究方向
1	产业应用	人工智能、算法、仿真建模、分布式计算
2		芯片、传感器设计
3		多模研究、工业视觉、网络安全
4		生物医学工程、合成生物学、基因编辑、药物分析
5		高分子材料、海洋化学、电化学、土壤修复
6		绿色建筑、轨道交通、测量与遥感、固井工艺
7	科学研究	机械、光学、仪器、材料、冶金、动力
8		电子、信息、控制、计算机
9		建筑、土木、水利、测绘
10		地质、石油天然气、矿业、海洋
11		化学、纺织、轻工、食品
12		数学、统计学、物理学
13		基础医学、临床医学、药学、医学技术
14		植物保护、畜牧学、生态学、农业资源利用

注：与以上类别研究方向相近的研究方向也可申报。

2. 申请材料

申请材料包括“中国博士后科学基金会与天津市联合资助（特别资助）申请书”（以下简称“联合资助申请书”）、身份证明材料、“博士导师推荐意见表”、“博士后合作导师推荐意见表”和科研成果材料。所有申请材料均不需提交纸质材料。具体填报要求如下：

（1）“联合资助申请书”由“中国博士后科学基金管理信息系统”生成（模板见附录一）。其中，“二、学术及科研情况”的“（二）科研成果和奖励”中要求填报代表申请人最高学术水平和科研成果的论文、专著、专利或奖励等，可以从以上类型材料中任选，但总数不超过 5 项。

（2）身份证明材料。已获得博士学位的拟进站申请人须提供博士学位证、毕业证扫描件，尚未取得博士学位证书的应届博士毕业生须提供学生证、博士学位论文答辩决议书或博士学位论文预答辩通知书扫描件（如无预答辩通知书，须提供学校学位主管部门或所在院系出具的相关证明）。新近进站博士后研究人员无须提供身份证明材料。

(3)“博士导师推荐意见表”和“博士后合作导师推荐意见表”在中国博士后科学基金会网站“资料下载”专区下载（模板见附录一）。

(4) 科研成果材料是指“联合资助申请书”中“二、学术及科研情况”的“（二）科研成果和奖励”填报内容的证明材料。其中，论文提供全文，项目课题提供批准通知书或项目计划书首页及基本信息页等相关证明，专著提供目录和摘要，专利或奖励提供证书。以上材料均须提供原件扫描件。

提示：

◆“联合资助申请书”在线生成。在网上申请开始前，申请人可在中国博士后科学基金会网站“资料下载”专区下载“联合资助申请书”模板作为填报参考，但下载的“联合资助申请书”模板不得作为正式申请书上传，否则视为无效申请。

3. 提交申请

申请人登录中国博士后科学基金会网站“中国博士后科学基金管理信息系统”，按要求填写相关申请信息，在线生成“联合资助申请书”，上传相关推荐意见和证明材料并提交。

提示：

◆天津市招收单位的联系方式参见附录三，或直接联系天津市人力资源和社会保障局（以下简称天津市人社局，联系电话：022-83218124、83218401、83869366）予以协助联系。

◆申报截止日期前，如申请人对已提交的申请有修改需求，须由审核单位逐级驳回。

4. 材料审核

设置院系分级管理权限的流动站设站单位及园区工作站设站单位须先由院系或工作站分站审核，再提交至设站单位审核。设站单位在网上审核申请材料并提交至天津市人社局。设站单位应认真核查申请人科研诚信情况，申请人处于科研失信惩戒期内的，对其申请不予同意。

提示：

◆博士后设站单位在博士后研究人员申报截止后才能进行网上审核。

（三）专家评审

中国博士后科学基金会组织专家会议评审。具体程序为：

1. 按照申报项目所属一级学科进行分组。

2. 为每个评审组聘请同行专家。

3. 根据参评人数，将资助名额按比例分配至各一级学科。

4. 组织召开专家评审会议。评审专家审阅材料（评审指标见表 5），开展评议并投票确定拟资助人员。

表 5　　博士后基金天津联合资助评审指标

序号	指标项	评价内容
1	学术绩效	博士论文的学术水平 科研成果的个人贡献、原创性
2	研究计划的创新性与可行性	与优先资助研究方向的相关性 研究方向的前沿性 研究计划的学术创新性 研究方案的可行性 研究计划在博士后合作导师承担项目中的独立性
3	科研条件	博士后合作导师学术水平 科研平台情况

四、优秀学术专著出版资助

（一）资助简介

优秀学术专著出版资助用于资助博士后研究人员出版其在站期间所取得的研究成果。资助领域为自然科学。专著编入《博士后文库》，有独立书号，由权威学术性出版社出版。2024年资助出版约20部专著，资助标准为平均每部专著12万元。①

（二）申请要求

1. 申请条件

（1）在站2年以上或出站5年内的博士后研究人员，获中国博士后科学基金资助者优先。

（2）申请人为所投专著唯一作者。

（3）专著所属学科领域为自然科学。

（4）字数不少于15万字［以统计字符数（不计空格）计算］。

（5）仅限学术专著，不含译著、研究报告集、学术资料、工具书等。

（6）在专著书稿完成后方可申请。

2. 申请材料

申请材料包括“优秀学术专著出版资助申请书”（以下简称“出版资助申请书”）、专著书稿、查重报告、相关论文。所有申请材料均不需提交纸质材料。② 具体填报要求如下：

（1）“出版资助申请书”由“中国博士后科学基金管理信息系统”生成（模板见附录一）。其中，“五、与专著有关的论文”要求填报与专著有关且代表申请人最高学术水平和科研成果的论文，总数不超过5项。

（2）专著书稿的撰写规范请参阅附录二。

（3）查重报告应包括总查重结果和非本人文献的查重结果。由申请人委托设站单位图书馆、研究生院或其他具有论文查重资质的机构对专著内容进行查重。

（4）相关论文是指“五、与专著有关的论文”中填报的论文内容，需提供论文全文。

提示：

① 资助数量由30部调整为约20部，资助标准由每部专著8万元调整为每部专著约12万元。

② 调整申报方式，由线下申报改为线上申报。

◆“出版资助申请书”在线生成。在网上申请开始前，申请人可在中国博士后科学基金会网站“资料下载”专区下载“出版资助申请书”模板作为填报参考，但下载的“出版资助申请书”模板不得作为正式申请书上传，否则视为无效申请。

3. 提交申请

申请人登录中国博士后科学基金会网站“中国博士后科学基金管理信息系统”，按要求填写相关申请信息，在线生成“出版资助申请书”，上传相关证明材料并提交。

提示：

◆申报截止日期前，如申请人对已提交的申请有修改需求，需向中国博士后科学基金会申请驳回。

（三）专家评审

中国博士后科学基金会组织专家会议评审（评审指标见表 6），出版社组织选题论证，中国博士后科学基金会根据评审和论证结果确定拟资助出版的专著。

表 6　　　　优秀学术专著出版资助评审指标

序号	指标项	评价内容	分值
1	学术价值	选题为本学科前沿，涉及本学科研究热点和难点问题，具有重大理论意义和现实意义，或是国内外比较活跃的研究课题，具有挑战性和创新性 研究内容在理论上或方法上有创新，具有开拓性，对本学科发展有贡献。其有关论文在国内外高级别的刊物上发表，或论文内容达到了国内领先水平 研究成果或效益显著，学术价值已得到国内外承认，或研究成果的应用已取得显著的经济效益和社会效益	60 分
2	书稿特色	书稿渗透学科发展动向，前瞻意识强，创新成分多，充分体现出所研究课题的最新研究成果	20 分
3	书稿质量	编写用语科学，表达准确，文字精练，数据翔实、透彻，图表规范 内容的系统性、逻辑性较强，层次清楚，观点鲜明，重点突出	20 分

五、结果公示与公布

（一）结果公示

中国博士后科学基金会在官方网站对拟资助结果进行公示。公示期为 5 个工作日。

提示：

◆从公示日起，面上资助申请人可登录“中国博士后科学基金管理信息系统”查阅专家评审结果。

（二）结果公布

中国博士后科学基金会在官方网站公布资助结果，并印发资助通知。

提示：

◆从资助结果公布之日起，获资助人员可登录“中国博士后科学基金管理信息系统”打印资助证书。

六、经费使用和管理

（一）博士后研究人员

资助经费适用范围限于设备费、材料费、测试化验加工费、燃料动力费、差旅/会议/国际合作与交流费、出版/文献/信息传播/知识产权事务费、劳务费、专家咨询费以及其他合理支出。在上述经费范围内，不设具体经费的比例限制，由获资助博士后研究人员自主统筹使用，其中，劳务费的支付范围为参与研究过程的相关人员（如在校研究生）和临时聘用人员。

（二）设站单位

设站单位对资助经费单独立账、代为管理。

获资助博士后研究人员出（退）站时，设站单位须及时清理账目与资产，报中国博士后科学基金会。用资助经费所购固定资产收归设站单位所有。

（三）中国博士后科学基金会

中国博士后科学基金会在评审结果公布后 30 个工作日内，按照资助标准及时拨付资助经费。

中国博士后科学基金会对基金使用绩效进行评价，对资助经费使用情况和设站单位管理情况定期开展抽查，对违规使用经费的设站单位及获资助人员按照相关规定予以处理。

七、成果追踪

（一）博士后研究人员

获资助博士后研究人员在公开发表资助成果时，应标注“中国博士后科学基金资助项目”及资助编号（Supported by the China Postdoctoral Science Foundation under Grant Number ××）。

获资助博士后研究人员出站时须向设站单位提交“中国博士后科学基金资助总结报告”（模板见附录一）。提交流程如下：

博士后研究人员办理出站手续时，登录中国博士后科学基金会网站“中国博士后科学基金管理信息系统”，填写“中国博士后科学基金资助总结报告”，在线提交至设站单位。

提示：

◆军地联合培养的获资助博士后研究人员不可网上提交“中国博士后科学基金资助总结报告”。请登录中国博士后科学基金会网站“资料下载”专区下载模板，网下填写并打印1份纸质报告，刻录光盘1张，一并交所在设站单位审核和备案。

（二）设站单位

设站单位登录“中国博士后科学基金管理信息系统”，及时审核“中国博士后科学基金资助总结报告”并提交中国博士后科学基金会。

设站单位每年年底向中国博士后科学基金会提交“中国博士后科学基金资助金使用效益情况报告”（模板见附录一）。提交流程如下：

登录中国博士后科学基金会网站“中国博士后科学基金管理信息系统”，对“中国博士后科学基金资助金使用效益情况报告”中系统自动生成的内容进行核实；填写报告中的“本年度获基金资助出站的优秀博士后综述”和“工作建议”，网上提交至中国博士后科学基金会。2023年“中国博士后科学基金资助金使用效益情况报告”网上提交的截止日期为2024年2月29日。

军队系统设站单位的“中国博士后科学基金资助金使用效益情况报告”统一由军队博士后工作主管部门填报。军队系统2023年“中国博士后科学基金资助金使用效益情况报告”于2024年2月29日前送至中国博士后科学基金会。

八、资助工作时间安排

2024 年基金资助工作时间安排见表 7。

表 7　2024 年基金资助工作时间安排表

批次＼时间节点	网上申报开始	博士后申报截止	设站单位审核截止	评审截止	公示
第 75 批面上资助	3 月 1 日	3 月 31 日	4 月 7 日	6 月上旬	6 月中旬
第 17 批特别资助	3 月 1 日	3 月 31 日	4 月 12 日	5 月下旬	6 月中旬
第 2 批博士后基金天津联合资助	3 月 1 日	3 月 31 日	4 月 12 日	5 月下旬	6 月中旬
优秀学术专著出版资助	4 月 1 日	5 月 31 日	—	6 月下旬	9 月上旬
第 76 批面上资助	8 月 1 日	8 月 31 日	9 月 6 日	11 月上旬	11 月中旬

九、2023 年度各项目资助情况

2023 年度各项目资助情况见表 8。

表 8 2023 年度各项目资助情况

项目	申请人数	资助人数	资助比例
第 73 批面上资助	25 376	4 316	17.0%
第 74 批面上资助	27 245	4 332	15.9%
第 5 批特别资助（站前）	2 396	400	16.7%
第 16 批特别资助（站中）	4 735	792	16.7%
优秀学术专著出版资助	49	29	59.2%

十、工作部门及联系方式

（一）工作部门

中国博士后科学基金会博士后基金管理处。

地址：北京市海淀区学院路 30 号博士后公寓办公楼（100083）。

（二）联系方式

电话：010-82387704。

传真：010-62335023。

电子邮箱：postdoctorfund@ mohrss. gov. cn。

扫码关注“中国博士后”微信公众号

附录一

申请材料模板

中国博士后科学基金面上资助申请书

第　　批

姓　　名＿＿＿＿＿＿＿＿＿＿＿＿＿＿＿＿＿＿＿＿

进站单位＿＿＿＿＿＿＿＿＿＿＿＿＿＿＿＿＿＿＿＿

申报项目＿＿＿＿＿＿＿＿＿＿＿＿＿＿＿＿＿＿＿＿

项目所属

一级学科＿＿＿＿＿＿＿＿＿＿＿＿＿＿＿＿＿＿＿＿

中国博士后科学基金会

填 报 须 知

1. 本表由申请人在“中国博士后科学基金管理信息系统”中填报并自动生成，网下生成无效。

2. “一、个人信息”中“1. 申请人基本情况”由系统自动填报。

3. “二、项目信息”中（“6. 研究基础”除外）不得填写个人信息，包括申请人姓名、设站单位名称、博士后合作导师姓名等明显泄露申请人身份信息的内容，否则评审专家可将其视为申请人故意泄露个人信息，计0分。

4. 中文或英文均可。

一、个人信息

1. 申请人基本情况

姓名		博士后编号		进站时间	年　　月
性别		出生年月	年　　月	国籍	
证件名称		证件号码			
固定电话		移动电话		电子邮箱	
通信地址				邮政编码	
进站单位	流动站□　设站单位：　博士后合作导师： 工作站□　设站单位：　博士后合作导师：				

2. 科研成果和奖励（限 5 项）

国际和国内核心期刊论文	发表时间	题名	期刊名称	根据论文等发表时的真实情况规范列出所有作者署名	数据库收录

国家或省部级项目/课题情况	批准时间	项目/课题	项目编号	下达部门	经费	项目角色

专著	出版时间	书名	ISBN	出版社	根据专著出版时的真实情况规范列出所有作者署名

授权专利	授权时间	专利名称	类型	公告号	根据专利取得时的真实情况规范列出所有专利发明人署名

获得国际、国家及省部级奖励情况	获奖时间	获奖名称	获奖成果	评奖机构	根据获得奖励时的真实情况规范列出与所获奖励项目有关的所有共同获奖者署名

二、项目信息

<table>
<tr><td>项目名称</td><td colspan="4"></td></tr>
<tr><td>项目来源</td><td colspan="4">自选□　博士后合作导师项目□　自主获得的国家或省部级课题□　其他□</td></tr>
<tr><td colspan="2">项目所属一级学科</td><td></td><td>项目所属二级学科</td><td></td></tr>
<tr><td colspan="2">交叉一级学科</td><td></td><td>交叉二级学科</td><td></td></tr>
<tr><td colspan="5">1. 选题依据
（国内外研究现状及选题价值，限 1 000 字）</td></tr>
</table>

续表

2. 研究内容 （研究对象、拟解决的关键科学问题、研究目标，限 2 000 字）

续表

3. 研究方案 （限 2 000 字）
4. 特色与创新之处 （限 1 000 字）

续表

5. 研究计划及预期成果 （限 500 字）
6. 研究基础 （与本项目相关的研究工作积累和已取得的研究工作成绩，已具备的科研条件、尚缺少的科研条件和拟解决的途径，正在承担的与本项目相关的科研项目情况，限 1 000 字）

三、承诺

本人承诺：所有申报材料和相关内容真实准确，不涉及国家秘密，本人不存在违背科研诚信要求的行为；在中国博士后科学基金项目申请、评审和执行全过程中，恪守职业规范和科学道德，遵守评审规则和工作纪律；尊重科研规律，弘扬科学家精神，遵守科研伦理道德和作风学风要求，认真开展科研工作；严格依规使用资助经费，中国博士后科学基金科研资助经费全部依规用于与研究工作相关的支出。如违背上述承诺，本人将承担相关责任，接受相关处理。 申请人（签字）： 年　月　日

中国博士后科学基金面上资助申请书（工作站单独评审）

第　　批

姓　　名____________________

进站单位____________________

申报项目____________________

项目所属

一级学科____________________

中国博士后科学基金会

填 报 须 知

1. 本表由申请人在“中国博士后科学基金管理信息系统”中填报并自动生成，网下生成无效。

2. “一、个人信息”中“1. 申请人基本情况”由系统自动填报。

3. “二、项目信息”中（“6. 研究基础”除外）不得填写个人信息，包括申请人姓名、设站单位名称、博士后合作导师姓名等明显泄露申请人身份信息的内容，否则评审专家可将其视为申请人故意泄露个人信息，计 0 分。

4. 中文或英文均可。

一、个人信息

<table>
<tr><td colspan="6">1. 申请人基本情况</td></tr>
<tr><td>姓名</td><td></td><td>博士后编号</td><td></td><td>进站时间</td><td>年　　月</td></tr>
<tr><td>性别</td><td></td><td>出生年月</td><td>年　　月</td><td>国籍</td><td></td></tr>
<tr><td>证件名称</td><td></td><td>证件号码</td><td colspan="3"></td></tr>
<tr><td>固定电话</td><td></td><td>移动电话</td><td></td><td>电子邮箱</td><td></td></tr>
<tr><td>通信地址</td><td colspan="3"></td><td>邮政编码</td><td></td></tr>
<tr><td>进站单位</td><td colspan="5">流动站□　设站单位：　　　　　　　　博士后合作导师：
工作站□　设站单位：　　　　　　　　博士后合作导师：</td></tr>
</table>

<table>
<tr><td colspan="8">2. 科研成果和奖励（限5项）</td></tr>
<tr><td rowspan="2">国际和国内核心期刊论文</td><td>发表时间</td><td colspan="2">题名</td><td colspan="2">期刊名称</td><td>根据论文等发表时的真实情况规范列出所有作者署名</td><td>数据库收录</td></tr>
<tr><td></td><td colspan="2"></td><td colspan="2"></td><td></td><td></td></tr>
<tr><td rowspan="2">国家或省部级项目/课题情况</td><td>批准时间</td><td colspan="2">项目/课题</td><td>项目编号</td><td>下达部门</td><td>经费</td><td>项目角色</td></tr>
<tr><td></td><td colspan="2"></td><td></td><td></td><td></td><td></td></tr>
<tr><td rowspan="2">专著</td><td>出版时间</td><td>书名</td><td>ISBN</td><td colspan="3">出版社</td><td>根据专著出版时的真实情况规范列出所有作者署名</td></tr>
<tr><td></td><td></td><td></td><td colspan="3"></td><td></td></tr>
<tr><td rowspan="2">授权专利</td><td>授权时间</td><td colspan="2">专利名称</td><td colspan="2">类型</td><td>公告号</td><td>根据专利取得时的真实情况规范列出所有专利发明人署名</td></tr>
<tr><td></td><td colspan="2"></td><td colspan="2"></td><td></td><td></td></tr>
<tr><td rowspan="2">获得国际、国家及省部级奖励情况</td><td>获奖时间</td><td>获奖名称</td><td>获奖成果</td><td colspan="3">评奖机构</td><td>根据获得奖励时的真实情况规范列出与所获奖励项目有关的所有共同获奖者署名</td></tr>
<tr><td></td><td></td><td></td><td colspan="3"></td><td></td></tr>
</table>

二、项目信息

<table>
<tr><td>项目名称</td><td colspan="4"></td></tr>
<tr><td>项目来源</td><td colspan="4">自选☐　博士后合作导师项目☐　自主获得的国家或省部级课题☐　其他☐</td></tr>
<tr><td colspan="2">项目所属一级学科</td><td></td><td>项目所属二级学科</td><td></td></tr>
<tr><td colspan="2">交叉一级学科</td><td></td><td>交叉二级学科</td><td></td></tr>
<tr><td colspan="5">1. 选题依据
（国内外研究现状及选题价值，限 1 000 字）</td></tr>
<tr><td colspan="5">2. 研究内容
（研究对象、拟解决的关键科学问题、研究目标，限 2 000 字）</td></tr>
</table>

续表

3. 研究方案 （限 2 000 字）
4. 特色与创新之处 （限 1 000 字）

续表

5. 研究计划及预期成果 （限 500 字）
6. 研究基础 （与本项目相关的研究工作积累和已取得的研究工作成绩，已具备的科研条件、尚缺少的科研条件和拟解决的途径，正在承担的与本项目相关的科研项目情况，限 1 000 字）

三、对工作站的贡献

四、承诺

本人承诺：所有申报材料和相关内容真实准确，不涉及国家秘密，本人不存在违背科研诚信要求的行为；在中国博士后科学基金项目申请、评审和执行全过程中，恪守职业规范和科学道德，遵守评审规则和工作纪律；尊重科研规律，弘扬科学家精神，遵守科研伦理道德和作风学风要求，认真开展科研工作；严格依规使用资助经费，中国博士后科学基金科研资助经费全部依规用于与研究工作相关的支出。如违背上述承诺，本人将承担相关责任，接受相关处理。

申请人（签字）：

年　　月　　日

中国博士后科学基金面上资助申请书（地区专项支持计划）

第　　批

姓　　名＿＿＿＿＿＿＿＿＿＿＿＿＿＿＿＿＿＿＿＿

进站单位＿＿＿＿＿＿＿＿＿＿＿＿＿＿＿＿＿＿＿＿

申报项目＿＿＿＿＿＿＿＿＿＿＿＿＿＿＿＿＿＿＿＿

项目所属

一级学科＿＿＿＿＿＿＿＿＿＿＿＿＿＿＿＿＿＿＿＿

中国博士后科学基金会

填 报 须 知

1. 本表由申请人在“中国博士后科学基金管理信息系统”中填报并自动生成，网下生成无效。

2. “一、个人信息”中“1. 申请人基本情况”由系统自动填报。

3. “二、项目信息”中（“6. 研究基础”除外）不得填写个人信息，包括申请人姓名、设站单位名称、博士后合作导师姓名等明显泄露申请人身份信息的内容，否则评审专家可将其视为申请人故意泄露个人信息，计 0 分。

4. 中文或英文均可。

一、个人信息

1. 申请人基本情况

姓名		博士后编号		进站时间	年　　月
性别		出生年月	年　　月	国籍	
证件名称		证件号码			
固定电话		移动电话		电子邮箱	
通信地址				邮政编码	
进站单位	流动站☐　设站单位：　博士后合作导师： 工作站☐　设站单位：　博士后合作导师：				

2. 科研成果和奖励（限5项）

国际和国内核心期刊论文	发表时间	题名	期刊名称		根据论文等发表时的真实情况规范列出所有作者署名	数据库收录
国家或省部级项目/课题情况	批准时间	项目/课题	项目编号	下达部门	经费	项目角色
专著	出版时间	书名	ISBN	出版社		根据专著出版时的真实情况规范列出所有作者署名
授权专利	授权时间	专利名称	类型		公告号	根据专利取得时的真实情况规范列出所有专利发明人署名
获得国际、国家及省部级奖励情况	获奖时间	获奖名称	获奖成果	评奖机构		根据获得奖励时的真实情况规范列出与所获奖励项目有关的所有共同获奖者署名

二、项目信息

<table>
<tr><td>项目名称</td><td colspan="3"></td></tr>
<tr><td>项目来源</td><td colspan="3">自选□　博士后合作导师项目□　自主获得的国家或省部级课题□　其他□</td></tr>
<tr><td>项目所属一级学科</td><td></td><td>项目所属二级学科</td><td></td></tr>
<tr><td>交叉一级学科</td><td></td><td>交叉二级学科</td><td></td></tr>
<tr><td colspan="4">1. 项目与地区经济社会发展的相关性
（限 500 字）</td></tr>
<tr><td colspan="4">2. 选题依据
（国内外研究现状及选题价值，限 1 000 字）</td></tr>
</table>

续表

3. 研究内容 （研究对象、拟解决的关键科学问题、研究目标，限2 000字）

续表

4. 研究方案 （限 2 000 字）
5. 特色与创新之处 （限 1 000 字）
6. 研究计划及预期成果 （限 500 字）

续表

7. 研究基础 （与本项目相关的研究工作积累和已取得的研究工作成绩，已具备的科研条件、尚缺少的科研条件和拟解决的途径，正在承担的与本项目相关的科研项目情况，限 1 000 字）

三、承诺

本人承诺：所有申报材料和相关内容真实准确，不涉及国家秘密，本人不存在违背科研诚信要求的行为；在中国博士后科学基金项目申请、评审和执行全过程中，恪守职业规范和科学道德，遵守评审规则和工作纪律；尊重科研规律，弘扬科学家精神，遵守科研伦理道德和作风学风要求，认真开展科研工作；严格依规使用资助经费，中国博士后科学基金科研资助经费全部依规用于与研究工作相关的支出。如违背上述承诺，本人将承担相关责任，接受相关处理。 申请人（签字）： 年　　月　　日

中国博士后科学基金特别资助申请书

第　　批

姓　　名________________________________

进站单位________________________________

申报项目________________________________

项目所属

一级学科________________________________

中国博士后科学基金会

填 报 须 知

1. 本表由申请人在“中国博士后科学基金管理信息系统”中填报并自动生成，网下生成无效。

2. “一、个人信息”中“1. 申请人基本情况”由系统自动填报。

3. 中文或英文均可。

一、个人信息

<table>
<tr><td colspan="6">1. 申请人基本情况</td></tr>
<tr><td>姓名</td><td></td><td>博士后编号</td><td></td><td>进站时间</td><td>年　　月</td></tr>
<tr><td>性别</td><td></td><td>出生年月</td><td>年　　月</td><td>国籍</td><td></td></tr>
<tr><td>证件名称</td><td></td><td>证件号码</td><td colspan="3"></td></tr>
<tr><td>固定电话</td><td></td><td>移动电话</td><td></td><td>电子邮箱</td><td></td></tr>
<tr><td>通信地址</td><td colspan="3"></td><td>邮政编码</td><td></td></tr>
<tr><td>进站单位</td><td colspan="5">流动站□　设站单位：　博士后合作导师：
工作站□　设站单位：　博士后合作导师：</td></tr>
</table>

<table>
<tr><td colspan="7">2. 科研成果和奖励（限 5 项）</td></tr>
<tr><td rowspan="2">国际和国内核心期刊论文</td><td>发表时间</td><td>题名</td><td colspan="2">期刊名称</td><td>根据论文等发表时的真实情况规范列出所有作者署名</td><td>数据库收录</td></tr>
<tr><td></td><td></td><td colspan="2"></td><td></td><td></td></tr>
<tr><td rowspan="2">国家或省部级项目/课题情况</td><td>批准时间</td><td>项目/课题</td><td>项目编号</td><td>下达部门</td><td>经费</td><td>项目角色</td></tr>
<tr><td></td><td></td><td></td><td></td><td></td><td></td></tr>
<tr><td rowspan="2">专著</td><td>出版时间</td><td>书名</td><td>ISBN</td><td colspan="2">出版社</td><td>根据专著出版时的真实情况规范列出所有作者署名</td></tr>
<tr><td></td><td></td><td></td><td colspan="2"></td><td></td></tr>
<tr><td rowspan="2">授权专利</td><td>授权时间</td><td>专利名称</td><td colspan="2">类型</td><td>公告号</td><td>根据专利取得时的真实情况规范列出所有专利发明人署名</td></tr>
<tr><td></td><td></td><td colspan="2"></td><td></td><td></td></tr>
<tr><td rowspan="2">获国际、国家及省部级奖励情况</td><td>获奖时间</td><td>获奖名称</td><td>获奖成果</td><td colspan="2">评奖机构</td><td>根据获得奖励时的真实情况规范列出与所获奖励项目有关的所有共同获奖者署名</td></tr>
<tr><td></td><td></td><td></td><td colspan="2"></td><td></td></tr>
</table>

二、申报项目

名称			
研究类别	基础研究□　　应用基础□　　技术开发□		
项目来源	中国博士后科学基金面上资助项目□　国家自然科学基金项目□ 国家社会科学基金项目□　其他国家级项目□　自选项目□		
项目所属一级学科		项目所属二级学科	
交叉一级学科		交叉二级学科	
关键词	（限5个）		
1. 项目简介 （限500字）			

续表

2. 研究内容 （限 2 000 字。研究项目主要内容、主要创新点、项目的预期目标、科学意义、应用前景等）
3. 研究方法 （限 2 000 字。研究计划，拟采取的研究方法、实验方案、技术路线，已具备的条件及目前进展情况）

三、承诺

本人承诺：所有申报材料和相关内容真实准确，不涉及国家秘密，本人不存在违背科研诚信要求的行为；在中国博士后科学基金项目申请、评审和执行全过程中，恪守职业规范和科学道德，遵守评审规则和工作纪律；尊重科研规律，弘扬科学家精神，遵守科研伦理道德和作风学风要求，认真开展科研工作；严格依规使用资助经费，中国博士后科学基金科研资助经费全部依规用于与研究工作相关的支出。如违背上述承诺，本人将承担相关责任，接受相关处理。 申请人（签字）： 年　　月　　日

优秀学术专著出版资助申请书

填 报 须 知

1. “一级学科”“二级学科”是指专著所涉及的学科领域，参见 1997 年《授予博士、硕士学位和培养研究生的学科、专业目录》。

2. 中文或英文均可。

一、个人基本信息

姓名		性别		出生年月	
移动电话			电子邮箱		
通信地址				邮政编码	
进站单位				进站时间	
博士后编号		进站学科		博士后合作导师	
博士后基金资助编号				是否出站	
现职单位					

二、博士论文情况

论文题目			
一级学科		二级学科	
论文内容摘要			

三、博士后出站报告情况

报告题目			
一级学科		二级学科	
报告内容摘要			

四、专著基本信息

专著名称			
字数		成稿时间	年　月
是否合著	是□　否□	是否外文	是□　否□
关键词	（限5个词）		
摘要	（限2 000字）		
主要章节目录			

续表

创新点与 学术价值	

五、与专著有关的论文（限5项）

序号	发表时间	论文题目	学术期刊/会议	收录情况	作者排名

六、承诺

本人为专著的著作人。除文中已经注明引用的内容外，本书稿不包含任何其他个人或集体已经发表或撰写过的研究成果。对本书稿的研究做出重要贡献的个人和集体，均已在文中以明确方式标明。本书稿在撰写过程中不存在剽窃、抄袭等不端学术行为。本人完全意识到本声明的法律结果由本人承担。所有申报材料和相关内容真实准确，不涉及国家秘密，本人不存在违背科研诚信要求的行为；在中国博士后科学基金项目申请、评审和执行全过程中，恪守职业规范和科学道德，遵守评审规则和工作纪律；尊重科研规律，弘扬科学家精神，遵守科研伦理道德和作风学风诚信要求，认真开展科学研究工作。严格遵守中国博士后科学基金资助经费使用有关规定。

申请人（签字）：

年　　月　　日

中国博士后科学基金会与天津市联合资助（特别资助）申请书

第　　批

申 请 人 姓 名________________________

博士毕业院校________________________

一　级　学　科________________________

学　科　领　域________________________

拟 进 站 单 位________________________

拟 合 作 导 师________________________

中国博士后科学基金会

填 报 须 知

1. “拟进站单位”是指设有博士后科研流动站、工作站的单位。

2. 申请书由申请人在“中国博士后科学基金管理信息系统”中填报并自动生成，网下生成无效。

3. 中文或英文均可。

一、个人信息

<table>
<tr><td colspan="6">（一）基本信息</td></tr>
<tr><td>姓名</td><td></td><td>性别</td><td></td><td>出生年月</td><td></td></tr>
<tr><td>婚否</td><td></td><td>身份证号</td><td colspan="3"></td></tr>
<tr><td>移动电话</td><td colspan="2"></td><td>固定电话</td><td colspan="2"></td></tr>
<tr><td>通信地址</td><td colspan="2"></td><td>电子邮箱</td><td colspan="2"></td></tr>
</table>

<table>
<tr><td colspan="7">（二）当前身份</td></tr>
<tr><td colspan="7">应届博士毕业生□　　毕业3年内的博士□　　新近进站的博士后□</td></tr>
<tr><td rowspan="3">A. 应届博士毕业生</td><td>攻读博士学位院校/科研机构</td><td colspan="3"></td><td>博士学位授予国家或地区</td><td></td></tr>
<tr><td>一级学科</td><td></td><td>导师</td><td></td><td>预计毕业时间</td><td></td></tr>
<tr><td>拟进站单位</td><td colspan="3"></td><td>博士后合作导师</td><td></td></tr>
<tr><td rowspan="4">B. 毕业3年内的博士</td><td>博士毕业院校/科研机构</td><td colspan="3"></td><td>博士学位授予国家或地区</td><td></td></tr>
<tr><td>一级学科</td><td></td><td>导师</td><td></td><td>博士学位授予时间</td><td></td></tr>
<tr><td>现职单位</td><td colspan="5"></td></tr>
<tr><td>拟进站单位</td><td colspan="3"></td><td>博士后合作导师</td><td></td></tr>
<tr><td rowspan="4">C. 新近进站的博士后</td><td>博士毕业院校/科研机构</td><td colspan="3"></td><td>博士学位授予国家或地区</td><td></td></tr>
<tr><td>一级学科</td><td></td><td>导师</td><td></td><td>博士学位授予时间</td><td></td></tr>
<tr><td>博士后编号</td><td></td><td>博士后合作导师</td><td></td><td>进站时间</td><td></td></tr>
<tr><td>在站单位</td><td colspan="5">流动站
工作站</td></tr>
</table>

<table>
<tr><td colspan="6">（三）主要学习/研究经历
（学习经历包括本科以上学历，研究经历包括在国内外研究机构访问、进修等经历。所有经历均从目前情况开始填起）</td></tr>
<tr><td rowspan="2">学习经历</td><td>起止时间</td><td>院校/科研机构</td><td>国别</td><td>专业</td><td>学历</td></tr>
<tr><td></td><td></td><td></td><td></td><td></td></tr>
<tr><td rowspan="2">研究经历</td><td>起止时间</td><td>院校/科研机构</td><td>国别</td><td>研究内容</td><td>身份</td></tr>
<tr><td></td><td></td><td></td><td></td><td></td></tr>
</table>

二、学术及科研情况

(一) 博士学位论文情况	
目录	
摘要	(限 1 000 字)

续表

<table>
<tr><td colspan="8">（二）科研成果和奖励（限 5 项）</td></tr>
<tr><td rowspan="2">国际和国内核心期刊论文</td><td>发表时间</td><td colspan="2">题名</td><td>期刊名称</td><td colspan="2">根据论文等发表时的真实情况规范列出所有作者署名</td><td>数据库收录</td></tr>
<tr><td></td><td colspan="2"></td><td></td><td colspan="2"></td><td></td></tr>
<tr><td rowspan="2">国家或省部级项目/课题情况</td><td>批准时间</td><td colspan="2">项目/课题</td><td>项目编号</td><td>下达部门</td><td>经费</td><td>项目角色</td></tr>
<tr><td></td><td colspan="2"></td><td></td><td></td><td></td><td></td></tr>
<tr><td rowspan="2">专著</td><td>出版时间</td><td>书名</td><td>ISBN</td><td colspan="3">出版社</td><td>根据专著出版时的真实情况规范列出所有作者署名</td></tr>
<tr><td></td><td></td><td></td><td colspan="3"></td><td></td></tr>
<tr><td rowspan="2">授权专利</td><td>授权时间</td><td colspan="2">专利名称</td><td>类型</td><td colspan="2">公告号</td><td>根据专利取得时的真实情况规范列出所有专利发明人署名</td></tr>
<tr><td></td><td colspan="2"></td><td></td><td colspan="2"></td><td></td></tr>
<tr><td rowspan="2">获国际、国家及省部级奖励情况</td><td>获奖时间</td><td>获奖名称</td><td>获奖成果</td><td colspan="3">评奖机构</td><td>根据获得奖励时的真实情况规范列出与所获奖励项目有关的所有共同获奖者署名</td></tr>
<tr><td></td><td></td><td></td><td colspan="3"></td><td></td></tr>
</table>

三、项目信息

<table>
<tr><td colspan="4">（一）基本信息</td></tr>
<tr><td>项目名称</td><td colspan="3"></td></tr>
<tr><td>关键词</td><td colspan="3">（限 5 个）</td></tr>
<tr><td>一级学科</td><td></td><td>二级学科</td><td></td></tr>
<tr><td>学科领域</td><td></td><td>研究方向</td><td></td></tr>
<tr><td>与博士后合作导师承担项目的关系</td><td colspan="3"></td></tr>
</table>

续表

（二）项目内容	
项目内容	（限 5 000 字）

续表

研究基础	（限 1 000 字）
申报项目对所属学科领域的推动作用	（限 1 000 字）

四、博士后合作导师及科研平台

导师姓名		院士□　国家千人计划创新长期专家□　长江学者奖励计划特聘教授□ 国家杰出青年科学基金获得者□　中科院特聘研究员□　其他□
重大项目名称	（如研究计划是博士后合作导师承担的重大项目）	国家自然科学基金□　国家科技重大专项□ 国家重点研发计划□　其他□＿＿＿＿＿＿
科研平台	国家实验室□　国家重点实验室□　国家工程研究中心□　国家技术创新中心□ 国家临床医学研究中心□　国家科技资源共享服务平台□　国家野外科学观测研究站□ 其他□＿＿＿＿＿＿＿＿＿＿＿＿＿＿＿＿＿＿＿＿	
博士后合作导师近3年主要科研成果、承担的国家重大项目（课题）		

五、承诺

本人承诺：所有申报材料和相关内容真实准确，不涉及国家秘密，本人不存在违背科研诚信要求的行为；在中国博士后科学基金项目申请、评审和执行全过程中，恪守职业规范和科学道德，遵守评审规则和工作纪律；尊重科研规律，弘扬科学家精神，遵守科研伦理道德和作风学风要求，认真开展科研工作；严格依规使用资助经费，中国博士后科学基金科研资助经费全部依规用于与研究工作相关的支出。如违背上述承诺，本人将承担相关责任，接受相关处理。

申请人（签字）：

年　　月　　日

中国博士后科学基金会与天津市联合资助（特别资助）博士导师推荐意见表

尊敬的博士导师：

中国博士后科学基金会与天津市联合资助（特别资助）（以下简称博士后基金天津联合资助）由中国博士后科学基金会与天津市人民政府合作设立。博士后基金天津联合资助旨在瞄准国家及天津市重大战略、战略性高新技术和基础科学前沿领域，每年遴选一批应届或新近毕业的海内外优秀博士，进入天津市博士后设站单位在自然科学前沿领域从事博士后研究工作，为国家及区域高质量发展培养更多的高层次创新型青年人才。博士后基金天津联合资助由专家会议评审确定资助对象，资助标准为每人 18 万元。

感谢您推荐您的优秀学生从事博士后研究，您的意见将是我们遴选人才的重要依据。

祝您身体健康，工作顺利！

中国博士后科学基金会

被推荐人姓名	
（拟）进站单位	

导师姓名		工作单位			
电话		电子邮箱		职务职称	
推荐意见	1. 被推荐人最突出的科研能力有哪些？				
	2. 您如何评价被推荐人的学术潜力和职业前景？				
	3. 您和被推荐人是否有合作的研究成果？如有，被推荐人的贡献有多大？				
	4. 您认为是否还有其他方面的相关信息决定该被推荐人应该获得资助？				

导师（签字）：

年　　月　　日

中国博士后科学基金会与天津市联合资助（特别资助）博士后合作导师推荐意见表

尊敬的博士后合作导师：

中国博士后科学基金会与天津市联合资助（特别资助）（以下简称博士后基金天津联合资助）由中国博士后科学基金会与天津市人民政府合作设立。博士后基金天津联合资助旨在瞄准国家及天津市重大战略、战略性高新技术和基础科学前沿领域，每年遴选一批应届或新近毕业的海内外优秀博士，进入天津市博士后设站单位在自然科学前沿领域从事博士后研究工作，为国家及区域高质量发展培养更多的高层次创新型青年人才。博士后基金天津联合资助由专家会议评审确定资助对象，资助标准为每人 18 万元。

请您为有意向与您合作开展博士后研究的博士填写推荐信，您的意见将是我们遴选人才的重要依据。

祝您身体健康，工作顺利！

中国博士后科学基金会

被推荐人姓名	
（拟）进站单位	

<table>
<tr><td>博士后合作导师姓名</td><td></td><td>工作单位</td><td colspan="3"></td></tr>
<tr><td>电话</td><td></td><td>电子邮箱</td><td></td><td>职务职称</td><td></td></tr>
<tr><td rowspan="4">推荐意见</td><td colspan="5">1. 被推荐人最突出的科研能力有哪些？</td></tr>
<tr><td colspan="5">2. 您如何评价被推荐人的学术潜力和职业前景？</td></tr>
<tr><td colspan="5">3. 您和被推荐人是否有合作的研究成果？如有，被推荐人的贡献有多大？</td></tr>
<tr><td colspan="5">4. 您认为是否还有其他方面的相关信息决定该被推荐人应该获得资助？</td></tr>
</table>

导师（签字）：

年　　月　　日

中国博士后科学基金资助总结报告

姓　　名________________________________

进站单位________________________________

出站时间________________________________

项目名称________________________________

资助类型________________________________

资助编号________________________________

中国博士后科学基金会

一、基本信息

姓名		性别		出生年月	年　月
固定电话		移动电话		电子邮箱	
博士后编号		进站时间	年　月	出站时间	
进站单位	流动站□　设站单位： 工作站□　设站单位：				
项目名称					
关键词	（不超过 5 个，用分号隔开）				
项目所属一级学科		项目所属二级学科			
交叉一级学科		交叉二级学科			
资助类型		资助编号		是否结题	是□　否□

二、研究工作基本情况

1. 中文摘要 （限 1 000 字）

续表

2. 资助项目获得其他国家级或省部级科技计划资助情况 （计划名称、项目名称、资助总经费、本人分工、执行期限）
3. 资助项目依托的研究平台和团队 国家实验室□　国家重点实验室□　国家工程研究中心□　国家技术创新中心□　国家临床医学研究中心□ 国家科技资源共享服务平台□　国家野外科学观测研究站□　其他□

三、研究工作总结

1. 与预期研究计划和目标比较，项目执行情况及存在的问题
2. 项目工作主要进展及所取得的成果 （说明主要的科学发现和创新之处，附必要数据）

续表

3. 研究成果的科学意义、应用前景、推广开发价值以及经济和社会效益
4. 开展国内外学术合作交流及本人的成长情况

四、研究成果目录

序号	成果类型	成果名称	主要完成者	成果说明	标注状态

说明：

1. 成果类型，分为“专著、期刊论文、会议论文、专利、获奖、其他”六类，请归类集中填写并单独编号。

2. 成果说明，用于填写如期刊名、获奖类别（级别）等必要的说明和便于其他人查询的信息，具体要求如下：

（1）期刊论文按“全部作者，论文题目，刊物名称. 卷（期）. 起–止页码，年月（被 SCI/SSCI、EI、ISR 收录，如是该类杂志）”格式填写说明；

（2）会议论文按“国际/国内，特邀报告/口头报告/墙报展示，全部作者，论文题目，会议名称，时间，地点”格式填写说明；

（3）专著按“全部作者，书名，出版社，出版时间，字数，发行量”格式填写说明；

（4）专利按“获准专利国别，类别，专利号，获专利时间”格式填写说明；

（5）获奖按“授奖单位，授奖时间，奖励名称，等级”格式填写说明；

（6）其他，根据实际情况填写并做必要的说明。

3. 标注状态，用于说明有无标注“中国博士后科学基金资助及项目批准号”等。

五、成果统计表

<table>
<tr><td rowspan="4">获奖（项）</td><td colspan="6">国家级</td><td colspan="4">省部级</td><td>国际学术奖</td><td>其他</td></tr>
<tr><td colspan="2">自然科学奖</td><td colspan="2">科技进步奖</td><td colspan="2">发明奖</td><td colspan="2">自然科学奖</td><td colspan="2">科技进步奖</td><td rowspan="3"></td><td rowspan="3"></td></tr>
<tr><td>一等</td><td>二等</td><td>一等</td><td>二等</td><td>一等</td><td>二等</td><td>一等</td><td>二等</td><td>一等</td><td>二等</td></tr>
<tr><td></td><td></td><td></td><td></td><td></td><td></td><td></td><td></td><td></td><td></td></tr>
</table>

<table>
<tr><td rowspan="4">专著/论文（篇）</td><td colspan="7">发表论文</td><td colspan="4" rowspan="2">四大检索系统</td><td colspan="4">专著</td></tr>
<tr><td colspan="2">国际会议</td><td colspan="2">全国性会议</td><td colspan="3">刊物</td><td colspan="2">中文</td><td colspan="2">外文</td></tr>
<tr><td>特邀报告</td><td>分组报告</td><td>特邀报告</td><td>分组报告</td><td>国际刊物</td><td>国内刊物</td><td>国内一般刊物</td><td>SCI</td><td>SSCI</td><td>EI</td><td>ISR</td><td>已出版</td><td>待出版</td><td>已出版</td><td>待出版</td></tr>
<tr><td></td><td></td><td></td><td></td><td></td><td></td><td></td><td></td><td></td><td></td><td></td><td></td><td></td><td></td><td></td></tr>
</table>

<table>
<tr><td rowspan="4">专利及其他</td><td colspan="4">专利（项）</td><td colspan="3">成果推广及经济效益</td><td colspan="4">其他成果</td></tr>
<tr><td colspan="2">国内</td><td colspan="2">国外</td><td rowspan="2">可推广项数</td><td rowspan="2">已推广项数</td><td rowspan="2">经济效益（万元）</td><td rowspan="2">软件/数据库</td><td rowspan="2">图表/图集</td><td rowspan="2">新仪器/新方法</td><td rowspan="2">鉴定及其他</td></tr>
<tr><td>申请</td><td>批准</td><td>申请</td><td>批准</td></tr>
<tr><td></td><td></td><td></td><td></td><td></td><td></td><td></td><td></td><td></td><td></td><td></td></tr>
</table>

六、资助金使用情况

开支内容	金额（元）	备注
支出合计：	余额：	

七、承诺

我所填写的资助总结报告内容实事求是，数据翔实。

在公开发表资助成果时，将标注“中国博士后科学基金资助项目”及资助编号（Supported by the China Postdoctoral Science Foundation under Grant Number ××）。

获资助人：　　　　年　　月　　日

八、审核意见

财务负责人（签字）：

（公章）
年　　月　　日

博士后合作导师意见：

（签字）
年　　月　　日

设站单位博士后管理部门意见：

（公章）
年　　月　　日

中国博士后科学基金资助金使用效益情况报告

（　　年度）

设站单位＿＿＿＿＿＿＿＿＿＿＿＿＿＿＿＿＿＿＿＿

联 系 人＿＿＿＿＿＿＿＿＿＿＿＿＿＿＿＿＿＿＿＿

电　　话＿＿＿＿＿＿＿＿＿＿＿＿＿＿＿＿＿＿＿＿

电子邮箱＿＿＿＿＿＿＿＿＿＿＿＿＿＿＿＿＿＿＿＿

中国博士后科学基金会

一、基本信息（系统填写）

<table>
<tr><td colspan="2">获基金资助本年度出站博士后（人）</td><td colspan="3"></td></tr>
<tr><td colspan="2">面上资助（人）</td><td colspan="2">特别资助（人）</td><td>博新计划（人）</td></tr>
<tr><td>一等资助</td><td>二等资助</td><td>特别资助（站前）</td><td>特别资助（站中）</td><td rowspan="2"></td></tr>
<tr><td></td><td></td><td></td><td></td></tr>
</table>

二、经费使用情况（系统填写）

<table>
<tr><td colspan="3">面上资助（万元）</td><td colspan="3">特别资助（万元）</td><td colspan="3">博新计划（万元）</td></tr>
<tr><td>获得资助经费</td><td>已用经费</td><td>结余经费</td><td>获得资助经费</td><td>已用经费</td><td>结余经费</td><td>获得资助经费</td><td>已用经费</td><td>结余经费</td></tr>
<tr><td></td><td></td><td></td><td></td><td></td><td></td><td></td><td></td><td></td></tr>
</table>

三、获博士后科学基金资助成果（系统填写）

<table>
<tr><td rowspan="4">获奖（项）</td><td colspan="6">国家级</td><td colspan="4">省部级</td><td rowspan="2">国际学术奖</td><td rowspan="2">其他</td></tr>
<tr><td colspan="2">自然科学奖</td><td colspan="2">科技进步奖</td><td colspan="2">发明奖</td><td colspan="2">自然科学奖</td><td colspan="2">科技进步奖</td></tr>
<tr><td>一等</td><td>二等</td><td>一等</td><td>二等</td><td>一等</td><td>二等</td><td>一等</td><td>二等</td><td>一等</td><td>二等</td><td rowspan="2"></td><td rowspan="2"></td></tr>
<tr><td></td><td></td><td></td><td></td><td></td><td></td><td></td><td></td><td></td><td></td></tr>
</table>

<table>
<tr><td rowspan="4">专著/论文（篇）</td><td colspan="6">发表论文</td><td colspan="4" rowspan="2">四大检索系统</td><td colspan="4">专著</td></tr>
<tr><td colspan="2">国际会议</td><td colspan="2">全国性会议</td><td colspan="2">刊物</td><td colspan="2">中文</td><td colspan="2">外文</td></tr>
<tr><td>特邀报告</td><td>分组报告</td><td>特邀报告</td><td>分组报告</td><td>国际刊物</td><td>国内刊物</td><td>SCI</td><td>SSCI</td><td>EI</td><td>ISR</td><td>已出版</td><td>待出版</td><td>已出版</td><td>待出版</td></tr>
<tr><td></td><td></td><td></td><td></td><td></td><td></td><td></td><td></td><td></td><td></td><td></td><td></td><td></td><td></td></tr>
</table>

<table>
<tr><td rowspan="4">专利及其他</td><td colspan="4">专利（项）</td><td colspan="3" rowspan="2">成果推广及经济效益</td><td colspan="4" rowspan="2">其他成果</td></tr>
<tr><td colspan="2">国内</td><td colspan="2">国外</td></tr>
<tr><td>申请</td><td>批准</td><td>申请</td><td>批准</td><td>可推广项数</td><td>已推广项数</td><td>经济效益（万元）</td><td>软件/数据库</td><td>图表/图集</td><td>新仪器/新方法</td><td>鉴定及其他</td></tr>
<tr><td></td><td></td><td></td><td></td><td></td><td></td><td></td><td></td><td></td><td></td><td></td></tr>
</table>

<table>
<tr><td rowspan="2">获其他资助项目情况</td><td>国家自然科学基金青年基金</td><td>国家自然科学基金面上资助</td><td>国家社会科学基金</td><td>其他省部级</td></tr>
<tr><td></td><td></td><td></td><td></td></tr>
</table>

四、本年度获基金资助出站的优秀博士后综述

序号	姓名	成果形式	学术水平	贡献及突破	社会效益	经济效益

五、工作建议

附录二

优秀学术专著编撰指南

一、书稿文体

学术专著在理论上应有创新或在实验上有重大发现。基础理论著作要有理论创新，对科学发展或培养科技人才有重要作用。应用技术著作将科学理论应用于生产实践，能促进产业进步，产生较大经济效益。

著者要明确读者定位，明确学术著作所阐述的内容范围；注重书稿的创新性、学术性、完整性和规范性。

二、书稿结构

内容由浅入深，章节结构均衡。

三、名词术语

登录全国科学技术名词审定委员会官网（http://www.cnctst.cn/）了解最新科技术语，登录“术语在线”（http://www.termonline.cn/index.html）在线检索。也可参考全国科学技术名词审定委员会组织的各学科名词正式出版物。

谨慎使用未经规范的缩略语。

四、语言

准确、简洁，忌语言杂糅和语句过长。

五、图表

清晰、规范，与文字叙述内容对应。图表说明尽可能用中文。书稿中的表格形式应一致。

六、书名

准确反映内容，忌简单套用课题名称。书名不能过长。突出关键词，重要关键词前置，可采用主辅书名。

七、版权

不得侵犯他人著作权。

附录三

博士后基金天津联合资助招收单位联系方式

序号	单位名称	联系人姓名	联系人电话	设站单位所涉及的研究方向	设站单位名称
1	南开大学	李乐乐	17621396095	人工智能、算法、仿真建模、分布式计算、芯片、传感器设计、多模研究、工业视觉、网络安全、生物医学工程、合成生物学、基因编辑、药物分析、高分子材料、电化学、土壤修复、光学、仪器、材料、电子、信息、控制、计算机、化学、食品、数学、统计学、物理学、基础医学、临床医学、药学、医学技术、植物保护、生态学、农业资源利用	理论经济学博士后科研流动站 应用经济学博士后科研流动站 工商管理博士后科研流动站 管理科学与工程博士后科研流动站 信息资源管理博士后科研流动站 数学博士后科研流动站 统计学博士后科研流动站 物理学博士后科研流动站 化学博士后科研流动站 植物保护博士后科研流动站 材料科学与工程博士后科研流动站 环境科学与工程博士后科研流动站 生态学博士后科研流动站 生物学博士后科研流动站 药学博士后科研流动站 临床医学博士后科研流动站 光学工程博士后科研流动站 电子科学与技术博士后科研流动站 计算机科学与技术博士后科研流动站 控制科学与工程博士后科研流动站 软件工程博士后科研流动站 网络空间安全博士后科研流动站

续表

序号	单位名称	联系人姓名	联系人电话	设站单位所涉及的研究方向	设站单位名称
2	天津大学	霍亚松	18920525350	人工智能、算法、仿真建模、分布式计算、芯片、传感器设计、多模研究、工业视觉、网络安全、生物医学工程、合成生物学、基因编辑、药物分析、高分子材料、海洋化学、电化学、土壤修复、绿色建筑、轨道交通、测量与遥感、固井工艺、机械、光学、仪器、材料、冶金、动力、电子、信息、控制、计算机、建筑、土木、水利、测绘、地质、石油天然气、矿业、海洋、化学、轻工、食品、数学、统计学、物理学、基础医学、临床医学、药学、医学技术、植物保护、生态学、农业资源利用	动力工程及工程热物理博士后科研流动站 生物医学工程博士后科研流动站 教育学博士后科研流动站 电气工程博士后科研流动站 城乡规划学博士后科研流动站 数学博士后科研流动站 电子科学与技术博士后科研流动站 物理学博士后科研流动站 信息与通信工程博士后科研流动站 软件工程博士后科研流动站 化学博士后科研流动站 控制科学与工程博士后科研流动站 临床医学博士后科研流动站 地理学博士后科研流动站 计算机科学与技术博士后科研流动站 药学博士后科研流动站 生物学博士后科研流动站 建筑学博士后科研流动站 管理科学与工程博士后科研流动站 力学博士后科研流动站 土木工程博士后科研流动站 工商管理学博士后科研流动站 机械工程博士后科研流动站 水利工程博士后科研流动站 公共管理学博士后科研流动站 光学工程博士后科研流动站 化学工程与技术博士后科研流动站 仪器科学与技术博士后科研流动站 船舶与海洋工程博士后科研流动站 网络空间安全博士后科研流动站 材料科学与工程博士后科研流动站 环境科学与工程博士后科研流动站 集成电路科学与工程博士后科研流动站 纳米科学与工程博士后科研流动站 智能科学与技术博士后科研流动站

续表

序号	单位名称	联系人姓名	联系人电话	设站单位所涉及的研究方向	设站单位名称
3	天津医科大学	刘新宇	022-83336739 13920186719	生物医学工程、合成生物学、基因编辑、药物分析、基础医学、临床医学、药学、医学技术	基础医学博士后科研流动站 临床医学博士后科研流动站 生物医学工程博士后科研流动站 口腔医学博士后科研流动站 中西医结合博士后科研流动站 公共卫生与预防医学博士后科研流动站 药学博士后科研流动站 生物学博士后科研流动站 总医院博士后科研工作站 肿瘤医院博士后科研工作站 第二医院博士后创新实践基地 眼科医院博士后创新实践基地
4	天津中医药大学	李旷代	022-59596112 15022725637	生物医学工程、药物分析、化学、基础医学、临床医学、药学、医学技术	中医学博士后科研流动站 中药学博士后科研流动站 中西医结合博士后科研流动站
5	天津工业大学	张瑞	022-83955270 15620600969	人工智能、高分子材料、机械、材料、电子、控制、计算机、化学、纺织、数学、物理学、医学技术	数学博士后科研流动站 控制科学与工程博士后科研流动站 材料科学与工程博士后科研流动站 机械工程博士后科研流动站 纺织科学与工程博士后科研流动站
6	天津理工大学	路晓宇	022-60215166 15822887256	人工智能、算法、仿真建模、分布式计算、芯片、传感器设计、多模研究、工业视觉、网络安全、生物医学工程、药物分析、高分子材料、海洋化学、电化学、机械、材料、动力、电子、信息、控制、计算机、水利、海洋、化学、药学	计算机科学与工程博士后科研流动站 材料科学与工程博士后科研流动站 管理科学与工程博士后科研流动站 电气工程博士后科研流动站
7	天津科技大学	王宇坤	15613731325	人工智能、算法、仿真建模、芯片、多模研究、工业视觉、网络安全、生物医学工程、合成生物学、基因编辑、药物分析、高分子材料、海洋化学、电化学、土壤修复、机械、仪器、材料、电子、信息、控制、计算机、地质、石油天然气、海洋、化学、纺织、轻工、食品、药学、生态学、农业资源利用	轻工技术与工程博士后科研流动站 食品科学与工程博士后科研流动站 化学工程与技术博士后科研流动站

续表

序号	单位名称	联系人姓名	联系人电话	设站单位所涉及的研究方向	设站单位名称
8	天津师范大学	李理	022-23766452 18522252343	人工智能、传感器设计、高分子材料、电化学、土壤修复、测量与遥感、仪器、材料、水利、测绘、化学、生态学、农业资源利用	化学博士后科研流动站 地理学博士后科研流动站
9	天津财经大学	司汶	022-88186156 18222697629	人工智能、算法、信息、数学、统计学	工商管理博士后科研流动站 应用经济学博士后科研流动站 管理科学与工程博士后科研流动站
10	天津体育学院	宋尚函	18920143870	医学技术	体育学博士后科研流动站
11	中国民航大学	郭军	022-24092163 13302009862	人工智能、网络安全、机械、材料、动力、信息、控制、计算机	安全科学与工程博士后科研流动站
12	中国科学院天津工业生物技术研究所	刘琦	022-24828721	合成生物学	化学工程与技术博士后科研流动站 生物学博士后科研流动站
13	经开区人社局	张展	18920225632	人工智能、算法、芯片、传感器设计、生物医学工程、合成生物学、药物分析、高分子材料、土壤修复、机械、仪器、材料、电子、信息、计算机、海洋、化学、数学、基础医学、临床医学、药学、医学技术、植物保护、畜牧学、生态学、农业资源利用	天津普达软件技术有限公司博士后科研工作站 天津生物医药联合研究院博士后科研工作站 斯芬克司药物研发（天津）股份有限公司博士后科研工作站 天津泰达洁净材料有限公司博士后科研工作站 天津泰达绿化科技集团股份有限公司博士后科研工作站 泰达国际心血管病医院博士后科研工作站 天津市泰达医院博士后科研工作站 天津望圆智能科技有限公司博士后科研工作站 沂普光电（天津）有限公司博士后科研工作站 天津中能锂业有限公司博士后科研工作站 诺思（天津）微系统有限责任公司博士后科研工作站

续表

序号	单位名称	联系人姓名	联系人电话	设站单位所涉及的研究方向	设站单位名称
14	高新区人社局	崔冰	18622079393	人工智能、芯片、传感器设计、工业视觉、网络安全、生物医学工程、合成生物学、基因编辑、药物分析、高分子材料、测量与遥感、机械、固井工艺、光学、仪器、材料、动力、电子、信息、控制、计算机、药学	北京大学（天津滨海）新一代信息技术研究院博士后科研工作站 格瑞果汁工业（天津）有限公司博士后科研工作站 工大科雅（天津）能源科技有限公司博士后科研工作站 航天神舟飞行器有限公司博士后科研工作站 合源生物科技（天津）有限公司博士后科研工作站 联合诺华（天津）有限公司博士后科研工作站 联合信用管理有限公司博士后科研工作站 美德太平洋（天津）生物科技股份有限公司博士后科研工作站 谱尼测试科技（天津）有限公司博士后科研工作站 谱天（天津）生物科技有限公司博士后科研工作站 三六零科技集团有限公司博士后科研工作站 曙光信息产业股份有限公司博士后科研工作站 天地伟业技术有限公司博士后科研工作站 天津安华易科技发展有限公司博士后科研工作站 天津巴莫科技有限责任公司博士后科研工作站 天津成科传动机电技术股份有限公司博士后科研工作站 天津飞腾信息技术有限公司博士后科研工作站 天津飞眼无人机科技有限公司博士后科研工作站 天津富通鑫茂科技股份有限公司博士后科研工作站 天津海泰环保科技发展股份有限公司博士后科研工作站 天津航天机电设备研究所博士后科研工作站

续表

序号	单位名称	联系人姓名	联系人电话	设站单位所涉及的研究方向	设站单位名称
14	高新区人社局	崔冰	18622079393	人工智能、芯片、传感器设计、工业视觉、网络安全、生物医学工程、合成生物学、基因编辑、药物分析、高分子材料、测量与遥感、机械、固井工艺、光学、仪器、材料、动力、电子、信息、控制、计算机、药学	天津航天中为数据系统科技有限公司博士后科研工作站 天津金力研汽车工程技术有限公司博士后科研工作站 天津金域医学检验实验室有限公司博士后科研工作站 天津凯发电气股份有限公司博士后科研工作站 天津康泰协和生物科技有限公司博士后科研工作站 天津旷博同生生物技术有限公司博士后科研工作站 天津力神电池股份有限公司博士后科研工作站 天津绿茵景观生态建设股份有限公司博士后科研工作站 天津南大通用数据技术股份有限公司博士后科研工作站 天津普泰国信科技有限公司博士后科研工作站 天津强微特生物科技有限公司博士后科研工作站 天津三安光电有限公司博士后科研工作站 天津神舟通用数据技术有限公司博士后科研工作站 天津市海王星海上工程技术股份有限公司博士后科研工作站 天津市汉康医药生物技术有限公司博士后科研工作站 天津市天中依脉科技开发有限公司博士后科研工作站 天津市优耐特汽车电控技术服务有限公司博士后科研工作站 天津天大求实电力新技术股份有限公司博士后科研工作站 天津天堰科技股份有限公司博士后科研工作站 天津同阳科技发展有限公司博士后科研工作站 天津外泌体科技有限公司博士后科研工作站

续表

序号	单位名称	联系人姓名	联系人电话	设站单位所涉及的研究方向	设站单位名称
14	高新区人社局	崔冰	18622079393	人工智能、芯片、传感器设计、工业视觉、网络安全、生物医学工程、合成生物学、基因编辑、药物分析、高分子材料、测量与遥感、机械、固井工艺、光学、仪器、材料、动力、电子、信息、控制、计算机、药学	天津先进技术研究院博士后科研工作站 天津现代创新中药科技有限公司博士后科研工作站 天津壹鸣环境科技股份有限公司博士后科研工作站 天津壹生环保科技有限公司博士后科研工作站 天津中科先进技术研究院有限公司博士后科研工作站 天津中油渤星工程科技有限公司博士后科研工作站 天津鲲鹏信息技术有限公司博士后科研工作站 天狮集团有限公司博士后科研工作站 因诺微科技（天津）有限公司博士后科研工作站 云账户技术（天津）有限公司博士后科研工作站 浙江大学滨海产业技术研究院博士后科研工作站 中电云脑（天津）科技有限公司博士后科研工作站 中海油安全技术服务有限公司博士后科研工作站 中科遥感科技集团有限公司博士后科研工作站 麒麟软件有限公司博士后科研工作站

续表

序号	单位名称	联系人姓名	联系人电话	设站单位所涉及的研究方向	设站单位名称
15	保税区人社局	袁一	022-84906093 18222878610	人工智能、算法、仿真建模、生物医学工程、合成生物学、高分子材料、绿色建筑、轨道交通、机械、仪器、材料、冶金、电子、控制、计算机、建筑、土木、水利、石油天然气、海洋、轻工、食品、统计学、生态学	中海石油环保服务（天津）有限公司博士后科研工作站 恒银金融科技股份有限公司博士后科研工作站 汇源印刷包装科技（天津）股份有限公司博士后科研工作站 顺昊细胞生物技术（天津）股份有限公司博士后科研工作站 天津钢铁集团有限公司博士后科研工作站 天津海鸥表业集团有限公司博士后科研工作站 天津航空机电有限公司博士后科研工作站 天津农村商业银行股份有限公司博士后科研工作站 天津汽车模具股份有限公司博士后科研工作站 天津瑞普生物技术股份有限公司博士后科研工作站 天津拾起卖科技有限公司博士后科研工作站 天津市利民调料有限公司博士后科研工作站 天津市食品安全检测技术研究院博士后科研工作站 天津泰达滨海清洁能源集团有限公司博士后科研工作站 天津万峰环保科技有限公司博士后科研工作站 天津银行股份有限公司博士后科研工作站 优赛生命科学发展有限公司博士后科研工作站 中科美宁（天津）医药科技有限公司博士后科研工作站 中铁电气化勘测设计研究院有限公司博士后科研工作站

续表

序号	单位名称	联系人姓名	联系人电话	设站单位所涉及的研究方向	设站单位名称
16	中新生态城人社局	焦亚楠	18835123215	人工智能、算法、芯片、生物医学工程、土壤修复、绿色建筑、测量与遥感、机械、仪器、动力、电子、信息、控制、建筑、水利、地质、矿业、化学、基础医学、临床医学、药学、医学技术、生态学、农业资源利用	天津生态城环保有限公司博士后科研工作站 天津生态城投资开发有限公司博士后科研工作站 天津生态城能源投资建设有限公司博士后科研工作站 天津生态城建设投资有限公司博士后科研工作站 天津生态城水务投资建设有限公司博士后科研工作站 华测生态环境科技（天津）有限公司博士后科研工作站 丹娜（天津）生物科技股份有限公司博士后科研工作站 天津喜诺生物医药有限公司博士后科研工作站 天津生态城绿色建筑研究院有限公司博士后科研工作站 杰科（天津）生物医药有限公司博士后科研工作站 天津市第五中心医院生态城医院博士后科研工作站 清华大学天津电子信息研究院博士后科研工作站 天津华慧芯科技集团有限公司博士后科研工作站 华峰测控技术（天津）有限责任公司博士后科研工作站 国网瑞嘉（天津）智能机器人有限公司博士后科研工作站 天津美腾科技股份有限公司博士后科研工作站 起硕（天津）智能科技有限公司博士后科研工作站 天津全华时代航天科技发展有限公司博士后科研工作站 华海通信技术有限公司博士后科研工作站 灵翼飞航（天津）科技有限公司博士后科研工作站 天津住宅科学研究院有限公司博士后科研工作站

续表

序号	单位名称	联系人姓名	联系人电话	设站单位所涉及的研究方向	设站单位名称
17	南开区人社局	刘天彪	13622127877	绿色建筑、机械、光学、仪器、建筑、土木、临床医学、药学、医学技术	天津大学建筑设计规划研究总院有限公司博士后科研工作站 天津津航技术物理研究所博士后科研工作站
18	东疆综合保税区人社局	周思羽	18322773209	人工智能、算法、工业视觉、绿色建筑、机械、海洋、化学、统计学、植物保护、生态学	工银金融租赁有限公司博士后科研工作站 天科院环境科技发展（天津）有限公司博士后科研工作站 盛业商业保理有限公司博士后科研工作站 天科院环境科技发展（天津）有限公司博士后科研工作站 中交海洋建设开发有限公司博士后科研工作站 中铁工程装备集团（天津）有限公司博士后科研工作站 中铁建金融租赁有限公司博士后科研工作站 曜琅智慧科技产业（天津）有限公司博士后科研工作站 贝式计算（天津）信息技术有限公司博士后科研工作站 泊诺（天津）创新医药研有限公司博士后科研工作站
19	河东区人社局	张曼	022-24223152 15122104006	算法、高分子材料、仪器、材料、控制、海洋、基础医学、临床医学、医学技术	天津市第三中心医院博士后科研工作站 天津市电气科学研究院博士后科研工作站 国家海洋信息中心博士后科研工作站 中国建筑第六工程局博士后科研工作站

续表

序号	单位名称	联系人姓名	联系人电话	设站单位所涉及的研究方向	设站单位名称
20	西青区人社局	闫朝辉	18522015538	人工智能、芯片、生物医学工程、药物分析、高分子材料、机械、材料、动力、电子、信息、化学、食品、药学	天津市西青经济开发集团有限公司博士后科研工作站 天津瑞能电气有限公司博士后科研工作站 天津力生制药股份有限公司博士后科研工作站 天津市康婷生物工程有限公司博士后科研工作站 中芯国际集成电路制造（天津）有限公司博士后科研工作站 天津宏仁堂药业有限公司博士后科研工作站 天津同仁堂集团股份有限公司博士后科研工作站 天津狗不理食品股份有限公司博士后科研工作站 宜科（天津）电子有限公司博士后科研工作站 天津市捷威动力工业有限公司博士后科研工作站
21	津南区人社局	王佳怡	17695907387	电化学、机械、材料、电子、信息、化学	华海清科股份有限公司博士后科研工作站
22	东丽区人社局	马丽丽	18722575666	机械、仪器、食品	天津春发生物科技集团有限公司博士后科研工作站 天津三英精密仪器股份有限公司博士后科研工作站 中科和光（天津）应用激光技术研究院有限公司博士后科研工作站 天津永昌焊丝有限公司博士后科研工作站
23	北辰区人社局	康宁	13102013729	生物医学工程、高分子材料、机械、仪器、材料、动力、化学、轻工	天津北辰经济技术开发区管理委员会博士后科研工作站 沃德传动（天津）股份有限公司博士后科研工作站 天津捷强动力装备股份有限公司博士后科研工作站 天津福云天翼科技有限公司博士后科研工作站 中逸安科生物技术股份有限公司博士后科研工作站 小护士（天津）股份有限公司博士后科研工作站 天津久日新材料股份有限公司博士后科研工作站

续表

序号	单位名称	联系人姓名	联系人电话	设站单位所涉及的研究方向	设站单位名称
24	武清区人社局	丰硕	13820305812	水利	天津大学前沿技术研究院有限公司博士后科研工作站
25	蓟州区人社局	齐傲雪	13021394305	生物医学工程	天津博菲德科技有限公司博士后科研工作站
26	中国医学科学院放射医学研究所	高银	13821125858	生物医学工程、化学、基础医学、药学	中国医学科学院放射医学研究所博士后科研工作站
27	中国移动通信集团天津有限公司	赵东明	15122721512	人工智能	中国移动通信集团天津有限公司博士后科研工作站
28	中恩（天津）医药科技有限公司	戴隆海	15202284450	食品	中恩（天津）医药科技有限公司博士后科研工作站
29	先进计算与关键软件（信创）海河实验室	方嵛	13627287631	人工智能、算法、网络安全、电子、信息、计算机	先进计算与关键软件（信创）海河实验室博士后科研工作站
30	细胞生态海河实验室	刘建松	18630889712	基因编辑、基础医学、药学	细胞生态海河实验室博士后科研工作站
31	农业农村部环境保护科研监测所	赖欣	18622271166	土壤修复、生态学、农业资源利用	农业农村部环境保护科研监测所博士后科研工作站
32	自然资源部天津海水淡化与综合利用研究所	靳亚鹏	15902268557	高分子材料、海洋化学、电化学、土壤修复、机械、材料、海洋、化学	自然资源部天津海水淡化与综合利用研究所博士后科研工作站
33	物质绿色创造与制造海河实验室	马也	13920258575	人工智能、算法、合成生物学、高分子材料、海洋化学、电化学、材料、化学、药学、植物保护	物质绿色创造与制造海河实验室博士后科研工作站
34	中国医学科学院生物医学工程研究所	王晓莉	13821837082	人工智能、仿真建模、生物医学工程、药物分析、高分子材料、电子、信息、医学技术	中国医学科学院生物医学工程研究所博士后科研工作站

续表

序号	单位名称	联系人姓名	联系人电话	设站单位所涉及的研究方向	设站单位名称
35	中国电子科技集团公司第五十三研究所	于快快	19191012381	人工智能、光学、电子、信息、控制、物理学	中国电子科技集团公司第五十三研究所博士后科研工作站
36	天津渤海化工集团有限责任公司	于涛	15222464649	高分子材料、海洋化学、电化学、化学	天津渤海化工集团有限责任公司博士后科研工作站
37	国家海洋技术中心	何明	13512057543	海洋	国家海洋技术中心博士后科研工作站
38	中国石油天然气股份有限公司大港油田分公司	周凯	13820242299	人工智能、固井工艺、机械、材料、信息、控制、地质、石油天然气、海洋、化学、数学、物理学	大港油田集团公司博士后科研工作站
39	中投（天津）智能管道股份有限公司	李莉	18920339152	高分子材料、机械、化学	中投（天津）智能管道股份有限公司博士后科研工作站
40	中煤天津设计工程有限责任公司	胡曜辉	15222109933	土壤修复、轨道交通、地质、矿业	中煤天津设计工程有限责任公司博士后科研工作站
41	天津光电通信技术有限公司	杨楠	18322306343	算法、仿真建模、电子、信息、计算机	天津光电通信技术有限公司博士后科研工作站
42	现代中医药海河实验室	李遇伯	15332130770	药物分析、基础医学、临床医学、药学	现代中医药海河实验室博士后科研工作站
43	津药达仁堂集团股份有限公司	钟欣原	13034315813	人工智能、网络安全、计算机	津药达仁堂集团股份有限公司博士后科研工作站
44	合成生物学海河实验室	宋亚团	022-84841005	合成生物学、基因编辑	合成生物学海河实验室博士后科研工作站
45	天津市人民医院	马月	022-27557132	生物医学工程、基础医学、临床医学	天津市人民医院博士后科研工作站
46	天津市天津医院	张海红	13602006621	生物医学工程、基础医学、临床医学	天津市天津医院博士后科研工作站

续表

序号	单位名称	联系人姓名	联系人电话	设站单位所涉及的研究方向	设站单位名称
47	天津市胸科医院	褚玉晶	15900250531	基础医学、临床医学	天津市胸科医院博士后科研工作站
48	核工业理化工程研究院	刘源洁	13662059964	算法、仿真建模、高分子材料、机械、光学、材料、控制、数学、物理学、化学、力学	核工业理化工程研究院博士后科研工作站

附录四

2023 年度中国博士后科学基金资助人员名单

中国博士后科学基金第 73 批面上资助获资助人员名单

（部分获资助人员名单略）

序号	姓名	博士后编号	设站单位名称	一级学科	资助金额/万元	资助编号
1	姬尚丽	302404	爱尔眼科医院集团股份有限公司	临床医学	8	2023M730001
2	穆菁青	315034	爱尔眼科医院集团股份有限公司	药学	8	2023M730002
3	李坤振	336375	安徽大学	材料科学与工程	8	2023M730003
4	叶　坤	311379	安徽大学	材料科学与工程	8	2023M730004
5	員亚培	320276	安徽大学	材料科学与工程	8	2023M730005
6	余　航	342433	安徽大学	电子科学与技术	8	2023M730006
7	周洵竹	328133	安徽大学	化学	8	2023M730007
8	李晓峰	307441	安徽大学	控制科学与工程	8	2023M730008
9	赵大卫	326525	安徽大学	控制科学与工程	8	2023M730009
10	吴攀攀	312517	安徽大学	生物学	8	2023M730010
11	田尚杰	321475	安徽大学	物理学	8	2023M730011
12	严　萍	320279	安徽大学	物理学	8	2023M730012
13	徐娟娟	345629	安徽大学	哲学	5	2023M730013
14	洪　梅	336101	安徽工业大学	材料科学与工程	8	2023M730014
15	张丹丹	344338	安徽农业大学	生物学	8	2023M730015
16	李绍晨	333045	安徽农业大学	植物保护	8	2023M730016
17	郭延龙	329654	安徽省社会科学院	历史学	5	2023M730017
18	李亚胜	301986	安徽医科大学	基础医学	8	2023M730018
19	李阔阔	329300	安徽医科大学	临床医学	8	2023M730019
20	陈　星	318605	安徽医科大学	药学	8	2023M730020
21	潘雪银	341285	安徽医科大学第一附属医院	临床医学	8	2023M730021
22	张晓博	342083	鞍山钢铁集团有限公司	冶金工程	8	2023M730022
23	程嘉瑞	303805	宝鸡石油机械有限责任公司	石油与天然气工程	8	2023M730023
24	蔡钢伟	344760	宝业集团股份有限公司	建筑学	8	2023M730024
25	王海舰	304691	北海银河生物产业投资股份有限公司	矿业工程	8	2023M730025
26	陈盼飞	333560	北京北农企业管理有限公司	林学	8	2023M730026
27	王小云	331152	北京北农企业管理有限公司	园艺学	8	2023M730027

续表

序号	姓名	博士后编号	设站单位名称	一级学科	资助金额/万元	资助编号
28	姜德泉	316850	北京大学	材料科学与工程	8	2023M730028
29	李　璐	328268	北京大学	材料科学与工程	8	2023M730029
30	孙　瑜	338840	北京大学	材料科学与工程	8	2023M730030
31	吴奇龙	328780	北京大学	材料科学与工程	8	2023M730031
32	张玉林	312638	北京大学	材料科学与工程	8	2023M730032
33	仲启轩	318611	北京大学	材料科学与工程	8	2023M730033
34	胡　蝶	316898	北京大学	地理学	8	2023M730034
35	孙翌馨	316826	北京大学	地球物理学	8	2023M730035
36	Tehseen Zafar	305777	北京大学	地质学	8	2023M730036
37	徐　严	316830	北京大学	地质学	8	2023M730037
38	赵正福	333592	北京大学	地质学	8	2023M730038
39	李朋朋	306463	北京大学	地质资源与地质工程	8	2023M730039
40	李　晗	328538	北京大学	动力工程及工程热物理	8	2023M730040
41	李宏基	316818	北京大学	法学	5	2023M730041
42	刘　洋	317536	北京大学	管理科学与工程	5	2023M730042
43	安　芸	328299	北京大学	化学	8	2023M730043
44	樊　星	328567	北京大学	化学	8	2023M730044
45	谷　雨	316849	北京大学	化学	8	2023M730045
46	韩　层	342910	北京大学	化学	8	2023M730046
47	刘储浩	315037	北京大学	化学	8	2023M730047
48	许训徽	326652	北京大学	化学	8	2023M730048
49	杨　晨	318439	北京大学	化学	8	2023M730049
50	曾瑞金	343346	北京大学	化学	8	2023M730050
51	周晨晖	306147	北京大学	化学	8	2023M730051
52	野　娜	331106	北京大学	化学工程与技术	8	2023M730052
53	陈方园	338036	北京大学	环境科学与工程	8	2023M730053
54	付自豪	336371	北京大学	环境科学与工程	8	2023M730054
55	李贝贝	318180	北京大学	环境科学与工程	8	2023M730055
56	陈　浩	343596	北京大学	计算机科学与技术	8	2023M730056
57	琚　玮	317512	北京大学	计算机科学与技术	8	2023M730057
58	刘　琰	313537	北京大学	计算机科学与技术	8	2023M730058
59	魏丽娜	330964	北京大学	教育学	5	2023M730059
60	鲁世林	328680	北京大学	科学技术史	8	2023M730060

续表

序号	姓名	博士后编号	设站单位名称	一级学科	资助金额/万元	资助编号
61	陈　迪	328019	北京大学	控制科学与工程	8	2023M730061
62	冯　玥	306586	北京大学	历史学	5	2023M730062
63	高　燎	328371	北京大学	历史学	5	2023M730063
64	王天驰	309062	北京大学	历史学	5	2023M730064
65	杨月光	318106	北京大学	历史学	5	2023M730065
66	刘后常	328745	北京大学	力学	8	2023M730066
67	陆涵婧	316858	北京大学	力学	8	2023M730067
68	秦登辉	315947	北京大学	力学	8	2023M730068
69	曹得宝	327348	北京大学	马克思主义理论	5	2023M730069
70	徐亚豪	311011	北京大学	马克思主义理论	5	2023M730070
71	史雨星	328000	北京大学	农林经济管理	5	2023M730071
72	徐沙沙	301427	北京大学	农林经济管理	5	2023M730072
73	郭　慧	316336	北京大学	农业工程	8	2023M730073
74	刘梓桐	310477	北京大学	农业资源利用	8	2023M730074
75	Xiaofan Tu	330943	北京大学	生物学	8	2023M730075
76	程梦竹	328612	北京大学	生物学	8	2023M730076
77	李惟芬	317573	北京大学	生物学	8	2023M730077
78	刘俊娥	316650	北京大学	生物学	8	2023M730078
79	刘　莹	343568	北京大学	生物学	8	2023M730079
80	吕春华	306065	北京大学	生物学	8	2023M730080
81	齐文华	333462	北京大学	生物学	8	2023M730081
82	王姝婷	346303	北京大学	生物学	8	2023M730082
83	王宇涛	316634	北京大学	生物学	8	2023M730083
84	严振鑫	327041	北京大学	生物学	8	2023M730084
85	杨婷婷	346000	北京大学	生物学	8	2023M730085
86	张延松	316631	北京大学	生物学	8	2023M730086
87	张雨晴	328478	北京大学	生物学	8	2023M730087
88	赵二猛	337147	北京大学	石油与天然气工程	8	2023M730088
89	孔正杰	333415	北京大学	兽医学	8	2023M730089
90	王守霞	328375	北京大学	数学	8	2023M730090
91	闻林杰	306153	北京大学	数学	8	2023M730091
92	颜俊榕	328777	北京大学	数学	8	2023M730092
93	杨国国	303963	北京大学	数学	8	2023M730093

续表

序号	姓名	博士后编号	设站单位名称	一级学科	资助金额/万元	资助编号
94	陈新凯	328103	北京大学	天文学	8	2023M730094
95	刘佳亲	328101	北京大学	图书情报与档案管理	5	2023M730095
96	闫泽霖	328775	北京大学	土木工程	8	2023M730096
97	毕环宇	331390	北京大学	物理学	8	2023M730097
98	黄思维	317568	北京大学	物理学	8	2023M730098
99	纪永强	301643	北京大学	物理学	8	2023M730099
100	武　敏	328106	北京大学	物理学	8	2023M730100
101	熊　霄	328656	北京大学	物理学	8	2023M730101
102	张　帅	328109	北京大学	物理学	8	2023M730102
103	张志斌	316042	北京大学	物理学	8	2023M730103
104	马爱芳	329903	北京大学	新闻传播学	5	2023M730104
105	杨　岑	327035	北京大学	心理学	8	2023M730105
106	周元飞	314742	北京大学	药学	8	2023M730106
107	李青原	328671	北京大学	应用经济学	5	2023M730107
108	李亚楠	303860	北京大学	应用经济学	5	2023M730108
109	韦东明	328688	北京大学	应用经济学	5	2023M730109
110	谢贤君	338568	北京大学	应用经济学	5	2023M730110
111	杜以恒	316325	北京大学	中国语言文学	5	2023M730111
112	王敏敏	317641	北京大学医学部	公共管理	5	2023M730112
113	王小文	333279	北京大学医学部	公共卫生与预防医学	8	2023M730113
114	何启瑜	320311	北京大学医学部	基础医学	8	2023M730114
115	魏士长	300335	北京大学医学部	基础医学	8	2023M730115
116	李晓婵	321980	北京大学医学部	口腔医学	8	2023M730116
117	王　丹	321291	北京大学医学部	口腔医学	8	2023M730117
118	高　山	324751	北京大学医学部	临床医学	8	2023M730118
119	管　真	323216	北京大学医学部	临床医学	8	2023M730119
120	焦　曦	323218	北京大学医学部	临床医学	8	2023M730120
121	刘齐雨	300751	北京大学医学部	临床医学	8	2023M730121
122	马佰凯	321296	北京大学医学部	临床医学	8	2023M730122
123	王逸群	323889	北京大学医学部	临床医学	8	2023M730123
124	魏枢华	319737	北京大学医学部	临床医学	8	2023M730124
125	温好婕	323031	北京大学医学部	临床医学	8	2023M730125
126	钟启航	319756	北京大学医学部	临床医学	8	2023M730126

续表

序号	姓名	博士后编号	设站单位名称	一级学科	资助金额/万元	资助编号
127	李长炙	321243	北京大学医学部	生物学	8	2023M730127
128	李　桃	346846	北京大学医学部	生物学	8	2023M730128
129	王　晓	338749	北京大学医学部	生物学	8	2023M730129
130	张一静	319868	北京大学医学部	心理学	5	2023M730130
131	王子龙	318190	北京大学医学部	药学	8	2023M730131
132	谭旺晓	307013	北京大学医学部	中药学	8	2023M730132
133	林海锋	342535	北京工商大学	食品科学与工程	8	2023M730133
134	张莉莉	309724	北京工商大学	食品科学与工程	8	2023M730134
135	张文涛	334387	北京工商大学	食品科学与工程	8	2023M730135
136	吴　杨	321853	北京工业大学	材料科学与工程	8	2023M730136
137	邓文杰	333053	北京工业大学	电子科学与技术	8	2023M730137
138	郄志鹏	325724	北京工业大学	动力工程及工程热物理	8	2023M730138
139	张　鑫	340002	北京工业大学	光学工程	8	2023M730139
140	刘弈畅	322208	北京工业大学	化学	8	2023M730140
141	李家麟	320436	北京工业大学	环境科学与工程	8	2023M730141
142	王小桐	333055	北京工业大学	环境科学与工程	8	2023M730142
143	王治伟	321684	北京工业大学	环境科学与工程	8	2023M730143
144	刘　凯	302607	北京工业大学	机械工程	8	2023M730144
145	王涣杰	301274	北京工业大学	机械工程	8	2023M730145
146	闫　俊	320398	北京工业大学	机械工程	8	2023M730146
147	王　珞	301275	北京工业大学	计算机科学与技术	8	2023M730147
148	高　雯	334700	北京工业大学	建筑学	8	2023M730148
149	聂晶鑫	326599	北京工业大学	建筑学	8	2023M730149
150	张永男	301484	北京工业大学	交通运输工程	8	2023M730150
151	张旭峰	331688	北京工业大学	农林经济管理	5	2023M730151
152	李亚楠	320387	北京工业大学	数学	8	2023M730152
153	张　硕	329067	北京工业大学	图书情报与档案管理	5	2023M730153
154	诸葛翰卿	345966	北京工业大学	土木工程	8	2023M730154
155	时　佳	327778	北京工业大学	物理学	8	2023M730155
156	胡　婷	326417	北京工业大学	信息与通信工程	8	2023M730156
157	许　岷	323257	北京工业大学	应用经济学	5	2023M730157
158	王　剑	310975	北京国有资本经营管理中心	法学	5	2023M730158
159	张　倩	318382	北京化工大学	材料科学与工程	8	2023M730184

续表

序号	姓名	博士后编号	设站单位名称	一级学科	资助金额/万元	资助编号
160	王晨筱	319864	北京化工大学	工商管理	5	2023M730185
161	吴　颖	312829	北京化工大学	化学	8	2023M730186
162	陈自慢	326662	北京化工大学	化学工程与技术	8	2023M730187
163	崔子恒	306465	北京化工大学	化学工程与技术	8	2023M730188
164	林诚然	316037	北京化工大学	机械工程	8	2023M730189
165	马　鑫	343002	北京化工大学	控制科学与工程	8	2023M730190
166	彭　亿	317493	北京化工大学	数学	8	2023M730191
167	秦晓文	317492	北京化工大学	数学	8	2023M730192
168	杨雅婷	318398	北京化工大学	物理学	8	2023M730193
169	陈宝凤	347095	北京机电研究所有限公司	材料科学与工程	8	2023M730194
170	闫　林	325190	北京机电研究所有限公司	材料科学与工程	8	2023M730195
171	马　征	321774	北京计算科学研究中心	数学	8	2023M730196
172	陈泽华	345598	北京计算科学研究中心	物理学	8	2023M730197
173	曲登科	333722	北京计算科学研究中心	物理学	8	2023M730198
174	林浩曦	302845	北京建筑大学	地理学	8	2023M730199
175	李会芳	302191	北京建筑大学	土木工程	8	2023M730200
176	高　畅	321314	北京交通大学	材料科学与工程	8	2023M730201
177	李俊杰	333477	北京交通大学	环境科学与工程	8	2023M730202
178	孙琪凯	339803	北京交通大学	土木工程	8	2023M730203
179	周振梁	316855	北京交通大学	土木工程	8	2023M730204
180	张楚国	321963	北京交通大学	物理学	8	2023M730205
181	刘明远	340949	北京交通大学	信息与通信工程	8	2023M730206
182	孙洪宇	338526	北京交通大学	仪器科学与技术	8	2023M730207
183	陈海洋	325786	北京科技大学	材料科学与工程	8	2023M730208
184	罗华杰	323559	北京科技大学	材料科学与工程	8	2023M730209
185	孟　楠	312392	北京科技大学	材料科学与工程	8	2023M730210
186	邢云颖	320012	北京科技大学	材料科学与工程	8	2023M730211
187	杨继昆	329542	北京科技大学	材料科学与工程	8	2023M730212
188	陶朗道	322671	北京科技大学	法学	5	2023M730213
189	尚　铎	329419	北京科技大学	工商管理	5	2023M730214
190	艾文清	346301	北京科技大学	管理科学与工程	5	2023M730215
191	赖余建	337508	北京科技大学	环境科学与工程	8	2023M730216
192	伍　毅	332386	北京科技大学	机械工程	8	2023M730217

续表

序号	姓名	博士后编号	设站单位名称	一级学科	资助金额/万元	资助编号
193	徐欣怡	327040	北京科技大学	计算机科学与技术	8	2023M730218
194	付迎春	344450	北京科技大学	科学技术史	8	2023M730219
195	黄海丰	342189	北京科技大学	控制科学与工程	8	2023M730220
196	姚其家	332534	北京科技大学	控制科学与工程	8	2023M730221
197	王建栋	343348	北京科技大学	矿业工程	8	2023M730222
198	戴贝钰	305742	北京科技大学	马克思主义理论	5	2023M730223
199	解晓政	321979	北京科技大学	生物医学工程	8	2023M730224
200	张　松	310221	北京科技大学	土木工程	8	2023M730225
201	陈　诚	318167	北京科技大学	信息与通信工程	8	2023M730226
202	冯　超	329478	北京科技大学	冶金工程	8	2023M730227
203	黄禹赫	332542	北京科技大学	冶金工程	8	2023M730228
204	谢明壮	329332	北京科技大学	冶金工程	8	2023M730229
205	邢立东	311255	北京科技大学	冶金工程	8	2023M730230
206	朱涛涛	334379	北京科技大学	作物学	8	2023M730231
207	殷　鹏	330636	北京量子信息科学研究院	物理学	8	2023M730272
208	汪　飞	332922	北京林业大学	管理科学与工程	5	2023M730273
209	高　鹏	322616	北京林业大学	环境科学与工程	8	2023M730274
210	刘亚涛	336033	北京林业大学	环境科学与工程	8	2023M730275
211	彭　鹏	314047	北京美中双和医疗器械股份有限公司	材料科学与工程	8	2023M730276
212	刘志元	303388	北京脑科学与类脑研究中心	生物学	8	2023M730277
213	张高伟	341236	北京师范大学	材料科学与工程	8	2023M730278
214	罗彬禾	331248	北京师范大学	大气科学	8	2023M730279
215	刘尊驰	319886	北京师范大学	地理学	8	2023M730280
216	石芳忠	324487	北京师范大学	地理学	8	2023M730281
217	王　凤	344315	北京师范大学	地理学	8	2023M730282
218	张　凯	342393	北京师范大学	地理学	8	2023M730283
219	郑龙飞	329686	北京师范大学	地理学	8	2023M730284
220	顾晨昊	347217	北京师范大学	法学	5	2023M730285
221	潘　聪	303721	北京师范大学	化学	8	2023M730286
222	滕坤旭	319818	北京师范大学	化学	8	2023M730287
223	魏　欢	328742	北京师范大学	化学	8	2023M730288
224	周君慧	308316	北京师范大学	环境科学与工程	8	2023M730289
225	任　民	344446	北京师范大学	计算机科学与技术	8	2023M730290

续表

序号	姓名	博士后编号	设站单位名称	一级学科	资助金额/万元	资助编号
226	曹太合	342857	北京师范大学	教育学	5	2023M730291
227	王　磊	321986	北京师范大学	教育学	5	2023M730292
228	邹红军	320944	北京师范大学	教育学	5	2023M730293
229	郭　睿	322693	北京师范大学	马克思主义理论	5	2023M730294
230	蒋君翊	346557	北京师范大学	生物学	8	2023M730295
231	孙贺阳	330065	北京师范大学	水利工程	8	2023M730296
232	苍天启	309370	北京师范大学	天文学	8	2023M730297
233	陈雪纯	322005	北京师范大学	天文学	8	2023M730298
234	胡高科	321762	北京师范大学	物理学	8	2023M730299
235	柳　浪	321779	北京师范大学	物理学	8	2023M730300
236	马　旋	327254	北京师范大学	物理学	8	2023M730301
237	宫竹青	329132	北京师范大学	心理学	8	2023M730302
238	刘绍航	319299	北京师范大学	心理学	5	2023M730303
239	王雪彤	327726	北京师范大学	心理学	5	2023M730304
240	陈焱松	344790	北京师范大学	艺术学	5	2023M730305
241	武亮宇	328701	北京师范大学	艺术学	5	2023M730306
242	王　楠	343786	北京师范大学	哲学	5	2023M730307
243	赵陕君	328839	北京师范大学	中国语言文学	5	2023M730308
244	赵晓梅	332941	北京师范大学	中国语言文学	5	2023M730309
245	周美静	326206	北京市安全生产工程技术研究院	应用经济学	5	2023M730310
246	吴　振	342541	北京市春立正达医疗器械股份有限公司	材料科学与工程	8	2023M730311
247	李　冉	325226	北京市计量检测科学研究院	植物保护	8	2023M730312
248	张　韫	321862	北京市农林科学院	生物学	8	2023M730313
249	黄官民	321856	北京市农林科学院	作物学	8	2023M730314
250	寇焜照	310470	北京外国语大学	教育学	5	2023M730315
251	刘　松	309779	北京外国语大学	外国语言文学	5	2023M730316
252	李　昂	324527	北京协和医学院	公共卫生与预防医学	8	2023M730317
253	李　峥	316031	北京协和医学院	基础医学	8	2023M730318
254	肖胤勃	332471	北京协和医学院	基础医学	8	2023M730319
255	周　力	324502	北京协和医学院	基础医学	8	2023M730320
256	李春微	343648	北京协和医学院	临床医学	8	2023M730321
257	李春晓	325021	北京协和医学院	临床医学	8	2023M730322

续表

序号	姓名	博士后编号	设站单位名称	一级学科	资助金额/万元	资助编号
258	李　扬	340707	北京协和医学院	临床医学	8	2023M730323
259	刘嘉琦	309772	北京协和医学院	临床医学	8	2023M730324
260	龙俊宇	330811	北京协和医学院	临床医学	8	2023M730325
261	马亚锐	340759	北京协和医学院	临床医学	8	2023M730326
262	王巨红	329338	北京协和医学院	临床医学	8	2023M730327
263	王子豪	331992	北京协和医学院	临床医学	8	2023M730328
264	赵　扬	332501	北京协和医学院	临床医学	8	2023M730329
265	朱真真	332439	北京协和医学院	临床医学	8	2023M730330
266	李长英	325142	北京协和医学院	生物学	8	2023M730331
267	查文龙	321272	北京协和医学院	药学	8	2023M730332
268	余伟林	334035	北京雁栖湖应用数学研究院	数学	8	2023M730333
269	袁艺玮	328840	北京邮电大学	工商管理	5	2023M730336
270	赵祥天	316615	北京邮电大学	航空宇航科学与技术	8	2023M730337
271	孟　竹	300176	北京邮电大学	计算机科学与技术	8	2023M730338
272	张欢欢	317403	北京邮电大学	计算机科学与技术	8	2023M730339
273	张恺飒	323054	北京邮电大学	信息与通信工程	8	2023M730340
274	张荣辉	309627	北京邮电大学	信息与通信工程	8	2023M730341
275	杜运威	329710	北京语言大学	中国语言文学	5	2023M730342
276	刘姝伶	328852	北京中医药大学	中医学	8	2023M730343
277	吕明圣	337782	北京中医药大学	中医学	8	2023M730344
278	姚骏凯	337781	北京中医药大学	中医学	8	2023M730345
279	刘少峰	313449	贝特瑞新材料集团股份有限公司	材料科学与工程	8	2023M730346
280	侯晨煜	334059	波导股份有限公司	计算机科学与技术	8	2023M730347
281	卢　磊	315022	博能传动（苏州）有限公司	机械工程	8	2023M730348
282	雷　前	347020	博威集团有限公司	材料科学与工程	8	2023M730349
283	乔海玉	343556	博众精工科技股份有限公司	材料科学与工程	8	2023M730350
284	宋　闯	344620	长安大学	测绘科学与技术	8	2023M730352
285	沈　伟	328452	长安大学	地质资源与地质工程	8	2023M730353
286	张　贝	332824	长安大学	地质资源与地质工程	8	2023M730354
287	常丰田	328702	长安大学	机械工程	8	2023M730355
288	陈　谦	327297	长安大学	交通运输工程	8	2023M730356
289	丁　东	315879	长安大学	交通运输工程	8	2023M730357
290	宁一高	321098	长安大学	交通运输工程	8	2023M730358

续表

序号	姓名	博士后编号	设站单位名称	一级学科	资助金额/万元	资助编号
291	李　琦	339717	长安大学	数学	8	2023M730359
292	权飞过	323606	长安大学	应用经济学	5	2023M730360
293	张　帅	326619	长安大学	应用经济学	5	2023M730361
294	周　琦	323607	长安大学	应用经济学	5	2023M730362
295	刘丽珺	304637	长江大学	大气科学	8	2023M730363
296	马　雄	326232	长江大学	地质资源与地质工程	8	2023M730364
297	苏恺明	318127	长江大学	地质资源与地质工程	8	2023M730365
298	赵志超	330856	长江设计集团有限公司	环境科学与工程	8	2023M730366
299	郁培阳	322882	长江水利委员会长江科学院	土木工程	8	2023M730367
300	高　峰	320817	长沙理工大学	交通运输工程	8	2023M730368
301	柏　杨	345274	常州市第二人民医院	化学	8	2023M730369
302	石　靖	345271	常州市第二人民医院	化学	8	2023M730370
303	贾中芝	314162	常州市第二人民医院	临床医学	8	2023M730371
304	朱　奕	324702	常州市第二人民医院	临床医学	8	2023M730372
305	洪艺伦	336111	常州市第一人民医院	基础医学	8	2023M730373
306	潘绎晖	336270	常州市第一人民医院	临床医学	8	2023M730374
307	姜琪坤	341961	常州制药厂有限公司	药学	8	2023M730375
308	赵建国	344363	成都理工大学	石油与天然气工程	8	2023M730376
309	焦　彤	338049	成都理工大学	土木工程	8	2023M730377
310	张宇洁	324083	成都中医药大学	临床医学	8	2023M730378
311	何享鸿	324081	成都中医药大学	中药学	8	2023M730379
312	贺亚男	323462	成都中医药大学	中药学	8	2023M730380
313	牛舒琪	334577	成都中医药大学	中药学	8	2023M730381
314	蒲忠慧	333741	成都中医药大学	中药学	8	2023M730382
315	王　灿	325535	成都中医药大学	中药学	8	2023M730383
316	尹显梅	321259	成都中医药大学	中药学	8	2023M730384
317	陈芷涵	336219	成都中医药大学	中医学	8	2023M730385
318	秦静波	301956	成都中医药大学	中医学	8	2023M730386
319	王　琼	315170	重庆重邮信科通信技术有限公司	数学	8	2023M730387
320	熊　峰	315161	重庆重邮信科通信技术有限公司	应用经济学	5	2023M730388
321	白　洁	336864	重庆大学	材料科学与工程	8	2023M730389
322	冯　乐	314460	重庆大学	材料科学与工程	8	2023M730390
323	李维俊	335748	重庆大学	材料科学与工程	8	2023M730391

续表

序号	姓名	博士后编号	设站单位名称	一级学科	资助金额/万元	资助编号
324	凌旭峰	299922	重庆大学	材料科学与工程	8	2023M730392
325	欧阳凌霄	340018	重庆大学	材料科学与工程	8	2023M730393
326	程秋旺	330718	重庆大学	工商管理	5	2023M730394
327	谢　鹏	340787	重庆大学	工商管理	5	2023M730395
328	李　毅	322584	重庆大学	公共管理	5	2023M730396
329	唐思邈	329180	重庆大学	核科学与技术	8	2023M730397
330	周　明	312783	重庆大学	化学	8	2023M730398
331	陈亚男	301675	重庆大学	化学工程与技术	8	2023M730399
332	于清淼	333115	重庆大学	环境科学与工程	8	2023M730400
333	余梦琳	335403	重庆大学	环境科学与工程	8	2023M730401
334	李红刚	341546	重庆大学	机械工程	8	2023M730402
335	汤其富	341564	重庆大学	机械工程	8	2023M730403
336	唐振华	345327	重庆大学	机械工程	8	2023M730404
337	肖登宇	311888	重庆大学	机械工程	8	2023M730405
338	吴　畏	335949	重庆大学	计算机科学与技术	8	2023M730406
339	张　巧	308373	重庆大学	计算机科学与技术	8	2023M730407
340	胡长涓	314430	重庆大学	建筑学	8	2023M730408
341	胡鹏博	339802	重庆大学	建筑学	8	2023M730409
342	赵亚敏	308596	重庆大学	建筑学	8	2023M730410
343	田羽锋	329317	重庆大学	控制科学与工程	8	2023M730411
344	芮艺超	329316	重庆大学	矿业工程	8	2023M730412
345	郭方亮	341968	重庆大学	力学	8	2023M730413
346	易凤莲	310981	重庆大学	力学	8	2023M730414
347	王海龙	303404	重庆大学	马克思主义理论	5	2023M730415
348	曾祥华	306359	重庆大学	生物学	8	2023M730416
349	蒋　杰	333681	重庆大学	数学	8	2023M730417
350	田大浪	336045	重庆大学	土木工程	8	2023M730418
351	陈　杰	339801	重庆大学	物理学	8	2023M730419
352	董建军	306413	重庆大学	物理学	8	2023M730420
353	胡　鹏	335317	重庆大学	物理学	8	2023M730421
354	姬慧慧	313805	重庆大学	物理学	8	2023M730422
355	姚玉华	315180	重庆大学	物理学	8	2023M730423
356	李俊欣	319373	重庆大学	新闻传播学	5	2023M730424

续表

序号	姓名	博士后编号	设站单位名称	一级学科	资助金额/万元	资助编号
357	陈黎辉	340017	重庆大学	信息与通信工程	8	2023M730425
358	范刚强	329961	重庆大学	冶金工程	8	2023M730426
359	康燕飞	313568	重庆地质矿产研究院	矿业工程	8	2023M730427
360	王玮璐	300924	重庆工商大学科技开发有限公司	环境科学与工程	8	2023M730428
361	李卫卫	331270	重庆工商大学科技开发有限公司	计算机科学与技术	8	2023M730429
362	冉昕晨	326326	重庆交通大学	交通运输工程	8	2023M730430
363	姜　言	331084	重庆交通大学	土木工程	8	2023M730431
364	许　彬	326325	重庆交通大学	土木工程	8	2023M730432
365	杨理贵	316094	重庆交通大学	土木工程	8	2023M730433
366	滕志朋	337486	重庆市人民医院	临床医学	8	2023M730434
367	陈　洋	343378	重庆市肿瘤医院（研究所）	临床医学	8	2023M730435
368	李　慧	313106	重庆市肿瘤医院（研究所）	临床医学	8	2023M730436
369	王发根	337759	重庆新国大研究院	化学工程与技术	8	2023M730437
370	陈圣霖	299499	重庆医科大学	基础医学	8	2023M730438
371	王　峥	326948	重庆医科大学	口腔医学	8	2023M730439
372	陈青秋	335244	重庆医科大学	临床医学	8	2023M730440
373	廖玖江	322994	重庆医科大学	临床医学	8	2023M730441
374	刘彦尧	332742	重庆医科大学	临床医学	8	2023M730442
375	田　鑫	337106	重庆医科大学	临床医学	8	2023M730443
376	周洪旭	321889	重庆医科大学	中药学	8	2023M730444
377	华晓亮	344434	重庆医科大学附属第二医院	临床医学	8	2023M730445
378	吴琼辉	344436	重庆医科大学附属儿童医院	临床医学	8	2023M730446
379	许　皓	342383	重庆医科大学附属儿童医院	临床医学	8	2023M730447
380	杨　亭	342568	重庆医科大学附属儿童医院	临床医学	8	2023M730448
381	祁荆荆	336222	大连大学附属中山医院	基础医学	8	2023M730449
382	王宝斌	338434	大连工业大学	轻工技术与工程	8	2023M730450
383	常然然	318006	大连工业大学	食品科学与工程	8	2023M730451
384	童　强	313042	大连工业大学	食品科学与工程	8	2023M730452
385	王玉箫	318011	大连工业大学	食品科学与工程	8	2023M730453
386	白晨朝	347225	大连海事大学	船舶与海洋工程	8	2023M730454
387	王肇贵	337633	大连海事大学	船舶与海洋工程	8	2023M730455
388	王传良	338419	大连海事大学	法学	5	2023M730456
389	马千里	324102	大连海事大学	管理科学与工程	5	2023M730457

续表

序号	姓名	博士后编号	设站单位名称	一级学科	资助金额/万元	资助编号
390	陈诗蒙	306247	大连海事大学	光学工程	8	2023M730458
391	刘英和	306002	大连海事大学	海洋科学	8	2023M730459
392	李鹏媛	323233	大连海事大学	控制科学与工程	8	2023M730460
393	张艳秋	318845	大连海事大学	物理学	8	2023M730461
394	刘小玲	306486	大连海事大学	应用经济学	5	2023M730462
395	马天一	324100	大连海事大学	应用经济学	5	2023M730463
396	蔡　畅	306291	大连理工大学	动力工程及工程热物理	8	2023M730464
397	何一川	340174	大连理工大学	动力工程及工程热物理	8	2023M730465
398	贾依帛	327937	大连理工大学	工商管理	5	2023M730466
399	郑跃楠	330663	大连理工大学	化学	8	2023M730467
400	寇东辉	330625	大连理工大学	化学工程与技术	8	2023M730468
401	徐　宁	303244	大连理工大学	化学工程与技术	8	2023M730469
402	曾小龙	306466	大连理工大学	化学工程与技术	8	2023M730470
403	刘晋源	334349	大连理工大学	计算机科学与技术	8	2023M730471
404	周志德	332600	大连理工大学	计算机科学与技术	8	2023M730472
405	王　柱	340216	大连理工大学	控制科学与工程	8	2023M730473
406	冯少军	341165	大连理工大学	力学	8	2023M730474
407	聂英豪	330630	大连理工大学	力学	8	2023M730475
408	孙　宇	314079	大连理工大学	力学	8	2023M730476
409	龚　瑾	336161	大连理工大学	水利工程	8	2023M730477
410	徐星璐	340158	大连理工大学	水利工程	8	2023M730478
411	李　静	329918	大连理工大学	物理学	8	2023M730479
412	刘艳军	344728	大连赛姆生物工程技术有限公司	材料科学与工程	8	2023M730480
413	邢　雷	345988	大庆石油管理局	动力工程及工程热物理	8	2023M730481
414	李晓伟	339768	大亚圣象家居股份有限公司	化学工程与技术	8	2023M730482
415	张　晶	333348	德华兔宝宝装饰新材股份有限公司	管理科学与工程	5	2023M730483
416	蔡亚辉	307547	德华兔宝宝装饰新材股份有限公司	化学工程与技术	8	2023M730484
417	陈美玲	343404	德华兔宝宝装饰新材股份有限公司	林业工程	8	2023M730485
418	刘朝政	333347	德华兔宝宝装饰新材股份有限公司	林业工程	8	2023M730486
419	刘　沆	337530	电力规划设计总院	应用经济学	5	2023M730487
420	刘春晓	323452	电子科技大学	材料科学与工程	8	2023M730488
421	王　攀	333851	电子科技大学	材料科学与工程	8	2023M730489
422	赵海峰	309394	电子科技大学	材料科学与工程	8	2023M730490

续表

序号	姓名	博士后编号	设站单位名称	一级学科	资助金额/万元	资助编号
423	赵学洋	308322	电子科技大学	材料科学与工程	8	2023M730491
424	周　雷	316506	电子科技大学	材料科学与工程	8	2023M730492
425	杜方叶	325530	电子科技大学	地理学	8	2023M730493
426	季运佳	337849	电子科技大学	地质资源与地质工程	8	2023M730494
427	曹　迪	309374	电子科技大学	电气工程	8	2023M730495
428	费　洋	301400	电子科技大学	电子科学与技术	8	2023M730496
429	丰益年	317390	电子科技大学	电子科学与技术	8	2023M730497
430	郭雨晖	320079	电子科技大学	公共管理	5	2023M730498
431	门理想	325531	电子科技大学	公共管理	5	2023M730499
432	夏侯唐凡	328297	电子科技大学	管理科学与工程	5	2023M730500
433	夏　宇	341337	电子科技大学	管理科学与工程	5	2023M730501
434	游开元	341341	电子科技大学	机械工程	8	2023M730502
435	陈飞宇	317151	电子科技大学	计算机科学与技术	8	2023M730503
436	张　鑫	339555	电子科技大学	力学	8	2023M730504
437	王瑞钰	318348	电子科技大学	临床医学	8	2023M730505
438	李　苇	345580	电子科技大学	生物学	8	2023M730506
439	张　杨	315436	电子科技大学	生物学	8	2023M730507
440	黄驿轩	318334	电子科技大学	信息与通信工程	8	2023M730508
441	袁　野	318337	电子科技大学	信息与通信工程	8	2023M730509
442	朱　熠	318342	电子科技大学	中西医结合	8	2023M730510
443	程新宽	328010	鼎正新兴生物技术（天津）有限公司	生物学	8	2023M730511
444	陈其源	307750	东北大学	材料科学与工程	8	2023M730512
445	张　宇	301629	东北大学	材料科学与工程	8	2023M730513
446	崔鹏浩	306482	东北大学	管理科学与工程	5	2023M730514
447	郭俊丽	337118	东北大学	化学	8	2023M730515
448	常爽爽	341023	东北大学	计算机科学与技术	8	2023M730516
449	王　昊	311526	东北大学	计算机科学与技术	8	2023M730517
450	王一舒	339453	东北大学	计算机科学与技术	8	2023M730518
451	胡旭光	322986	东北大学	控制科学与工程	8	2023M730519
452	张天予	321036	东北大学	控制科学与工程	8	2023M730520
453	赵　强	307753	东北大学	矿业工程	8	2023M730521
454	张明山	329899	东北大学	石油与天然气工程	8	2023M730522
455	王格格	337175	东北大学	天文学	8	2023M730523

续表

序号	姓名	博士后编号	设站单位名称	一级学科	资助金额/万元	资助编号
456	刘克奇	300731	东北大学	土木工程	8	2023M730524
457	于　湛	304695	东北大学	土木工程	8	2023M730525
458	张　通	327947	东北大学	土木工程	8	2023M730526
459	曹　宁	339938	东北林业大学	材料科学与工程	8	2023M730527
460	李　新	300943	东北林业大学	控制科学与工程	8	2023M730528
461	吴　迪	320142	东北林业大学	林学	8	2023M730529
462	史梦姣	332044	东北林业大学	林业工程	8	2023M730530
463	王兆国	310384	东北林业大学	生物学	8	2023M730531
464	于世超	343473	东北林业大学	生物学	8	2023M730532
465	张　韬	303418	东北林业大学	仪器科学与技术	8	2023M730533
466	晏　珊	311070	东北林业大学	中药学	8	2023M730534
467	董　婕	331893	东北农业大学	林学	8	2023M730535
468	杨鑫焱	311522	东北农业大学	食品科学与工程	8	2023M730536
469	王　月	335632	东北农业大学	畜牧学	8	2023M730537
470	马　贺	308549	东北师范大学	材料科学与工程	8	2023M730538
471	朱常岩	324406	东北师范大学	化学	8	2023M730539
472	丁浩然	332370	东北师范大学	教育学	5	2023M730540
473	王　爽	332371	东北师范大学	教育学	5	2023M730541
474	张　振	324865	东北师范大学	教育学	5	2023M730542
475	朱秀红	341624	东北师范大学	教育学	5	2023M730543
476	龚立新	318695	东北师范大学	生物学	8	2023M730544
477	张　佳	338819	东北师范大学	数学	8	2023M730545
478	隗立颖	326028	东华大学	纺织科学与工程	8	2023M730546
479	张雨凡	311104	东华大学	纺织科学与工程	8	2023M730547
480	朱建华	339890	东华大学	纺织科学与工程	8	2023M730548
481	刘玲燕	309493	东华大学	化学	8	2023M730549
482	陈思静	328782	东南大学	材料科学与工程	8	2023M730550
483	陆成杰	302442	东南大学	材料科学与工程	8	2023M730551
484	王森林	338798	东南大学	材料科学与工程	8	2023M730552
485	顾　鹏	333876	东南大学	电子科学与技术	8	2023M730553
486	刘　彻	315869	东南大学	电子科学与技术	8	2023M730554
487	王　昕	334790	东南大学	电子科学与技术	8	2023M730555
488	黄永平	326139	东南大学	动力工程及工程热物理	8	2023M730556

续表

序号	姓名	博士后编号	设站单位名称	一级学科	资助金额/万元	资助编号
489	李方舟	300667	东南大学	动力工程及工程热物理	8	2023M730557
490	朱效宇	332377	东南大学	动力工程及工程热物理	8	2023M730558
491	侍海艳	339906	东南大学	法学	5	2023M730559
492	汤天培	338806	东南大学	管理科学与工程	5	2023M730560
493	韩　斌	310054	东南大学	核科学与技术	8	2023M730561
494	刘再春	332130	东南大学	化学	8	2023M730562
495	向　梅	306910	东南大学	化学工程与技术	8	2023M730563
496	徐培飞	303089	东南大学	机械工程	8	2023M730564
497	刘原原	310157	东南大学	建筑学	8	2023M730565
498	李　辉	332576	东南大学	交通运输工程	8	2023M730566
499	莫鹏里	318010	东南大学	交通运输工程	8	2023M730567
500	贾文文	324467	东南大学	控制科学与工程	8	2023M730568
501	赵　丹	327792	东南大学	控制科学与工程	8	2023M730569
502	丁瑜芝	306366	东南大学	临床医学	8	2023M730570
503	范　燚	306545	东南大学	临床医学	8	2023M730571
504	李文超	306329	东南大学	临床医学	8	2023M730572
505	文　玲	338407	东南大学	临床医学	8	2023M730573
506	郭澄豪	334794	东南大学	生物学	8	2023M730574
507	廖梦晖	345215	东南大学	生物学	8	2023M730575
508	牛艳芳	345210	东南大学	生物医学工程	8	2023M730576
509	孙先宝	320235	东南大学	生物医学工程	8	2023M730577
510	李文杰	338785	东南大学	数学	8	2023M730578
511	金　鸣	340818	东南大学	水利工程	8	2023M730579
512	马小龙	332132	东南大学	土木工程	8	2023M730580
513	徐梓栋	332944	东南大学	土木工程	8	2023M730581
514	杨　俊	338802	东南大学	土木工程	8	2023M730582
515	朱瑞召	340489	东南大学	土木工程	8	2023M730583
516	陈鸣锴	338804	东南大学	信息与通信工程	8	2023M730584
517	蔡志鹏	340266	东南大学	仪器科学与技术	8	2023M730585
518	贾斌武	339773	东南大学	艺术学	5	2023M730586
519	任丽华	347072	东南大学附属中大医院	临床医学	8	2023M730587
520	王逢源	344023	东南大学附属中大医院	临床医学	8	2023M730588
521	钟毅欣	347076	东南大学附属中大医院	临床医学	8	2023M730589

续表

序号	姓名	博士后编号	设站单位名称	一级学科	资助金额/万元	资助编号
522	柳雅文	327137	对外经济贸易大学	理论经济学	5	2023M730590
523	王欣雅	327138	对外经济贸易大学	应用经济学	5	2023M730591
524	胡丞杨	344695	法尔胜泓昇集团有限公司	材料科学与工程	8	2023M730592
525	李亚龙	326133	法尔胜泓昇集团有限公司	石油与天然气工程	8	2023M730593
526	皮　宇	305812	佛山播恩生物科技有限公司	畜牧学	8	2023M730594
527	冯颖琳	302599	佛山市第一人民医院（中山大学附属佛山医院）	临床医学	8	2023M730595
528	何枚瑶	326783	佛山市第一人民医院（中山大学附属佛山医院）	临床医学	8	2023M730596
529	练昌林	302124	佛山市第一人民医院（中山大学附属佛山医院）	临床医学	8	2023M730597
530	魏　尧	299802	福建恒安集团	电气工程	8	2023M730598
531	刘儒瑜	338275	福建恒安集团	计算机科学与技术	8	2023M730599
532	于海滨	315208	福建恒安集团	体育学	5	2023M730600
533	蔡正正	332854	福建农林大学	植物保护	8	2023M730601
534	高佳妮	345021	福建师范大学	地理学	8	2023M730602
535	胡晓明	314511	福建师范大学	光学工程	8	2023M730603
536	吕波燕	305085	福建师范大学	生物学	8	2023M730604
537	郑文辉	318589	福建师范大学	生物学	8	2023M730605
538	胡小清	319561	福建师范大学	体育学	5	2023M730606
539	石　勇	345668	福建师范大学	外国语言文学	5	2023M730607
540	余意梦婷	308647	福建师范大学	中国语言文学	5	2023M730608
541	蔡志雄	339210	福建医科大学孟超肝胆医院	基础医学	8	2023M730609
542	张　达	339090	福建医科大学孟超肝胆医院	生物医学工程	8	2023M730610
543	刘　杰	336227	复旦大学	材料科学与工程	8	2023M730611
544	刘艺昊	322600	复旦大学	材料科学与工程	8	2023M730612
545	马仲亮	307553	复旦大学	材料科学与工程	8	2023M730613
546	王　刚	328875	复旦大学	材料科学与工程	8	2023M730614
547	魏文欣	310751	复旦大学	材料科学与工程	8	2023M730615
548	张虹宇	322920	复旦大学	材料科学与工程	8	2023M730616
549	赵　哲	308681	复旦大学	材料科学与工程	8	2023M730617
550	李雯雯	321715	复旦大学	大气科学	8	2023M730618
551	赵川鸿	338662	复旦大学	大气科学	8	2023M730619

续表

序号	姓名	博士后编号	设站单位名称	一级学科	资助金额/万元	资助编号
552	刘启晗	326535	复旦大学	电子科学与技术	8	2023M730620
553	伍帅琴	320990	复旦大学	电子科学与技术	8	2023M730621
554	李珍妮	334842	复旦大学	法学	5	2023M730622
555	刘　赫	336930	复旦大学	法学	5	2023M730623
556	陈　铭	338786	复旦大学	工商管理	5	2023M730624
557	邓年奇	329795	复旦大学	工商管理	5	2023M730625
558	陈　浩	316429	复旦大学	公共管理	5	2023M730626
559	王　倩	316811	复旦大学	公共管理	5	2023M730627
560	孙晓茹	301803	复旦大学	公共卫生与预防医学	8	2023M730628
561	王沛璐	334930	复旦大学	公共卫生与预防医学	8	2023M730629
562	邹佼佼	318960	复旦大学	公共卫生与预防医学	8	2023M730630
563	戴立威	316793	复旦大学	化学	8	2023M730631
564	冯宇通	325408	复旦大学	化学	8	2023M730632
565	黄竹君	316788	复旦大学	化学	8	2023M730633
566	金宏润	331200	复旦大学	化学	8	2023M730634
567	孔德荣	316783	复旦大学	化学	8	2023M730635
568	刘章云	309506	复旦大学	化学	8	2023M730636
569	吕希蒙	340941	复旦大学	化学	8	2023M730637
570	闫　苗	316806	复旦大学	化学	8	2023M730638
571	姚沧浪	311525	复旦大学	化学	8	2023M730639
572	张秀娥	329302	复旦大学	化学	8	2023M730640
573	张　艳	316785	复旦大学	化学	8	2023M730641
574	梁紫微	334931	复旦大学	基础医学	8	2023M730642
575	刘满华	329320	复旦大学	基础医学	8	2023M730643
576	舒　君	301841	复旦大学	基础医学	8	2023M730644
577	张懿华	338995	复旦大学	基础医学	8	2023M730645
578	彭万里	321721	复旦大学	计算机科学与技术	8	2023M730646
579	王　龑	338661	复旦大学	计算机科学与技术	8	2023M730647
580	胡毅捷	327447	复旦大学	科学技术史	8	2023M730648
581	沈非凡	336877	复旦大学	控制科学与工程	8	2023M730649
582	王子叶	320989	复旦大学	控制科学与工程	8	2023M730650
583	浦玉学	305473	复旦大学	力学	8	2023M730651
584	陈　政	339376	复旦大学	临床医学	8	2023M730652

续表

序号	姓名	博士后编号	设站单位名称	一级学科	资助金额/万元	资助编号
585	葛宇翔	339382	复旦大学	临床医学	8	2023M730653
586	郭　娟	339399	复旦大学	临床医学	8	2023M730654
587	黄宜炜	306874	复旦大学	临床医学	8	2023M730655
588	江　凯	327169	复旦大学	临床医学	8	2023M730656
589	江　天	339372	复旦大学	临床医学	8	2023M730657
590	阚晓昕	324133	复旦大学	临床医学	8	2023M730658
591	孔　程	338881	复旦大学	临床医学	8	2023M730659
592	李静池	325922	复旦大学	临床医学	8	2023M730660
593	李立扬	339369	复旦大学	临床医学	8	2023M730661
594	刘梦玲	306847	复旦大学	临床医学	8	2023M730662
595	罗楚彬	306838	复旦大学	临床医学	8	2023M730663
596	马丽云	339370	复旦大学	临床医学	8	2023M730664
597	彭　轲	339491	复旦大学	临床医学	8	2023M730665
598	宋　鹍	320220	复旦大学	临床医学	8	2023M730666
599	吴润达	339479	复旦大学	临床医学	8	2023M730667
600	杨　帆	338885	复旦大学	临床医学	8	2023M730668
601	杨云松	338922	复旦大学	临床医学	8	2023M730669
602	叶　增	338910	复旦大学	临床医学	8	2023M730670
603	昝　睿	314979	复旦大学	临床医学	8	2023M730671
604	张之远	339378	复旦大学	临床医学	8	2023M730672
605	赵海潮	328878	复旦大学	临床医学	8	2023M730673
606	赵梦男	339380	复旦大学	临床医学	8	2023M730674
607	赵　婷	338994	复旦大学	临床医学	8	2023M730675
608	钟绍平	339289	复旦大学	临床医学	8	2023M730676
609	周　强	306873	复旦大学	临床医学	8	2023M730677
610	周蔚然	339387	复旦大学	临床医学	8	2023M730678
611	朱哲慧	339294	复旦大学	临床医学	8	2023M730679
612	郭芯雨	335069	复旦大学	马克思主义理论	5	2023M730680
613	Ha Thi Bich Ngoc	301929	复旦大学	生物学	8	2023M730681
614	陈　晨	333020	复旦大学	生物学	8	2023M730682
615	胡亚君	329543	复旦大学	生物学	8	2023M730683
616	李　超	324588	复旦大学	生物学	8	2023M730684

续表

序号	姓名	博士后编号	设站单位名称	一级学科	资助金额/万元	资助编号
617	林泽山	341762	复旦大学	生物学	8	2023M730685
618	毛云子	317274	复旦大学	生物学	8	2023M730686
619	蒙伟达	320240	复旦大学	生物学	8	2023M730687
620	潘　煜	324128	复旦大学	生物学	8	2023M730688
621	申许瑞	328880	复旦大学	生物学	8	2023M730689
622	孙仲汉	341955	复旦大学	生物学	8	2023M730690
623	唐文帅	308168	复旦大学	生物学	8	2023M730691
624	玉蕾叶	326977	复旦大学	生物学	8	2023M730692
625	张燕东	316410	复旦大学	生物学	8	2023M730693
626	郑玉晗	325925	复旦大学	生物学	8	2023M730694
627	钟正伟	317797	复旦大学	生物学	8	2023M730695
628	黄丽文	331529	复旦大学	生物医学工程	8	2023M730696
629	李玉珠	340820	复旦大学	生物医学工程	8	2023M730697
630	鲁新宝	325411	复旦大学	数学	8	2023M730698
631	罗照南	316412	复旦大学	数学	8	2023M730699
632	邵　杰	308701	复旦大学	数学	8	2023M730700
633	肖贵云	316824	复旦大学	数学	8	2023M730701
634	谭　华	336873	复旦大学	外国语言文学	5	2023M730702
635	徐　茜	336740	复旦大学	外国语言文学	5	2023M730703
636	丁　鼎	327166	复旦大学	物理学	8	2023M730704
637	胡梦莹	300186	复旦大学	物理学	8	2023M730705
638	李轩熠	308148	复旦大学	物理学	8	2023M730706
639	杨立新	318624	复旦大学	物理学	8	2023M730707
640	杨启飞	329289	复旦大学	新闻传播学	5	2023M730708
641	夏云曼	321730	复旦大学	心理学	8	2023M730709
642	林慧平	324748	复旦大学	信息与通信工程	8	2023M730710
643	陈钦俊	322609	复旦大学	药学	8	2023M730711
644	周连杰	336931	复旦大学	仪器科学与技术	8	2023M730712
645	李玉山	329305	复旦大学	应用经济学	5	2023M730713
646	邱杰宏	302870	复旦大学	应用经济学	5	2023M730714
647	郑晓冬	328934	复旦大学	应用经济学	5	2023M730715
648	顾知巍	308052	复旦大学	哲学	5	2023M730716
649	苏　杭	317168	复旦大学	哲学	5	2023M730717

续表

序号	姓名	博士后编号	设站单位名称	一级学科	资助金额/万元	资助编号
650	李珍珍	338664	复旦大学	中国语言文学	5	2023M730718
651	魏　刚	338663	复旦大学	中国语言文学	5	2023M730719
652	许海洋	300163	复旦大学	中国语言文学	5	2023M730720
653	杨瑞峰	307377	复旦大学	中国语言文学	5	2023M730721
654	刘晶晶	339290	复旦大学	中西医结合	8	2023M730722
655	张磊升	304124	甘肃省人民医院	生物学	8	2023M730723
656	王忠局	342287	高州市人民医院	临床医学	8	2023M730724
657	夏墨湄	327148	故宫博物院	艺术学	5	2023M730725
658	王　乾	342789	光力科技股份有限公司	控制科学与工程	8	2023M730726
659	李忠顺	319548	广东工业大学	工商管理	5	2023M730727
660	程中文	301725	广东工业大学	光学工程	8	2023M730728
661	Abdur Raheem Aleem	312361	广东工业大学	化学工程与技术	8	2023M730729
662	王晓菲	316920	广东工业大学	化学工程与技术	8	2023M730730
663	陈袁妙梁	314272	广东工业大学	环境科学与工程	8	2023M730731
664	邹逸昕	301837	广东工业大学	艺术学	5	2023M730732
665	林　鹏	334011	广东环凯微生物科技有限公司	生物学	8	2023M730733
666	臧建波	322884	广东省建筑工程集团有限公司建筑科学研究院	土木工程	8	2023M730734
667	刘　樾	323566	广东省科学院	地理学	8	2023M730735
668	谷世超	309445	广东省科学院	机械工程	8	2023M730736
669	朱国志	313114	广东省科学院	林业工程	8	2023M730737
670	杨震宇	333456	广东省农业科学院	农林经济管理	5	2023M730738
671	黄穗华	314218	广东省农业科学院	作物学	8	2023M730739
672	黄继昌	336153	广东省心血管病研究所	基础医学	8	2023M730740
673	潘永柏	309009	广东省心血管病研究所	基础医学	8	2023M730741
674	蔡梦飞	320692	广东省心血管病研究所	临床医学	8	2023M730742
675	李冠华	306080	广东省心血管病研究所	临床医学	8	2023M730743
676	邱雪婷	319579	广东省心血管病研究所	临床医学	8	2023M730744
677	肖　盟	325351	广东省心血管病研究所	临床医学	8	2023M730745
678	郑媚美	323247	广东省心血管病研究所	临床医学	8	2023M730746
679	蒋笑笑	308623	广东省心血管病研究所	生物学	8	2023M730747
680	沈志明	329717	广东省心血管病研究所	生物学	8	2023M730748

续表

序号	姓名	博士后编号	设站单位名称	一级学科	资助金额/万元	资助编号
681	尹树明	345339	广东省心血管病研究所	生物学	8	2023M730749
682	徐佳唯	320439	广东省智能科学与技术研究院	电子科学与技术	8	2023M730750
683	滕孝宇	313909	广东省智能科学与技术研究院	基础医学	8	2023M730751
684	张　滨	345241	广东省智能科学与技术研究院	计算机科学与技术	8	2023M730752
685	潘宇翔	330653	广东省智能科学与技术研究院	生物学	8	2023M730753
686	曲丽媛	331649	广东一方制药有限公司	中药学	8	2023M730754
687	徐　博	315146	广发银行股份有限公司	应用经济学	5	2023M730755
688	赵　辉	318197	广西博世科环保科技股份有限公司	化学	8	2023M730756
689	解　玄	334462	广西玉柴机器股份有限公司	动力工程及工程热物理	8	2023M730757
690	陈康林	304103	广州大学	地理学	8	2023M730758
691	王靖雯	318314	广州大学	管理科学与工程	5	2023M730759
692	李圣凯	325935	广州大学	化学	8	2023M730760
693	王　俊	325453	广州大学	化学	8	2023M730761
694	邹太龙	314784	广州大学	教育学	5	2023M730762
695	肖艺伟	320505	广州大学	理论经济学	5	2023M730763
696	刘玉青	307133	广州大学	历史学	5	2023M730764
697	陈玮玥	332672	广州大学	生物学	8	2023M730765
698	刘　欢	325512	广州大学	生物学	8	2023M730766
699	左佳斌	300236	广州大学	数学	8	2023M730767
700	赵天乐	318251	广州大学	天文学	8	2023M730768
701	方　舒	307338	广州大学	土木工程	8	2023M730769
702	黎晓达	305989	广州大学	土木工程	8	2023M730770
703	黄从严	342610	广州大学	新闻传播学	5	2023M730771
704	何旖清	302493	广州大学	艺术学	5	2023M730772
705	童超然	334328	广州大学	艺术学	5	2023M730773
706	游建民	328730	广州大学	应用经济学	5	2023M730774
707	李国平	299483	广州大学	中国语言文学	5	2023M730775
708	和家贤	305248	广州大学	作物学	8	2023M730776
709	刘双荣	305492	广州大学	作物学	8	2023M730777
710	汪　鑫	307134	广州大学	作物学	8	2023M730778
711	郭清达	305825	广州工业智能研究院	控制科学与工程	8	2023M730779
712	巫珊珊	300930	广州海关技术中心	化学	8	2023M730780
713	夏　欣	336203	广州南沙资讯科技园有限公司	材料科学与工程	8	2023M730781

续表

序号	姓名	博士后编号	设站单位名称	一级学科	资助金额/万元	资助编号
714	蒋星达	315787	广州南沙资讯科技园有限公司	地球物理学	8	2023M730782
715	陈　晓	332792	广州南沙资讯科技园有限公司	海洋科学	8	2023M730783
716	王禹琪	335816	广州南沙资讯科技园有限公司	机械工程	8	2023M730784
717	王　超	325954	广州南沙资讯科技园有限公司	计算机科学与技术	8	2023M730785
718	宣承楷	317260	广州南沙资讯科技园有限公司	生物医学工程	8	2023M730786
719	王　宁	333918	广州市第一人民医院	基础医学	8	2023M730789
720	付　铭	328148	广州市妇女儿童医疗中心	临床医学	8	2023M730790
721	蓝超婷	328027	广州市妇女儿童医疗中心	临床医学	8	2023M730791
722	闫　姝	309828	广州市妇女儿童医疗中心	临床医学	8	2023M730792
723	杨开颖	328022	广州市妇女儿童医疗中心	临床医学	8	2023M730793
724	高瑞敏	313266	广州市妇女儿童医疗中心	生物学	8	2023M730794
725	蒋明烨	332907	广州市建筑科学研究院集团有限公司	环境科学与工程	8	2023M730795
726	梁　伟	341441	广州医科大学	基础医学	8	2023M730796
727	陈　涵	318995	广州医科大学	临床医学	8	2023M730797
728	冯　维	314449	广州医科大学	临床医学	8	2023M730798
729	何　翔	339923	广州医科大学	临床医学	8	2023M730799
730	梁世秀	322167	广州医科大学	临床医学	8	2023M730800
731	邱　晔	311460	广州医科大学	临床医学	8	2023M730801
732	吴宇超	336697	广州医科大学	临床医学	8	2023M730802
733	刘美琴	345377	广州医科大学	生物学	8	2023M730803
734	郑灿灿	311539	广州医科大学	生物学	8	2023M730804
735	付辰星	320629	广州医科大学	生物医学工程	8	2023M730805
736	席　龙	329469	广州中医药大学	药学	8	2023M730806
737	何卓儒	317363	广州中医药大学	中西医结合	8	2023M730807
738	李晓波	319107	广州中医药大学	中西医结合	8	2023M730808
739	洪郭驹	328970	广州中医药大学	中医学	8	2023M730809
740	黄小燕	299405	广州中医药大学	中医学	8	2023M730810
741	刘乃华	315866	广州中医药大学	中医学	8	2023M730811
742	潘显梅	325661	广州中医药大学	中医学	8	2023M730812
743	赵永田	312972	贵州大学	植物保护	8	2023M730813
744	陈忠良	309794	贵州医科大学附属医院	生物学	8	2023M730814
745	令狐克刚	313035	贵州医科大学附属医院	中药学	8	2023M730815
746	李现宝	323813	国家纳米科学中心	化学	8	2023M730816

续表

序号	姓名	博士后编号	设站单位名称	一级学科	资助金额/万元	资助编号
747	张晓鹏	300181	国家纳米科学中心	化学	8	2023M730817
748	潘雪婷	317063	国家纳米科学中心	生物医学工程	8	2023M730818
749	汪　航	323814	国家纳米科学中心	作物学	8	2023M730819
750	杨　洁	310867	国家外汇管理局外汇研究中心	应用经济学	5	2023M730820
751	张真玮	345482	国科大杭州高等研究院	药学	8	2023M730821
752	刘海金	307497	国网山西省电力公司	电气工程	8	2023M730822
753	赵　琦	305822	国网天津市电力公司	电气工程	8	2023M730823
754	王磊磊	305583	国营芜湖机械厂	材料科学与工程	8	2023M730824
755	陈　桢	337705	哈尔滨理工大学	电气工程	8	2023M730884
756	李会华	346273	哈尔滨理工大学	电气工程	8	2023M730885
757	张　琦	302616	哈尔滨理工大学	工商管理	5	2023M730886
758	邵鲁华	308767	哈尔滨理工大学	化学	8	2023M730887
759	刘欣美	324578	哈尔滨理工大学	物理学	8	2023M730888
760	詹　帅	300034	哈尔滨商业大学	农林经济管理	5	2023M730889
761	刘伊宁	325741	哈尔滨医科大学	临床医学	8	2023M730890
762	邓盛珏	302496	海南大学	材料科学与工程	8	2023M730891
763	马海呷呷	325746	海南大学	公共卫生与预防医学	8	2023M730892
764	陈　雨	302372	海南大学	海洋科学	8	2023M730893
765	Terrence Wenga	335436	海南大学	环境科学与工程	8	2023M730894
766	李大东	324957	海南大学	生物学	8	2023M730895
767	杨陈坤	319010	海南大学	作物学	8	2023M730896
768	段宗彪	313438	海南省崖州湾种子实验室	生物学	8	2023M730897
769	侯　倩	343218	合肥工业大学	材料科学与工程	8	2023M730898
770	崔敏姝	326115	合肥工业大学	地质学	8	2023M730899
771	李　跃	325755	合肥工业大学	地质学	8	2023M730900
772	岳鲁丹	309448	深圳湾实验室	材料科学与工程	8	2023M732385
773	王跃娜	336926	深圳湾实验室	药学	8	2023M732386
774	李　健	329399	河北大学	中国语言文学	5	2023M730903
775	何素云	317759	河北工业大学	材料科学与工程	8	2023M730904
776	刘　丛	329749	河北工业大学	材料科学与工程	8	2023M730905
777	沈春光	337510	河北工业大学	材料科学与工程	8	2023M730906
778	李明祺	327266	河北工业大学	土木工程	8	2023M730907

续表

序号	姓名	博士后编号	设站单位名称	一级学科	资助金额/万元	资助编号
779	陈 斌	301086	河北农业大学	作物学	8	2023M730908
780	祝令晓	312718	河北农业大学	作物学	8	2023M730909
781	赵晓佳	315671	河北师范大学	化学	8	2023M730910
782	田 牛	309288	河北师范大学	历史学	5	2023M730911
783	刘倩愿	315051	河北师范大学	林学	8	2023M730912
784	孙淙南	345097	河北师范大学	生物学	8	2023M730913
785	张 默	338963	河北医科大学	临床医学	8	2023M730914
786	李 兆	303715	河海大学	地质资源与地质工程	8	2023M730915
787	王惠民	304993	河海大学	地质资源与地质工程	8	2023M730916
788	赫玉莹	337369	河海大学	电气工程	8	2023M730917
789	周亚琴	305375	河海大学	光学工程	8	2023M730918
790	陈朋宇	337548	河海大学	海洋科学	8	2023M730919
791	陈 晗	304829	河海大学	环境科学与工程	8	2023M730920
792	倪凌峰	322443	河海大学	环境科学与工程	8	2023M730921
793	张 鹏	337356	河海大学	环境科学与工程	8	2023M730922
794	姚 宇	306771	河海大学	交通运输工程	8	2023M730923
795	盖佳敏	314245	河海大学	农业资源利用	8	2023M730924
796	Ashfaq Ahmad Shah	305267	河海大学	社会学	5	2023M730925
797	夏梦凡	332279	河海大学	社会学	5	2023M730926
798	段志鹏	343540	河海大学	生物学	8	2023M730927
799	Irfan Ullah	318632	河海大学	水利工程	8	2023M730928
800	巢志明	337719	河海大学	水利工程	8	2023M730929
801	林祥峰	333654	河海大学	水利工程	8	2023M730930
802	刘 熠	339918	河海大学	水利工程	8	2023M730931
803	柳梦阳	330785	河海大学	水利工程	8	2023M730932
804	毛航宇	299202	河海大学	水利工程	8	2023M730933
805	邵晨飞	304294	河海大学	水利工程	8	2023M730934
806	舒 爽	336848	河海大学	土木工程	8	2023M730935
807	张 瑨	304761	河海大学	土木工程	8	2023M730936
808	包 涵	337871	河海大学	信息与通信工程	8	2023M730937
809	夏 岭	340283	河海大学	仪器科学与技术	8	2023M730938
810	王转培	312435	河南大学	材料科学与工程	8	2023M730940

续表

序号	姓名	博士后编号	设站单位名称	一级学科	资助金额/万元	资助编号
811	李　冰	327512	河南大学	测绘科学与技术	8	2023M730941
812	梁晓莉	312138	河南大学	测绘科学与技术	8	2023M730942
813	刘　琦	325717	河南大学	测绘科学与技术	8	2023M730943
814	孟晓于	309573	河南大学	地理学	8	2023M730944
815	闵　敏	344704	河南大学	地理学	8	2023M730945
816	王婉君	332234	河南大学	地理学	8	2023M730946
817	朱文茜	325701	河南大学	地质资源与地质工程	8	2023M730947
818	毛文鑫	335454	河南大学	工商管理	5	2023M730948
819	李　英	327483	河南大学	管理科学与工程	5	2023M730949
820	刘进营	346035	河南大学	化学	8	2023M730950
821	秋　帅	328398	河南大学	化学	8	2023M730951
822	张大杰	332736	河南大学	化学	8	2023M730952
823	焦飞翔	340567	河南大学	机械工程	8	2023M730953
824	常海洋	315874	河南大学	教育学	5	2023M730954
825	柳芸芸	342904	河南大学	教育学	5	2023M730955
826	李泽源	322542	河南大学	历史学	5	2023M730956
827	李真真	330033	河南大学	历史学	5	2023M730957
828	刘山明	307827	河南大学	历史学	5	2023M730958
829	谢佳芮	323592	河南大学	历史学	5	2023M730959
830	倪世民	323590	河南大学	林学	8	2023M730960
831	吕思涵	324995	河南大学	生物学	8	2023M730961
832	王梅娜	302423	河南大学	生物学	8	2023M730962
833	肖庆品	324984	河南大学	生物学	8	2023M730963
834	杨　璐	317662	河南大学	生物学	8	2023M730964
835	张淑敏	326722	河南大学	生物学	8	2023M730965
836	赵青平	305725	河南大学	生物学	8	2023M730966
837	周丽峰	325723	河南大学	生物学	8	2023M730967
838	余宁翔	338477	河南大学	食品科学与工程	8	2023M730968
839	王　玮	343653	河南大学	心理学	5	2023M730969
840	邢盼飞	339091	河南大学	药学	8	2023M730970
841	郑翠霞	330482	河南大学	药学	8	2023M730971
842	李涵闻	339628	河南大学	艺术学	5	2023M730972
843	钱　磊	331018	河南大学	艺术学	5	2023M730973

续表

序号	姓名	博士后编号	设站单位名称	一级学科	资助金额/万元	资助编号
844	张　慧	347281	河南大学	应用经济学	5	2023M730974
845	张银丹	340571	河南大学	应用经济学	5	2023M730975
846	刘春现	307939	河南大学	中国语言文学	5	2023M730976
847	杨玉辉	315646	河南工业大学	食品科学与工程	8	2023M730977
848	于秋红	334763	河南科技大学	材料科学与工程	8	2023M730978
849	张浩强	338535	河南科技大学	材料科学与工程	8	2023M730979
850	王　琳	307271	河南科技大学	计算机科学与技术	8	2023M730980
851	张春晓	340227	河南科技大学	土木工程	8	2023M730981
852	司鹏举	332843	河南科技大学	信息与通信工程	8	2023M730982
853	史显磊	314015	河南理工大学	化学工程与技术	8	2023M730983
854	别文博	313280	河南理工大学	机械工程	8	2023M730984
855	邵翔宇	322552	河南理工大学	矿业工程	8	2023M730985
856	苏二磊	305879	河南理工大学	矿业工程	8	2023M730986
857	关意佳	313662	河南理工大学	生物医学工程	8	2023M730987
858	高博强	320495	河南农业大学	环境科学与工程	8	2023M730988
859	范宇杰	303476	河南农业大学	林学	8	2023M730989
860	林　璐	325713	河南农业大学	林学	8	2023M730990
861	翟巧龙	325709	河南农业大学	林业工程	8	2023M730991
862	赫倚风	336254	河南农业大学	农业工程	8	2023M730992
863	王亚玲	326721	河南农业大学	农业工程	8	2023M730993
864	张　甜	316611	河南农业大学	农业工程	8	2023M730994
865	吴艳莹	336300	河南农业大学	生物学	8	2023M730995
866	张信夫	327088	河南农业大学	生物学	8	2023M730996
867	段　红	315875	河南农业大学	兽医学	8	2023M730997
868	郭永鹏	300295	河南农业大学	畜牧学	8	2023M730998
869	杨　峰	300294	河南农业大学	畜牧学	8	2023M730999
870	董江涛	322514	河南农业大学	植物保护	8	2023M731000
871	毛雪伟	332411	河南农业大学	植物保护	8	2023M731001
872	杜长青	307373	河南农业大学	作物学	8	2023M731002
873	蒋海芳	314009	河南农业大学	作物学	8	2023M731003
874	宋露洋	339549	河南农业大学	作物学	8	2023M731004
875	王超楠	325715	河南农业大学	作物学	8	2023M731005
876	王鹏飞	300830	河南农业大学	作物学	8	2023M731006

续表

序号	姓名	博士后编号	设站单位名称	一级学科	资助金额/万元	资助编号
877	岳永高	303095	河南省计量科学研究院	仪器科学与技术	8	2023M731007
878	王子奇	339530	河南省人民医院	临床医学	8	2023M731008
879	赵　翔	335952	河南省人民医院	临床医学	8	2023M731009
880	郭兰伟	339614	河南省肿瘤医院	公共卫生与预防医学	8	2023M731010
881	侯　雷	302429	河南省肿瘤医院	临床医学	8	2023M731011
882	时晓芳	301919	河南师范大学	化学	8	2023M731012
883	王　婧	318315	河南师范大学	数学	8	2023M731013
884	张瑞玉	304266	河南师范大学	天文学	8	2023M731014
885	程凯旋	307873	河南师范大学	物理学	8	2023M731015
886	郭亚飞	303298	河南师范大学	物理学	8	2023M731016
887	贾鹏博	329286	河南师范大学	物理学	8	2023M731017
888	苏柯宇	344697	河南师范大学	物理学	8	2023M731018
889	张随财	307861	河南师范大学	物理学	8	2023M731019
890	杨佩佩	327951	河南驼人医疗器械集团有限公司	材料科学与工程	8	2023M731020
891	吴　雷	313737	河南欣维捷科技有限公司	地理学	8	2023M731021
892	贾浩宇	315649	河南中医药大学	化学工程与技术	8	2023M731022
893	郭丹丹	330427	河南中医药大学	中药学	8	2023M731023
894	赵培源	344371	河南中医药大学	中医学	8	2023M731024
895	李会娟	307855	河南中医药大学第一附属医院	中医学	8	2023M731025
896	苏运芳	312477	河南中医药大学第一附属医院	中医学	8	2023M731026
897	徐　炎	312423	河南中医药大学第一附属医院	中医学	8	2023M731027
898	郭　庆	311520	黑龙江八一农垦大学	畜牧学	8	2023M731028
899	高　鑫	323723	黑龙江神志医院	中西医结合	8	2023M731029
900	戎　芹	338375	黑龙江省寒地建筑科学研究院	土木工程	8	2023M731030
901	王丽媛	305185	黑龙江省中医药科学院	中医学	8	2023M731031
902	刘　璐	337402	黑龙江摇篮乳业股份有限公司	食品科学与工程	8	2023M731032
903	何佳臻	336089	恒源祥（集团）有限公司	艺术学	5	2023M731033
904	朱　洋	309123	湖北大学	生物学	8	2023M731035
905	杨　捷	326240	湖北省农业科学院	林学	8	2023M731036
906	朱丹丹	335316	湖北省农业科学院	农业资源利用	8	2023M731037
907	姚　伦	329998	湖北省农业科学院	兽医学	8	2023M731038
908	冯　越	330003	湖北省农业科学院	畜牧学	8	2023M731039
909	秦嘉楠	340280	湖北省水利水电科学研究院	水利工程	8	2023M731040

续表

序号	姓名	博士后编号	设站单位名称	一级学科	资助金额/万元	资助编号
910	郭文达	337904	湖北兴发化工集团股份有限公司	矿业工程	8	2023M731041
911	李朝卿	324340	湖北中医药大学	生物医学工程	8	2023M731042
912	张丹亮	319376	湖南大学	材料科学与工程	8	2023M731043
913	朱晨光	338722	湖南大学	材料科学与工程	8	2023M731044
914	宋宇飞	316135	湖南大学	电气工程	8	2023M731045
915	魏　娟	311505	湖南大学	电气工程	8	2023M731046
916	马立宽	325065	湖南大学	电子科学与技术	8	2023M731047
917	周　莎	317706	湖南大学	管理科学与工程	5	2023M731048
918	董　倩	317783	湖南大学	化学	8	2023M731049
919	黄种南	319403	湖南大学	化学	8	2023M731050
920	刘　永	344147	湖南大学	化学	8	2023M731051
921	文　梅	319375	湖南大学	化学	8	2023M731052
922	朱效华	306507	湖南大学	化学	8	2023M731053
923	邓俊敏	316254	湖南大学	环境科学与工程	8	2023M731054
924	符玉葵	317701	湖南大学	环境科学与工程	8	2023M731055
925	汤榕药	317780	湖南大学	环境科学与工程	8	2023M731056
926	李杨文昭	314819	湖南大学	建筑学	8	2023M731057
927	谢育全	329933	湖南大学	建筑学	8	2023M731058
928	肖　球	305562	湖南大学	控制科学与工程	8	2023M731059
929	罗　彦	316134	湖南大学	理论经济学	5	2023M731060
930	陈　阳	329056	湖南大学	力学	8	2023M731061
931	谭栋国	336027	湖南大学	力学	8	2023M731062
932	邓芝明	343432	湖南大学	生物医学工程	8	2023M731063
933	谭永山	335404	湖南大学	土木工程	8	2023M731064
934	刘书灿	327856	湖南大学	中药学	8	2023M731065
935	王霄翔	311686	湖南建工集团有限公司	土木工程	8	2023M731066
936	张玉静	335207	湖南省人民医院	公共卫生与预防医学	8	2023M731067
937	孙　波	332520	湖南省人民医院	临床医学	8	2023M731068
938	何　丹	331213	湖南省中医药研究院	中医学	8	2023M731069
939	欧　梁	331399	湖南省中医药研究院	中医学	8	2023M731070
940	王　丹	344144	湖南师范大学	计算机科学与技术	8	2023M731071
941	陈　佳	344192	湖南师范大学	政治学	5	2023M731072
942	任瀚文	314059	华北电力大学	电气工程	8	2023M731073

续表

序号	姓名	博士后编号	设站单位名称	一级学科	资助金额/万元	资助编号
943	张　宽	329597	华北电力大学	电气工程	8	2023M731074
944	张　漪	309986	华北电力大学	管理科学与工程	5	2023M731075
945	李为林	315121	华电郑州机械设计研究院有限公司	土木工程	8	2023M731076
946	宋立忠	315447	华东交通大学	交通运输工程	8	2023M731077
947	王　继	307684	华东理工大学	动力工程及工程热物理	8	2023M731078
948	李　扬	320467	华东理工大学	化学	8	2023M731079
949	赵　燕	333947	华东理工大学	化学	8	2023M731080
950	李迪迪	320370	华东理工大学	化学工程与技术	8	2023M731081
951	叶　磊	320414	华东理工大学	化学工程与技术	8	2023M731082
952	余海峰	343819	华东理工大学	化学工程与技术	8	2023M731083
953	张永正	307473	华东理工大学	化学工程与技术	8	2023M731084
954	杨雪瑞	320369	华东理工大学	环境科学与工程	8	2023M731085
955	郑咏心	308111	华东理工大学	生物学	8	2023M731086
956	纪小国	320367	华东理工大学	食品科学与工程	8	2023M731087
957	徐　琪	310702	华东理工大学	植物保护	8	2023M731088
958	周　聪	340965	华东理工大学	植物保护	8	2023M731089
959	胡森林	325211	华东师范大学	地理学	8	2023M731090
960	许瀚卿	320461	华东师范大学	地理学	8	2023M731091
961	姬泓宇	309963	华东师范大学	海洋科学	8	2023M731092
962	李兆鑫	334414	华东师范大学	海洋科学	8	2023M731093
963	白磊阳	344054	华东师范大学	化学	8	2023M731094
964	贾佩佩	335191	华东师范大学	化学	8	2023M731095
965	贾帅强	325209	华东师范大学	化学	8	2023M731096
966	李荣鑫	326547	华东师范大学	化学	8	2023M731097
967	梅雨潇	322225	华东师范大学	化学	8	2023M731098
968	孙越洋	339511	华东师范大学	化学	8	2023M731099
969	熊谢微	327897	华东师范大学	化学	8	2023M731100
970	张超琪	326607	华东师范大学	化学	8	2023M731101
971	姜蓓佳	333941	华东师范大学	教育学	5	2023M731102
972	瞿　璐	328996	华东师范大学	教育学	5	2023M731103
973	刘　敏	322229	华东师范大学	教育学	5	2023M731104
974	蔡　梓	311222	华东师范大学	历史学	5	2023M731105
975	范　萌	316183	华东师范大学	临床医学	8	2023M731106

续表

序号	姓名	博士后编号	设站单位名称	一级学科	资助金额/万元	资助编号
976	李雪娟	309972	华东师范大学	临床医学	8	2023M731107
977	杜　莹	338187	华东师范大学	生物学	8	2023M731108
978	冯娟娟	310007	华东师范大学	生物学	8	2023M731109
979	林伟鹏	310913	华东师范大学	生物学	8	2023M731110
980	赵郁豪	326538	华东师范大学	生物学	8	2023M731111
981	程　艺	338856	华东师范大学	体育学	5	2023M731112
982	陆悦美	325233	华东师范大学	体育学	5	2023M731113
983	霍思宇	320376	华东师范大学	物理学	8	2023M731114
984	李芳芳	336787	华东师范大学	物理学	8	2023M731115
985	林燕芳	310911	华东师范大学	应用经济学	5	2023M731116
986	戴　康	306322	华东师范大学	政治学	5	2023M731117
987	朱学斌	336547	华东师范大学	中国语言文学	5	2023M731118
988	程　威	319063	华东政法大学	法学	5	2023M731119
989	谢　丹	339119	华东政法大学	法学	5	2023M731120
990	徐深澄	320125	华东政法大学	法学	5	2023M731121
991	许庆永	307573	华东政法大学	法学	5	2023M731122
992	赖楚謡	319064	华东政法大学	新闻传播学	5	2023M731123
993	吴雅祥	302917	华南理工大学	材料科学与工程	8	2023M731124
994	易　波	310632	华南理工大学	材料科学与工程	8	2023M731125
995	马文杰	340172	华南理工大学	电气工程	8	2023M731126
996	宋　乐	321107	华南理工大学	工商管理	5	2023M731127
997	刘中国	301536	华南理工大学	化学	8	2023M731128
998	李　刚	333530	华南理工大学	建筑学	8	2023M731129
999	李欣建	332713	华南理工大学	建筑学	8	2023M731130
1000	谢卫规	314116	华南理工大学	农业工程	8	2023M731131
1001	祁　昊	330734	华南理工大学	生物学	8	2023M731132
1002	高　晴	341922	华南理工大学	食品科学与工程	8	2023M731133
1003	王高尚	341924	华南理工大学	食品科学与工程	8	2023M731134
1004	郑家宝	341923	华南理工大学	食品科学与工程	8	2023M731135
1005	滕云飞	316419	华南理工大学	水利工程	8	2023M731136
1006	訾铁光	318484	华南理工大学	物理学	8	2023M731137
1007	黄孔威	332143	华南理工大学	畜牧学	8	2023M731138
1008	马孟启	327401	华南理工大学	政治学	5	2023M731139

续表

序号	姓名	博士后编号	设站单位名称	一级学科	资助金额/万元	资助编号
1009	王立群	329681	华南农业大学	海洋科学	8	2023M731140
1010	孙庆宏	330279	华南农业大学	农业资源利用	8	2023M731141
1011	陈　龙	301060	华南农业大学	食品科学与工程	8	2023M731142
1012	赵　岗	321041	华南农业大学	食品科学与工程	8	2023M731143
1013	王天鹏	343025	华南农业大学	兽医学	8	2023M731144
1014	郭利金	339238	华南农业大学	畜牧学	8	2023M731145
1015	吴超杰	318468	华南农业大学	园艺学	8	2023M731146
1016	杨滢滢	324682	华南农业大学	园艺学	8	2023M731147
1017	余炳伟	342848	华南农业大学	园艺学	8	2023M731148
1018	蔡占东	322881	华南农业大学	作物学	8	2023M731149
1019	刘础荣	308942	华南农业大学	作物学	8	2023M731150
1020	李敏章	324427	华南师范大学	材料科学与工程	8	2023M731151
1021	周匀月	307339	华南师范大学	工商管理	5	2023M731152
1022	孟　涛	343285	华南师范大学	化学	8	2023M731153
1023	王艺蓉	321358	华南师范大学	化学	8	2023M731154
1024	臧　应	304794	华南师范大学	化学	8	2023M731155
1025	曾　瑶	335351	华南师范大学	教育学	5	2023M731156
1026	陈　楠	308622	华南师范大学	生物学	8	2023M731157
1027	刘方方	308974	华南师范大学	生物学	8	2023M731158
1028	张贺霞	315066	华南师范大学	物理学	8	2023M731159
1029	范云歌	334572	华南师范大学	心理学	8	2023M731160
1030	王　凯	344440	华南师范大学	心理学	8	2023M731161
1031	岑永杰	320204	华南师范大学	植物保护	8	2023M731162
1032	俞　越	342464	华南协同创新研究院	材料科学与工程	8	2023M731163
1033	卢知轩	318141	华侨大学	材料科学与工程	8	2023M731164
1034	丁大永	302344	华泰集团	轻工技术与工程	8	2023M731165
1035	霍　丹	308078	华泰集团	轻工技术与工程	8	2023M731166
1036	刘展志	307839	华泰集团	轻工技术与工程	8	2023M731167
1037	于得海	306218	华泰集团	轻工技术与工程	8	2023M731168
1038	曹磊昌	338876	华夏碧水环保科技有限公司	环境科学与工程	8	2023M731169
1039	姜凤成	301858	华夏碧水环保科技有限公司	环境科学与工程	8	2023M731170
1040	李兴腾	340373	华信咨询设计研究院有限公司	公共管理	5	2023M731171
1041	陈　锐	329269	华中科技大学	材料科学与工程	8	2023M731172

续表

序号	姓名	博士后编号	设站单位名称	一级学科	资助金额/万元	资助编号
1042	龚梦成	324050	华中科技大学	材料科学与工程	8	2023M731173
1043	郭亚晴	329993	华中科技大学	材料科学与工程	8	2023M731174
1044	李黄经纬	327279	华中科技大学	材料科学与工程	8	2023M731175
1045	杨　群	306029	华中科技大学	材料科学与工程	8	2023M731176
1046	张嘉磊	330380	华中科技大学	船舶与海洋工程	8	2023M731177
1047	葛　健	322715	华中科技大学	电气工程	8	2023M731178
1048	杨　晖	310393	华中科技大学	电气工程	8	2023M731179
1049	胡振中	330146	华中科技大学	动力工程及工程热物理	8	2023M731180
1050	黄永达	341385	华中科技大学	动力工程及工程热物理	8	2023M731181
1051	张　涵	300302	华中科技大学	动力工程及工程热物理	8	2023M731182
1052	张俊杰	342380	华中科技大学	动力工程及工程热物理	8	2023M731183
1053	杨麦萍	329990	华中科技大学	纺织科学与工程	8	2023M731184
1054	王皓雪	318166	华中科技大学	公共卫生与预防医学	8	2023M731185
1055	蒋伟光	327903	华中科技大学	管理科学与工程	5	2023M731186
1056	刘佳静	332263	华中科技大学	管理科学与工程	5	2023M731187
1057	李　豪	319796	华中科技大学	光学工程	8	2023M731188
1058	胡　明	332268	华中科技大学	化学	8	2023M731189
1059	范　亮	342379	华中科技大学	环境科学与工程	8	2023M731190
1060	王清睿	308926	华中科技大学	环境科学与工程	8	2023M731191
1061	李　虎	315856	华中科技大学	机械工程	8	2023M731192
1062	李文元	332853	华中科技大学	机械工程	8	2023M731193
1063	张　帅	310691	华中科技大学	机械工程	8	2023M731194
1064	段卓辉	326869	华中科技大学	计算机科学与技术	8	2023M731195
1065	骆志青	335156	华中科技大学	计算机科学与技术	8	2023M731196
1066	左　洁	318715	华中科技大学	控制科学与工程	8	2023M731197
1067	李冠楠	330385	华中科技大学	临床医学	8	2023M731198
1068	刘利龙	331048	华中科技大学	临床医学	8	2023M731199
1069	骆佳卉	328425	华中科技大学	临床医学	8	2023M731200
1070	尹韬远	302231	华中科技大学	临床医学	8	2023M731201
1071	郑小龙	301203	华中科技大学	临床医学	8	2023M731202
1072	申仓松	334917	华中科技大学	生物学	8	2023M731203
1073	周　权	299751	华中科技大学	生物医学工程	8	2023M731204
1074	黄　欣	327836	华中科技大学	数学	8	2023M731205

续表

序号	姓名	博士后编号	设站单位名称	一级学科	资助金额/万元	资助编号
1075	高　珂	337698	华中科技大学	土木工程	8	2023M731206
1076	汪福松	302114	华中科技大学	土木工程	8	2023M731207
1077	潘晓红	324339	华中科技大学	物理学	8	2023M731208
1078	王好文	338186	华中科技大学	物理学	8	2023M731209
1079	李杜若	302108	华中科技大学	新闻传播学	5	2023M731210
1080	曹小毛	332266	华中科技大学	信息与通信工程	8	2023M731211
1081	李森林	322501	华中科技大学	药学	8	2023M731212
1082	张晓琼	312465	华中科技大学	药学	8	2023M731213
1083	杨　洋	334221	华中科技大学	中西医结合	8	2023M731214
1084	赵丹雷	304158	华中科技大学同济医学院附属协和医院	材料科学与工程	8	2023M731215
1085	曹英豪	330151	华中科技大学同济医学院附属协和医院	临床医学	8	2023M731216
1086	卢　力	313388	华中科技大学同济医学院附属协和医院	临床医学	8	2023M731217
1087	魏文文	342821	华中科技大学同济医学院附属协和医院	临床医学	8	2023M731218
1088	杨　敏	333375	华中科技大学同济医学院附属协和医院	临床医学	8	2023M731219
1089	张　欢	321536	华中科技大学同济医学院附属协和医院	临床医学	8	2023M731220
1090	张绪哲	320132	华中科技大学同济医学院附属协和医院	临床医学	8	2023M731221
1091	董亚兰	321817	华中科技大学同济医学院附属协和医院	中医学	8	2023M731222
1092	卢利森	328694	华中农业大学	临床医学	8	2023M731223
1093	周潇殊	334906	华中农业大学	临床医学	8	2023M731224
1094	邓素仁	317967	华中农业大学	农业资源利用	8	2023M731225
1095	陈汉臣	306416	华中农业大学	生物学	8	2023M731226
1096	樊亚伟	317945	华中农业大学	生物学	8	2023M731227
1097	涂海甫	316966	华中农业大学	生物学	8	2023M731228
1098	许梅芝	324691	华中农业大学	生物学	8	2023M731229
1099	杨　报	314536	华中农业大学	生物学	8	2023M731230

续表

序号	姓名	博士后编号	设站单位名称	一级学科	资助金额/万元	资助编号
1100	张　斐	304399	华中农业大学	生物学	8	2023M731231
1101	黄　坤	311810	华中农业大学	兽医学	8	2023M731232
1102	孙丽蒙	308908	华中农业大学	兽医学	8	2023M731233
1103	王　杰	324035	华中农业大学	水产	8	2023M731234
1104	Bachar Dahro	340453	华中农业大学	园艺学	8	2023M731235
1105	张　磊	340003	华中农业大学	植物保护	8	2023M731236
1106	窦胜玮	305169	华中农业大学	作物学	8	2023M731237
1107	李云富	316963	华中农业大学	作物学	8	2023M731238
1108	罗　芸	304962	华中农业大学	作物学	8	2023M731239
1109	孙　琴	316962	华中农业大学	作物学	8	2023M731240
1110	孙伟男	316223	华中农业大学	作物学	8	2023M731241
1111	余良倩	304398	华中农业大学	作物学	8	2023M731242
1112	张　佩	339754	华中农业大学	作物学	8	2023M731243
1113	艾鹏程	343247	华中师范大学	核科学与技术	8	2023M731244
1114	吕小攀	339520	华中师范大学	教育学	8	2023M731245
1115	孟　宇	337696	华中师范大学	教育学	5	2023M731246
1116	戢水玲	328254	华中师范大学	生物学	8	2023M731247
1117	吴雅婷	334220	华中师范大学	数学	8	2023M731248
1118	王艳秋	313390	华中师范大学	体育学	5	2023M731249
1119	程　功	320486	华中师范大学	外国语言文学	5	2023M731250
1120	黄　思	329272	华中师范大学	政治学	5	2023M731251
1121	吴　帅	311711	华中师范大学	政治学	5	2023M731252
1122	董　明	301074	华中师范大学	中国语言文学	5	2023M731253
1123	黄　凯	324309	华中师范大学	中国语言文学	5	2023M731254
1124	王平夷	322733	华中师范大学	中国语言文学	5	2023M731255
1125	马雯思	311739	黄河勘测规划设计研究院有限公司	地理学	8	2023M731257
1126	刘晨光	322557	黄河勘测规划设计研究院有限公司	林学	8	2023M731258
1127	葛　巍	326698	黄河勘测规划设计研究院有限公司	水利工程	8	2023M731259
1128	田志锋	347415	黄河勘测规划设计研究院有限公司	水利工程	8	2023M731260
1129	杨　靖	326891	黄河勘测规划设计研究院有限公司	水利工程	8	2023M731261
1130	孔飞鹤	320915	黄河水利委员会黄河水利科学研究院	地理学	8	2023M731262
1131	孙　铖	327560	吉林大学	地理学	8	2023M731263
1132	李腾跃	326307	吉林大学	地质资源与地质工程	8	2023M731264

续表

序号	姓名	博士后编号	设站单位名称	一级学科	资助金额/万元	资助编号
1133	苏　扬	322757	吉林大学	地质资源与地质工程	8	2023M731265
1134	林修竹	322753	吉林大学	电子科学与技术	8	2023M731266
1135	刘福通	322747	吉林大学	电子科学与技术	8	2023M731267
1136	王天奇	305308	吉林大学	电子科学与技术	8	2023M731268
1137	郭泽洲	308349	吉林大学	动力工程及工程热物理	8	2023M731269
1138	陈光睿	326294	吉林大学	化学	8	2023M731270
1139	王博伦	311518	吉林大学	化学	8	2023M731271
1140	王琪菲	338893	吉林大学	化学	8	2023M731272
1141	王　朔	331908	吉林大学	化学	8	2023M731273
1142	王晓雪	322746	吉林大学	化学	8	2023M731274
1143	丁汉良	338897	吉林大学	机械工程	8	2023M731275
1144	林志斌	326296	吉林大学	机械工程	8	2023M731276
1145	庞　浩	331912	吉林大学	机械工程	8	2023M731277
1146	齐宝宝	339188	吉林大学	机械工程	8	2023M731278
1147	宋泽来	338902	吉林大学	机械工程	8	2023M731279
1148	王大凯	327558	吉林大学	机械工程	8	2023M731280
1149	高万夫	307112	吉林大学	计算机科学与技术	8	2023M731281
1150	孙泽敏	331911	吉林大学	计算机科学与技术	8	2023M731282
1151	王婷婷	338904	吉林大学	控制科学与工程	8	2023M731283
1152	殷志富	339193	吉林大学	控制科学与工程	8	2023M731284
1153	孙晓琳	307110	吉林大学	口腔医学	8	2023M731285
1154	唐晓铎	329844	吉林大学	口腔医学	8	2023M731286
1155	胡建东	338891	吉林大学	马克思主义理论	5	2023M731287
1156	苏奕粼	341160	吉林大学	农业工程	8	2023M731288
1157	梁　媛	307323	吉林大学	食品科学与工程	8	2023M731289
1158	谢旭峰	322766	吉林大学	兽医学	8	2023M731290
1159	周永林	300405	吉林大学	兽医学	8	2023M731291
1160	杨伟飞	322761	吉林大学	水利工程	8	2023M731292
1161	郜艳波	308057	吉林大学	物理学	8	2023M731293
1162	胡志勇	339182	吉林大学	物理学	8	2023M731294
1163	李发兵	339191	吉林大学	物理学	8	2023M731295
1164	宋贤齐	333857	吉林大学	物理学	8	2023M731296
1165	刘碧莹	327557	吉林大学	应用经济学	5	2023M731297

续表

序号	姓名	博士后编号	设站单位名称	一级学科	资助金额/万元	资助编号
1166	郑国强	307098	吉林大学	应用经济学	5	2023M731298
1167	周天瑜	311389	吉林省产品质量监督检验院	环境科学与工程	8	2023M731299
1168	孟繁蓉	312704	集美大学	林业工程	8	2023M731300
1169	冯　锐	313927	济南大学	化学	8	2023M731301
1170	张　彦	344591	济南大学	化学	8	2023M731302
1171	陈　琼	326968	济南大学	环境科学与工程	8	2023M731303
1172	孙元玲	317123	济南大学	环境科学与工程	8	2023M731304
1173	郑雅文	344851	济南市中心医院	临床医学	8	2023M731305
1174	杨　肖	321206	济宁医学院附属医院	口腔医学	8	2023M731306
1175	王凤鸽	322155	济宁医学院附属医院	临床医学	8	2023M731307
1176	于红莲	322143	济宁医学院附属医院	临床医学	8	2023M731308
1177	朱志国	304155	济宁医学院附属医院	临床医学	8	2023M731309
1178	陈斯允	343727	暨南大学	工商管理	5	2023M731310
1179	贾广美	318720	暨南大学	工商管理	5	2023M731311
1180	刘　欣	333965	暨南大学	工商管理	5	2023M731312
1181	彭远怀	318249	暨南大学	工商管理	5	2023M731313
1182	张　意	316457	暨南大学	化学	8	2023M731314
1183	蔡智辉	339982	暨南大学	基础医学	8	2023M731315
1184	杨　晖	329553	暨南大学	基础医学	8	2023M731316
1185	郭幼为	321342	暨南大学	历史学	5	2023M731317
1186	王思宇	330919	暨南大学	力学	8	2023M731318
1187	李　凯	320493	暨南大学	临床医学	8	2023M731319
1188	柳求灵	318578	暨南大学	临床医学	8	2023M731320
1189	欧俊贤	329239	暨南大学	生物学	8	2023M731321
1190	李旭升	321619	暨南大学	食品科学与工程	8	2023M731322
1191	李啸波	320201	暨南大学	药学	8	2023M731323
1192	汪超杰	305928	暨南大学	中西医结合	8	2023M731324
1193	宋　敏	328137	暨南大学	中药学	8	2023M731325
1194	孙　洁	335125	暨南大学	中药学	8	2023M731326
1195	罗　祥	321344	暨南大学	中医学	8	2023M731327
1196	周　彧	341769	嘉庚创新实验室	化学	8	2023M731328
1197	陈　莹	327819	嘉实基金管理有限公司	应用经济学	5	2023M731329
1198	陈苏莉	301594	江南大学	材料科学与工程	8	2023M731330

续表

序号	姓名	博士后编号	设站单位名称	一级学科	资助金额/万元	资助编号
1199	范　硕	339018	江南大学	纺织科学与工程	8	2023M731331
1200	王　杰	308195	江南大学	农业资源利用	8	2023M731332
1201	胡金远	307515	江南大学	轻工技术与工程	8	2023M731333
1202	罗　意	342453	江南大学	轻工技术与工程	8	2023M731334
1203	常翠华	306778	江南大学	食品科学与工程	8	2023M731335
1204	陈　星	338765	江南大学	食品科学与工程	8	2023M731336
1205	李令金	341192	江南大学	食品科学与工程	8	2023M731337
1206	肖　越	330792	江南大学	食品科学与工程	8	2023M731338
1207	杨月月	317966	江南大学	食品科学与工程	8	2023M731339
1208	朱莺莺	319564	江南大学	食品科学与工程	8	2023M731340
1209	史维选	318630	江南大学	数学	8	2023M731341
1210	杨　朋	335330	江南大学	药学	8	2023M731342
1211	孙毅凡	307316	江南大学附属医院	基础医学	8	2023M731343
1212	白　宁	341917	江南大学附属医院	临床医学	8	2023M731344
1213	王　鹏	344305	江南大学附属医院	临床医学	8	2023M731345
1214	任怡琳	339576	江南大学附属医院	食品科学与工程	8	2023M731346
1215	施圣芳	305954	江苏大学	材料科学与工程	8	2023M731348
1216	张二晋	333271	江苏大学	材料科学与工程	8	2023M731349
1217	曲　森	337418	江苏大学	船舶与海洋工程	8	2023M731350
1218	华逸舟	343948	江苏大学	电气工程	8	2023M731351
1219	蒋兆晨	299440	江苏大学	动力工程及工程热物理	8	2023M731352
1220	李　彬	299523	江苏大学	动力工程及工程热物理	8	2023M731353
1221	石　磊	343927	江苏大学	动力工程及工程热物理	8	2023M731354
1222	岳学杰	343928	江苏大学	动力工程及工程热物理	8	2023M731355
1223	张　宁	311965	江苏大学	动力工程及工程热物理	8	2023M731356
1224	孙中体	343974	江苏大学	化学	8	2023M731357
1225	张　龙	312149	江苏大学	化学	8	2023M731358
1226	郭　弈	333892	江苏大学	化学工程与技术	8	2023M731359
1227	李　莉	299845	江苏大学	化学工程与技术	8	2023M731360
1228	张　坤	343932	江苏大学	化学工程与技术	8	2023M731361
1229	吕玲玲	343977	江苏大学	环境科学与工程	8	2023M731362
1230	王帅军	312013	江苏大学	环境科学与工程	8	2023M731363
1231	杨金曼	339896	江苏大学	环境科学与工程	8	2023M731364

续表

序号	姓名	博士后编号	设站单位名称	一级学科	资助金额/万元	资助编号
1232	张亚非	315423	江苏大学	环境科学与工程	8	2023M731365
1233	李　敏	343891	江苏大学	基础医学	8	2023M731366
1234	白　玲	322632	江苏大学	机械工程	8	2023M731367
1235	施磊磊	321065	江苏大学	计算机科学与技术	8	2023M731368
1236	梁　樌	321577	江苏大学	交通运输工程	8	2023M731369
1237	朱　镇	321583	江苏大学	交通运输工程	8	2023M731370
1238	罗雨森	333652	江苏大学	理论经济学	5	2023M731371
1239	夏　骏	343925	江苏大学	力学	8	2023M731372
1240	张童伟	337615	江苏大学	力学	8	2023M731373
1241	马　婕	343947	江苏大学	农业工程	8	2023M731374
1242	许　晨	343984	江苏大学	生物学	8	2023M731375
1243	纪　成	334291	江苏大学	生物医学工程	8	2023M731376
1244	Umar Zeb	333352	江苏大学	食品科学与工程	8	2023M731377
1245	贺禹丰	343890	江苏大学	食品科学与工程	8	2023M731378
1246	孙　卿	337425	江苏大学	食品科学与工程	8	2023M731379
1247	赵一鸣	305648	江苏大学	食品科学与工程	8	2023M731380
1248	徐　斐	338065	江苏大学	数学	8	2023M731381
1249	朱霖河	336909	江苏大学	数学	8	2023M731382
1250	李仕琪	344439	江苏大学	物理学	8	2023M731383
1251	王　奎	312092	江苏大学	冶金工程	8	2023M731384
1252	陈　聪	312095	江苏大学	应用经济学	5	2023M731385
1253	Islam Faisal	310237	江苏大学	作物学	8	2023M731386
1254	Sulaiman Ahmed	307450	江苏大学	作物学	8	2023M731387
1255	马元元	335935	江苏恒力化纤股份有限公司	材料科学与工程	8	2023M731388
1256	陈茹佳	334102	江苏红旗种业股份有限公司	作物学	8	2023M731389
1257	周晨光	345907	江苏今世缘酒业股份有限公司	食品科学与工程	8	2023M731390
1258	袁言杰	333931	江苏靖江互感器股份有限公司	机械工程	8	2023M731391
1259	张文谦	338795	江苏久祥汽车电器集团有限公司	机械工程	8	2023M731392
1260	黄肖霄	316475	江苏康缘药业股份有限公司	中药学	8	2023M731393
1261	尚凡敏	330562	江苏科技大学	材料科学与工程	8	2023M731394
1262	曹一涵	336267	江苏罗思韦尔电气有限公司	仪器科学与技术	8	2023M731395

续表

序号	姓名	博士后编号	设站单位名称	一级学科	资助金额/万元	资助编号
1263	乔文丽	346373	江苏省海洋资源开发研究院（连云港）	海洋科学	8	2023M731396
1264	陈金日	345692	江苏省海洋资源开发研究院（连云港）	生物学	8	2023M731397
1265	侯晓月	305394	江苏省海洋资源开发研究院（连云港）	植物保护	8	2023M731398
1266	陈　露	326689	江苏省计量科学研究院	光学工程	8	2023M731399
1267	吴疆宇	336900	江苏省建筑科学研究院有限公司	土木工程	8	2023M731400
1268	贾倩茹	335915	江苏省农业科学院	生物学	8	2023M731401
1269	滕　聪	315368	江苏省农业科学院	食品科学与工程	8	2023M731402
1270	於钊庆	322451	江苏省农业科学院	食品科学与工程	8	2023M731403
1271	俞　姗	307456	江苏省农业科学院	植物保护	8	2023M731404
1272	王　越	342497	江苏省农用激素工程技术研究中心有限公司	化学工程与技术	8	2023M731405
1273	严　铭	344242	江苏省农用激素工程技术研究中心有限公司	化学工程与技术	8	2023M731406
1274	龚颖芸	346209	江苏省人民医院	临床医学	8	2023M731407
1275	桂　亮	343552	江苏省人民医院	临床医学	8	2023M731408
1276	胡苏皖	322663	江苏省人民医院	临床医学	8	2023M731409
1277	黄振飞	346191	江苏省人民医院	临床医学	8	2023M731410
1278	吕　展	315455	江苏省人民医院	临床医学	8	2023M731411
1279	缪慧娴	299859	江苏省人民医院	临床医学	8	2023M731412
1280	王仪春	315444	江苏省人民医院	临床医学	8	2023M731413
1281	叶木杰	306343	江苏省人民医院	临床医学	8	2023M731414
1282	于牧鑫	341665	江苏省人民医院	临床医学	8	2023M731415
1283	展　翘	346266	江苏省人民医院	临床医学	8	2023M731416
1284	周晓颖	346205	江苏省人民医院	临床医学	8	2023M731417
1285	杨　超	301601	江苏省人民医院	生物学	8	2023M731418
1286	戴纪杭	308786	江苏省苏北人民医院	临床医学	8	2023M731419
1287	邹新华	325825	江苏省肿瘤防治研究所	临床医学	8	2023M731420
1288	姜志锋	344219	江苏索普（集团）有限公司	化学工程与技术	8	2023M731421
1289	杨　福	344443	江苏索普（集团）有限公司	化学工程与技术	8	2023M731422
1290	王文波	340977	江苏索普（集团）有限公司	机械工程	8	2023M731423

续表

序号	姓名	博士后编号	设站单位名称	一级学科	资助金额/万元	资助编号
1291	牟彦铭	308593	江苏太平洋精锻科技股份有限公司	机械工程	8	2023M731424
1292	郑　秋	311779	江苏太平洋精锻科技股份有限公司	机械工程	8	2023M731425
1293	陈　萍	339667	江苏永钢集团有限公司	动力工程及工程热物理	8	2023M731426
1294	邢向阳	318090	江苏增光复合材料科技有限公司	交通运输工程	8	2023M731427
1295	陈倩茹	308737	江西财经大学	地理学	8	2023M731428
1296	吁超华	311394	江西财经大学	控制科学与工程	8	2023M731429
1297	夏方胜	316196	江西财经大学	历史学	5	2023M731430
1298	李　敏	334284	江西财经大学	数学	8	2023M731431
1299	李茫茫	343054	江西金融发展研究院	工商管理	5	2023M731432
1300	王智鹏	320934	江西农业大学	理论经济学	5	2023M731433
1301	宋振江	320939	江西农业大学	农林经济管理	5	2023M731434
1302	周　华	344842	江西农业大学	畜牧学	8	2023M731435
1303	粟　雨	329025	江西省水利科学研究院	土木工程	8	2023M731436
1304	崔静雯	308054	江西师范大学	应用经济学	5	2023M731437
1305	李志新	307356	江西中医药大学	中药学	8	2023M731438
1306	吕　尚	329019	江中国家工程研究中心	中药学	8	2023M731439
1307	孟　欣	338016	杰科（天津）生物医药有限公司	药学	8	2023M731440
1308	王小强	314195	洁华控股股份有限公司	环境科学与工程	8	2023M731441
1309	刘　双	305099	金发科技股份有限公司	化学	8	2023M731442
1310	刘明春	315687	金龙联合汽车工业（苏州）有限公司	机械工程	8	2023M731443
1311	施德华	303719	金龙联合汽车工业（苏州）有限公司	机械工程	8	2023M731444
1312	范雪琳	314383	咀香园健康食品（中山）有限公司	化学	8	2023M731445
1313	麦艳航	318906	课程教材研究所	教育学	5	2023M731446
1314	何姚梅	341322	昆明市延安医院	生物学	8	2023M731447
1315	刘文婧	325817	昆明医科大学第三附属医院	基础医学	8	2023M731448
1316	曹国洋	336902	昆山禾信质谱技术有限公司	光学工程	8	2023M731449
1317	高　越	333902	昆山华恒焊接股份有限公司	管理科学与工程	5	2023M731450
1318	李小龙	308419	昆山良品丝印器材有限公司	生物医学工程	8	2023M731451
1319	严　志	347079	昆山良品丝印器材有限公司	物理学	8	2023M731452
1320	徐盛涛	331522	昆山市第一人民医院	药学	8	2023M731453
1321	简碧达	316614	兰州大学	大气科学	8	2023M731454
1322	王　涛	316440	兰州大学	大气科学	8	2023M731455
1323	周　越	327964	兰州大学	大气科学	8	2023M731456

续表

序号	姓名	博士后编号	设站单位名称	一级学科	资助金额/万元	资助编号
1324	黄志伟	322841	兰州大学	核科学与技术	8	2023M731457
1325	苏兴康	322840	兰州大学	核科学与技术	8	2023M731458
1326	穆希皎	308901	兰州大学	化学	8	2023M731459
1327	雒　扬	312825	兰州大学	临床医学	8	2023M731460
1328	陆军胜	309082	兰州大学	农业工程	8	2023M731461
1329	胡天伟	313739	兰州大学	生物学	8	2023M731462
1330	刘培培	319326	兰州大学	生物学	8	2023M731463
1331	赵泽瑛	324851	兰州大学	生物学	8	2023M731464
1332	杨发誉	322019	兰州大学	兽医学	8	2023M731465
1333	聂大鑫	343448	兰州大学	数学	8	2023M731466
1334	吴善进	345389	兰州大学	物理学	8	2023M731467
1335	杨四江	324522	兰州大学	物理学	8	2023M731468
1336	张　强	338215	兰州大学	物理学	8	2023M731469
1337	王　超	309630	兰州大学	畜牧学	8	2023M731470
1338	卫万荣	313738	兰州大学	畜牧学	8	2023M731471
1339	张梦娜	307017	兰州大学	药学	8	2023M731472
1340	曹冬勤	346176	兰州大学	应用经济学	5	2023M731473
1341	王　琳	334359	浪潮集团	工商管理	5	2023M731474
1342	朱　勇	332072	利欧集团股份有限公司	机械工程	8	2023M731475
1343	杨晓宇	328677	利亚德光电股份有限公司	材料科学与工程	8	2023M731476
1344	李欢欢	344693	溧阳市天目湖农业发展有限公司	食品科学与工程	8	2023M731477
1345	陈丽莉	302814	辽宁大学	生物学	8	2023M731479
1346	侯　艳	306262	辽宁工程技术大学	矿业工程	8	2023M731480
1347	岳海涛	307003	辽宁工程技术大学	矿业工程	8	2023M731481
1348	冯　晨	313710	辽宁省农业科学院	作物学	8	2023M731482
1349	康维亭	318500	聊城市人民医院	临床医学	8	2023M731483
1350	魏玉春	323809	聊城市人民医院	临床医学	8	2023M731484
1351	刘　凯	331641	龙福环能科技股份有限公司	纺织科学与工程	8	2023M731488
1352	高涵超	341679	鲁泰纺织股份有限公司	纺织科学与工程	8	2023M731489
1353	杨　霄	300297	洛阳瑞昌环境工程有限公司	动力工程及工程热物理	8	2023M731490
1354	李奇贤	309042	煤炭科学研究总院	矿业工程	8	2023M731491
1355	陶成飞	337259	美埃（中国）环境科技股份有限公司	动力工程及工程热物理	8	2023M731492
1356	魏国恩	331224	南昌大学	地理学	8	2023M731493

续表

序号	姓名	博士后编号	设站单位名称	一级学科	资助金额/万元	资助编号
1357	刘　镇	335904	南昌大学	临床医学	8	2023M731494
1358	赵汝霖	337550	南昌大学	临床医学	8	2023M731495
1359	刘　丹	338941	南昌大学	中药学	8	2023M731496
1360	陈　俊	307354	南昌大学	中医学	8	2023M731497
1361	董久锋	324506	南方科技大学	材料科学与工程	8	2023M731498
1362	孙进兴	327689	南方科技大学	材料科学与工程	8	2023M731499
1363	徐　振	330879	南方科技大学	材料科学与工程	8	2023M731500
1364	冯　甜	325675	南方科技大学	地球物理学	8	2023M731501
1365	刘　伟	343286	南方科技大学	地球物理学	8	2023M731502
1366	孙一卓	308248	南方科技大学	地球物理学	8	2023M731503
1367	魏雪婷	328147	南方科技大学	地球物理学	8	2023M731504
1368	张　帅	310046	南方科技大学	地球物理学	8	2023M731505
1369	陈晓东	324882	南方科技大学	地质学	8	2023M731506
1370	南景博	302115	南方科技大学	地质学	8	2023M731507
1371	陈智阳	326910	南方科技大学	光学工程	8	2023M731508
1372	胡琳钰	330864	南方科技大学	化学	8	2023M731509
1373	姜丹丹	343287	南方科技大学	化学	8	2023M731510
1374	刘吉人	327876	南方科技大学	化学	8	2023M731511
1375	骆贵文	325643	南方科技大学	化学	8	2023M731512
1376	王　力	333845	南方科技大学	化学	8	2023M731513
1377	徐　娜	313076	南方科技大学	化学	8	2023M731514
1378	杨玉红	313158	南方科技大学	化学	8	2023M731515
1379	宗　岩	301347	南方科技大学	化学	8	2023M731516
1380	何英杰	343418	南方科技大学	环境科学与工程	8	2023M731517
1381	郑　倩	312554	南方科技大学	环境科学与工程	8	2023M731518
1382	周彤彤	343413	南方科技大学	环境科学与工程	8	2023M731519
1383	周宇筝	334560	南方科技大学	基础医学	8	2023M731520
1384	郑　悦	335965	南方科技大学	控制科学与工程	8	2023M731521
1385	郭　耀	299481	南方科技大学	临床医学	8	2023M731522
1386	魏天资	336196	南方科技大学	临床医学	8	2023M731523
1387	陈汉斌	345164	南方科技大学	生物学	8	2023M731524
1388	刘德亮	330387	南方科技大学	生物学	8	2023M731525
1389	姜泓羊	302967	南方科技大学	生物医学工程	8	2023M731526

续表

序号	姓名	博士后编号	设站单位名称	一级学科	资助金额/万元	资助编号
1390	夏明洋	310714	南方科技大学	数学	8	2023M731527
1391	杨志鹏	309217	南方科技大学	数学	8	2023M731528
1392	陈梦瑶	335072	南方科技大学	物理学	8	2023M731529
1393	邓翰宾	302926	南方科技大学	物理学	8	2023M731530
1394	凡　华	324883	南方科技大学	物理学	8	2023M731531
1395	吴骥宙	323542	南方科技大学	物理学	8	2023M731532
1396	杨林运	304029	南方科技大学	物理学	8	2023M731533
1397	张怡娇	321265	南方科技大学	系统科学	8	2023M731534
1398	陈雨恬	342359	南方科技大学	应用经济学	5	2023M731535
1399	骆焕园	317317	南方医科大学	公共管理	5	2023M731536
1400	张希如	336311	南方医科大学	公共卫生与预防医学	8	2023M731537
1401	胡　霞	326129	南方医科大学	基础医学	8	2023M731538
1402	黄秀红	320780	南方医科大学	基础医学	8	2023M731539
1403	田　钦	303440	南方医科大学	基础医学	8	2023M731540
1404	杨　峻	318055	南方医科大学	基础医学	8	2023M731541
1405	詹益芝	302998	南方医科大学	基础医学	8	2023M731542
1406	谢文强	320779	南方医科大学	口腔医学	8	2023M731543
1407	陈仰鹏	313253	南方医科大学	临床医学	8	2023M731544
1408	郭　斌	311361	南方医科大学	临床医学	8	2023M731545
1409	黄丹辉	313304	南方医科大学	临床医学	8	2023M731546
1410	金年强	318283	南方医科大学	临床医学	8	2023M731547
1411	雷肖璇	335178	南方医科大学	临床医学	8	2023M731548
1412	李凯涛	341812	南方医科大学	临床医学	8	2023M731549
1413	李雪纯	310267	南方医科大学	临床医学	8	2023M731550
1414	梁素瑞	300439	南方医科大学	临床医学	8	2023M731551
1415	梁　瑜	313252	南方医科大学	临床医学	8	2023M731552
1416	刘凌利	303498	南方医科大学	临床医学	8	2023M731553
1417	鹿洪艳	313263	南方医科大学	临床医学	8	2023M731554
1418	潘炜伦	325982	南方医科大学	临床医学	8	2023M731555
1419	任倩楠	341872	南方医科大学	临床医学	8	2023M731556
1420	王　刚	329701	南方医科大学	临床医学	8	2023M731557
1421	王晓旭	342426	南方医科大学	临床医学	8	2023M731558
1422	许乐乐	300440	南方医科大学	临床医学	8	2023M731559

续表

序号	姓名	博士后编号	设站单位名称	一级学科	资助金额/万元	资助编号
1423	张陈茜	318016	南方医科大学	临床医学	8	2023M731560
1424	郑灶松	313265	南方医科大学	临床医学	8	2023M731561
1425	钟师红	342419	南方医科大学	临床医学	8	2023M731562
1426	钟伟柏	326776	南方医科大学	临床医学	8	2023M731563
1427	朱　娟	313303	南方医科大学	临床医学	8	2023M731564
1428	邓少辉	332212	南方医科大学	生物医学工程	8	2023M731565
1429	郭　帅	343787	南方医科大学	生物医学工程	8	2023M731566
1430	黄伟才	323288	南方医科大学	生物医学工程	8	2023M731567
1431	于慧文	329076	南方医科大学	数学	8	2023M731568
1432	周　颖	327444	南方医科大学	心理学	8	2023M731569
1433	范仕成	319906	南方医科大学	药学	8	2023M731570
1434	杨媛媛	319341	南方医科大学	药学	8	2023M731571
1435	陈志杰	323676	南方医科大学	中西医结合	8	2023M731572
1436	黄绍伟	325345	南方医科大学	中药学	8	2023M731573
1437	黄颖而	328289	南方医科大学	中药学	8	2023M731574
1438	张文佳	319599	南方医科大学	中药学	8	2023M731575
1439	朱晓琳	323314	南方医科大学顺德医院（佛山市顺德区第一人民医院）	临床医学	8	2023M731576
1440	石开拓	317702	南华大学	地质学	8	2023M731577
1441	焦一丁	334897	南京大学	材料科学与工程	8	2023M731578
1442	肖　科	332680	南京大学	材料科学与工程	8	2023M731579
1443	刘　岩	326078	南京大学	大气科学	8	2023M731580
1444	黄世鑫	341973	南京大学	地理学	8	2023M731581
1445	王　聪	333272	南京大学	电子科学与技术	8	2023M731582
1446	徐　儒	339398	南京大学	电子科学与技术	8	2023M731583
1447	贾　坚	339589	南京大学	公共管理	5	2023M731584
1448	金　婷	306929	南京大学	管理科学与工程	5	2023M731585
1449	熊毅丰	316596	南京大学	光学工程	8	2023M731586
1450	项晓仪	327895	南京大学	光学工程	8	2023M731587
1451	李亚南	328280	南京大学	海洋科学	8	2023M731588
1452	龚　浩	329806	南京大学	化学	8	2023M731589
1453	李仁结	300851	南京大学	化学	8	2023M731590
1454	刘柳宜	332684	南京大学	化学	8	2023M731591

续表

序号	姓名	博士后编号	设站单位名称	一级学科	资助金额/万元	资助编号
1455	陈晓燕	339410	南京大学	环境科学与工程	8	2023M731592
1456	范一凡	342126	南京大学	环境科学与工程	8	2023M731593
1457	林　原	331164	南京大学	环境科学与工程	8	2023M731594
1458	吴　刚	332682	南京大学	环境科学与工程	8	2023M731595
1459	严　锐	342128	南京大学	计算机科学与技术	8	2023M731596
1460	赵　鹏	333784	南京大学	计算机科学与技术	8	2023M731597
1461	张杨珩	328957	南京大学	口腔医学	8	2023M731598
1462	谢开键	339069	南京大学	历史学	5	2023M731599
1463	徐　坤	338141	南京大学	马克思主义理论	5	2023M731600
1464	尤歆惟	310312	南京大学	马克思主义理论	5	2023M731601
1465	蒋亚丽	339676	南京大学	社会学	5	2023M731602
1466	童志武	300863	南京大学	生物学	8	2023M731603
1467	杨旻恺	325614	南京大学	生物学	8	2023M731604
1468	章竞子	304735	南京大学	生物学	8	2023M731605
1469	谢宗真	307193	南京大学	数学	8	2023M731606
1470	王　旭	300850	南京大学	外国语言文学	5	2023M731607
1471	杨艳霞	306912	南京大学	外国语言文学	5	2023M731608
1472	陈召宪	315723	南京大学	物理学	8	2023M731609
1473	韩　露	324695	南京大学	物理学	8	2023M731610
1474	黄双印	323299	南京大学	物理学	8	2023M731611
1475	施锦杰	325615	南京大学	物理学	8	2023M731612
1476	唐江山	334290	南京大学	物理学	8	2023M731613
1477	田　源	323302	南京大学	物理学	8	2023M731614
1478	涂心海	327068	南京大学	物理学	8	2023M731615
1479	卞元超	306921	南京大学	应用经济学	5	2023M731616
1480	孙煦初	331171	南京大学	应用经济学	5	2023M731617
1481	平燕红	301936	南京大学	哲学	5	2023M731618
1482	曹诗颖	310064	南京大学医学院附属鼓楼医院	临床医学	8	2023M731619
1483	陈　建	326258	南京大学医学院附属鼓楼医院	临床医学	8	2023M731620
1484	戴菀萱	319559	南京大学医学院附属鼓楼医院	临床医学	8	2023M731621
1485	李运政	340328	南京大学医学院附属鼓楼医院	临床医学	8	2023M731622
1486	鲁　荐	308414	南京大学医学院附属鼓楼医院	临床医学	8	2023M731623
1487	王　彬	308415	南京大学医学院附属鼓楼医院	临床医学	8	2023M731624

续表

序号	姓名	博士后编号	设站单位名称	一级学科	资助金额/万元	资助编号
1488	吴少军	307218	南京大学医学院附属鼓楼医院	临床医学	8	2023M731625
1489	吴小婷	312342	南京大学医学院附属鼓楼医院	临床医学	8	2023M731626
1490	杨惠泉	340325	南京大学医学院附属鼓楼医院	临床医学	8	2023M731627
1491	殷红利	326263	南京大学医学院附属鼓楼医院	临床医学	8	2023M731628
1492	俞天赋	312487	南京大学医学院附属鼓楼医院	临床医学	8	2023M731629
1493	张　雪	340336	南京大学医学院附属鼓楼医院	临床医学	8	2023M731630
1494	赵金璇	308608	南京大学医学院附属鼓楼医院	临床医学	8	2023M731631
1495	庄儒麟	340335	南京大学医学院附属鼓楼医院	临床医学	8	2023M731632
1496	殷雨敬	312869	南京大学医学院附属鼓楼医院	生物学	8	2023M731633
1497	吴乐阳	343884	南京大学医学院附属鼓楼医院	药学	8	2023M731634
1498	段剑锋	312897	南京大学医学院附属鼓楼医院	中西医结合	8	2023M731635
1499	缪克松	301937	南京工业大学	材料科学与工程	8	2023M731636
1500	石　睿	322237	南京工业大学	材料科学与工程	8	2023M731637
1501	王习习	328769	南京工业大学	材料科学与工程	8	2023M731638
1502	岳航宇	302793	南京工业大学	材料科学与工程	8	2023M731639
1503	李佳承	334789	南京工业大学	电气工程	8	2023M731640
1504	肖登极	330553	南京工业大学	化学	8	2023M731641
1505	韩超灵	328444	南京工业大学	化学工程与技术	8	2023M731642
1506	黄　彤	299745	南京工业大学	化学工程与技术	8	2023M731643
1507	刘金鑫	328349	南京工业大学	化学工程与技术	8	2023M731644
1508	王振远	335925	南京工业大学	化学工程与技术	8	2023M731645
1509	周冉冉	308298	南京工业大学	环境科学与工程	8	2023M731646
1510	张智浩	342970	南京工业大学	控制科学与工程	8	2023M731647
1511	商　政	314962	南京工业大学	矿业工程	8	2023M731648
1512	狄方殿	330040	南京工业大学	土木工程	8	2023M731649
1513	张永旺	337612	南京工业大学	土木工程	8	2023M731650
1514	范孟孟	342160	南京林业大学	材料科学与工程	8	2023M731702
1515	董　琳	337456	南京林业大学	化学工程与技术	8	2023M731703
1516	汪　徽	339912	南京林业大学	建筑学	8	2023M731704
1517	尹超英	346269	南京林业大学	交通运输工程	8	2023M731705
1518	李　欢	332937	南京林业大学	林学	8	2023M731706
1519	李　龙	344742	南京林业大学	林学	8	2023M731707
1520	姜　波	343536	南京林业大学	林业工程	8	2023M731708

续表

序号	姓名	博士后编号	设站单位名称	一级学科	资助金额/万元	资助编号
1521	耿爱欣	343542	南京林业大学	农林经济管理	5	2023M731709
1522	翟　郡	343532	南京林业大学	农林经济管理	5	2023M731710
1523	杜　浩	342072	南京林业大学	土木工程	8	2023M731711
1524	黄林杰	342079	南京林业大学	土木工程	8	2023M731712
1525	曾　昕	343533	南京林业大学	艺术学	5	2023M731713
1526	黄从红	342070	南京农业大学	地理学	8	2023M731714
1527	陈　伟	345412	南京农业大学	动力工程及工程热物理	8	2023M731715
1528	翁李胜	342085	南京农业大学	工商管理	5	2023M731716
1529	姜　璐	345195	南京农业大学	公共管理	5	2023M731717
1530	孙　健	342071	南京农业大学	公共管理	5	2023M731718
1531	王贺飞	315274	南京农业大学	环境科学与工程	8	2023M731719
1532	周欣伟	340819	南京农业大学	环境科学与工程	8	2023M731720
1533	亓　浩	307887	南京农业大学	农林经济管理	5	2023M731721
1534	徐　亮	319685	南京农业大学	农林经济管理	5	2023M731722
1535	陈旭文	319571	南京农业大学	农业资源利用	8	2023M731723
1536	郭　赛	319568	南京农业大学	农业资源利用	8	2023M731724
1537	韩召强	314861	南京农业大学	农业资源利用	8	2023M731725
1538	阚正荣	339778	南京农业大学	农业资源利用	8	2023M731726
1539	孔志坚	330587	南京农业大学	农业资源利用	8	2023M731727
1540	李　骅	340272	南京农业大学	农业资源利用	8	2023M731728
1541	万兵兵	330570	南京农业大学	生物学	8	2023M731729
1542	田晶晶	341739	南京农业大学	食品科学与工程	8	2023M731730
1543	李昱辰	342788	南京农业大学	兽医学	8	2023M731731
1544	邓明田	342744	南京农业大学	畜牧学	8	2023M731732
1545	张　敬	342067	南京农业大学	畜牧学	8	2023M731733
1546	黄　霄	333899	南京农业大学	园艺学	8	2023M731734
1547	张　可	314858	南京农业大学	园艺学	8	2023M731735
1548	郭彬彬	311801	南京农业大学	作物学	8	2023M731736
1549	王桂林	307430	南京农业大学	作物学	8	2023M731737
1550	徐　山	342485	南京农业大学	作物学	8	2023M731738
1551	季秋忆	299559	南京师范大学	环境科学与工程	8	2023M731739
1552	聂　涛	305966	南京师范大学	中国语言文学	5	2023M731740
1553	张文昌	330045	南京师范大学	中国语言文学	5	2023M731741

续表

序号	姓名	博士后编号	设站单位名称	一级学科	资助金额/万元	资助编号
1554	董强胜	346186	南京市第一医院	材料科学与工程	8	2023M731742
1555	何其峰	340323	南京市第一医院	临床医学	8	2023M731743
1556	洪　叶	341204	南京市第一医院	临床医学	8	2023M731744
1557	徐　牧	317581	南京市第一医院	临床医学	8	2023M731745
1558	张晓浩	341206	南京市第一医院	临床医学	8	2023M731746
1559	杜龙飞	317085	南京市第一医院	药学	8	2023M731747
1560	王　妍	300671	南京水利科学研究院	水利工程	8	2023M731748
1561	刘振泽	336124	南京信息工程大学	大气科学	8	2023M731749
1562	张大鹏	315428	南京信息工程大学	大气科学	8	2023M731750
1563	林齐根	346559	南京信息工程大学	地理学	8	2023M731751
1564	段明亮	346525	南京信息工程大学	光学工程	8	2023M731752
1565	赵浩雨	344951	南京信息工程大学	化学	8	2023M731753
1566	郑海峰	334624	南京信息工程大学	生物学	8	2023M731754
1567	范晓飞	340478	南京信息工程大学	数学	8	2023M731755
1568	韩清华	314542	南京信息工程大学	信息与通信工程	8	2023M731756
1569	郭　鑫	318626	南京信息工程大学	仪器科学与技术	8	2023M731757
1570	程毅炜	333658	南京医科大学	公共卫生与预防医学	8	2023M731758
1571	黄　倩	319687	南京医科大学	基础医学	8	2023M731759
1572	王静静	337363	南京医科大学	基础医学	8	2023M731760
1573	李泽汉	328340	南京医科大学	口腔医学	8	2023M731761
1574	朱伟文	325507	南京医科大学	口腔医学	8	2023M731762
1575	陈宇琼	303636	南京医科大学	临床医学	8	2023M731763
1576	卢庆苗	304108	南京医科大学	临床医学	8	2023M731764
1577	孙乐家	303969	南京医科大学	临床医学	8	2023M731765
1578	王　臻	337724	南京医科大学	临床医学	8	2023M731766
1579	尹建星	319691	南京医科大学	临床医学	8	2023M731767
1580	于延珍	304753	南京医科大学	临床医学	8	2023M731768
1581	潘鸣飞	336488	南京医科大学	生物医学工程	8	2023M731769
1582	张安华	333869	南京艺术学院	艺术学	5	2023M731770
1583	李灵芝	328364	南京银行股份有限公司	应用经济学	5	2023M731771
1584	代宝莹	345217	南京邮电大学	材料科学与工程	8	2023M731772
1585	杜晓利	329788	南京邮电大学	材料科学与工程	8	2023M731773
1586	谢高瞻	307258	南京邮电大学	材料科学与工程	8	2023M731774

续表

序号	姓名	博士后编号	设站单位名称	一级学科	资助金额/万元	资助编号
1587	张占强	337544	南京邮电大学	电气工程	8	2023M731775
1588	李　刚	334627	南京邮电大学	电子科学与技术	8	2023M731776
1589	王　伟	345557	南京邮电大学	电子科学与技术	8	2023M731777
1590	郑　乐	343531	南京邮电大学	交通运输工程	8	2023M731778
1591	陶斌斌	344199	南京邮电大学	控制科学与工程	8	2023M731779
1592	张　博	346523	南京邮电大学	控制科学与工程	8	2023M731780
1593	倪　康	304749	南京邮电大学	信息与通信工程	8	2023M731781
1594	张　蔚	315178	南京中医药大学附属医院	中医学	8	2023M731782
1595	王广发	337232	南开大学	材料科学与工程	8	2023M731783
1596	王　昭	304986	南开大学	材料科学与工程	8	2023M731784
1597	魏盛杰	328855	南开大学	材料科学与工程	8	2023M731785
1598	徐琳琳	318938	南开大学	材料科学与工程	8	2023M731786
1599	杨　迪	305494	南开大学	光学工程	8	2023M731787
1600	李寿鹏	322819	南开大学	航空宇航科学与技术	8	2023M731788
1601	蔡佳蓉	308126	南开大学	化学	8	2023M731789
1602	陈博林	317066	南开大学	化学	8	2023M731790
1603	陈子峰	317034	南开大学	化学	8	2023M731791
1604	付信亮	317045	南开大学	化学	8	2023M731792
1605	刘　明	317028	南开大学	化学	8	2023M731793
1606	龙先文	332608	南开大学	化学	8	2023M731794
1607	宋树鑫	313802	南开大学	化学	8	2023M731795
1608	王慧敏	314242	南开大学	化学	8	2023M731796
1609	邓　欣	317107	南开大学	化学工程与技术	8	2023M731797
1610	孙　娜	339108	南开大学	化学工程与技术	8	2023M731798
1611	陈　思	315669	南开大学	环境科学与工程	8	2023M731799
1612	杜东峰	317714	南开大学	环境科学与工程	8	2023M731800
1613	王学敏	317033	南开大学	环境科学与工程	8	2023M731801
1614	吕思艺	322799	南开大学	计算机科学与技术	8	2023M731802
1615	邱　宇	318028	南开大学	计算机科学与技术	8	2023M731803
1616	王翔宇	318024	南开大学	控制科学与工程	8	2023M731804
1617	兰婷婷	305532	南开大学	口腔医学	8	2023M731805
1618	刘　飞	330189	南开大学	社会学	5	2023M731806
1619	冯立峰	330560	南开大学	生物学	8	2023M731807

续表

序号	姓名	博士后编号	设站单位名称	一级学科	资助金额/万元	资助编号
1620	高　歌	319631	南开大学	生物学	8	2023M731808
1621	贾　超	335908	南开大学	生物学	8	2023M731809
1622	邢　丞	329617	南开大学	数学	8	2023M731810
1623	余　翔	317285	南开大学	外国语言文学	5	2023M731811
1624	高晓彤	318475	南开大学	应用经济学	5	2023M731812
1625	万　闯	323893	南开大学	应用经济学	5	2023M731813
1626	张　洁	342219	南开大学	应用经济学	5	2023M731814
1627	Jesse Peter Gates	300937	南开大学	中国语言文学	5	2023M731815
1628	翁佳兴	314020	南水北调东线江苏水源有限责任公司	水利工程	8	2023M731816
1629	丁姝姝	345556	南通大学	化学	8	2023M731817
1630	曹倩倩	311713	南通大学	生物学	8	2023M731818
1631	杨　磊	330038	南通大学附属医院	临床医学	8	2023M731819
1632	刘树成	343034	南通三圣石墨设备科技股份有限公司	化学工程与技术	8	2023M731820
1633	邱文婷	312052	宁波金田铜业（集团）股份有限公司	材料科学与工程	8	2023M731821
1634	刁　毅	335250	宁波双林汽车部件股份有限公司	机械工程	8	2023M731822
1635	张　禄	345480	宁波星箭航天机械有限公司	航空宇航科学与技术	8	2023M731823
1636	王　冰	313866	农业农村部南京农业机械化研究所	农业工程	8	2023M731824
1637	杨萌萌	323572	平顶山天安煤业股份有限公司	矿业工程	8	2023M731834
1638	王崴崴	324260	奇瑞汽车股份有限公司	机械工程	8	2023M731835
1639	吕莉莉	333405	青岛大学	材料科学与工程	8	2023M731836
1640	郑　威	301896	青岛大学	材料科学与工程	8	2023M731837
1641	张宪胜	333406	青岛大学	纺织科学与工程	8	2023M731838
1642	樊俊宁	333436	青岛大学	公共卫生与预防医学	8	2023M731839
1643	李永新	301885	青岛大学	化学工程与技术	8	2023M731840
1644	石传芹	333426	青岛大学	基础医学	8	2023M731841
1645	吴伟伟	305081	青岛大学	基础医学	8	2023M731842
1646	尚晓笛	333520	青岛大学	计算机科学与技术	8	2023M731843
1647	潘英男	333439	青岛大学	控制科学与工程	8	2023M731844
1648	崔丽梅	301887	青岛大学	临床医学	8	2023M731845
1649	郭　颖	311418	青岛大学	临床医学	8	2023M731846
1650	马小鸿	328153	青岛大学	临床医学	8	2023M731847
1651	魏登帅	333407	青岛大学	生物医学工程	8	2023M731848

续表

序号	姓名	博士后编号	设站单位名称	一级学科	资助金额/万元	资助编号
1652	徐立荣	315579	青岛大学	食品科学与工程	8	2023M731849
1653	李玲琪	302171	青岛大学	物理学	8	2023M731850
1654	汪剑锋	302435	青岛大学	应用经济学	5	2023M731851
1655	许家珍	321070	青岛大学	中药学	8	2023M731852
1656	张　尧	322108	青岛海洋地质研究所	海洋科学	8	2023M731853
1657	冯　婷	329011	青岛科技大学	材料科学与工程	8	2023M731854
1658	薛鸿垚	318993	青岛科技大学	材料科学与工程	8	2023M731855
1659	张　硕	320127	青岛科技大学	材料科学与工程	8	2023M731856
1660	胡　博	318903	青岛科技大学	化学	8	2023M731857
1661	吕清良	325228	青岛科技大学	化学	8	2023M731858
1662	潘静文	317771	青岛科技大学	环境科学与工程	8	2023M731859
1663	朱萌荷	334452	青岛科技大学	矿业工程	8	2023M731860
1664	王秀娟	304523	青岛科技大学	生物学	8	2023M731861
1665	倪陈兵	342967	青岛理工大学	机械工程	8	2023M731862
1666	高　昂	312240	清华大学	材料科学与工程	8	2023M731863
1667	孔伟进	319212	清华大学	材料科学与工程	8	2023M731864
1668	李　欣	327733	清华大学	材料科学与工程	8	2023M731865
1669	李子鹤	310788	清华大学	材料科学与工程	8	2023M731866
1670	刘　文	319129	清华大学	材料科学与工程	8	2023M731867
1671	王艺达	318809	清华大学	材料科学与工程	8	2023M731868
1672	张天宇	338589	清华大学	材料科学与工程	8	2023M731869
1673	庄华鹭	327481	清华大学	材料科学与工程	8	2023M731870
1674	董润敏	318739	清华大学	测绘科学与技术	8	2023M731871
1675	田佳鑫	310435	清华大学	大气科学	8	2023M731872
1676	郭　静	331414	清华大学	地理学	8	2023M731873
1677	李　尧	343457	清华大学	地理学	8	2023M731874
1678	张　雪	318873	清华大学	地理学	8	2023M731875
1679	黄建东	317636	清华大学	地球物理学	8	2023M731876
1680	崔　森	338519	清华大学	电气工程	8	2023M731877
1681	崔伟胜	301600	清华大学	电气工程	8	2023M731878
1682	牟　迪	307561	清华大学	电气工程	8	2023M731879
1683	王　瑞	318819	清华大学	电气工程	8	2023M731880
1684	郑大勇	318861	清华大学	电气工程	8	2023M731881

续表

序号	姓名	博士后编号	设站单位名称	一级学科	资助金额/万元	资助编号
1685	彭家丽	335574	清华大学	电子科学与技术	8	2023M731882
1686	王　芳	338987	清华大学	电子科学与技术	8	2023M731883
1687	熊孝文	335571	清华大学	电子科学与技术	8	2023M731884
1688	徐　晗	343636	清华大学	电子科学与技术	8	2023M731885
1689	张彬超	327730	清华大学	电子科学与技术	8	2023M731886
1690	安璐璐	327371	清华大学	动力工程及工程热物理	8	2023M731887
1691	高建业	311001	清华大学	动力工程及工程热物理	8	2023M731888
1692	高　山	331370	清华大学	动力工程及工程热物理	8	2023M731889
1693	靳　鑫	304023	清华大学	动力工程及工程热物理	8	2023M731890
1694	刘赛月	310426	清华大学	动力工程及工程热物理	8	2023M731891
1695	司　桐	312508	清华大学	动力工程及工程热物理	8	2023M731892
1696	吴璋翔	335560	清华大学	动力工程及工程热物理	8	2023M731893
1697	徐勇庆	317366	清华大学	动力工程及工程热物理	8	2023M731894
1698	曾永顺	328350	清华大学	动力工程及工程热物理	8	2023M731895
1699	范佳慧	330687	清华大学	法学	5	2023M731896
1700	刘　静	328081	清华大学	法学	5	2023M731897
1701	刘心仪	318173	清华大学	法学	5	2023M731898
1702	融　昊	327725	清华大学	法学	5	2023M731899
1703	何　江	335572	清华大学	工商管理	5	2023M731900
1704	侯天雨	327755	清华大学	工商管理	5	2023M731901
1705	宦梅丽	299694	清华大学	公共管理	5	2023M731902
1706	刘　璐	310442	清华大学	公共管理	5	2023M731903
1707	王　博	304014	清华大学	公共管理	5	2023M731904
1708	张　腾	331292	清华大学	公共管理	5	2023M731905
1709	景文展	327768	清华大学	公共卫生与预防医学	8	2023M731906
1710	李雅婷	301660	清华大学	管理科学与工程	5	2023M731907
1711	罗钦芳	343784	清华大学	管理科学与工程	5	2023M731908
1712	俞开业	303736	清华大学	管理科学与工程	5	2023M731909
1713	郭旭岳	327393	清华大学	光学工程	8	2023M731910
1714	王　帅	299248	清华大学	光学工程	8	2023M731911
1715	闻浩诚	316909	清华大学	航空宇航科学与技术	8	2023M731912
1716	叶建川	315290	清华大学	航空宇航科学与技术	8	2023M731913
1717	孙　琦	318820	清华大学	核科学与技术	8	2023M731914

续表

序号	姓名	博士后编号	设站单位名称	一级学科	资助金额/万元	资助编号
1718	李佳璐	301634	清华大学	化学	8	2023M731915
1719	王海燕	318807	清华大学	化学	8	2023M731916
1720	张稚国	331293	清华大学	化学	8	2023M731917
1721	仉凤华	327368	清华大学	化学	8	2023M731918
1722	崔凯旋	319210	清华大学	化学工程与技术	8	2023M731919
1723	黄雪妍	319207	清华大学	化学工程与技术	8	2023M731920
1724	张　新	310625	清华大学	化学工程与技术	8	2023M731921
1725	张　政	319306	清华大学	化学工程与技术	8	2023M731922
1726	范晓露	310564	清华大学	环境科学与工程	8	2023M731923
1727	高亚伟	328036	清华大学	环境科学与工程	8	2023M731924
1728	何逸聪	318087	清华大学	环境科学与工程	8	2023M731925
1729	黄杨瑞	331395	清华大学	环境科学与工程	8	2023M731926
1730	刘兴昕	304104	清华大学	环境科学与工程	8	2023M731927
1731	米金星	339139	清华大学	环境科学与工程	8	2023M731928
1732	戚　祥	327432	清华大学	环境科学与工程	8	2023M731929
1733	邢佳颖	339158	清华大学	环境科学与工程	8	2023M731930
1734	薛雅内	312416	清华大学	环境科学与工程	8	2023M731931
1735	袁　兴	318089	清华大学	环境科学与工程	8	2023M731932
1736	张　军	327763	清华大学	环境科学与工程	8	2023M731933
1737	张倬玮	318773	清华大学	环境科学与工程	8	2023M731934
1738	赵　婧	303846	清华大学	环境科学与工程	8	2023M731935
1739	韩天翼	310475	清华大学	机械工程	8	2023M731936
1740	冀寒松	316845	清华大学	机械工程	8	2023M731937
1741	贾天宇	317075	清华大学	机械工程	8	2023M731938
1742	李　华	339143	清华大学	机械工程	8	2023M731939
1743	李伟涛	317227	清华大学	机械工程	8	2023M731940
1744	刘　磊	343082	清华大学	机械工程	8	2023M731941
1745	乔　明	316873	清华大学	机械工程	8	2023M731942
1746	曲学铖	343340	清华大学	机械工程	8	2023M731943
1747	沈　阳	331259	清华大学	机械工程	8	2023M731944
1748	宋爱生	317638	清华大学	机械工程	8	2023M731945
1749	吴宏宇	317228	清华大学	机械工程	8	2023M731946
1750	喻博闻	327378	清华大学	机械工程	8	2023M731947

续表

序号	姓名	博士后编号	设站单位名称	一级学科	资助金额/万元	资助编号
1751	张　娟	343450	清华大学	机械工程	8	2023M731948
1752	高　楠	335578	清华大学	计算机科学与技术	8	2023M731949
1753	高　萍	307492	清华大学	计算机科学与技术	8	2023M731950
1754	巩雯雯	327407	清华大学	计算机科学与技术	8	2023M731951
1755	柯　沛	321216	清华大学	计算机科学与技术	8	2023M731952
1756	梁　杰	318859	清华大学	计算机科学与技术	8	2023M731953
1757	苏　卓	343152	清华大学	计算机科学与技术	8	2023M731954
1758	杨　斌	318143	清华大学	计算机科学与技术	8	2023M731955
1759	岳　晟	343673	清华大学	计算机科学与技术	8	2023M731956
1760	张亚超	330759	清华大学	计算机科学与技术	8	2023M731957
1761	方　舟	339114	清华大学	建筑学	8	2023M731958
1762	钱明杨	328084	清华大学	建筑学	8	2023M731959
1763	石亚灵	328327	清华大学	建筑学	8	2023M731960
1764	李文博	306661	清华大学	交通运输工程	8	2023M731961
1765	邢　璐	346156	清华大学	交通运输工程	8	2023M731962
1766	张海伦	343312	清华大学	交通运输工程	8	2023M731963
1767	刘　畅	310781	清华大学	控制科学与工程	8	2023M731964
1768	张　驰	322877	清华大学	历史学	5	2023M731965
1769	安　杰	327256	清华大学	力学	8	2023M731966
1770	冯诗喆	304107	清华大学	力学	8	2023M731967
1771	罗国全	343118	清华大学	力学	8	2023M731968
1772	庞文博	333578	清华大学	力学	8	2023M731969
1773	武　迪	317338	清华大学	力学	8	2023M731970
1774	刘锦润	333505	清华大学	临床医学	8	2023M731971
1775	滕续聪	318122	清华大学	临床医学	8	2023M731972
1776	潘　璐	319197	清华大学	社会学	5	2023M731973
1777	荣　幸	310446	清华大学	社会学	5	2023M731974
1778	李丹妍	312501	清华大学	生物学	8	2023M731975
1779	李嘉莹	303837	清华大学	生物学	8	2023M731976
1780	李　娇	331350	清华大学	生物学	8	2023M731977
1781	李　萍	312625	清华大学	生物学	8	2023M731978
1782	李宗强	319223	清华大学	生物学	8	2023M731979
1783	刘忠成	318752	清华大学	生物学	8	2023M731980

续表

序号	姓名	博士后编号	设站单位名称	一级学科	资助金额/万元	资助编号
1784	马丙婷	327696	清华大学	生物学	8	2023M731981
1785	王　柳	333543	清华大学	生物学	8	2023M731982
1786	张　琦	319234	清华大学	生物学	8	2023M731983
1787	唐芙蓉	346152	清华大学	生物医学工程	8	2023M731984
1788	周鸿宇	319277	清华大学	生物医学工程	8	2023M731985
1789	牛梦雅	315350	清华大学	石油与天然气工程	8	2023M731986
1790	田伟兵	331309	清华大学	石油与天然气工程	8	2023M731987
1791	王　起	315251	清华大学	数学	8	2023M731988
1792	张　倩	318738	清华大学	数学	8	2023M731989
1793	陈阿娇	313857	清华大学	水利工程	8	2023M731990
1794	李　普	333455	清华大学	水利工程	8	2023M731991
1795	许　杨	308136	清华大学	水利工程	8	2023M731992
1796	张　一	339848	清华大学	水利工程	8	2023M731993
1797	于思远	339063	清华大学	体育学	5	2023M731994
1798	金　慧	333721	清华大学	土木工程	8	2023M731995
1799	林　澜	299273	清华大学	土木工程	8	2023M731996
1800	田会文	340040	清华大学	土木工程	8	2023M731997
1801	谢维强	318403	清华大学	土木工程	8	2023M731998
1802	杨　奇	331374	清华大学	土木工程	8	2023M731999
1803	杨子旭	328044	清华大学	土木工程	8	2023M732000
1804	朱黎黎	318878	清华大学	外国语言文学	5	2023M732001
1805	徐　诚	327670	清华大学	新闻传播学	5	2023M732002
1806	屈笛扬	343642	清华大学	心理学	5	2023M732003
1807	郎　平	333527	清华大学	信息与通信工程	8	2023M732004
1808	陈　晖	303640	清华大学	药学	8	2023M732005
1809	史宁宁	318724	清华大学	药学	8	2023M732006
1810	石文艳	328070	清华大学	仪器科学与技术	8	2023M732007
1811	曹一秋	327736	清华大学	应用经济学	5	2023M732008
1812	方嘉宇	318870	清华大学	应用经济学	5	2023M732009
1813	刘任翔	312651	清华大学	哲学	5	2023M732010
1814	秦晓阳	306385	清华大学	哲学	5	2023M732011
1815	于超艺	333484	清华大学	哲学	5	2023M732012
1816	李焕宏	306709	清华大学	政治学	5	2023M732013

续表

序号	姓名	博士后编号	设站单位名称	一级学科	资助金额/万元	资助编号
1817	聂正楠	330711	清华大学	政治学	5	2023M732014
1818	杜　丹	327441	清华大学	中国语言文学	5	2023M732015
1819	欧阳开斌	330721	清华大学	中国语言文学	5	2023M732016
1820	赵天舒	343217	清华大学	中国语言文学	5	2023M732017
1821	谌　攀	327656	清华大学	中医学	8	2023M732018
1822	李　卓	313361	清华大学苏州汽车研究院	动力工程及工程热物理	8	2023M732019
1823	王可军	335785	清华大学苏州汽车研究院（相城）	机械工程	8	2023M732020
1824	杨　汪	338115	清远高新华园科技协同创新研究院有限公司	轻工技术与工程	8	2023M732021
1825	高　鹏	342957	曲阜师范大学	数学	8	2023M732022
1826	孙　付	315255	曲阜师范大学	数学	8	2023M732023
1827	刘兆芸	329438	荣昌生物制药（烟台）股份有限公司	临床医学	8	2023M732024
1828	张仲凯	345122	瑞阳制药有限公司	临床医学	8	2023M732025
1829	郑向荣	306220	瑞阳制药有限公司	临床医学	8	2023M732026
1830	王哲飞	317981	三维通信股份有限公司	电子科学与技术	8	2023M732027
1831	李浩珍	343411	三维通信股份有限公司	物理学	8	2023M732028
1832	屈枫锦	314423	散裂中子源科学中心	核科学与技术	8	2023M732029
1833	武延泽	321120	散裂中子源科学中心	核科学与技术	8	2023M732030
1834	郑文根	326170	散裂中子源科学中心	核科学与技术	8	2023M732031
1835	钟宇科	321961	散裂中子源科学中心	核科学与技术	8	2023M732032
1836	宋盛雨央	321705	散裂中子源科学中心	天文学	8	2023M732033
1837	郭宇航	311862	散裂中子源科学中心	物理学	8	2023M732034
1838	张孝文	336748	散裂中子源科学中心	物理学	8	2023M732035
1839	常艺琳	338556	山东大学	材料科学与工程	8	2023M732036
1840	黄　曼	305350	山东大学	材料科学与工程	8	2023M732037
1841	刘嘉鸣	326504	山东大学	材料科学与工程	8	2023M732038
1842	乔　靖	302519	山东大学	材料科学与工程	8	2023M732039
1843	邵明川	320023	山东大学	材料科学与工程	8	2023M732040
1844	王君婷	321175	山东大学	测绘科学与技术	8	2023M732041
1845	厉　梅	308227	山东大学	大气科学	8	2023M732042
1846	李　丹	322125	山东大学	地理学	8	2023M732043
1847	刘长卿	333694	山东大学	地球物理学	8	2023M732044
1848	彭　放	306213	山东大学	电气工程	8	2023M732045

续表

序号	姓名	博士后编号	设站单位名称	一级学科	资助金额/万元	资助编号
1849	张　烁	317806	山东大学	电气工程	8	2023M732046
1850	李　军	317269	山东大学	动力工程及工程热物理	8	2023M732047
1851	王　辰	341804	山东大学	动力工程及工程热物理	8	2023M732048
1852	丁　瑶	338183	山东大学	法学	5	2023M732049
1853	何晓斌	338557	山东大学	法学	5	2023M732050
1854	耿春晓	341299	山东大学	工商管理	5	2023M732051
1855	郭媛媛	331230	山东大学	公共卫生与预防医学	8	2023M732052
1856	王海涛	327921	山东大学	公共卫生与预防医学	8	2023M732053
1857	杨翔宇	317762	山东大学	管理科学与工程	5	2023M732054
1858	许振兴	343482	山东大学	海洋科学	8	2023M732055
1859	任兴杰	305552	山东大学	核科学与技术	8	2023M732056
1860	马志伟	340569	山东大学	化学	8	2023M732057
1861	段建鲁	340743	山东大学	环境科学与工程	8	2023M732058
1862	纪晓萌	317116	山东大学	环境科学与工程	8	2023M732059
1863	刘文静	340967	山东大学	环境科学与工程	8	2023M732060
1864	张梦汝	333805	山东大学	环境科学与工程	8	2023M732061
1865	程蕾晓	308226	山东大学	计算机科学与技术	8	2023M732062
1866	吕洪涛	323806	山东大学	计算机科学与技术	8	2023M732063
1867	杜　聪	330824	山东大学	交通运输工程	8	2023M732064
1868	李含丰	340473	山东大学	控制科学与工程	8	2023M732065
1869	史　洋	341805	山东大学	控制科学与工程	8	2023M732066
1870	王海洋	310952	山东大学	控制科学与工程	8	2023M732067
1871	孙长芸	325854	山东大学	口腔医学	8	2023M732068
1872	刘茜楠	324638	山东大学	理论经济学	5	2023M732069
1873	刘艳菲	317810	山东大学	历史学	5	2023M732070
1874	曹红瑞	337383	山东大学	生物学	8	2023M732071
1875	刁晓彤	332187	山东大学	生物学	8	2023M732072
1876	段仰苗	313085	山东大学	生物学	8	2023M732073
1877	高　阳	322802	山东大学	生物学	8	2023M732074
1878	姜文欣	341985	山东大学	生物学	8	2023M732075
1879	逄欣欣	320420	山东大学	生物学	8	2023M732076
1880	石　稳	341954	山东大学	生物学	8	2023M732077
1881	王栋栋	313219	山东大学	生物学	8	2023M732078

续表

序号	姓名	博士后编号	设站单位名称	一级学科	资助金额/万元	资助编号
1882	闫科吉	317004	山东大学	生物学	8	2023M732079
1883	战　锐	325848	山东大学	生物学	8	2023M732080
1884	赵　娜	308087	山东大学	生物学	8	2023M732081
1885	朱鹏程	317001	山东大学	生物学	8	2023M732082
1886	朱延平	328860	山东大学	生物学	8	2023M732083
1887	何　勇	310136	山东大学	兽医学	8	2023M732084
1888	李　敏	337647	山东大学	数学	8	2023M732085
1889	邢传智	310273	山东大学	数学	8	2023M732086
1890	杨　帆	316288	山东大学	数学	8	2023M732087
1891	王美霞	333806	山东大学	土木工程	8	2023M732088
1892	华鲁辉	336920	山东大学	新闻传播学	5	2023M732089
1893	邓伊琴	326505	山东大学	信息与通信工程	8	2023M732090
1894	陈　晨	342956	山东大学	药学	8	2023M732091
1895	林　慧	330518	山东大学	药学	8	2023M732092
1896	宋绪钰	330513	山东大学	中医学	8	2023M732093
1897	陈鹏翔	326509	山东大学齐鲁医院	临床医学	8	2023M732094
1898	陈　彤	325871	山东大学齐鲁医院	临床医学	8	2023M732095
1899	崔剑锋	325893	山东大学齐鲁医院	临床医学	8	2023M732096
1900	樊翠琴	325879	山东大学齐鲁医院	临床医学	8	2023M732097
1901	绳　紫	325886	山东大学齐鲁医院	临床医学	8	2023M732098
1902	孙厚义	325887	山东大学齐鲁医院	临床医学	8	2023M732099
1903	孙　松	325888	山东大学齐鲁医院	临床医学	8	2023M732100
1904	王子翔	326986	山东大学齐鲁医院	临床医学	8	2023M732101
1905	何锁盈	327212	山东豪迈机械科技股份有限公司	动力工程及工程热物理	8	2023M732102
1906	张松楠	345918	山东京博控股集团有限公司	纺织科学与工程	8	2023M732103
1907	赵媛媛	326814	山东科技大学	材料科学与工程	8	2023M732104
1908	刘耀辉	303403	山东科技大学	地理学	8	2023M732105
1909	马晓彤	333523	山东科技大学	动力工程及工程热物理	8	2023M732106
1910	封乃丹	326812	山东科技大学	管理科学与工程	5	2023M732107
1911	陈　宁	301418	山东科技大学	机械工程	8	2023M732108
1912	田茂霖	323830	山东科技大学	矿业工程	8	2023M732109
1913	张赫哲	330825	山东科技大学	矿业工程	8	2023M732110
1914	孙崇正	336286	山东科技大学	石油与天然气工程	8	2023M732111

续表

序号	姓名	博士后编号	设站单位名称	一级学科	资助金额/万元	资助编号
1915	范增华	304152	山东理工大学	机械工程	8	2023M732112
1916	陆佳瑜	313850	山东理工大学	机械工程	8	2023M732113
1917	王绍庆	344170	山东理工大学	农业工程	8	2023M732114
1918	张荣飞	344171	山东理工大学	食品科学与工程	8	2023M732115
1919	江　杨	304787	山东农业大学	食品科学与工程	8	2023M732116
1920	胡士磊	329831	山东农友软件有限公司	理论经济学	5	2023M732117
1921	赵松柏	326979	山东省立医院	基础医学	8	2023M732118
1922	冷敏敏	337266	山东省立医院	临床医学	8	2023M732119
1923	张荣华	338809	山东省立医院	临床医学	8	2023M732120
1924	颜　涛	329116	山东省临沂市人民医院	临床医学	8	2023M732121
1925	尹智超	343834	山东省鲁信投资控股集团有限公司	应用经济学	5	2023M732122
1926	庄亚姝	327172	山东省农业科学院	作物学	8	2023M732123
1927	邢立杰	332752	山东省药学科学院	临床医学	8	2023M732124
1928	贺科文	328661	山东省医学科学院	临床医学	8	2023M732125
1929	李光浩	326801	山东省医学科学院	临床医学	8	2023M732126
1930	徐一月	326803	山东省医学科学院	临床医学	8	2023M732127
1931	赵　晴	325078	山东省医学科学院	临床医学	8	2023M732128
1932	魏春阳	342959	山东省医学科学院	仪器科学与技术	8	2023M732129
1933	蔡　磊	314704	山东师范大学	物理学	8	2023M732130
1934	黄昭先	308202	山东万得福实业集团有限公司	食品科学与工程	8	2023M732131
1935	徐广蕊	338071	山东威玛装备科技股份有限公司	材料科学与工程	8	2023M732132
1936	周长安	311945	山东五征集团有限公司	农业工程	8	2023M732133
1937	孟凡庆	334729	山东新华制药股份有限公司	化学工程与技术	8	2023M732134
1938	王聪聪	319045	山东中医药大学	临床医学	8	2023M732135
1939	马度芳	334662	山东中医药大学	中西医结合	8	2023M732136
1940	王小磊	321171	山东中医药大学	中西医结合	8	2023M732137
1941	樊湘珍	320039	山东中医药大学	中医学	8	2023M732138
1942	杨雯晴	321159	山东中医药大学	中医学	8	2023M732139
1943	郑　吉	314186	山西白求恩医院（山西医学科学院）	化学	8	2023M732140
1944	郭丽霞	312657	山西白求恩医院（山西医学科学院）	临床医学	8	2023M732141
1945	康伟伟	314185	山西白求恩医院（山西医学科学院）	临床医学	8	2023M732142
1946	王丽丽	310874	山西白求恩医院（山西医学科学院）	生物医学工程	8	2023M732143
1947	畅瑞苗	312659	山西白求恩医院（山西医学科学院）	中药学	8	2023M732144

续表

序号	姓名	博士后编号	设站单位名称	一级学科	资助金额/万元	资助编号
1948	王莉莉	314067	山西大学	历史学	5	2023M732145
1949	魏 强	320852	山西大学	物理学	8	2023M732146
1950	马 丹	338253	山西高等创新研究院	临床医学	8	2023M732147
1951	宋瑞高	313240	山西高等创新研究院	生物学	8	2023M732148
1952	沈玲华	341925	山西省交通科技研发有限公司	土木工程	8	2023M732149
1953	芦闻天	309873	山西师范大学	物理学	8	2023M732150
1954	柳美仙	333724	山西医科大学	口腔医学	8	2023M732151
1955	高 佳	344519	山西医科大学	临床医学	8	2023M732152
1956	李慧玲	344514	山西医科大学	临床医学	8	2023M732153
1957	孟芝君	342298	山西医科大学第二医院	临床医学	8	2023M732154
1958	高 耀	331441	山西医科大学第一医院	临床医学	8	2023M732155
1959	李 宏	314679	山西医科大学第一医院	临床医学	8	2023M732156
1960	朱剑军	327504	山西医科大学第一医院	临床医学	8	2023M732157
1961	岳欧阳	319386	陕西科技大学	轻工技术与工程	8	2023M732159
1962	朱 超	322490	陕西省电力公司	动力工程及工程热物理	8	2023M732160
1963	侯亚丽	343770	陕西省人民医院	化学	8	2023M732161
1964	宁萍萍	327875	陕西省人民医院	临床医学	8	2023M732162
1965	杨 洁	314328	陕西师范大学	地理学	8	2023M732163
1966	舒远红	317234	陕西师范大学	化学	8	2023M732164
1967	宋戈洋	317251	陕西师范大学	化学	8	2023M732165
1968	邵仲世	340857	陕西师范大学	控制科学与工程	8	2023M732166
1969	廖 丽	332227	陕西师范大学	社会学	5	2023M732167
1970	李玲玲	309600	陕西师范大学	数学	8	2023M732168
1971	李军强	335137	上海财经大学	工商管理	5	2023M732169
1972	吴胜男	324827	上海财经大学	应用经济学	5	2023M732170
1973	蒋淑红	327553	上海城市水资源国家工程中心	土木工程	8	2023M732171
1974	董子睿	320269	上海大学	材料科学与工程	8	2023M732173
1975	岳丽莹	329451	上海大学	地理学	8	2023M732174
1976	杨雪纯	304553	上海大学	光学工程	8	2023M732175
1977	李 洋	330079	上海大学	控制科学与工程	8	2023M732176
1978	党 琳	316119	上海大学	历史学	5	2023M732177
1979	崔 进	307078	上海大学	临床医学	8	2023M732178
1980	张 浩	320879	上海大学	临床医学	8	2023M732179

续表

序号	姓名	博士后编号	设站单位名称	一级学科	资助金额/万元	资助编号
1981	杜瑞连	333228	上海大学	数学	8	2023M732180
1982	郑久良	338044	上海大学	新闻传播学	5	2023M732181
1983	刘岩博	328508	上海大学	冶金工程	8	2023M732182
1984	张鉴磊	331679	上海大学	冶金工程	8	2023M732183
1985	杨秦华	331297	上海大学	艺术学	5	2023M732184
1986	朱　琳	326563	上海国家会计学院	工商管理	5	2023M732185
1987	韩　爽	343503	上海海洋大学	水产	8	2023M732186
1988	李超婧	341135	上海昊海生物科技股份有限公司	纺织科学与工程	8	2023M732187
1989	李甜甜	308445	上海交通大学	材料科学与工程	8	2023M732188
1990	刘林林	328388	上海交通大学	材料科学与工程	8	2023M732189
1991	孙　炎	302627	上海交通大学	材料科学与工程	8	2023M732190
1992	夏成辉	324457	上海交通大学	材料科学与工程	8	2023M732191
1993	喻异双	309539	上海交通大学	材料科学与工程	8	2023M732192
1994	张　稳	308489	上海交通大学	材料科学与工程	8	2023M732193
1995	张　震	329605	上海交通大学	材料科学与工程	8	2023M732194
1996	卓义民	321746	上海交通大学	材料科学与工程	8	2023M732195
1997	周赫雄	340430	上海交通大学	船舶与海洋工程	8	2023M732196
1998	王隆春	329192	上海交通大学	电子科学与技术	8	2023M732197
1999	王　涛	315110	上海交通大学	电子科学与技术	8	2023M732198
2000	刘梦琦	323705	上海交通大学	动力工程及工程热物理	8	2023M732199
2001	赵旭腾	337616	上海交通大学	动力工程及工程热物理	8	2023M732200
2002	赫广平	311082	上海交通大学	法学	5	2023M732201
2003	马　强	344654	上海交通大学	法学	5	2023M732202
2004	石　磊	324068	上海交通大学	法学	5	2023M732203
2005	张志鹏	316121	上海交通大学	管理科学与工程	5	2023M732204
2006	董卉子	323704	上海交通大学	海洋科学	8	2023M732205
2007	梁乐文	342870	上海交通大学	海洋科学	8	2023M732206
2008	曹　柱	331051	上海交通大学	化学	8	2023M732207
2009	胡晨吉	319616	上海交通大学	化学	8	2023M732208
2010	胡艳华	316369	上海交通大学	化学	8	2023M732209
2011	林　秀	315953	上海交通大学	化学	8	2023M732210
2012	刘　振	342323	上海交通大学	化学	8	2023M732211
2013	汪　雷	343705	上海交通大学	化学	8	2023M732212

续表

序号	姓名	博士后编号	设站单位名称	一级学科	资助金额/万元	资助编号
2014	杨帅亮	318354	上海交通大学	化学	8	2023M732213
2015	叶发荣	326166	上海交通大学	化学	8	2023M732214
2016	陈　晨	316840	上海交通大学	化学工程与技术	8	2023M732215
2017	李　星	337086	上海交通大学	环境科学与工程	8	2023M732216
2018	杨　超	326444	上海交通大学	基础医学	8	2023M732217
2019	樊　薇	329191	上海交通大学	机械工程	8	2023M732218
2020	金衍瑞	344297	上海交通大学	机械工程	8	2023M732219
2021	万　乐	309158	上海交通大学	机械工程	8	2023M732220
2022	支　倩	299158	上海交通大学	机械工程	8	2023M732221
2023	朱赣闽	329996	上海交通大学	机械工程	8	2023M732222
2024	邵志文	336577	上海交通大学	计算机科学与技术	8	2023M732223
2025	沈　雯	309898	上海交通大学	计算机科学与技术	8	2023M732224
2026	刘　亚	318025	上海交通大学	控制科学与工程	8	2023M732225
2027	张　彬	311045	上海交通大学	控制科学与工程	8	2023M732226
2028	朱茂然	340939	上海交通大学	控制科学与工程	8	2023M732227
2029	陈　伟	336009	上海交通大学	理论经济学	5	2023M732228
2030	李宝玺	328368	上海交通大学	理论经济学	5	2023M732229
2031	孙海涛	340415	上海交通大学	临床医学	8	2023M732230
2032	常方圆	309159	上海交通大学	社会学	5	2023M732231
2033	曹俊峰	310749	上海交通大学	生物学	8	2023M732232
2034	顾婷婷	321748	上海交通大学	生物学	8	2023M732233
2035	胡春飞	308894	上海交通大学	生物学	8	2023M732234
2036	胡利芹	316123	上海交通大学	生物学	8	2023M732235
2037	路兆宁	300162	上海交通大学	生物学	8	2023M732236
2038	孙爱清	308993	上海交通大学	生物学	8	2023M732237
2039	王佳斌	327200	上海交通大学	生物学	8	2023M732238
2040	闫晓丽	316865	上海交通大学	生物学	8	2023M732239
2041	杨　燕	345706	上海交通大学	生物学	8	2023M732240
2042	黄清云	316838	上海交通大学	生物医学工程	8	2023M732241
2043	刘天智	327821	上海交通大学	生物医学工程	8	2023M732242
2044	卢学和	339878	上海交通大学	生物医学工程	8	2023M732243
2045	王绮玥	318956	上海交通大学	生物医学工程	8	2023M732244
2046	许江长	333022	上海交通大学	生物医学工程	8	2023M732245

续表

序号	姓名	博士后编号	设站单位名称	一级学科	资助金额/万元	资助编号
2047	周加胜	322725	上海交通大学	生物医学工程	8	2023M732246
2048	梁江燕	319572	上海交通大学	数学	8	2023M732247
2049	马楚雯	324458	上海交通大学	数学	8	2023M732248
2050	祖春蕾	344137	上海交通大学	数学	8	2023M732249
2051	Khachaturyants Tigran	338309	上海交通大学	天文学	8	2023M732250
2052	周竑喆	328663	上海交通大学	天文学	8	2023M732251
2053	高　游	336255	上海交通大学	土木工程	8	2023M732252
2054	熊青香	299391	上海交通大学	土木工程	8	2023M732253
2055	陆彩玲	304512	上海交通大学	外国语言文学	5	2023M732254
2056	杜　勇	342399	上海交通大学	物理学	8	2023M732255
2057	范　波	335216	上海交通大学	物理学	8	2023M732256
2058	季琴颖	339650	上海交通大学	物理学	8	2023M732257
2059	田遵义	310858	上海交通大学	物理学	8	2023M732258
2060	王　涛	332311	上海交通大学	物理学	8	2023M732259
2061	张小波	310861	上海交通大学	物理学	8	2023M732260
2062	丁　颖	337048	上海交通大学	心理学	8	2023M732261
2063	方　稳	327313	上海交通大学	信息与通信工程	8	2023M732262
2064	李靖驰	316817	上海交通大学	信息与通信工程	8	2023M732263
2065	马伯文	315911	上海交通大学	信息与通信工程	8	2023M732264
2066	李权哲	310437	上海交通大学	药学	8	2023M732265
2067	任德成	319965	上海交通大学	药学	8	2023M732266
2068	汪　炜	336625	上海交通大学	仪器科学与技术	8	2023M732267
2069	廖　辉	323736	上海交通大学	应用经济学	5	2023M732268
2070	许元镫	335215	上海交通大学	应用经济学	5	2023M732269
2071	寇尔丰	339880	上海交通大学	园艺学	8	2023M732270
2072	索　引	309961	上海交通大学	哲学	5	2023M732271
2073	杨瑞环	330900	上海交通大学	植物保护	8	2023M732272
2074	许在元	310750	上海交通大学	中国语言文学	5	2023M732273
2075	王苏苏	318213	上海交通大学医学院	公共卫生与预防医学	8	2023M732274
2076	陈柏文	318214	上海交通大学医学院	基础医学	8	2023M732275
2077	金静思	325592	上海交通大学医学院	基础医学	8	2023M732276
2078	宋花歆	340171	上海交通大学医学院	基础医学	8	2023M732277

续表

序号	姓名	博士后编号	设站单位名称	一级学科	资助金额/万元	资助编号
2079	张　铖	321283	上海交通大学医学院	基础医学	8	2023M732278
2080	赵银龙	309002	上海交通大学医学院	基础医学	8	2023M732279
2081	赵振钧	304844	上海交通大学医学院	基础医学	8	2023M732280
2082	陈旭卓	346704	上海交通大学医学院	口腔医学	8	2023M732281
2083	顾子悦	346699	上海交通大学医学院	口腔医学	8	2023M732282
2084	林思涵	346702	上海交通大学医学院	口腔医学	8	2023M732283
2085	孙　磊	327880	上海交通大学医学院	口腔医学	8	2023M732284
2086	吴　坤	322919	上海交通大学医学院	口腔医学	8	2023M732285
2087	张伟骏	308049	上海交通大学医学院	口腔医学	8	2023M732286
2088	曹颖颖	323356	上海交通大学医学院	临床医学	8	2023M732287
2089	陈　蓦	346644	上海交通大学医学院	临床医学	8	2023M732288
2090	丁　承	328384	上海交通大学医学院	临床医学	8	2023M732289
2091	顾　湘	346682	上海交通大学医学院	临床医学	8	2023M732290
2092	郭华棋	299897	上海交通大学医学院	临床医学	8	2023M732291
2093	侯梦洁	346709	上海交通大学医学院	临床医学	8	2023M732292
2094	胡　帅	308658	上海交通大学医学院	临床医学	8	2023M732293
2095	霍莹莹	346715	上海交通大学医学院	临床医学	8	2023M732294
2096	江增鑫	327881	上海交通大学医学院	临床医学	8	2023M732295
2097	李　尤	346671	上海交通大学医学院	临床医学	8	2023M732296
2098	孟怡辰	329792	上海交通大学医学院	临床医学	8	2023M732297
2099	沈　婷	328172	上海交通大学医学院	临床医学	8	2023M732298
2100	宋振宇	334883	上海交通大学医学院	临床医学	8	2023M732299
2101	孙　滨	323357	上海交通大学医学院	临床医学	8	2023M732300
2102	汪琪璇	323347	上海交通大学医学院	临床医学	8	2023M732301
2103	王大鹏	344275	上海交通大学医学院	临床医学	8	2023M732302
2104	王　迪	333392	上海交通大学医学院	临床医学	8	2023M732303
2105	王　雷	331035	上海交通大学医学院	临床医学	8	2023M732304
2106	王孟燕	343635	上海交通大学医学院	临床医学	8	2023M732305
2107	王少云	346714	上海交通大学医学院	临床医学	8	2023M732306
2108	吴　景	321299	上海交通大学医学院	临床医学	8	2023M732307
2109	徐　捷	328369	上海交通大学医学院	临床医学	8	2023M732308
2110	徐　杨	308679	上海交通大学医学院	临床医学	8	2023M732309
2111	杨　闯	328352	上海交通大学医学院	临床医学	8	2023M732310

续表

序号	姓名	博士后编号	设站单位名称	一级学科	资助金额/万元	资助编号
2112	印焓锐	308171	上海交通大学医学院	临床医学	8	2023M732311
2113	庄玲芳	343632	上海交通大学医学院	临床医学	8	2023M732312
2114	苏　艳	318215	上海交通大学医学院	生物学	8	2023M732313
2115	王怡康	343708	上海交通大学医学院	生物学	8	2023M732314
2116	宋明智	345720	上海交通大学医学院	中西医结合	8	2023M732315
2117	陈哲杰	345452	上海交通大学医学院	中药学	8	2023M732316
2118	吴晓韬	311310	上海勘测设计研究院有限公司	水利工程	8	2023M732317
2119	杨　帅	326548	上海科技大学	核科学与技术	8	2023M732318
2120	尤晓宽	333475	上海理工大学	动力工程及工程热物理	8	2023M732319
2121	郭政儒	311166	上海理工大学	光学工程	8	2023M732320
2122	王　迅	328529	上海理工大学	数学	8	2023M732321
2123	朱凯群	319069	上海理工大学	系统科学	8	2023M732322
2124	段林林	342566	上海师范大学	化学	8	2023M732323
2125	樊晓杰	347241	上海师范大学	教育学	5	2023M732324
2126	张宝宝	328899	上海师范大学	历史学	5	2023M732325
2127	高逢亮	304031	上海师范大学	中国语言文学	5	2023M732326
2128	郭瑞妍	324225	上海市计量测试技术研究院	化学	8	2023M732327
2129	吕　铎	332209	上海市农业科学院	园艺学	8	2023M732328
2130	张　震	323244	上海市政工程设计研究总院（集团）有限公司	交通运输工程	8	2023M732329
2131	陈　蓓	302025	上海外国语大学	应用经济学	5	2023M732330
2132	鲁　楠	326890	上海戏剧学院	艺术学	5	2023M732331
2133	杨庆伟	330621	上海证券交易所	应用经济学	5	2023M732332
2134	李星华	344430	上海中医药大学	临床医学	8	2023M732333
2135	张　飞	340038	上海中医药大学	中西医结合	8	2023M732334
2136	余　阳	325460	上海中医药大学	中药学	8	2023M732335
2137	岳　备	320066	上海中医药大学	中药学	8	2023M732336
2138	江　涛	301435	上海中医药大学	中医学	8	2023M732337
2139	姚重界	319068	上海中医药大学	中医学	8	2023M732338
2140	秦　瑜	327899	深圳北京大学香港科技大学医学中心	材料科学与工程	8	2023M732339
2141	陆彦因	325239	深圳北京大学香港科技大学医学中心	口腔医学	8	2023M732340
2142	郑　越	325610	深圳北京大学香港科技大学医学中心	口腔医学	8	2023M732341
2143	房菲儿	306439	深圳大学	材料科学与工程	8	2023M732342

续表

序号	姓名	博士后编号	设站单位名称	一级学科	资助金额/万元	资助编号
2144	郑达明	306555	深圳大学	材料科学与工程	8	2023M732343
2145	郑学文	343283	深圳大学	材料科学与工程	8	2023M732344
2146	陈业滨	306441	深圳大学	测绘科学与技术	8	2023M732345
2147	吴泽霖	300895	深圳大学	电气工程	8	2023M732346
2148	李艳萍	316125	深圳大学	光学工程	8	2023M732347
2149	刘顺祥	316523	深圳大学	光学工程	8	2023M732348
2150	张　健	308108	深圳大学	光学工程	8	2023M732349
2151	闫晓丽	313142	深圳大学	化学	8	2023M732350
2152	周倩雯	326109	深圳大学	化学	8	2023M732351
2153	赵　杰	303259	深圳大学	环境科学与工程	8	2023M732352
2154	刘　稳	325291	深圳大学	建筑学	8	2023M732353
2155	汤天笑	332791	深圳大学	交通运输工程	8	2023M732354
2156	陈世裕	330544	深圳大学	临床医学	8	2023M732355
2157	彭　丹	328314	深圳大学	生物学	8	2023M732356
2158	林丹敏	319079	深圳大学	生物医学工程	8	2023M732357
2159	赵　程	319911	深圳大学	生物医学工程	8	2023M732358
2160	陶晓亚	305983	深圳大学	食品科学与工程	8	2023M732359
2161	任方舟	314950	深圳大学	土木工程	8	2023M732360
2162	杨淑庆	307411	深圳大学	土木工程	8	2023M732361
2163	蒋怡辰	300952	深圳大学	艺术学	5	2023M732362
2164	王俭平	339264	深圳大学	政治学	5	2023M732363
2165	朱　墨	306183	深圳大学高新技术	化学	8	2023M732364
2166	蔡鹏飞	339795	深圳华大生命科学研究院	生物学	8	2023M732365
2167	陈　茜	327221	深圳华大生命科学研究院	生物学	8	2023M732366
2168	徐　妍	334405	深圳华大生命科学研究院	生物学	8	2023M732367
2169	杨　祎	324924	深圳华大生命科学研究院	生物学	8	2023M732368
2170	袁　月	309880	深圳华大生命科学研究院	生物学	8	2023M732369
2171	白宁宁	324782	深圳市第二人民医院	临床医学	8	2023M732370
2172	高海燕	344543	深圳市第二人民医院	生物学	8	2023M732371
2173	宫　瑞	308835	深圳市第二人民医院	生物学	8	2023M732372
2174	李芷悦	300734	深圳市第二人民医院	中西医结合	8	2023M732373
2175	何开武	329954	深圳市人民医院（暨南大学第二临床医学院）	基础医学	8	2023M732374

续表

序号	姓名	博士后编号	设站单位名称	一级学科	资助金额/万元	资助编号
2176	贾　雄	300126	深圳市人民医院（暨南大学第二临床医学院）	临床医学	8	2023M732375
2177	刘春耕	312402	深圳市人民医院（暨南大学第二临床医学院）	临床医学	8	2023M732376
2178	邵　杰	313489	深圳市人民医院（暨南大学第二临床医学院）	生物学	8	2023M732377
2179	宋娅静	310885	深圳市人民医院（暨南大学第二临床医学院）	生物学	8	2023M732378
2180	卢贝贝	328157	深圳市人民医院（暨南大学第二临床医学院）	生物医学工程	8	2023M732379
2181	袁艿君	300539	深圳市人民医院（暨南大学第二临床医学院）	中西医结合	8	2023M732380
2182	胡晓萌	331057	深圳市腾讯计算机系统有限公司	哲学	5	2023M732381
2183	齐冲冲	311780	深圳市中金岭南有色金属股份有限公司	冶金工程	8	2023M732382
2184	洪欣欣	319360	深圳市中医院	中医学	8	2023M732383
2185	郑启艳	324017	深圳市中医院	中医学	8	2023M732384
2186	吴肖龙	310200	深圳虚拟大学园	控制科学与工程	8	2023M732387
2187	曾　理	309512	深圳证券交易所	应用经济学	5	2023M732388
2188	周福礼	343961	深圳中集智能科技有限公司	管理科学与工程	5	2023M732389
2189	徐　豪	337662	沈阳大学科技园	生物医学工程	8	2023M732390
2190	姜壹夫	341268	沈阳鼓风机厂	材料科学与工程	8	2023M732391
2191	吴　纯	306434	沈阳理工大学科技开发总公司	材料科学与工程	8	2023M732392
2192	郎宇曦	306257	沈阳农业大学	食品科学与工程	8	2023M732393
2193	司　旭	324125	沈阳农业大学	食品科学与工程	8	2023M732394
2194	邹梦琪	302501	审计署审计科研所	工商管理	5	2023M732395
2195	武宇辉	334525	生态环境部华南环境科学研究所	地质资源与地质工程	8	2023M732396
2196	周　飒	316292	史丹利化肥股份有限公司	生物学	8	2023M732397
2197	王　超	317179	首都经济贸易大学	工商管理	5	2023M732399
2198	汪甜甜	331684	首都师范大学	教育学	5	2023M732400
2199	高　羽	307623	首都师范大学	外国语言文学	5	2023M732401
2200	杨　晨	299307	首都师范大学	艺术学	5	2023M732402
2201	吴盛亚	329913	首都师范大学	中国语言文学	5	2023M732403

续表

序号	姓名	博士后编号	设站单位名称	一级学科	资助金额/万元	资助编号
2202	高利旺	299782	首都医科大学	公共卫生与预防医学	8	2023M732404
2203	刘　飞	318224	首都医科大学	口腔医学	8	2023M732405
2204	曹　宁	300406	首都医科大学	临床医学	8	2023M732406
2205	李　娇	313216	首都医科大学	临床医学	8	2023M732407
2206	李嫣然	320685	首都医科大学	临床医学	8	2023M732408
2207	王海波	301544	首都医科大学	生物学	8	2023M732409
2208	阳荣辉	322265	首都医科大学	生物学	8	2023M732410
2209	于华婧	300082	首都医科大学	生物学	8	2023M732411
2210	乔新涵	321964	顺特电气设备有限公司	电气工程	8	2023M732412
2211	刘雪辉	301796	四川大学	材料科学与工程	8	2023M732413
2212	罗银富	333802	四川大学	材料科学与工程	8	2023M732414
2213	兀　琪	313024	四川大学	材料科学与工程	8	2023M732415
2214	廖成成	327617	四川大学	工商管理	5	2023M732416
2215	杨金玉	339943	四川大学	工商管理	5	2023M732417
2216	陈垟羊	338208	四川大学	公共管理	5	2023M732418
2217	陶文娟	311472	四川大学	公共管理	5	2023M732419
2218	王凤娟	322571	四川大学	管理科学与工程	5	2023M732420
2219	赵文辉	344911	四川大学	管理科学与工程	5	2023M732421
2220	陈　橙	314341	四川大学	化学	8	2023M732422
2221	王　冠	311809	四川大学	化学	8	2023M732423
2222	程　鑫	343614	四川大学	环境科学与工程	8	2023M732424
2223	雷　红	334881	四川大学	基础医学	8	2023M732425
2224	杜文超	332246	四川大学	计算机科学与技术	8	2023M732426
2225	何　涛	311476	四川大学	计算机科学与技术	8	2023M732427
2226	徐黎明	342575	四川大学	计算机科学与技术	8	2023M732428
2227	李昕怡	322472	四川大学	口腔医学	8	2023M732429
2228	周雪曼	322473	四川大学	口腔医学	8	2023M732430
2229	董嘉瑜	306780	四川大学	历史学	5	2023M732431
2230	孟　琦	328584	四川大学	历史学	5	2023M732432
2231	周显东	333777	四川大学	力学	8	2023M732433
2232	陈雪兰	338096	四川大学	临床医学	8	2023M732434
2233	陈钇地	300283	四川大学	临床医学	8	2023M732435
2234	成雪晴	334628	四川大学	临床医学	8	2023M732436

续表

序号	姓名	博士后编号	设站单位名称	一级学科	资助金额/万元	资助编号
2235	达瓦次里	334139	四川大学	临床医学	8	2023M732437
2236	董程远	306562	四川大学	临床医学	8	2023M732438
2237	付晓敏	344740	四川大学	临床医学	8	2023M732439
2238	傅声祥	322352	四川大学	临床医学	8	2023M732440
2239	高邵静雅	322469	四川大学	临床医学	8	2023M732441
2240	黄金铭	334485	四川大学	临床医学	8	2023M732442
2241	黄礼义	343836	四川大学	临床医学	8	2023M732443
2242	黄先洲	343438	四川大学	临床医学	8	2023M732444
2243	姜　鑫	303533	四川大学	临床医学	8	2023M732445
2244	李沛衡	300307	四川大学	临床医学	8	2023M732446
2245	刘富均	314336	四川大学	临床医学	8	2023M732447
2246	刘文荣	303110	四川大学	临床医学	8	2023M732448
2247	刘晓迪	334634	四川大学	临床医学	8	2023M732449
2248	刘怡钒	338184	四川大学	临床医学	8	2023M732450
2249	吕梦媛	335118	四川大学	临床医学	8	2023M732451
2250	沈嘉渝	334081	四川大学	临床医学	8	2023M732452
2251	孙　冉	334090	四川大学	临床医学	8	2023M732453
2252	谭双燕	335598	四川大学	临床医学	8	2023M732454
2253	王晓斐	310684	四川大学	临床医学	8	2023M732455
2254	文继锐	322464	四川大学	临床医学	8	2023M732456
2255	吴宝红	338095	四川大学	临床医学	8	2023M732457
2256	吴秋吉	342861	四川大学	临床医学	8	2023M732458
2257	伍　椰	338342	四川大学	临床医学	8	2023M732459
2258	向中正	342769	四川大学	临床医学	8	2023M732460
2259	徐源蔚	340894	四川大学	临床医学	8	2023M732461
2260	姚　鹏	338816	四川大学	临床医学	8	2023M732462
2261	叶　迪	309565	四川大学	临床医学	8	2023M732463
2262	叶　铮	339932	四川大学	临床医学	8	2023M732464
2263	张　琪	340896	四川大学	临床医学	8	2023M732465
2264	张子奇	334641	四川大学	临床医学	8	2023M732466
2265	赵仁良	338169	四川大学	临床医学	8	2023M732467
2266	郑　睿	347312	四川大学	临床医学	8	2023M732468
2267	朱　策	334635	四川大学	临床医学	8	2023M732469

续表

序号	姓名	博士后编号	设站单位名称	一级学科	资助金额/万元	资助编号
2268	朱丽娜	300107	四川大学	临床医学	8	2023M732470
2269	王智慧	330688	四川大学	农业工程	8	2023M732471
2270	龚艳秋	311869	四川大学	生物学	8	2023M732472
2271	黄　宁	314835	四川大学	生物学	8	2023M732473
2272	申思远	343641	四川大学	生物学	8	2023M732474
2273	赵　琳	334086	四川大学	生物学	8	2023M732475
2274	周　闯	311811	四川大学	生物学	8	2023M732476
2275	何苗苗	336882	四川大学	生物医学工程	8	2023M732477
2276	赵惟扬	302701	四川大学	水利工程	8	2023M732478
2277	孙弘历	333803	四川大学	土木工程	8	2023M732479
2278	吴孟桃	344954	四川大学	土木工程	8	2023M732480
2279	郭旭东	330471	四川大学	新闻传播学	5	2023M732481
2280	柴莹莹	343650	四川大学	药学	8	2023M732482
2281	李　洋	335153	四川大学	药学	8	2023M732483
2282	甄泳棋	319365	四川大学	药学	8	2023M732484
2283	李嘉璐	314935	四川大学	艺术学	5	2023M732485
2284	武孟波	312994	四川大学	园艺学	8	2023M732486
2285	杨　杰	337962	四川大学	哲学	5	2023M732487
2286	张晓雷	312035	四川大学	哲学	5	2023M732488
2287	张雪娇	333778	四川大学	哲学	5	2023M732489
2288	郭鹏程	344606	四川大学	中国语言文学	5	2023M732490
2289	侯　俊	343445	四川大学	中国语言文学	5	2023M732491
2290	计晓云	342786	四川大学	中国语言文学	5	2023M732492
2291	张艺莹	338362	四川大学	中国语言文学	5	2023M732493
2292	刘佳利	314188	四川大学	中医学	8	2023M732494
2293	罗由林	340652	四川农业大学	地理学	8	2023M732496
2294	张立光	309400	四川农业大学	工商管理	5	2023M732497
2295	蔡郡倬	330215	四川农业大学	环境科学与工程	8	2023M732498
2296	卢晓辉	340649	四川农业大学	环境科学与工程	8	2023M732499
2297	李　晗	347174	四川农业大学	林学	8	2023M732500
2298	雍　雪	310848	四川农业大学	林学	8	2023M732501
2299	申　云	347178	四川农业大学	农林经济管理	5	2023M732502
2300	谭晶桦	345051	四川农业大学	农林经济管理	5	2023M732503

续表

序号	姓名	博士后编号	设站单位名称	一级学科	资助金额/万元	资助编号
2301	张童朝	332343	四川农业大学	农林经济管理	5	2023M732504
2302	杜康兮	345049	四川农业大学	生物学	8	2023M732505
2303	马苗苗	345050	四川农业大学	生物学	8	2023M732506
2304	熊　鹰	312283	四川农业大学	生物学	8	2023M732507
2305	王一平	340651	四川农业大学	兽医学	8	2023M732508
2306	甘麦邻	332295	四川农业大学	畜牧学	8	2023M732509
2307	韩顺顺	314104	四川农业大学	畜牧学	8	2023M732510
2308	花　伦	312768	四川农业大学	畜牧学	8	2023M732511
2309	孔繁丽	315632	四川农业大学	畜牧学	8	2023M732512
2310	孙萌萌	347182	四川农业大学	畜牧学	8	2023M732513
2311	王　艳	347168	四川农业大学	畜牧学	8	2023M732514
2312	肖鉴鑫	331736	四川农业大学	畜牧学	8	2023M732515
2313	余国辉	333747	四川农业大学	畜牧学	8	2023M732516
2314	马浪浪	345048	四川农业大学	作物学	8	2023M732517
2315	杨　旭	342699	松山湖材料实验室	物理学	8	2023M732518
2316	陈　磊	303366	苏州大学	材料科学与工程	8	2023M732519
2317	李庆业	333982	苏州大学	材料科学与工程	8	2023M732520
2318	梁　骁	300360	苏州大学	材料科学与工程	8	2023M732521
2319	刘　洋	342783	苏州大学	材料科学与工程	8	2023M732522
2320	卢坤媛	310408	苏州大学	材料科学与工程	8	2023M732523
2321	周兴汶	330577	苏州大学	材料科学与工程	8	2023M732524
2322	周　炀	318286	苏州大学	材料科学与工程	8	2023M732525
2323	胡　淼	299904	苏州大学	工商管理	5	2023M732526
2324	王　进	326427	苏州大学	公共卫生与预防医学	8	2023M732527
2325	华鉴瑜	316595	苏州大学	光学工程	8	2023M732528
2326	黄斯严	339019	苏州大学	核科学与技术	8	2023M732529
2327	陈海阳	318255	苏州大学	化学	8	2023M732530
2328	江　力	307198	苏州大学	化学	8	2023M732531
2329	梁文凯	333707	苏州大学	化学	8	2023M732532
2330	万隽永	301171	苏州大学	化学	8	2023M732533
2331	邵贝贝	331167	苏州大学	化学工程与技术	8	2023M732534
2332	丁传仓	299165	苏州大学	机械工程	8	2023M732535
2333	刘　超	318653	苏州大学	机械工程	8	2023M732536

续表

序号	姓名	博士后编号	设站单位名称	一级学科	资助金额/万元	资助编号
2334	高国举	335759	苏州大学	计算机科学与技术	8	2023M732537
2335	余　飞	301827	苏州大学	建筑学	8	2023M732538
2336	王康伟	315217	苏州大学	控制科学与工程	8	2023M732539
2337	宋　悦	325428	苏州大学	临床医学	8	2023M732540
2338	徐　菲	315084	苏州大学	马克思主义理论	5	2023M732541
2339	王　杰	334626	苏州大学	社会学	5	2023M732542
2340	朱文俊	318590	苏州大学	生物医学工程	8	2023M732543
2341	张园园	335323	苏州大学	数学	8	2023M732544
2342	柳舒扬	301828	苏州大学	体育学	5	2023M732545
2343	张国标	342882	苏州大学	图书情报与档案管理	5	2023M732546
2344	潘　祥	324927	苏州大学	物理学	8	2023M732547
2345	王荣倩	330786	苏州大学	物理学	8	2023M732548
2346	赵　伟	341886	苏州大学	冶金工程	8	2023M732549
2347	乔　敏	332947	苏州大学	中国语言文学	5	2023M732550
2348	丁　卫	324933	苏州德龙激光有限公司	控制科学与工程	8	2023M732551
2349	曹玉芳	337926	苏州工业园区人力资源开发有限公司	材料科学与工程	8	2023M732552
2350	罗　杰	314363	苏州工业园区人力资源开发有限公司	电子科学与技术	8	2023M732553
2351	丁长增	319751	苏州工业园区人力资源开发有限公司	化学	8	2023M732554
2352	高　田	319755	苏州工业园区人力资源开发有限公司	化学	8	2023M732555
2353	李　伟	302893	苏州工业园区人力资源开发有限公司	化学	8	2023M732556
2354	任　明	338074	苏州工业园区人力资源开发有限公司	化学	8	2023M732557
2355	张　婉	308200	苏州工业园区人力资源开发有限公司	生物学	8	2023M732558
2356	金秋桐	325102	苏州工业园区人力资源开发有限公司	生物医学工程	8	2023M732559
2357	刘星志	338073	苏州工业园区人力资源开发有限公司	生物医学工程	8	2023M732560
2358	贾鲁婕	328767	苏州工业园区人力资源开发有限公司	物理学	8	2023M732561
2359	刘峻峰	339004	苏州国际发展集团有限公司	应用经济学	5	2023M732562
2360	瞿剑峰	309265	苏州纽克斯电源技术股份有限公司	计算机科学与技术	8	2023M732563
2361	司晓东	340345	苏州腾晖光伏技术有限公司	材料科学与工程	8	2023M732564
2362	马英壮	314600	苏州协鑫光伏科技有限公司	材料科学与工程	8	2023M732565
2363	宋　英	320447	苏州中瑞智创三维科技股份有限公司	航空宇航科学与技术	8	2023M732566
2364	刘花香	345972	台州恩泽医疗中心（集团）	控制科学与工程	8	2023M732567
2365	鞠晓喆	311151	台州恩泽医疗中心（集团）	力学	8	2023M732568
2366	李　勇	326582	太原锅炉集团有限公司	动力工程及工程热物理	8	2023M732569

续表

序号	姓名	博士后编号	设站单位名称	一级学科	资助金额/万元	资助编号
2367	张　潇	328120	太原经济开发区管理委员会	环境科学与工程	8	2023M732570
2368	王雅慧	330328	太原理工大学	环境科学与工程	8	2023M732571
2369	季　策	306470	太原理工大学	机械工程	8	2023M732572
2370	李　帆	308443	太原理工大学	交通运输工程	8	2023M732573
2371	李斑斑	316001	泰安市中心医院	临床医学	8	2023M732574
2372	刘　赛	314568	泰山玻璃纤维有限公司	土木工程	8	2023M732575
2373	朱　俊	334981	天合光能股份有限公司	电子科学与技术	8	2023M732576
2374	宋海军	346802	天津大学	材料科学与工程	8	2023M732577
2375	徐子扬	312114	天津大学	材料科学与工程	8	2023M732578
2376	俞慧涛	316355	天津大学	材料科学与工程	8	2023M732579
2377	曾　健	317280	天津大学	材料科学与工程	8	2023M732580
2378	杨　业	316978	天津大学	地质学	8	2023M732581
2379	代宝民	325607	天津大学	动力工程及工程热物理	8	2023M732582
2380	郭倩倩	343004	天津大学	动力工程及工程热物理	8	2023M732583
2381	吴楠楠	346484	天津大学	管理科学与工程	5	2023M732584
2382	李　可	337708	天津大学	化学	8	2023M732585
2383	王雲生	317077	天津大学	化学	8	2023M732586
2384	马道璠	326532	天津大学	化学工程与技术	8	2023M732587
2385	王淑洁	343498	天津大学	化学工程与技术	8	2023M732588
2386	于志昊	336717	天津大学	化学工程与技术	8	2023M732589
2387	张博风	338082	天津大学	化学工程与技术	8	2023M732590
2388	周嗣杰	307916	天津大学	化学工程与技术	8	2023M732591
2389	崔伟荣	338333	天津大学	环境科学与工程	8	2023M732592
2390	王晓宝	315833	天津大学	计算机科学与技术	8	2023M732593
2391	张　卓	338330	天津大学	计算机科学与技术	8	2023M732594
2392	覃正纳	303060	天津大学	教育学	5	2023M732595
2393	党伟东	316366	天津大学	控制科学与工程	8	2023M732596
2394	和梦欣	305310	天津大学	力学	8	2023M732597
2395	王　洁	307617	天津大学	马克思主义理论	5	2023M732598
2396	吴胜波	320351	天津大学	生物学	8	2023M732599
2397	刘东远	306406	天津大学	生物医学工程	8	2023M732600
2398	张少芳	336716	天津大学	生物医学工程	8	2023M732601
2399	张　旭	341566	天津大学	生物医学工程	8	2023M732602

续表

序号	姓名	博士后编号	设站单位名称	一级学科	资助金额/万元	资助编号
2400	刘　丹	332776	天津大学	水利工程	8	2023M732603
2401	任秋兵	336715	天津大学	水利工程	8	2023M732604
2402	陈蕙芸	334406	天津大学	土木工程	8	2023M732605
2403	马佳星	303187	天津大学	土木工程	8	2023M732606
2404	王燕杰	319022	天津大学	土木工程	8	2023M732607
2405	张学杰	317657	天津大学	土木工程	8	2023M732608
2406	敖冬威	334638	天津大学	物理学	8	2023M732609
2407	青美伊	303415	天津大学	仪器科学与技术	8	2023M732610
2408	徐佳毅	304964	天津大学	仪器科学与技术	8	2023M732611
2409	郎　玥	304397	天津捷强动力装备股份有限公司	信息与通信工程	8	2023M732612
2410	高　萌	338502	天津科技大学	轻工技术与工程	8	2023M732613
2411	师庆英	330701	天津科技大学	生物学	8	2023M732614
2412	孙　雪	300624	天津科技大学	生物学	8	2023M732615
2413	白　宇	320501	天津科技大学	畜牧学	8	2023M732616
2414	彭江波	317958	天津理工大学	材料科学与工程	8	2023M732617
2415	朱学武	331180	天津膜天膜科技股份有限公司	土木工程	8	2023M732618
2416	李维光	309665	天津师范大学	马克思主义理论	5	2023M732619
2417	刘　倩	308188	天津医科大学	基础医学	8	2023M732620
2418	鲁　毅	316456	天津医科大学	基础医学	8	2023M732621
2419	刘维帅	329386	天津医科大学肿瘤医院	临床医学	8	2023M732622
2420	屈　扬	324788	天津医科大学肿瘤医院	临床医学	8	2023M732623
2421	王宇飞	332958	天津医科大学肿瘤医院	生物学	8	2023M732624
2422	薛　一	338013	天津医科大学肿瘤医院	生物医学工程	8	2023M732625
2423	纪　宁	302586	天津医科大学肿瘤医院	药学	8	2023M732626
2424	尹双双	329383	天津中医药大学	中药学	8	2023M732627
2425	于曰伟	322148	天润工业技术股份有限公司	机械工程	8	2023M732628
2426	葛广龙	338056	同济大学	材料科学与工程	8	2023M732629
2427	刘丹青	334167	同济大学	材料科学与工程	8	2023M732630
2428	顾智炜	308600	同济大学	地球物理学	8	2023M732631
2429	孔德珩	311354	同济大学	地质资源与地质工程	8	2023M732632
2430	吴成梁	327629	同济大学	地质资源与地质工程	8	2023M732633
2431	向元高	322590	同济大学	工商管理	5	2023M732634
2432	程仲景	328528	同济大学	海洋科学	8	2023M732635

续表

序号	姓名	博士后编号	设站单位名称	一级学科	资助金额/万元	资助编号
2433	姜　越	332008	同济大学	环境科学与工程	8	2023M732636
2434	李　洋	338024	同济大学	环境科学与工程	8	2023M732637
2435	苏　瑜	335065	同济大学	环境科学与工程	8	2023M732638
2436	徐　晋	308484	同济大学	环境科学与工程	8	2023M732639
2437	徐　越	344068	同济大学	基础医学	8	2023M732640
2438	康　渊	331875	同济大学	建筑学	8	2023M732641
2439	伍　洋	342560	同济大学	建筑学	8	2023M732642
2440	张　皓	336570	同济大学	建筑学	8	2023M732643
2441	郎　洪	299398	同济大学	交通运输工程	8	2023M732644
2442	王芳盛	316416	同济大学	交通运输工程	8	2023M732645
2443	曹月誉	336875	同济大学	临床医学	8	2023M732646
2444	陈　然	341026	同济大学	临床医学	8	2023M732647
2445	丛培林	322591	同济大学	临床医学	8	2023M732648
2446	李　婧	315611	同济大学	临床医学	8	2023M732649
2447	刘　倩	308487	同济大学	临床医学	8	2023M732650
2448	马　蕊	325574	同济大学	临床医学	8	2023M732651
2449	莫新海	322332	同济大学	临床医学	8	2023M732652
2450	权文强	326564	同济大学	临床医学	8	2023M732653
2451	吴黄辉	322522	同济大学	临床医学	8	2023M732654
2452	武利玮	305471	同济大学	临床医学	8	2023M732655
2453	徐　琰	308562	同济大学	临床医学	8	2023M732656
2454	杨　荔	313897	同济大学	临床医学	8	2023M732657
2455	姚平安	326648	同济大学	临床医学	8	2023M732658
2456	赵一晨	331534	同济大学	临床医学	8	2023M732659
2457	柏丹丹	316814	同济大学	生物学	8	2023M732660
2458	刘奎升	325327	同济大学	生物学	8	2023M732661
2459	唐欢胤	338923	同济大学	生物学	8	2023M732662
2460	汪健芳	344066	同济大学	生物学	8	2023M732663
2461	朱业张	327631	同济大学	生物学	8	2023M732664
2462	冯成龙	300088	同济大学	生物医学工程	8	2023M732665
2463	周广良	329496	同济大学	数学	8	2023M732666
2464	蔡武强	325299	同济大学	土木工程	8	2023M732667
2465	刘孟波	312898	同济大学	土木工程	8	2023M732668

续表

序号	姓名	博士后编号	设站单位名称	一级学科	资助金额/万元	资助编号
2466	律梦泽	320415	同济大学	土木工程	8	2023M732669
2467	王帅峰	339865	同济大学	土木工程	8	2023M732670
2468	赵　昕	300442	同济大学	土木工程	8	2023M732671
2469	蒋梦莹	342599	同济大学	外国语言文学	5	2023M732672
2470	夏　军	314129	同济大学	外国语言文学	5	2023M732673
2471	曹世雄	342656	同济大学	艺术学	5	2023M732674
2472	陈　静	314728	同济大学	艺术学	5	2023M732675
2473	李　雪	309558	威高集团有限公司	口腔医学	8	2023M732676
2474	魏　娜	309364	潍柴动力股份有限公司	材料科学与工程	8	2023M732677
2475	龚秋芳	328479	温州医科大学	化学	8	2023M732678
2476	李晶晶	313756	温州医科大学	生物学	8	2023M732679
2477	王璐瑶	319651	温州医科大学	药学	8	2023M732680
2478	孙旦芹	304444	无锡市第二人民医院	临床医学	8	2023M732681
2479	董广胜	309240	武汉大学	测绘科学与技术	8	2023M732682
2480	郭　圆	309223	武汉大学	测绘科学与技术	8	2023M732683
2481	蒋梦辉	326008	武汉大学	测绘科学与技术	8	2023M732684
2482	刘冰石	336512	武汉大学	测绘科学与技术	8	2023M732685
2483	姚国标	303450	武汉大学	测绘科学与技术	8	2023M732686
2484	袁勇强	326246	武汉大学	测绘科学与技术	8	2023M732687
2485	郑玉新	325500	武汉大学	测绘科学与技术	8	2023M732688
2486	王　刚	306030	武汉大学	地质资源与地质工程	8	2023M732689
2487	周　航	334914	武汉大学	电气工程	8	2023M732690
2488	张　阳	299615	武汉大学	法学	5	2023M732691
2489	韩少卿	326615	武汉大学	化学	8	2023M732692
2490	徐艳飞	329649	武汉大学	化学工程与技术	8	2023M732693
2491	刘　瑞	326229	武汉大学	基础医学	8	2023M732694
2492	徐在超	338371	武汉大学	基础医学	8	2023M732695
2493	尹智囊	338372	武汉大学	基础医学	8	2023M732696
2494	赵永亮	326870	武汉大学	基础医学	8	2023M732697
2495	陈翠群	337040	武汉大学	计算机科学与技术	8	2023M732698
2496	桂雪晨	309236	武汉大学	建筑学	8	2023M732699
2497	陈　曦	324325	武汉大学	临床医学	8	2023M732700
2498	袁　莹	325499	武汉大学	临床医学	8	2023M732701

续表

序号	姓名	博士后编号	设站单位名称	一级学科	资助金额/万元	资助编号
2499	胡小龙	301467	武汉大学	农业工程	8	2023M732702
2500	程　术	324330	武汉大学	生物学	8	2023M732703
2501	高俊鹏	331830	武汉大学	生物学	8	2023M732704
2502	刘乾运	330557	武汉大学	生物学	8	2023M732705
2503	涂家薇	312726	武汉大学	生物学	8	2023M732706
2504	王虹运	325468	武汉大学	生物学	8	2023M732707
2505	王　鹏	324337	武汉大学	生物学	8	2023M732708
2506	王雪杰	336513	武汉大学	生物学	8	2023M732709
2507	张雅倩	326218	武汉大学	生物学	8	2023M732710
2508	吴旻昊	324326	武汉大学	生物医学工程	8	2023M732711
2509	吴　轲	334910	武汉大学	数学	8	2023M732712
2510	艾舜轲	330083	武汉大学	天文学	8	2023M732713
2511	石庆功	325466	武汉大学	图书情报与档案管理	5	2023M732714
2512	刘一苇	341470	武汉大学	土木工程	8	2023M732715
2513	秦　剑	309248	武汉大学	外国语言文学	5	2023M732716
2514	万　强	325943	武汉大学	物理学	8	2023M732717
2515	张　晨	325495	武汉大学	物理学	8	2023M732718
2516	于　龙	324328	武汉大学	药学	8	2023M732719
2517	余　蕾	335165	武汉科技大学	化学	8	2023M732720
2518	刘　曼	328895	武汉科技大学	冶金工程	8	2023M732721
2519	沈　凌	340450	武汉理工大学	材料科学与工程	8	2023M732722
2520	王　哲	321806	武汉理工大学	材料科学与工程	8	2023M732723
2521	许梦莹	334748	武汉理工大学	材料科学与工程	8	2023M732724
2522	满　洁	318321	武汉理工大学	交通运输工程	8	2023M732725
2523	罗楷洋	338853	武汉理工大学	艺术学	5	2023M732726
2524	吴　桐	304231	武汉体育学院	体育学	5	2023M732727
2525	李景雷	327247	西安创联电气科技（集团）有限责任公司	材料科学与工程	8	2023M732728
2526	顾　彤	303953	西安电子科技大学	电子科学与技术	8	2023M732729
2527	芦　浩	339701	西安电子科技大学	电子科学与技术	8	2023M732730
2528	郭成飞	346596	西安电子科技大学	光学工程	8	2023M732731
2529	盖耀辉	311624	西安电子科技大学	机械工程	8	2023M732732
2530	于皓瑜	345716	西安电子科技大学	机械工程	8	2023M732733

续表

序号	姓名	博士后编号	设站单位名称	一级学科	资助金额/万元	资助编号
2531	郑耀贤	346424	西安电子科技大学	机械工程	8	2023M732734
2532	马卓然	335723	西安电子科技大学	计算机科学与技术	8	2023M732735
2533	文　成	339709	西安电子科技大学	计算机科学与技术	8	2023M732736
2534	陈秀妹	332228	西安电子科技大学	控制科学与工程	8	2023M732737
2535	刘志远	312321	西安电子科技大学	力学	8	2023M732738
2536	王裴昕	345785	西安电子科技大学	数学	8	2023M732739
2537	李　强	316773	西安电子科技大学	信息与通信工程	8	2023M732740
2538	田　敏	315131	西安电子科技大学	信息与通信工程	8	2023M732741
2539	席博博	322485	西安电子科技大学	信息与通信工程	8	2023M732742
2540	徐楷杰	321115	西安电子科技大学	信息与通信工程	8	2023M732743
2541	郑毓轩	336985	西安电子科技大学	信息与通信工程	8	2023M732744
2542	李照希	340097	西安电子科技大学	仪器科学与技术	8	2023M732745
2543	彭祥玉	320755	西安建筑科技大学	矿业工程	8	2023M732746
2544	王　昊	319771	西安建筑科技大学	数学	8	2023M732747
2545	吴晨伟	320761	西安建筑科技大学	土木工程	8	2023M732748
2546	边　靓	338457	西安建筑科技大学	应用经济学	5	2023M732749
2547	范星宇	324206	西安交通大学	材料科学与工程	8	2023M732750
2548	贺晓梅	336990	西安交通大学	材料科学与工程	8	2023M732751
2549	坚永鑫	326060	西安交通大学	材料科学与工程	8	2023M732752
2550	李　勐	330506	西安交通大学	材料科学与工程	8	2023M732753
2551	覃飞宇	330204	西安交通大学	材料科学与工程	8	2023M732754
2552	魏智磊	336562	西安交通大学	材料科学与工程	8	2023M732755
2553	叶　晶	314331	西安交通大学	材料科学与工程	8	2023M732756
2554	王振东	305902	西安交通大学	地质资源与地质工程	8	2023M732757
2555	安荣汇	342632	西安交通大学	电气工程	8	2023M732758
2556	杨　帅	344373	西安交通大学	电子科学与技术	8	2023M732759
2557	袁　方	314236	西安交通大学	电子科学与技术	8	2023M732760
2558	杜　洋	313194	西安交通大学	动力工程及工程热物理	8	2023M732761
2559	李梦杰	322376	西安交通大学	动力工程及工程热物理	8	2023M732762
2560	毛红威	321111	西安交通大学	动力工程及工程热物理	8	2023M732763
2561	宋昱龙	346977	西安交通大学	动力工程及工程热物理	8	2023M732764
2562	齐　鹏	328447	西安交通大学	法学	5	2023M732765
2563	吴　创	307401	西安交通大学	工商管理	5	2023M732766

续表

序号	姓名	博士后编号	设站单位名称	一级学科	资助金额/万元	资助编号
2564	闫开宁	313692	西安交通大学	工商管理	5	2023M732767
2565	郝凯冰	314238	西安交通大学	公共管理	5	2023M732768
2566	刘婧鸣	346417	西安交通大学	公共管理	5	2023M732769
2567	刘瑞佳	326062	西安交通大学	公共管理	5	2023M732770
2568	刘　欢	313052	西安交通大学	公共卫生与预防医学	8	2023M732771
2569	张顺明	337113	西安交通大学	公共卫生与预防医学	8	2023M732772
2570	邹卓如	330349	西安交通大学	公共卫生与预防医学	8	2023M732773
2571	景　奎	320118	西安交通大学	管理科学与工程	5	2023M732774
2572	赵　伟	336146	西安交通大学	管理科学与工程	5	2023M732775
2573	惠新育	338193	西安交通大学	航空宇航科学与技术	8	2023M732776
2574	魏斌斌	309752	西安交通大学	航空宇航科学与技术	8	2023M732777
2575	邹祥瑞	317671	西安交通大学	航空宇航科学与技术	8	2023M732778
2576	张　帅	326808	西安交通大学	化学	8	2023M732779
2577	李爱朋	329147	西安交通大学	化学工程与技术	8	2023M732780
2578	孙宝玉	334550	西安交通大学	化学工程与技术	8	2023M732781
2579	建艳飞	313583	西安交通大学	环境科学与工程	8	2023M732782
2580	姜泽宇	336832	西安交通大学	环境科学与工程	8	2023M732783
2581	李　静	336991	西安交通大学	环境科学与工程	8	2023M732784
2582	许　路	301109	西安交通大学	环境科学与工程	8	2023M732785
2583	倪　桐	341767	西安交通大学	基础医学	8	2023M732786
2584	窦　潘	344162	西安交通大学	机械工程	8	2023M732787
2585	樊至骐	331406	西安交通大学	机械工程	8	2023M732788
2586	杨　彬	330522	西安交通大学	机械工程	8	2023M732789
2587	杨晓喆	340209	西安交通大学	机械工程	8	2023M732790
2588	李剑锋	338192	西安交通大学	计算机科学与技术	8	2023M732791
2589	党路娟	313581	西安交通大学	控制科学与工程	8	2023M732792
2590	赵　源	330501	西安交通大学	矿业工程	8	2023M732793
2591	陈　炎	330239	西安交通大学	力学	8	2023M732794
2592	杭久涛	330241	西安交通大学	力学	8	2023M732795
2593	何霖春	329152	西安交通大学	力学	8	2023M732796
2594	冀　梁	337286	西安交通大学	力学	8	2023M732797
2595	李国俊	339698	西安交通大学	力学	8	2023M732798
2596	袁炜柯	313417	西安交通大学	力学	8	2023M732799

续表

序号	姓名	博士后编号	设站单位名称	一级学科	资助金额/万元	资助编号
2597	王亚萍	340454	西安交通大学	临床医学	8	2023M732800
2598	胥伟军	337282	西安交通大学	临床医学	8	2023M732801
2599	李园园	317664	西安交通大学	马克思主义理论	5	2023M732802
2600	张　振	321647	西安交通大学	马克思主义理论	5	2023M732803
2601	徐芙清	322382	西安交通大学	农业工程	8	2023M732804
2602	陈　滔	317672	西安交通大学	社会学	5	2023M732805
2603	段朱清	342631	西安交通大学	社会学	5	2023M732806
2604	葛廷帅	343261	西安交通大学	社会学	5	2023M732807
2605	法博涛	302462	西安交通大学	生物学	8	2023M732808
2606	黄　超	303351	西安交通大学	生物学	8	2023M732809
2607	刘聪聪	330610	西安交通大学	生物学	8	2023M732810
2608	张　慧	313418	西安交通大学	生物学	8	2023M732811
2609	刘　涛	314801	西安交通大学	生物医学工程	8	2023M732812
2610	王皓宇	337110	西安交通大学	生物医学工程	8	2023M732813
2611	吴庆强	300946	西安交通大学	生物医学工程	8	2023M732814
2612	张浩卿	313416	西安交通大学	生物医学工程	8	2023M732815
2613	肖坤鹏	321400	西安交通大学	体育学	5	2023M732816
2614	牛　江	335719	西安交通大学	外国语言文学	5	2023M732817
2615	徐洋洋	330247	西安交通大学	物理学	8	2023M732818
2616	朱利平	342352	西安交通大学	新闻传播学	5	2023M732819
2617	王云涛	336325	西安交通大学	信息与通信工程	8	2023M732820
2618	冯　晨	330526	西安交通大学	应用经济学	5	2023M732821
2619	丁园园	303020	西安交通大学	中药学	8	2023M732822
2620	陈　健	344613	西安科技大学	矿业工程	8	2023M732823
2621	李睿康	319415	西安科技大学	矿业工程	8	2023M732824
2622	余盈荧	338466	西安科技大学	矿业工程	8	2023M732825
2623	贾东洲	345364	西安理工大学	机械工程	8	2023M732826
2624	杨磊鹏	301115	西安理工大学	机械工程	8	2023M732827
2625	王　川	344159	西安理工大学	水利工程	8	2023M732828
2626	王　婷	329673	西安理工大学	水利工程	8	2023M732829
2627	陈佳斌	309198	西安市红会医院	临床医学	8	2023M732830
2628	罗荣锦	332826	西安市红会医院	临床医学	8	2023M732831
2629	王　玫	309823	西安外国语大学	外国语言文学	5	2023M732832

续表

序号	姓名	博士后编号	设站单位名称	一级学科	资助金额/万元	资助编号
2630	顾虹飞	299636	西安外国语大学	政治学	5	2023M732833
2631	王圆晨	344810	西安紫光展锐科技有限公司	信息与通信工程	8	2023M732835
2632	梁　悦	330084	西北大学	地质学	8	2023M732836
2633	石　强	312040	西北大学	地质学	8	2023M732837
2634	魏朝阳	311617	西北大学	动力工程及工程热物理	8	2023M732838
2635	曹峰毓	313378	西北大学	历史学	5	2023M732839
2636	龙　沛	315127	西北大学	历史学	5	2023M732840
2637	马　伟	299182	西北大学	历史学	5	2023M732841
2638	井景晨	315583	西北大学	临床医学	8	2023M732842
2639	吴正浩	346920	西北大学	民族学	5	2023M732843
2640	刘　洋	324175	西北大学	农业资源利用	8	2023M732844
2641	杨彩迪	322487	西北大学	农业资源利用	8	2023M732845
2642	马万梅	320107	西北大学	中国语言文学	5	2023M732846
2643	王小平	338460	西北农林科技大学	地理学	8	2023M732873
2644	张　越	331538	西北农林科技大学	化学	8	2023M732874
2645	陈　娜	334954	西北农林科技大学	环境科学与工程	8	2023M732875
2646	李根丽	313190	西北农林科技大学	农林经济管理	5	2023M732876
2647	井东亮	334711	西北农林科技大学	农业工程	8	2023M732877
2648	范利超	338462	西北农林科技大学	农业资源利用	8	2023M732878
2649	王宝荣	341949	西北农林科技大学	农业资源利用	8	2023M732879
2650	许淼平	327868	西北农林科技大学	农业资源利用	8	2023M732880
2651	张雪辰	334951	西北农林科技大学	农业资源利用	8	2023M732881
2652	范晓腾	306602	西北农林科技大学	生物学	8	2023M732882
2653	琚传凤	315679	西北农林科技大学	生物学	8	2023M732883
2654	张文涛	338202	西北农林科技大学	食品科学与工程	8	2023M732884
2655	陈　成	313845	西北农林科技大学	兽医学	8	2023M732885
2656	潘梦浩	312324	西北农林科技大学	兽医学	8	2023M732886
2657	王亚洲	346931	西北农林科技大学	兽医学	8	2023M732887
2658	冶冬阳	334277	西北农林科技大学	兽医学	8	2023M732888
2659	王二龙	338452	西北农林科技大学	水产	8	2023M732889
2660	文明宜	329241	西北农林科技大学	水利工程	8	2023M732890
2661	杨　哲	309197	西北农林科技大学	水利工程	8	2023M732891
2662	赵　影	324185	西北农林科技大学	水利工程	8	2023M732892

续表

序号	姓名	博士后编号	设站单位名称	一级学科	资助金额/万元	资助编号
2663	刘功炜	318660	西北农林科技大学	畜牧学	8	2023M732893
2664	包查娜	330237	西北农林科技大学	园艺学	8	2023M732894
2665	高腾腾	340179	西北农林科技大学	园艺学	8	2023M732895
2666	李亚娟	322370	西北农林科技大学	园艺学	8	2023M732896
2667	谢　沙	344958	西北农林科技大学	园艺学	8	2023M732897
2668	许腾飞	330992	西北农林科技大学	园艺学	8	2023M732898
2669	冯婵婧	338207	西北农林科技大学	植物保护	8	2023M732899
2670	杨　洋	319772	西北农林科技大学	植物保护	8	2023M732900
2671	袁飞敏	337109	西北农林科技大学	植物保护	8	2023M732901
2672	杨博文	315886	西北政法大学	法学	5	2023M732902
2673	李树龙	336152	西部超导材料科技股份有限公司	物理学	8	2023M732903
2674	罗　娟	303665	西南财经大学	法学	5	2023M732904
2675	刘思岑	340615	西南财经大学	理论经济学	5	2023M732905
2676	龚　伟	308369	西南大学	历史学	5	2023M732906
2677	李泽宇	330111	西南大学	林学	8	2023M732907
2678	张少宇	337701	西南大学	生物学	8	2023M732908
2679	谭红霞	321094	西南大学	食品科学与工程	8	2023M732909
2680	周　红	332104	西南大学	植物保护	8	2023M732910
2681	靳　龙	322407	西南交通大学	材料科学与工程	8	2023M732911
2682	程天健	313714	西南交通大学	地质资源与地质工程	8	2023M732912
2683	林棋文	304853	西南交通大学	地质资源与地质工程	8	2023M732913
2684	罗志鹏	315936	西南交通大学	管理科学与工程	5	2023M732914
2685	杨　斐	336638	西南交通大学	管理科学与工程	5	2023M732915
2686	陈秋梦	308811	西南交通大学	环境科学与工程	8	2023M732916
2687	张　新	335393	西南交通大学	机械工程	8	2023M732917
2688	何庆烈	321336	西南交通大学	交通运输工程	8	2023M732918
2689	刘亚飞	330203	西南交通大学	交通运输工程	8	2023M732919
2690	顾　瑾	302512	西南交通大学	生物医学工程	8	2023M732920
2691	曾　超	313856	西南交通大学	土木工程	8	2023M732921
2692	周尚琴	339244	西南交通大学	艺术学	5	2023M732922
2693	周　阳	323467	西南交通大学	中国语言文学	5	2023M732923
2694	彭　珣	308727	西南石油大学	地质资源与地质工程	8	2023M732924
2695	曾　杰	312226	西南石油大学	石油与天然气工程	8	2023M732925

续表

序号	姓名	博士后编号	设站单位名称	一级学科	资助金额/万元	资助编号
2696	杨　友	313274	西南医科大学附属医院	临床医学	8	2023M732926
2697	暴丁溯	314273	西南医科大学附属中医医院	中西医结合	8	2023M732927
2698	任桂林	309740	西南医科大学附属中医医院	中药学	8	2023M732928
2699	易婧妍	314274	西南医科大学心血管医学研究所	临床医学	8	2023M732929
2700	陈　辉	321833	西南政法大学	法学	5	2023M732930
2701	樊　漪	299798	厦门大学	材料科学与工程	8	2023M732931
2702	刘　璁	301974	厦门大学	材料科学与工程	8	2023M732932
2703	范冰雄	325300	厦门大学	地理学	8	2023M732933
2704	唐士亚	320607	厦门大学	法学	5	2023M732934
2705	黄　悦	325362	厦门大学	公共卫生与预防医学	8	2023M732935
2706	刘燕婷	346428	厦门大学	海洋科学	8	2023M732936
2707	沈雅威	319893	厦门大学	海洋科学	8	2023M732937
2708	苏广毅	312996	厦门大学	海洋科学	8	2023M732938
2709	李奕鹏	340710	厦门大学	核科学与技术	8	2023M732939
2710	环磊桃	325302	厦门大学	化学	8	2023M732940
2711	刘　静	330855	厦门大学	化学	8	2023M732941
2712	沈　洋	334491	厦门大学	化学	8	2023M732942
2713	宋利娜	334489	厦门大学	化学	8	2023M732943
2714	夏　靖	332712	厦门大学	化学	8	2023M732944
2715	张运茂	334473	厦门大学	化学	8	2023M732945
2716	吴庆远	325599	厦门大学	化学工程与技术	8	2023M732946
2717	叶成松	340425	厦门大学	环境科学与工程	8	2023M732947
2718	纪家沂	325122	厦门大学	计算机科学与技术	8	2023M732948
2719	徐冰娜	325301	厦门大学	教育学	5	2023M732949
2720	吴晓玲	300847	厦门大学	历史学	5	2023M732950
2721	孟　健	320251	厦门大学	生物学	8	2023M732951
2722	盛　璇	320591	厦门大学	生物学	8	2023M732952
2723	王培钰	310674	厦门大学	生物医学工程	8	2023M732953
2724	柯巧珍	320595	厦门大学	水产	8	2023M732954
2725	赵沁园	308029	厦门大学	天文学	8	2023M732955
2726	彭双周	325115	厦门大学	药学	8	2023M732956
2727	欧阳江坤	320811	湘潭大学	化学	8	2023M732957
2728	刘新健	343581	象限空间（天津）科技有限公司	动力工程及工程热物理	8	2023M732958

续表

序号	姓名	博士后编号	设站单位名称	一级学科	资助金额/万元	资助编号
2729	李　相	325062	新疆大学	地理学	8	2023M732959
2730	张文海	325071	新疆大学	化学工程与技术	8	2023M732960
2731	吴　迪	313670	新疆大学	民族学	5	2023M732961
2732	张民伟	341833	新疆大学	食品科学与工程	8	2023M732962
2733	于佳文	346550	新界泵业（浙江）有限公司	动力工程及工程热物理	8	2023M732963
2734	孟　尧	340712	新明珠集团股份有限公司	化学工程与技术	8	2023M732964
2735	江　帆	341211	徐州矿务集团有限公司	机械工程	8	2023M732966
2736	王金鑫	320446	徐州矿务集团有限公司	机械工程	8	2023M732967
2737	马　磊	344406	徐州矿务集团有限公司	控制科学与工程	8	2023M732968
2738	杨增强	309356	徐州矿务集团有限公司	矿业工程	8	2023M732969
2739	陈玉鑫	320569	徐州医科大学	临床医学	8	2023M732970
2740	葛　星	309300	徐州医科大学	临床医学	8	2023M732971
2741	李若水	344128	徐州医科大学	临床医学	8	2023M732972
2742	宋玲珍	343038	徐州医科大学	临床医学	8	2023M732973
2743	郑艳艳	342793	徐州医科大学	临床医学	8	2023M732974
2744	郭　毅	319158	徐州医科大学附属医院	临床医学	8	2023M732975
2745	宗　鲁	335459	烟台泰和新材料股份有限公司	材料科学与工程	8	2023M732976
2746	李宝忠	308166	燕山大学	材料科学与工程	8	2023M732977
2747	李奇军	341604	扬州大学	材料科学与工程	8	2023M732978
2748	杨　阳	311061	扬州大学	动力工程及工程热物理	8	2023M732979
2749	戴盼倩	313359	扬州大学	公共管理	5	2023M732980
2750	金海博	347428	扬州大学	公共卫生与预防医学	8	2023M732981
2751	李　静	313205	扬州大学	化学	8	2023M732982
2752	李世新	314968	扬州大学	化学工程与技术	8	2023M732983
2753	赵艳芹	345406	扬州大学	机械工程	8	2023M732984
2754	张佳乐	345407	扬州大学	计算机科学与技术	8	2023M732985
2755	王方鑫	347422	扬州大学	力学	8	2023M732986
2756	崔佳雯	332278	扬州大学	林学	8	2023M732987
2757	汤寓涵	339908	扬州大学	林学	8	2023M732988
2758	肖雅文	342845	扬州大学	农业工程	8	2023M732989
2759	陈　帅	344846	扬州大学	生物学	8	2023M732990
2760	贾禄强	310028	扬州大学	食品科学与工程	8	2023M732991
2761	蔡国栋	343993	扬州大学	兽医学	8	2023M732992

续表

序号	姓名	博士后编号	设站单位名称	一级学科	资助金额/万元	资助编号
2762	陈　冲	310021	扬州大学	兽医学	8	2023M732993
2763	徐天乐	311590	扬州大学	兽医学	8	2023M732994
2764	张　璐	345411	扬州大学	水产	8	2023M732995
2765	居方圆	314153	扬州大学	体育学	5	2023M732996
2766	柯力俊	338392	扬州大学	土木工程	8	2023M732997
2767	张　哲	347423	扬州大学	物理学	8	2023M732998
2768	卢徐斌	322645	扬州大学	畜牧学	8	2023M732999
2769	吕　笙	330048	扬州大学	艺术学	5	2023M733000
2770	程明瀚	346779	扬州大学	作物学	8	2023M733001
2771	高玉姣	305383	扬州大学	作物学	8	2023M733002
2772	李　瑛	340292	扬州大学	作物学	8	2023M733003
2773	王　琼	314829	扬州大学	作物学	8	2023M733004
2774	杨宜豪	310020	扬州大学	作物学	8	2023M733005
2775	马　凯	306620	云南大学	地理学	8	2023M733006
2776	张明东	341252	云南大学	地质学	8	2023M733007
2777	戴龙辉	299364	云南大学	历史学	5	2023M733008
2778	王文波	329914	云南大学	历史学	5	2023M733009
2779	林　旺	331984	云南大学	生物学	8	2023M733010
2780	陶新月	322868	云南大学	生物学	8	2023M733011
2781	汪　红	340792	云南大学	生物学	8	2023M733012
2782	和根茂	305408	云南民族大学	民族学	5	2023M733013
2783	吴凤波	320820	招商局重庆交通科研设计院	土木工程	8	2023M733017
2784	金骋路	338233	浙江财经大学	应用经济学	5	2023M733018
2785	刘　杨	346897	浙江大学	材料科学与工程	8	2023M733019
2786	王剑梅	301518	浙江大学	材料科学与工程	8	2023M733020
2787	武俊秀	338022	浙江大学	材料科学与工程	8	2023M733021
2788	肖　凡	326102	浙江大学	材料科学与工程	8	2023M733022
2789	杨　冉	307851	浙江大学	材料科学与工程	8	2023M733023
2790	张朋辉	329493	浙江大学	材料科学与工程	8	2023M733024
2791	赵丽妍	333584	浙江大学	材料科学与工程	8	2023M733025
2792	郑冰珠	321544	浙江大学	材料科学与工程	8	2023M733026
2793	王园园	331450	浙江大学	大气科学	8	2023M733027
2794	徐正宁	343564	浙江大学	大气科学	8	2023M733028

续表

序号	姓名	博士后编号	设站单位名称	一级学科	资助金额/万元	资助编号
2795	沈丹祎	329486	浙江大学	地质资源与地质工程	8	2023M733029
2796	高晖胜	332081	浙江大学	电气工程	8	2023M733030
2797	阴　凯	345444	浙江大学	电气工程	8	2023M733031
2798	王孝强	312238	浙江大学	电子科学与技术	8	2023M733032
2799	王　越	328806	浙江大学	电子科学与技术	8	2023M733033
2800	张　莉	321015	浙江大学	电子科学与技术	8	2023M733034
2801	姚日雾	321018	浙江大学	动力工程及工程热物理	8	2023M733035
2802	张诗韵	333950	浙江大学	法学	5	2023M733036
2803	陈立峰	306917	浙江大学	工商管理	5	2023M733037
2804	冯　哲	320537	浙江大学	光学工程	8	2023M733038
2805	李晨蕾	337308	浙江大学	光学工程	8	2023M733039
2806	李　玥	341052	浙江大学	光学工程	8	2023M733040
2807	谢信锐	333327	浙江大学	光学工程	8	2023M733041
2808	左广宇	333937	浙江大学	海洋科学	8	2023M733042
2809	李靖超	323694	浙江大学	核科学与技术	8	2023M733043
2810	金　良	324072	浙江大学	化学	8	2023M733044
2811	柯　天	314925	浙江大学	化学	8	2023M733045
2812	李嘉辰	340253	浙江大学	化学	8	2023M733046
2813	孙创超	317217	浙江大学	化学	8	2023M733047
2814	王青菊	322497	浙江大学	化学	8	2023M733048
2815	肖雪冬	307261	浙江大学	化学	8	2023M733049
2816	徐维华	318266	浙江大学	化学	8	2023M733050
2817	徐云凯	314553	浙江大学	化学	8	2023M733051
2818	丁德恭	333309	浙江大学	化学工程与技术	8	2023M733052
2819	惠　宇	340069	浙江大学	化学工程与技术	8	2023M733053
2820	沈　钦	343079	浙江大学	化学工程与技术	8	2023M733054
2821	崔世璇	317648	浙江大学	环境科学与工程	8	2023M733055
2822	刘子述	338274	浙江大学	环境科学与工程	8	2023M733056
2823	卢圆圆	333324	浙江大学	环境科学与工程	8	2023M733057
2824	王　昆	327075	浙江大学	环境科学与工程	8	2023M733058
2825	王炎锋	345057	浙江大学	环境科学与工程	8	2023M733059
2826	周绍杰	311492	浙江大学	环境科学与工程	8	2023M733060
2827	周振超	317909	浙江大学	环境科学与工程	8	2023M733061

续表

序号	姓名	博士后编号	设站单位名称	一级学科	资助金额/万元	资助编号
2828	朱英实	333101	浙江大学	环境科学与工程	8	2023M733062
2829	王　振	318276	浙江大学	基础医学	8	2023M733063
2830	闫素筠	319680	浙江大学	基础医学	8	2023M733064
2831	吕　飞	313705	浙江大学	机械工程	8	2023M733065
2832	唐　威	330857	浙江大学	机械工程	8	2023M733066
2833	申江荣	313321	浙江大学	计算机科学与技术	8	2023M733067
2834	朱家伟	312232	浙江大学	计算机科学与技术	8	2023M733068
2835	孙秀娟	332557	浙江大学	教育学	5	2023M733069
2836	徐　洁	346256	浙江大学	教育学	5	2023M733070
2837	杨　俊	309210	浙江大学	控制科学与工程	8	2023M733071
2838	林　日	333647	浙江大学	力学	8	2023M733072
2839	陈涣涣	323985	浙江大学	临床医学	8	2023M733073
2840	陈玉兰	323924	浙江大学	临床医学	8	2023M733074
2841	陈云浩	323965	浙江大学	临床医学	8	2023M733075
2842	耿志敏	299524	浙江大学	临床医学	8	2023M733076
2843	郭　欣	323865	浙江大学	临床医学	8	2023M733077
2844	林　卉	324601	浙江大学	临床医学	8	2023M733078
2845	吕佳兰	323888	浙江大学	临床医学	8	2023M733079
2846	聂　晶	321873	浙江大学	临床医学	8	2023M733080
2847	任璐璐	324073	浙江大学	临床医学	8	2023M733081
2848	王非凡	323966	浙江大学	临床医学	8	2023M733082
2849	徐家驹	324007	浙江大学	临床医学	8	2023M733083
2850	章增杰	323927	浙江大学	临床医学	8	2023M733084
2851	周　诚	323928	浙江大学	临床医学	8	2023M733085
2852	周　科	323968	浙江大学	临床医学	8	2023M733086
2853	朱晓波	326736	浙江大学	临床医学	8	2023M733087
2854	王　嘉	299882	浙江大学	马克思主义理论	5	2023M733088
2855	刘陈静	333302	浙江大学	农业资源利用	8	2023M733089
2856	杨雪玲	340246	浙江大学	农业资源利用	8	2023M733090
2857	艾志鹏	334684	浙江大学	生物学	8	2023M733091
2858	毕倩倩	344660	浙江大学	生物学	8	2023M733092
2859	边　旗	309214	浙江大学	生物学	8	2023M733093
2860	曹春阳	318279	浙江大学	生物学	8	2023M733094

续表

序号	姓名	博士后编号	设站单位名称	一级学科	资助金额/万元	资助编号
2861	丁　豪	323935	浙江大学	生物学	8	2023M733095
2862	高炬灿	320070	浙江大学	生物学	8	2023M733096
2863	贾国强	323692	浙江大学	生物学	8	2023M733097
2864	李　越	334989	浙江大学	生物学	8	2023M733098
2865	刘聿宁	301363	浙江大学	生物学	8	2023M733099
2866	钱心怡	321054	浙江大学	生物学	8	2023M733100
2867	邱礼耀	321084	浙江大学	生物学	8	2023M733101
2868	饶锡生	317650	浙江大学	生物学	8	2023M733102
2869	汪哲超	319641	浙江大学	生物学	8	2023M733103
2870	王　俊	333310	浙江大学	生物学	8	2023M733104
2871	巫丹丹	301900	浙江大学	生物学	8	2023M733105
2872	杨　菲	310289	浙江大学	生物学	8	2023M733106
2873	叶　昉	320060	浙江大学	生物学	8	2023M733107
2874	秦春莲	318596	浙江大学	生物医学工程	8	2023M733108
2875	张晓戈	329646	浙江大学	生物医学工程	8	2023M733109
2876	黄伟男	308860	浙江大学	食品科学与工程	8	2023M733110
2877	李俊慧	317744	浙江大学	食品科学与工程	8	2023M733111
2878	沈默斐	322361	浙江大学	食品科学与工程	8	2023M733112
2879	朱瑞瑜	302355	浙江大学	食品科学与工程	8	2023M733113
2880	徐　航	318926	浙江大学	数学	8	2023M733114
2881	张晓雨	318302	浙江大学	数学	8	2023M733115
2882	刘航飞	321876	浙江大学	水产	8	2023M733116
2883	刘　莉	340183	浙江大学	水利工程	8	2023M733117
2884	陈　静	322712	浙江大学	土木工程	8	2023M733118
2885	李　黎	344119	浙江大学	土木工程	8	2023M733119
2886	曹培超	324597	浙江大学	物理学	8	2023M733120
2887	李常笑	319440	浙江大学	物理学	8	2023M733121
2888	李　航	300697	浙江大学	物理学	8	2023M733122
2889	刘志峰	346110	浙江大学	物理学	8	2023M733123
2890	Nathan Thomas Han	314106	浙江大学	心理学	8	2023M733124
2891	王得志	340064	浙江大学	信息与通信工程	8	2023M733125
2892	蒋　莉	319441	浙江大学	药学	8	2023M733126

续表

序号	姓名	博士后编号	设站单位名称	一级学科	资助金额/万元	资助编号
2893	沈金康	334199	浙江大学	药学	8	2023M733127
2894	王梔可	344084	浙江大学	药学	8	2023M733128
2895	杨丽君	318480	浙江大学	药学	8	2023M733129
2896	袁　涛	318296	浙江大学	药学	8	2023M733130
2897	钟丹妮	330166	浙江大学	药学	8	2023M733131
2898	魏　帅	329500	浙江大学	应用经济学	5	2023M733132
2899	孟凡亮	332235	浙江大学	园艺学	8	2023M733133
2900	宋雪薇	340849	浙江大学	园艺学	8	2023M733134
2901	邓国坤	333798	浙江大学	哲学	5	2023M733135
2902	宋文良	331454	浙江大学	哲学	5	2023M733136
2903	张美侨	314431	浙江大学	哲学	5	2023M733137
2904	苏　莎	333929	浙江大学	植物保护	8	2023M733138
2905	王　冠	343076	浙江大学	植物保护	8	2023M733139
2906	宋子乔	322500	浙江大学	中国语言文学	5	2023M733140
2907	白永庆	345012	浙江大学杭州国际科创中心	电子科学与技术	8	2023M733141
2908	屈　恺	332858	浙江大学杭州国际科创中心	化学	8	2023M733142
2909	陈　敏	322575	浙江大学台州研究院	农业资源利用	8	2023M733143
2910	邓文哲	315522	浙江工业大学	电气工程	8	2023M733144
2911	娄金秀	332050	浙江工业大学	环境科学与工程	8	2023M733145
2912	丁　丛	315080	浙江工业大学	机械工程	8	2023M733146
2913	王　晔	333770	浙江工业大学	机械工程	8	2023M733147
2914	步婷婷	340051	浙江工业大学	中药学	8	2023M733148
2915	李　园	346079	浙江惠嘉生物科技股份有限公司	兽医学	8	2023M733149
2916	肖　肖	337318	浙江惠嘉生物科技股份有限公司	畜牧学	8	2023M733150
2917	寇海江	305457	浙江精功科技股份有限公司	机械工程	8	2023M733151
2918	陈凤凤	318523	浙江理工大学	环境科学与工程	8	2023M733152
2919	李亚涛	331069	浙江理工大学	农业工程	8	2023M733153
2920	刘天存	345774	浙江联宜电机有限公司	材料科学与工程	8	2023M733154
2921	戴开宇	342283	浙江联宜电机有限公司	机械工程	8	2023M733155
2922	姚珠君	314771	浙江南都电源动力股份有限公司	材料科学与工程	8	2023M733156
2923	傅继澎	328953	浙江南都电源动力股份有限公司	化学	8	2023M733157
2924	张志兴	303940	浙江清华柔性电子技术研究院	材料科学与工程	8	2023M733158
2925	尹涵彬	314032	浙江清华柔性电子技术研究院	力学	8	2023M733159

续表

序号	姓名	博士后编号	设站单位名称	一级学科	资助金额/万元	资助编号
2926	谭晓冬	317288	浙江省农业科学院	畜牧学	8	2023M733160
2927	胡珂立	313483	浙江省人民医院	计算机科学与技术	8	2023M733161
2928	杜　密	315690	浙江省人民医院	口腔医学	8	2023M733162
2929	孙雪妮	342971	浙江省人民医院	临床医学	8	2023M733163
2930	张雨豪	331619	浙江省人民医院	临床医学	8	2023M733164
2931	张南南	329869	浙江省人民医院	药学	8	2023M733165
2932	王思思	329582	浙江省人民医院	中医学	8	2023M733166
2933	姚鹏城	326997	浙江省水利河口研究院（浙江省海洋规划设计研究院）	环境科学与工程	8	2023M733167
2934	戴志锋	301148	浙江师范大学	化学	8	2023M733168
2935	周雨露	325566	浙江师范大学	化学	8	2023M733169
2936	何文涛	302235	浙江师范大学	教育学	5	2023M733170
2937	黎　岭	336171	浙江师范大学	教育学	5	2023M733171
2938	邹　逸	329517	浙江师范大学	教育学	5	2023M733172
2939	程文广	346543	浙江师范大学	数学	8	2023M733173
2940	张天琪	315539	浙江万丰科技开发股份有限公司	机械工程	8	2023M733174
2941	林高鑫	323749	浙江西湖高等研究院（西湖大学）	材料科学与工程	8	2023M733175
2942	刘湘思	321390	浙江西湖高等研究院（西湖大学）	材料科学与工程	8	2023M733176
2943	荀望龙	321431	浙江西湖高等研究院（西湖大学）	公共卫生与预防医学	8	2023M733177
2944	李文龙	332071	浙江西湖高等研究院（西湖大学）	化学	8	2023M733178
2945	马俊宝	324360	浙江西湖高等研究院（西湖大学）	化学	8	2023M733179
2946	刘永飞	326481	浙江西湖高等研究院（西湖大学）	化学工程与技术	8	2023M733180
2947	卞维祥	334803	浙江西湖高等研究院（西湖大学）	生物学	8	2023M733181
2948	李明茜	329522	浙江西湖高等研究院（西湖大学）	生物学	8	2023M733182
2949	李荣阳	317293	浙江西湖高等研究院（西湖大学）	生物学	8	2023M733183
2950	许　媛	341304	浙江西湖高等研究院（西湖大学）	生物学	8	2023M733184
2951	杨文倩	341636	浙江西湖高等研究院（西湖大学）	生物学	8	2023M733185
2952	李珍勤	323760	浙江西湖高等研究院（西湖大学）	物理学	8	2023M733186
2953	姚利兵	300594	浙江西湖高等研究院（西湖大学）	物理学	8	2023M733187
2954	张云骅	321367	浙江西湖高等研究院（西湖大学）	植物保护	8	2023M733188
2955	张盼盼	306400	浙江新时代中能循环科技有限公司	冶金工程	8	2023M733189
2956	周　玉	306395	浙江新时代中能循环科技有限公司	冶金工程	8	2023M733190
2957	林文凯	319647	浙江中医药大学	生物学	8	2023M733191

续表

序号	姓名	博士后编号	设站单位名称	一级学科	资助金额/万元	资助编号
2958	胡轩铭	313486	浙江中医药大学	中医学	8	2023M733192
2959	姜月蓬	317876	浙江中医药大学	中医学	8	2023M733193
2960	石翎笙	328471	浙江中医药大学	中医学	8	2023M733194
2961	周瑞云	341840	征图新视（江苏）科技股份有限公司	食品科学与工程	8	2023M733195
2962	李　涛	339071	正星科技股份有限公司	机械工程	8	2023M733196
2963	李乐乐	344862	郑州大学	材料科学与工程	8	2023M733197
2964	孟令贤	322505	郑州大学	材料科学与工程	8	2023M733198
2965	翟　威	318050	郑州大学	材料科学与工程	8	2023M733199
2966	孙　涛	346291	郑州大学	地质学	8	2023M733200
2967	金前争	328409	郑州大学	电气工程	8	2023M733201
2968	高　杨	332003	郑州大学	电子科学与技术	8	2023M733202
2969	吴子熙	310835	郑州大学	法学	5	2023M733203
2970	陈钰晓	301903	郑州大学	公共管理	5	2023M733204
2971	黄　冠	330397	郑州大学	公共管理	5	2023M733205
2972	李　星	338516	郑州大学	公共卫生与预防医学	8	2023M733206
2973	黄志红	345872	郑州大学	管理科学与工程	5	2023M733207
2974	李普林	345858	郑州大学	管理科学与工程	5	2023M733208
2975	李　涛	344382	郑州大学	管理科学与工程	5	2023M733209
2976	豆颖超	338925	郑州大学	化学	8	2023M733210
2977	窦雅颖	312673	郑州大学	化学	8	2023M733211
2978	贾师琦	338484	郑州大学	化学	8	2023M733212
2979	路礼军	328183	郑州大学	化学	8	2023M733213
2980	沈若凡	340559	郑州大学	化学	8	2023M733214
2981	袁宝银	312583	郑州大学	化学	8	2023M733215
2982	芦天亮	344826	郑州大学	化学工程与技术	8	2023M733216
2983	龚　林	311129	郑州大学	环境科学与工程	8	2023M733217
2984	南红岩	311138	郑州大学	环境科学与工程	8	2023M733218
2985	史亚慧	311482	郑州大学	环境科学与工程	8	2023M733219
2986	王申博	318048	郑州大学	环境科学与工程	8	2023M733220
2987	王雪玲	338905	郑州大学	环境科学与工程	8	2023M733221
2988	宋孟秋	328402	郑州大学	基础医学	8	2023M733222
2989	孙源呈	302099	郑州大学	控制科学与工程	8	2023M733223
2990	王　伟	310831	郑州大学	矿业工程	8	2023M733224

续表

序号	姓名	博士后编号	设站单位名称	一级学科	资助金额/万元	资助编号
2991	石晓婧	319151	郑州大学	理论经济学	5	2023M733225
2992	宋慧玲	332001	郑州大学	理论经济学	5	2023M733226
2993	邓燕平	331299	郑州大学	历史学	5	2023M733227
2994	石　威	344718	郑州大学	历史学	5	2023M733228
2995	田海港	344828	郑州大学	力学	8	2023M733229
2996	李元元	319387	郑州大学	林学	8	2023M733230
2997	马　尧	319166	郑州大学	林学	8	2023M733231
2998	陈雨田	304279	郑州大学	临床医学	8	2023M733232
2999	丁显飞	338500	郑州大学	临床医学	8	2023M733233
3000	郭丽娜	304327	郑州大学	临床医学	8	2023M733234
3001	刘海芳	318044	郑州大学	临床医学	8	2023M733235
3002	刘　坤	304282	郑州大学	临床医学	8	2023M733236
3003	刘馨蔚	312129	郑州大学	临床医学	8	2023M733237
3004	毛　一	330300	郑州大学	临床医学	8	2023M733238
3005	袁秀霞	304286	郑州大学	临床医学	8	2023M733239
3006	赵娟娟	330460	郑州大学	临床医学	8	2023M733240
3007	周　杨	344553	郑州大学	临床医学	8	2023M733241
3008	李向洋	308004	郑州大学	马克思主义理论	5	2023M733242
3009	曲　朦	344889	郑州大学	农林经济管理	5	2023M733243
3010	周　杨	345860	郑州大学	生物学	8	2023M733244
3011	刘　刚	338911	郑州大学	生物医学工程	8	2023M733245
3012	薛　白	344547	郑州大学	生物医学工程	8	2023M733246
3013	代旷宇	319432	郑州大学	土木工程	8	2023M733247
3014	高焌栋	301897	郑州大学	土木工程	8	2023M733248
3015	王艺臻	302098	郑州大学	外国语言文学	5	2023M733249
3016	孙俊璐	340563	郑州大学	物理学	8	2023M733250
3017	郝万明	311480	郑州大学	信息与通信工程	8	2023M733251
3018	何宇鹏	314353	郑州大学	应用经济学	5	2023M733252
3019	王　苗	332002	郑州大学	应用经济学	5	2023M733253
3020	赵秀赞	330392	郑州大学	政治学	5	2023M733254
3021	王利祥	304806	郑州大学	植物保护	8	2023M733255
3022	孙　志	338157	郑州大学	中药学	8	2023M733256
3023	王文静	305932	郑州大学	作物学	8	2023M733257

续表

序号	姓名	博士后编号	设站单位名称	一级学科	资助金额/万元	资助编号
3024	赵洪娟	330477	郑州大学第一附属医院	药学	8	2023M733258
3025	高　凯	321343	之江实验室	材料科学与工程	8	2023M733259
3026	王　进	302688	之江实验室	材料科学与工程	8	2023M733260
3027	余　毅	307528	之江实验室	地质资源与地质工程	8	2023M733261
3028	阮罗渊	299566	之江实验室	电子科学与技术	8	2023M733262
3029	苏晨怡	318544	之江实验室	光学工程	8	2023M733263
3030	吴运寒	321352	之江实验室	光学工程	8	2023M733264
3031	刘竹森	324999	之江实验室	计算机科学与技术	8	2023M733265
3032	杨　丰	336786	之江实验室	生物学	8	2023M733266
3033	张鹏飞	336777	之江实验室	生物学	8	2023M733267
3034	王　蒙	337135	之江实验室	生物医学工程	8	2023M733268
3035	朱　琴	302689	之江实验室	生物医学工程	8	2023M733269
3036	阚兴池	336778	之江实验室	兽医学	8	2023M733270
3037	陈龙飞	326084	之江实验室	天文学	8	2023M733271
3038	刘郴荣	312692	之江实验室	物理学	8	2023M733272
3039	陈亮亮	321345	之江实验室	信息与通信工程	8	2023M733273
3040	刘　园	346544	之江实验室	信息与通信工程	8	2023M733274
3041	晁嵩蕾	314948	之江实验室	应用经济学	5	2023M733275
3042	史学强	338241	中北大学	矿业工程	8	2023M733276
3043	贾利成	322045	中北大学	仪器科学与技术	8	2023M733277
3044	陈　驰	346927	中车永济电机有限公司	电气工程	8	2023M733278
3045	王　春	301452	中钢集团马鞍山矿山研究总院股份有限公司	矿业工程	8	2023M733279
3046	单程秀	330255	中共上海市委党校	马克思主义理论	5	2023M733280
3047	李安琪	330299	中共上海市委党校	社会学	5	2023M733281
3048	赵金龙	302048	中国安全生产科学研究院	矿业工程	8	2023M733282
3049	肖国锐	346021	中国测绘科学研究院	测绘科学与技术	8	2023M733285
3050	张　伟	306221	中国重型汽车集团有限公司	机械工程	8	2023M733286
3051	丁　潇	334165	中国传媒大学	艺术学	5	2023M733287
3052	王夏歌	320612	中国传媒大学	艺术学	5	2023M733288
3053	刘建欢	325787	中国地震局地质研究所	地球物理学	8	2023M733289
3054	刘晴日	326626	中国地震局地质研究所	地质学	8	2023M733290
3055	刘　勇	315476	中国地质大学	大气科学	8	2023M733291

续表

序号	姓名	博士后编号	设站单位名称	一级学科	资助金额/万元	资助编号
3056	巫明娜	317949	中国地质大学	大气科学	8	2023M733292
3057	李结文	332257	中国地质大学	地球物理学	8	2023M733293
3058	程雪梅	339032	中国地质大学	地质学	8	2023M733294
3059	戴高文	306417	中国地质大学	地质学	8	2023M733295
3060	董雄波	337905	中国地质大学	地质学	8	2023M733296
3061	刘　丹	316959	中国地质大学	地质学	8	2023M733297
3062	舒文超	337974	中国地质大学	地质学	8	2023M733298
3063	刘书豪	306411	中国地质大学	地质资源与地质工程	8	2023M733299
3064	吴　思	331188	中国地质大学	公共管理	5	2023M733300
3065	徐朝玉	321527	中国地质大学	光学工程	8	2023M733301
3066	王倩茹	314882	中国地质大学	海洋科学	8	2023M733302
3067	陈　莹	303710	中国地质大学	化学	8	2023M733303
3068	段志娟	318680	中国地质大学	化学	8	2023M733304
3069	孙国太	330086	中国地质大学	化学	8	2023M733305
3070	杜　胜	306412	中国地质大学	控制科学与工程	8	2023M733306
3071	孟庆鑫	312275	中国地质大学	控制科学与工程	8	2023M733307
3072	周　娜	312281	中国地质大学	理论经济学	5	2023M733308
3073	陈贝贝	317914	中国地质大学（北京）	地质学	8	2023M733309
3074	石卿尚	301617	中国地质大学（北京）	地质学	8	2023M733310
3075	徐　勇	317908	中国地质大学（北京）	地质学	8	2023M733311
3076	于皓丞	317911	中国地质大学（北京）	地质学	8	2023M733312
3077	张　鸿	337784	中国地质大学（北京）	地质资源与地质工程	8	2023M733313
3078	邓　浩	339438	中国第二重型机械集团有限公司	材料科学与工程	8	2023M733314
3079	龚士林	316714	中国电建集团华东勘测设计研究院有限公司	水利工程	8	2023M733315
3080	黄赐荣	332613	中国电建集团华东勘测设计研究院有限公司	土木工程	8	2023M733316
3081	张建聪	324997	中国电建集团华东勘测设计研究院有限公司	土木工程	8	2023M733317
3082	张小强	340803	中国电建集团昆明勘测设计研究院有限公司	土木工程	8	2023M733318
3083	赵文耀	342397	中国东方资产管理股份有限公司	应用经济学	5	2023M733319
3084	程　帆	311024	中国工程院战略咨询中心	公共管理	5	2023M733322

续表

序号	姓名	博士后编号	设站单位名称	一级学科	资助金额/万元	资助编号
3085	曹培培	327758	中国广核集团	核科学与技术	8	2023M733323
3086	龙静璠	335182	中国国家博物馆	历史学	5	2023M733324
3087	王　杨	311294	中国国家博物馆	历史学	5	2023M733325
3088	徐　蕴	307763	中国国家博物馆	历史学	5	2023M733326
3089	刘　迪	308476	中国国家博物馆	艺术学	5	2023M733327
3090	夏呈辉	333370	中国海洋大学	材料科学与工程	8	2023M733328
3091	高树健	310963	中国海洋大学	船舶与海洋工程	8	2023M733329
3092	徐方亮	326810	中国海洋大学	法学	5	2023M733330
3093	马新啸	319187	中国海洋大学	工商管理	5	2023M733331
3094	徐雅倩	326811	中国海洋大学	公共管理	5	2023M733332
3095	付文静	300653	中国海洋大学	海洋科学	8	2023M733333
3096	高慧君	300124	中国海洋大学	海洋科学	8	2023M733334
3097	刘宇翔	317801	中国海洋大学	海洋科学	8	2023M733335
3098	毛雪微	330066	中国海洋大学	海洋科学	8	2023M733336
3099	王　璇	317821	中国海洋大学	海洋科学	8	2023M733337
3100	吴保金	309405	中国海洋大学	海洋科学	8	2023M733338
3101	刘鹏飞	326190	中国海洋大学	机械工程	8	2023M733339
3102	王海波	320423	中国海洋大学	机械工程	8	2023M733340
3103	于世民	346045	中国海洋大学	机械工程	8	2023M733341
3104	蔡　青	329660	中国海洋大学	计算机科学与技术	8	2023M733342
3105	董婧怡	310276	中国海洋大学	生物学	8	2023M733343
3106	谢海波	342834	中国海洋大学	生物学	8	2023M733344
3107	姬　娜	334445	中国海洋大学	食品科学与工程	8	2023M733345
3108	李方巍	330194	中国海洋大学	食品科学与工程	8	2023M733346
3109	应　锐	329443	中国海洋大学	食品科学与工程	8	2023M733347
3110	王保山	321462	中国海洋大学	数学	8	2023M733348
3111	卜宪勇	329445	中国海洋大学	水产	8	2023M733349
3112	杨　博	344050	中国海洋大学	水利工程	8	2023M733350
3113	尚　震	307672	中国海洋大学	物理学	8	2023M733351
3114	张志军	327363	中国海洋大学	政治学	5	2023M733352
3115	杲晓龙	300820	中国化学工程第十一建设有限公司	土木工程	8	2023M733356
3116	李　韵	306316	中国疾病预防控制中心寄生虫病预防控制所	法学	5	2023M733357

续表

序号	姓名	博士后编号	设站单位名称	一级学科	资助金额/万元	资助编号
3117	周　帅	346126	中国建筑第五工程局有限公司	土木工程	8	2023M733359
3118	吴　丹	315017	中国科学技术大学	材料科学与工程	8	2023M733360
3119	叶淑芬	338149	中国科学技术大学	材料科学与工程	8	2023M733361
3120	阮伟东	336099	中国科学技术大学	船舶与海洋工程	8	2023M733362
3121	李若曦	328260	中国科学技术大学	地球物理学	8	2023M733363
3122	邓庚辛	339789	中国科学技术大学	地质学	8	2023M733364
3123	纪　敏	305568	中国科学技术大学	地质学	8	2023M733365
3124	赵　田	303319	中国科学技术大学	地质学	8	2023M733366
3125	侯小虎	327970	中国科学技术大学	电子科学与技术	8	2023M733367
3126	李　燕	314146	中国科学技术大学	公共管理	5	2023M733368
3127	王　婷	344296	中国科学技术大学	管理科学与工程	5	2023M733369
3128	李　娜	305571	中国科学技术大学	核科学与技术	8	2023M733370
3129	高飞跃	320194	中国科学技术大学	化学	8	2023M733371
3130	关桥桥	311413	中国科学技术大学	化学	8	2023M733372
3131	罗　杰	329249	中国科学技术大学	化学	8	2023M733373
3132	牟丽慧	326544	中国科学技术大学	化学	8	2023M733374
3133	殷逸臣	328008	中国科学技术大学	化学	8	2023M733375
3134	张庆林	320271	中国科学技术大学	化学	8	2023M733376
3135	朱楚薇	331275	中国科学技术大学	化学	8	2023M733377
3136	朱三娥	304879	中国科学技术大学	化学	8	2023M733378
3137	魏　强	326555	中国科学技术大学	环境科学与工程	8	2023M733379
3138	吴　刚	320272	中国科学技术大学	环境科学与工程	8	2023M733380
3139	李　瑞	320290	中国科学技术大学	机械工程	8	2023M733381
3140	吴　昊	319476	中国科学技术大学	机械工程	8	2023M733382
3141	胡银雷	319472	中国科学技术大学	计算机科学与技术	8	2023M733383
3142	陈绍冯	320730	中国科学技术大学	控制科学与工程	8	2023M733384
3143	李国欣	327195	中国科学技术大学	控制科学与工程	8	2023M733385
3144	李　曼	326528	中国科学技术大学	控制科学与工程	8	2023M733386
3145	杨　乐	341191	中国科学技术大学	控制科学与工程	8	2023M733387
3146	刘　冰	301984	中国科学技术大学	力学	8	2023M733388
3147	侯宇宸	331274	中国科学技术大学	临床医学	8	2023M733389
3148	胡　蕾	312072	中国科学技术大学	临床医学	8	2023M733390
3149	伍鹏飞	311830	中国科学技术大学	临床医学	8	2023M733391

续表

序号	姓名	博士后编号	设站单位名称	一级学科	资助金额/万元	资助编号
3150	臧小栋	316088	中国科学技术大学	临床医学	8	2023M733392
3151	张亚陆	331266	中国科学技术大学	临床医学	8	2023M733393
3152	周焕然	309321	中国科学技术大学	临床医学	8	2023M733394
3153	曹　鹏	326943	中国科学技术大学	生物学	8	2023M733395
3154	陈雅雯	329273	中国科学技术大学	生物学	8	2023M733396
3155	郭薇薇	305335	中国科学技术大学	生物学	8	2023M733397
3156	吴佩佩	331267	中国科学技术大学	生物学	8	2023M733398
3157	许　洋	319467	中国科学技术大学	生物学	8	2023M733399
3158	张钦虎	344292	中国科学技术大学	生物医学工程	8	2023M733400
3159	崔洪斌	324250	中国科学技术大学	数学	8	2023M733401
3160	董枘朋	305580	中国科学技术大学	数学	8	2023M733402
3161	李炽坤	326938	中国科学技术大学	数学	8	2023M733403
3162	龙海娥	304821	中国科学技术大学	数学	8	2023M733404
3163	吴燚林	322351	中国科学技术大学	数学	8	2023M733405
3164	徐建军	340924	中国科学技术大学	数学	8	2023M733406
3165	李剑涛	345619	中国科学技术大学	土木工程	8	2023M733407
3166	蔡冉冉	325112	中国科学技术大学	物理学	8	2023M733408
3167	蔡伟州	329275	中国科学技术大学	物理学	8	2023M733409
3168	陈　浩	329247	中国科学技术大学	物理学	8	2023M733410
3169	李泽宇	337533	中国科学技术大学	物理学	8	2023M733411
3170	刘　伟	311462	中国科学技术大学	物理学	8	2023M733412
3171	刘校强	344299	中国科学技术大学	物理学	8	2023M733413
3172	牛　睿	344300	中国科学技术大学	物理学	8	2023M733414
3173	王　俭	346739	中国科学技术大学	物理学	8	2023M733415
3174	吴　泽	319462	中国科学技术大学	物理学	8	2023M733416
3175	杨志平	305291	中国科学技术大学	物理学	8	2023M733417
3176	殷旭飞	341446	中国科学技术大学	物理学	8	2023M733418
3177	朱丽君	337539	中国科学技术大学	物理学	8	2023M733419
3178	朱旭东	347039	中国科学技术大学	物理学	8	2023M733420
3179	甘硕秋	324402	中国科学技术大学	心理学	8	2023M733421
3180	何华森	324895	中国科学技术大学	信息与通信工程	8	2023M733422

续表

序号	姓名	博士后编号	设站单位名称	一级学科	资助金额/万元	资助编号
3181	汪文锦	325753	中国科学技术大学	药学	8	2023M733423
3182	方　超	338979	中国科学技术大学附属第一医院（安徽省立医院）	临床医学	8	2023M733424
3183	黄新亚	338972	中国科学技术大学附属第一医院（安徽省立医院）	生物学	8	2023M733425
3184	王丽丽	335315	中国科学技术大学苏州高等研究院	材料科学与工程	8	2023M733426
3185	朱聪聪	345234	中国科学技术大学苏州高等研究院	计算机科学与技术	8	2023M733427
3186	李凯彦	313117	中国科学技术大学苏州高等研究院	生物医学工程	8	2023M733428
3187	彭思凡	324533	中国科学技术发展战略研究院	应用经济学	5	2023M733429
3188	张　潇	316933	中国科学技术发展战略研究院	应用经济学	5	2023M733430
3189	刘前标	310216	中国科学院半导体研究所	物理学	8	2023M733431
3190	陈浩然	342012	中国科学院长春光学精密机械与物理研究所	物理学	8	2023M733432
3191	郎昌鹏	334541	中国科学院长春光学精密机械与物理研究所	物理学	8	2023M733433
3192	邹雨婷	300066	中国科学院长春光学精密机械与物理研究所	物理学	8	2023M733434
3193	谢秀丽	315558	中国科学院长春应用化学研究所	化学	8	2023M733435
3194	党佩佩	324866	中国科学院长春应用化学研究所	物理学	8	2023M733436
3195	李　浦	332307	中国科学院成都山地灾害与环境研究所	地理学	8	2023M733437
3196	常利明	333738	中国科学院成都生物研究所	生物学	8	2023M733438
3197	仲　波	322417	中国科学院成都生物研究所	生物学	8	2023M733439
3198	孙安琪	320588	中国科学院城市环境研究所	环境科学与工程	8	2023M733440
3199	莫媛媛	341845	中国科学院城市环境研究所	生物学	8	2023M733441
3200	马　骏	323127	中国科学院重庆绿色智能技术研究院	植物保护	8	2023M733442
3201	李　晨	341012	中国科学院大连化学物理研究所	材料科学与工程	8	2023M733443
3202	王文洋	342068	中国科学院大连化学物理研究所	管理科学与工程	5	2023M733444
3203	李丽花	310904	中国科学院大连化学物理研究所	化学	8	2023M733445
3204	林　乐	306294	中国科学院大连化学物理研究所	化学	8	2023M733446
3205	龙　军	313094	中国科学院大连化学物理研究所	化学	8	2023M733447
3206	王作超	330579	中国科学院大连化学物理研究所	化学	8	2023M733448
3207	朱聪聪	317461	中国科学院大连化学物理研究所	化学	8	2023M733449

续表

序号	姓名	博士后编号	设站单位名称	一级学科	资助金额/万元	资助编号
3208	蔡　鹏	327475	中国科学院大连化学物理研究所	化学工程与技术	8	2023M733450
3209	于伟伟	323228	中国科学院大连化学物理研究所	化学工程与技术	8	2023M733451
3210	张亚峰	310118	中国科学院大连化学物理研究所	化学工程与技术	8	2023M733452
3211	姜继兰	316321	中国科学院大气物理研究所	大气科学	8	2023M733453
3212	生　宸	316318	中国科学院大气物理研究所	大气科学	8	2023M733454
3213	叶罕霖	335735	中国科学院大气物理研究所	地理学	8	2023M733455
3214	崔起华	307742	中国科学院大学	地球物理学	8	2023M733456
3215	张　慧	331888	中国科学院大学	地质学	8	2023M733457
3216	王颖慧	321510	中国科学院大学	管理科学与工程	5	2023M733458
3217	韩有风	329348	中国科学院大学	化学	8	2023M733459
3218	孙艳艳	323068	中国科学院大学	理论经济学	5	2023M733460
3219	韩天阳	321970	中国科学院大学	力学	8	2023M733461
3220	杨　洁	307748	中国科学院大学	生物学	8	2023M733462
3221	张赵文斌	341079	中国科学院大学	生物医学工程	8	2023M733463
3222	席悦娟	310222	中国科学院大学	数学	8	2023M733464
3223	任方舟	308460	中国科学院大学	天文学	8	2023M733465
3224	陈万旭	316901	中国科学院地理科学与资源研究所	地理学	8	2023M733466
3225	贾珺杰	319733	中国科学院地理科学与资源研究所	地理学	8	2023M733467
3226	史东辉	312450	中国科学院地理科学与资源研究所	地理学	8	2023M733468
3227	陶　欢	316625	中国科学院地理科学与资源研究所	地理学	8	2023M733469
3228	张　帆	319303	中国科学院地理科学与资源研究所	地理学	8	2023M733470
3229	朱艺旋	340665	中国科学院地理科学与资源研究所	地理学	8	2023M733471
3230	王全成	341902	中国科学院地理科学与资源研究所	生物学	8	2023M733472
3231	史兰兰	339806	中国科学院地球化学研究所	地质学	8	2023M733473
3232	满　意	307015	中国科学院地球化学研究所	环境科学与工程	8	2023M733474
3233	李　霞	310605	中国科学院地球环境研究所	大气科学	8	2023M733475
3234	李　超	320335	中国科学院地质与地球物理研究所	地球物理学	8	2023M733476
3235	董志国	341244	中国科学院地质与地球物理研究所	地质学	8	2023M733477
3236	申建勋	300208	中国科学院地质与地球物理研究所	地质学	8	2023M733478
3237	张朝群	310139	中国科学院地质与地球物理研究所	地质学	8	2023M733479
3238	张　谦	327810	中国科学院地质与地球物理研究所	地质学	8	2023M733480
3239	余　昕	319996	中国科学院地质与地球物理研究所	地质资源与地质工程	8	2023M733481
3240	王腾月	302477	中国科学院电工研究所	动力工程及工程热物理	8	2023M733482

续表

序号	姓名	博士后编号	设站单位名称	一级学科	资助金额/万元	资助编号
3241	马佐澎	323460	中国科学院东北地理与农业生态研究所	地理学	8	2023M733483
3242	唐佳琦	325072	中国科学院东北地理与农业生态研究所	作物学	8	2023M733484
3243	雷　桐	309545	中国科学院动物研究所	生物学	8	2023M733485
3244	徐小明	336243	中国科学院动物研究所	生物学	8	2023M733486
3245	黄梦汶	316706	中国科学院分子细胞科学卓越创新中心	生物学	8	2023M733487
3246	王金柱	319072	中国科学院分子细胞科学卓越创新中心	生物学	8	2023M733488
3247	谢文香	319936	中国科学院分子植物科学卓越创新中心	生物学	8	2023M733489
3248	翟　宁	308347	中国科学院分子植物科学卓越创新中心	生物学	8	2023M733490
3249	晁振飞	304940	中国科学院分子植物科学卓越创新中心	作物学	8	2023M733491
3250	陈德超	333004	中国科学院福建物质结构研究所	材料科学与工程	8	2023M733492
3251	杨帅龙	319196	中国科学院福建物质结构研究所	材料科学与工程	8	2023M733493
3252	韩淑果	342042	中国科学院福建物质结构研究所	化学	8	2023M733494
3253	坚传勇	321927	中国科学院福建物质结构研究所	化学	8	2023M733495
3254	刘路遥	342827	中国科学院福建物质结构研究所	化学	8	2023M733496
3255	刘　艺	321886	中国科学院福建物质结构研究所	化学	8	2023M733497
3256	魏游超	316576	中国科学院福建物质结构研究所	化学	8	2023M733498
3257	张安安	319203	中国科学院福建物质结构研究所	化学	8	2023M733499
3258	朱晓韬	332579	中国科学院福建物质结构研究所	化学	8	2023M733500
3259	朱增奎	303097	中国科学院福建物质结构研究所	化学	8	2023M733501
3260	段鸣晓	324838	中国科学院高能物理研究所	物理学	8	2023M733502
3261	王名扬	318404	中国科学院工程热物理研究所	航空宇航科学与技术	8	2023M733503
3262	刘犟嗣	307291	中国科学院广州地球化学研究所	地质学	8	2023M733504
3263	卢桂梅	321061	中国科学院广州地球化学研究所	地质学	8	2023M733505
3264	孙众星	320098	中国科学院广州地球化学研究所	地质学	8	2023M733506
3265	薛伟伟	331627	中国科学院广州地球化学研究所	地质学	8	2023M733507
3266	陈新飞	323686	中国科学院广州能源研究所	动力工程及工程热物理	8	2023M733508

续表

序号	姓名	博士后编号	设站单位名称	一级学科	资助金额/万元	资助编号
3267	闫　淼	305246	中国科学院广州能源研究所	环境科学与工程	8	2023M733509
3268	刘功起	319913	中国科学院广州能源研究所	冶金工程	8	2023M733510
3269	李正锋	304526	中国科学院广州生物医药与健康研究院	基础医学	8	2023M733511
3270	范倩倩	316715	中国科学院广州生物医药与健康研究院	生物学	8	2023M733512
3271	李　伟	315865	中国科学院广州生物医药与健康研究院	生物学	8	2023M733513
3272	吴　亮	336233	中国科学院广州生物医药与健康研究院	生物学	8	2023M733514
3273	张广雨	324070	中国科学院广州生物医药与健康研究院	生物学	8	2023M733515
3274	张燕琪	337995	中国科学院广州生物医药与健康研究院	生物学	8	2023M733516
3275	周传满	307608	中国科学院广州生物医药与健康研究院	生物学	8	2023M733517
3276	李俊骅	315848	中国科学院广州生物医药与健康研究院	药学	8	2023M733518
3277	郭振虎	325622	中国科学院过程工程研究所	材料科学与工程	8	2023M733519
3278	刘敬崇	330132	中国科学院过程工程研究所	化学工程与技术	8	2023M733520
3279	倪　善	320997	中国科学院过程工程研究所	化学工程与技术	8	2023M733521
3280	杨　圆	329630	中国科学院过程工程研究所	生物医学工程	8	2023M733522
3281	陈振帆	335138	中国科学院海洋研究所	海洋科学	8	2023M733523
3282	胡倩文	324965	中国科学院海洋研究所	海洋科学	8	2023M733524
3283	刘兴传	316230	中国科学院海洋研究所	海洋科学	8	2023M733525
3284	秦英楠	314884	中国科学院海洋研究所	海洋科学	8	2023M733526
3285	王　杰	321047	中国科学院海洋研究所	海洋科学	8	2023M733527
3286	王锦秀	324628	中国科学院海洋研究所	海洋科学	8	2023M733528
3287	王　瑾	324963	中国科学院海洋研究所	海洋科学	8	2023M733529
3288	徐超杰	321604	中国科学院海洋研究所	海洋科学	8	2023M733530
3289	徐勤博	321045	中国科学院海洋研究所	海洋科学	8	2023M733531
3290	于春林	321605	中国科学院海洋研究所	海洋科学	8	2023M733532
3291	杨　楠	318969	中国科学院海洋研究所	控制科学与工程	8	2023M733533

续表

序号	姓名	博士后编号	设站单位名称	一级学科	资助金额/万元	资助编号
3292	于文杰	324967	中国科学院海洋研究所	水产	8	2023M733534
3293	李　宁	327619	中国科学院海洋研究所	土木工程	8	2023M733535
3294	温路路	303295	中国科学院合肥物质科学研究院	材料科学与工程	8	2023M733536
3295	张　坤	320273	中国科学院合肥物质科学研究院	大气科学	8	2023M733537
3296	徐　欢	310828	中国科学院合肥物质科学研究院	核科学与技术	8	2023M733538
3297	何丽忠	345714	中国科学院合肥物质科学研究院	化学	8	2023M733539
3298	洪沛东	315904	中国科学院合肥物质科学研究院	环境科学与工程	8	2023M733540
3299	谢　皓	316738	中国科学院合肥物质科学研究院	控制科学与工程	8	2023M733541
3300	段　衍	309045	中国科学院合肥物质科学研究院	农业资源利用	8	2023M733542
3301	付文强	303993	中国科学院合肥物质科学研究院	生物学	8	2023M733543
3302	李　刚	342314	中国科学院合肥物质科学研究院	物理学	8	2023M733544
3303	李彦龙	330845	中国科学院合肥物质科学研究院	物理学	8	2023M733545
3304	叶慧君	308376	中国科学院华南植物园	地理学	8	2023M733546
3305	李艳琼	301255	中国科学院华南植物园	生物学	8	2023M733547
3306	梁艺烨	317689	中国科学院华南植物园	生物学	8	2023M733548
3307	章为平	325326	中国科学院华南植物园	生物学	8	2023M733549
3308	梁韩枝	317333	中国科学院华南植物园	园艺学	8	2023M733550
3309	程荧荧	316760	中国科学院化学研究所	化学	8	2023M733551
3310	范　敏	319112	中国科学院化学研究所	化学	8	2023M733552
3311	韩晓妮	319110	中国科学院化学研究所	化学	8	2023M733553
3312	李　安	322614	中国科学院化学研究所	化学	8	2023M733554
3313	刘　单	328088	中国科学院化学研究所	化学	8	2023M733555
3314	刘武岳	322023	中国科学院化学研究所	化学	8	2023M733556
3315	王泽龙	319765	中国科学院化学研究所	化学	8	2023M733557
3316	吴亚辉	319122	中国科学院化学研究所	化学	8	2023M733558
3317	尹百鹏	323004	中国科学院化学研究所	化学	8	2023M733559
3318	吴明鸽	322624	中国科学院化学研究所	环境科学与工程	8	2023M733560
3319	陈静怡	326085	中国科学院基础医学与肿瘤研究所（筹）	化学	8	2023M733561
3320	管晓庆	317290	中国科学院基础医学与肿瘤研究所（筹）	临床医学	8	2023M733562
3321	潘四维	323751	中国科学院基础医学与肿瘤研究所（筹）	临床医学	8	2023M733563

续表

序号	姓名	博士后编号	设站单位名称	一级学科	资助金额/万元	资助编号
3322	杨允奔	326974	中国科学院基础医学与肿瘤研究所（筹）	临床医学	8	2023M733564
3323	朱　影	335358	中国科学院基础医学与肿瘤研究所（筹）	中西医结合	8	2023M733565
3324	李广力	307016	中国科学院计算技术研究所	计算机科学与技术	8	2023M733566
3325	冯建泽	326464	中国科学院金属研究所	材料科学与工程	8	2023M733567
3326	韩福洲	326453	中国科学院金属研究所	材料科学与工程	8	2023M733568
3327	潘　虹	315735	中国科学院金属研究所	材料科学与工程	8	2023M733569
3328	陶稀鹏	337588	中国科学院金属研究所	材料科学与工程	8	2023M733570
3329	王鹤松	309801	中国科学院金属研究所	材料科学与工程	8	2023M733571
3330	闫昌建	312334	中国科学院金属研究所	材料科学与工程	8	2023M733572
3331	朱士泽	326456	中国科学院金属研究所	材料科学与工程	8	2023M733573
3332	冯　顺	328792	中国科学院金属研究所	电子科学与技术	8	2023M733574
3333	孙亚洲	335040	中国科学院近代物理研究所	物理学	8	2023M733575
3334	孔令冉	331606	中国科学院精密测量科学与技术创新研究院	物理学	8	2023M733576
3335	刘佳奇	329253	中国科学院精密测量科学与技术创新研究院	物理学	8	2023M733577
3336	任龙飞	304494	中国科学院空天信息创新研究院	地理学	8	2023M733578
3337	王　柯	321658	中国科学院空天信息创新研究院	地理学	8	2023M733579
3338	苟广洋	313853	中国科学院空天信息创新研究院	电子科学与技术	8	2023M733580
3339	袁　帅	340546	中国科学院空天信息创新研究院	光学工程	8	2023M733581
3340	吴　静	303819	中国科学院昆明植物研究所	药学	8	2023M733582
3341	陈　涛	343063	中国科学院兰州化学物理研究所	机械工程	8	2023M733583
3342	王　宪	321276	中国科学院理化技术研究所	动力工程及工程热物理	8	2023M733584
3343	周　珊	319971	中国科学院理化技术研究所	化学	8	2023M733585
3344	郭建荣	321607	中国科学院理化技术研究所	环境科学与工程	8	2023M733586
3345	阚兴玉	326402	中国科学院力学研究所	船舶与海洋工程	8	2023M733587
3346	马烨璇	316312	中国科学院力学研究所	船舶与海洋工程	8	2023M733588
3347	李慧鑫	343084	中国科学院力学研究所	力学	8	2023M733589
3348	宋润杰	301794	中国科学院力学研究所	力学	8	2023M733590
3349	石松标	323605	中国科学院南海海洋研究所	海洋科学	8	2023M733591
3350	张莹刚	333885	中国科学院南京地质古生物研究所	地质学	8	2023M733592

续表

序号	姓名	博士后编号	设站单位名称	一级学科	资助金额/万元	资助编号
3351	付玉豪	308852	中国科学院南京土壤研究所	农业资源利用	8	2023M733593
3352	王晓敏	320253	中国科学院南京土壤研究所	农业资源利用	8	2023M733594
3353	李　琦	342641	中国科学院脑科学与智能技术卓越创新中心	生物学	8	2023M733595
3354	狄崇庆	322287	中国科学院宁波材料技术与工程研究所	材料科学与工程	8	2023M733596
3355	韩　旭	341776	中国科学院宁波材料技术与工程研究所	材料科学与工程	8	2023M733597
3356	郝梦圆	324345	中国科学院宁波材料技术与工程研究所	材料科学与工程	8	2023M733598
3357	江　蕾	324348	中国科学院宁波材料技术与工程研究所	材料科学与工程	8	2023M733599
3358	吴杨敏	324353	中国科学院宁波材料技术与工程研究所	材料科学与工程	8	2023M733600
3359	丁纪恒	326475	中国科学院宁波材料技术与工程研究所	化学	8	2023M733601
3360	胡小钇	314516	中国科学院宁波材料技术与工程研究所	化学工程与技术	8	2023M733602
3361	张家豪	306389	中国科学院宁波材料技术与工程研究所	控制科学与工程	8	2023M733603
3362	孙　文	345548	中国科学院青藏高原研究所	地理学	8	2023M733604
3363	徐玲梅	311657	中国科学院青藏高原研究所	地理学	8	2023M733605
3364	原世伟	309629	中国科学院青藏高原研究所	地理学	8	2023M733606
3365	张静怡	324494	中国科学院青藏高原研究所	地理学	8	2023M733607
3366	张　宁	325306	中国科学院青岛生物能源与过程研究所	材料科学与工程	8	2023M733608
3367	田正斌	325518	中国科学院青岛生物能源与过程研究所	化学工程与技术	8	2023M733609
3368	汪兴坤	323652	中国科学院青岛生物能源与过程研究所	化学工程与技术	8	2023M733610
3369	张　廷	319602	中国科学院青岛生物能源与过程研究所	化学工程与技术	8	2023M733611

续表

序号	姓名	博士后编号	设站单位名称	一级学科	资助金额/万元	资助编号
3370	冯　超	319605	中国科学院青岛生物能源与过程研究所	环境科学与工程	8	2023M733612
3371	李秀芸	319496	中国科学院青岛生物能源与过程研究所	生物学	8	2023M733613
3372	门　萍	330762	中国科学院青岛生物能源与过程研究所	生物学	8	2023M733614
3373	董洪伟	339248	中国科学院软件研究所	信息与通信工程	8	2023M733615
3374	王月清	302985	中国科学院山西煤炭化学研究所	化学工程与技术	8	2023M733616
3375	孙元鹤	324025	中国科学院上海高等研究院	物理学	8	2023M733617
3376	张家志	305300	中国科学院上海光学精密机械研究所	材料科学与工程	8	2023M733618
3377	秦建强	329843	中国科学院上海光学精密机械研究所	光学工程	8	2023M733619
3378	张亚强	305739	中国科学院上海光学精密机械研究所	光学工程	8	2023M733620
3379	赵晓琳	321768	中国科学院上海硅酸盐研究所	化学	8	2023M733621
3380	王海露	322163	中国科学院上海技术物理研究所	电子科学与技术	8	2023M733622
3381	仲　方	307265	中国科学院上海技术物理研究所	电子科学与技术	8	2023M733623
3382	Namitha Issac	341890	中国科学院上海天文台	天文学	8	2023M733624
3383	刘媛琪	317081	中国科学院上海天文台	天文学	8	2023M733625
3384	徐文慧	316030	中国科学院上海微系统与信息技术研究所	电子科学与技术	8	2023M733626
3385	陈　丽	322068	中国科学院上海药物研究所	药学	8	2023M733627
3386	邓亚楠	334597	中国科学院上海药物研究所	药学	8	2023M733628
3387	刘　志	324673	中国科学院上海药物研究所	药学	8	2023M733629
3388	缪雨濛	324672	中国科学院上海药物研究所	药学	8	2023M733630
3389	熊　欢	331551	中国科学院上海药物研究所	药学	8	2023M733631
3390	陈彦好	307593	中国科学院上海营养与健康研究所	生物学	8	2023M733632
3391	田　程	321321	中国科学院上海营养与健康研究所	生物学	8	2023M733633
3392	王　园	321885	中国科学院上海营养与健康研究所	生物学	8	2023M733634
3393	成　立	341137	中国科学院上海有机化学研究所	化学	8	2023M733635
3394	阮林新	340234	中国科学院上海有机化学研究所	化学	8	2023M733636
3395	余　轩	328757	中国科学院上海有机化学研究所	化学	8	2023M733637
3396	侯祥龙	341675	中国科学院上海有机化学研究所	生物学	8	2023M733638
3397	李春根	316360	中国科学院上海有机化学研究所	药学	8	2023M733639
3398	江会常	309982	中国科学院深海科学与工程研究所	海洋科学	8	2023M733640

续表

序号	姓名	博士后编号	设站单位名称	一级学科	资助金额/万元	资助编号
3399	崔浩东	326118	中国科学院深圳先进技术研究院	材料科学与工程	8	2023M733641
3400	何家毅	342340	中国科学院深圳先进技术研究院	材料科学与工程	8	2023M733642
3401	贾小娥	333693	中国科学院深圳先进技术研究院	材料科学与工程	8	2023M733643
3402	兰雪侠	341528	中国科学院深圳先进技术研究院	材料科学与工程	8	2023M733644
3403	罗　杰	343952	中国科学院深圳先进技术研究院	动力工程及工程热物理	8	2023M733645
3404	王光明	322175	中国科学院深圳先进技术研究院	化学	8	2023M733646
3405	张　奇	305287	中国科学院深圳先进技术研究院	化学	8	2023M733647
3406	常彩云	322279	中国科学院深圳先进技术研究院	化学工程与技术	8	2023M733648
3407	熊菊霞	329194	中国科学院深圳先进技术研究院	环境科学与工程	8	2023M733649
3408	王月弟	322189	中国科学院深圳先进技术研究院	基础医学	8	2023M733650
3409	徐　征	333700	中国科学院深圳先进技术研究院	基础医学	8	2023M733651
3410	张照奇	338262	中国科学院深圳先进技术研究院	基础医学	8	2023M733652
3411	黄锐森	331628	中国科学院深圳先进技术研究院	计算机科学与技术	8	2023M733653
3412	谭明环	333029	中国科学院深圳先进技术研究院	计算机科学与技术	8	2023M733654
3413	肖林霞	319078	中国科学院深圳先进技术研究院	控制科学与工程	8	2023M733655
3414	陈　洪	337573	中国科学院深圳先进技术研究院	临床医学	8	2023M733656
3415	邱　芳	303602	中国科学院深圳先进技术研究院	临床医学	8	2023M733657
3416	许云龙	325340	中国科学院深圳先进技术研究院	临床医学	8	2023M733658
3417	陈万标	339258	中国科学院深圳先进技术研究院	生物学	8	2023M733659
3418	郭　健	330219	中国科学院深圳先进技术研究院	生物学	8	2023M733660
3419	黄　敏	310544	中国科学院深圳先进技术研究院	生物学	8	2023M733661
3420	李　萍	302572	中国科学院深圳先进技术研究院	生物学	8	2023M733662
3421	刘志凤	309981	中国科学院深圳先进技术研究院	生物学	8	2023M733663
3422	庞翠萍	309980	中国科学院深圳先进技术研究院	生物学	8	2023M733664
3423	王志刚	323677	中国科学院深圳先进技术研究院	生物学	8	2023M733665
3424	张　倩	341921	中国科学院深圳先进技术研究院	生物学	8	2023M733666
3425	刘秀芳	324816	中国科学院深圳先进技术研究院	生物医学工程	8	2023M733667
3426	屈华伟	328161	中国科学院深圳先进技术研究院	生物医学工程	8	2023M733668
3427	周梦妮	334858	中国科学院深圳先进技术研究院	生物医学工程	8	2023M733669
3428	李森林	310076	中国科学院深圳先进技术研究院	物理学	8	2023M733670
3429	万　灿	325734	中国科学院深圳先进技术研究院	中医学	8	2023M733671
3430	滕德雄	304694	中国科学院沈阳应用生态研究所	林学	8	2023M733672
3431	杨雅丽	318852	中国科学院沈阳应用生态研究所	农业资源利用	8	2023M733673

续表

序号	姓名	博士后编号	设站单位名称	一级学科	资助金额/万元	资助编号
3432	郭晶晶	323211	中国科学院沈阳应用生态研究所	生物学	8	2023M733674
3433	黄　凯	340161	中国科学院沈阳应用生态研究所	生物学	8	2023M733675
3434	宋俏博	341453	中国科学院沈阳应用生态研究所	园艺学	8	2023M733676
3435	张　雷	321729	中国科学院生态环境研究中心	地理学	8	2023M733677
3436	陈伟芳	316893	中国科学院生态环境研究中心	环境科学与工程	8	2023M733678
3437	王伟超	326861	中国科学院生态环境研究中心	环境科学与工程	8	2023M733679
3438	徐从斌	319993	中国科学院生态环境研究中心	环境科学与工程	8	2023M733680
3439	杨小龙	345643	中国科学院生态环境研究中心	生物学	8	2023M733681
3440	景　林	324861	中国科学院生物物理研究所	基础医学	8	2023M733682
3441	李　鹏	321254	中国科学院生物物理研究所	生物学	8	2023M733683
3442	王有望	309623	中国科学院生物物理研究所	生物学	8	2023M733684
3443	董　雷	325159	中国科学院生物物理研究所	中医学	8	2023M733685
3444	崔晓东	324859	中国科学院声学研究所	测绘科学与技术	8	2023M733686
3445	金　晶	319725	中国科学院声学研究所	物理学	8	2023M733687
3446	应程铄	332913	中国科学院数学与系统科学研究院	管理科学与工程	5	2023M733688
3447	陈炳光	309625	中国科学院数学与系统科学研究院	数学	8	2023M733689
3448	陈张弛	302149	中国科学院数学与系统科学研究院	数学	8	2023M733690
3449	汤厚志	319974	中国科学院数学与系统科学研究院	数学	8	2023M733691
3450	巫　军	324462	中国科学院数学与系统科学研究院	数学	8	2023M733692
3451	于腾腾	301008	中国科学院数学与系统科学研究院	数学	8	2023M733693
3452	张树兴	322967	中国科学院数学与系统科学研究院	数学	8	2023M733694
3453	宫　迪	334760	中国科学院数学与系统科学研究院	应用经济学	5	2023M733695
3454	王曦廷	320996	中国科学院数学与系统科学研究院	中医学	8	2023M733696
3455	陈建林	326868	中国科学院水生生物研究所	生物学	8	2023M733697
3456	郭　超	344250	中国科学院水生生物研究所	水产	8	2023M733698
3457	王亚青	334229	中国科学院水生生物研究所	水产	8	2023M733699
3458	杨移斌	314879	中国科学院水生生物研究所	水产	8	2023M733700
3459	张　茹	335547	中国科学院水生生物研究所	水产	8	2023M733701
3460	周于琳	322720	中国科学院水生生物研究所	水产	8	2023M733702
3461	朱纯纯	322932	中国科学院水生生物研究所	水产	8	2023M733703
3462	黎宇航	320199	中国科学院微电子研究所	机械工程	8	2023M733704
3463	卫建泽	322874	中国科学院微电子研究所	计算机科学与技术	8	2023M733705
3464	曹佳宝	315301	中国科学院微生物研究所	生物学	8	2023M733706

续表

序号	姓名	博士后编号	设站单位名称	一级学科	资助金额/万元	资助编号
3465	刘敬仪	322653	中国科学院文献情报中心	图书情报与档案管理	5	2023M733707
3466	郭　华	344970	中国科学院武汉病毒研究所	生物学	8	2023M733708
3467	李　杨	316968	中国科学院武汉病毒研究所	生物学	8	2023M733709
3468	侯赟璐	315572	中国科学院武汉岩土力学研究所	土木工程	8	2023M733710
3469	闻一平	311047	中国科学院武汉岩土力学研究所	土木工程	8	2023M733711
3470	胡　曼	334905	中国科学院武汉植物园	生物学	8	2023M733712
3471	景新新	323574	中国科学院武汉植物园	生物学	8	2023M733713
3472	熊　翔	323578	中国科学院武汉植物园	生物学	8	2023M733714
3473	吴　攀	307260	中国科学院武汉植物园	食品科学与工程	8	2023M733715
3474	蒲军保	324036	中国科学院武汉植物园	畜牧学	8	2023M733716
3475	孟　琳	326004	中国科学院武汉植物园	园艺学	8	2023M733717
3476	徐春柳	320661	中国科学院物理研究所	化学工程与技术	8	2023M733718
3477	李天宇	321976	中国科学院物理研究所	物理学	8	2023M733719
3478	刘娅妮	328604	中国科学院物理研究所	物理学	8	2023M733720
3479	张骁晰	323229	中国科学院物理研究所	物理学	8	2023M733721
3480	刘修业	341594	中国科学院西安光学精密机械研究所	物理学	8	2023M733722
3481	邓明珊	321670	中国科学院西北生态环境资源研究院	大气科学	8	2023M733723
3482	马雪云	321675	中国科学院西北生态环境资源研究院	地质学	8	2023M733724
3483	热西丁·阿不都艾尼	320192	中国科学院新疆生态与地理研究所	生物学	8	2023M733725
3484	耿明明	320737	中国科学院亚热带农业生态研究所	地理学	8	2023M733726
3485	曹明君	301268	中国科学院遗传与发育生物学研究所	生物学	8	2023M733727
3486	梁前进	336239	中国科学院遗传与发育生物学研究所	作物学	8	2023M733728
3487	何雨晴	331735	中国科学院植物研究所	生物学	8	2023M733729
3488	李玉红	334817	中国科学院植物研究所	生物学	8	2023M733730
3489	彭　扬	341253	中国科学院植物研究所	生物学	8	2023M733731
3490	秦刘玉	308873	中国科学院植物研究所	生物学	8	2023M733732
3491	赵　明	341096	中国科学院植物研究所	生物学	8	2023M733733
3492	戴　俊	315614	中国科学院紫金山天文台	天文学	8	2023M733734
3493	韩明哲	332870	中国科学院紫金山天文台	天文学	8	2023M733735
3494	唐少鹏	316977	中国科学院紫金山天文台	天文学	8	2023M733736
3495	佟玉闯	316894	中国科学院自动化研究所	机械工程	8	2023M733737
3496	贾子钰	346631	中国科学院自动化研究所	计算机科学与技术	8	2023M733738

续表

序号	姓名	博士后编号	设站单位名称	一级学科	资助金额/万元	资助编号
3497	田永林	320634	中国科学院自动化研究所	控制科学与工程	8	2023M733739
3498	陈长玖	312771	中国矿业大学	材料科学与工程	8	2023M733740
3499	符思达	342790	中国矿业大学	材料科学与工程	8	2023M733741
3500	毛　梁	345008	中国矿业大学	材料科学与工程	8	2023M733742
3501	高延东	341448	中国矿业大学	测绘科学与技术	8	2023M733743
3502	程国玺	324202	中国矿业大学	地质资源与地质工程	8	2023M733744
3503	李久庆	317204	中国矿业大学	地质资源与地质工程	8	2023M733745
3504	刘路路	301569	中国矿业大学	地质资源与地质工程	8	2023M733746
3505	刘耀徽	301279	中国矿业大学	地质资源与地质工程	8	2023M733747
3506	宋　昱	346440	中国矿业大学	地质资源与地质工程	8	2023M733748
3507	闫文举	341948	中国矿业大学	电气工程	8	2023M733749
3508	刘　元	337465	中国矿业大学	动力工程及工程热物理	8	2023M733750
3509	华亦菲	318940	中国矿业大学	公共管理	5	2023M733751
3510	米家鑫	311383	中国矿业大学	公共管理	5	2023M733752
3511	肖　剑	340343	中国矿业大学	化学工程与技术	8	2023M733753
3512	刘海超	311940	中国矿业大学	机械工程	8	2023M733754
3513	陈　杨	342065	中国矿业大学	计算机科学与技术	8	2023M733755
3514	田胜景	330039	中国矿业大学	计算机科学与技术	8	2023M733756
3515	王浩宇	310572	中国矿业大学	控制科学与工程	8	2023M733757
3516	郝　阳	310519	中国矿业大学	矿业工程	8	2023M733758
3517	何风贞	339901	中国矿业大学	矿业工程	8	2023M733759
3518	金煜皓	340486	中国矿业大学	矿业工程	8	2023M733760
3519	刘灿灿	317439	中国矿业大学	矿业工程	8	2023M733761
3520	刘众众	340287	中国矿业大学	矿业工程	8	2023M733762
3521	乔金鹏	308768	中国矿业大学	矿业工程	8	2023M733763
3522	尚晓吉	341820	中国矿业大学	矿业工程	8	2023M733764
3523	邵振鲁	312717	中国矿业大学	矿业工程	8	2023M733765
3524	王　志	312958	中国矿业大学	矿业工程	8	2023M733766
3525	王志强	315384	中国矿业大学	矿业工程	8	2023M733767
3526	奚　弦	340833	中国矿业大学	矿业工程	8	2023M733768
3527	夏阳超	310160	中国矿业大学	矿业工程	8	2023M733769
3528	杨　旭	305956	中国矿业大学	矿业工程	8	2023M733770
3529	殷　山	315275	中国矿业大学	矿业工程	8	2023M733771

续表

序号	姓名	博士后编号	设站单位名称	一级学科	资助金额/万元	资助编号
3530	魏　超	320712	中国矿业大学	水利工程	8	2023M733772
3531	胡波文	338054	中国矿业大学	土木工程	8	2023M733773
3532	李　耀	318943	中国矿业大学	土木工程	8	2023M733774
3533	徐俊豪	317148	中国矿业大学	土木工程	8	2023M733775
3534	程春龙	319168	中国矿业大学	冶金工程	8	2023M733776
3535	李康宁	338220	中国矿业大学（北京）	地理学	8	2023M733777
3536	张　村	311227	中国矿业大学（北京）	矿业工程	8	2023M733778
3537	薛逸娇	325991	中国林业科学研究院	林业工程	8	2023M733779
3538	李东森	339006	中国能源建设集团江苏省电力设计院有限公司	电气工程	8	2023M733780
3539	雷　鸣	299539	中国农业大学	公共管理	5	2023M733781
3540	陈志君	346889	中国农业大学	农业工程	8	2023M733782
3541	杨圣慧	324452	中国农业大学	农业工程	8	2023M733783
3542	杨子涵	324453	中国农业大学	农业工程	8	2023M733784
3543	周嘉良	332933	中国农业大学	农业工程	8	2023M733785
3544	刘　彬	320658	中国农业大学	农业资源利用	8	2023M733786
3545	汪梓寒	342919	中国农业大学	农业资源利用	8	2023M733787
3546	王国英	319898	中国农业大学	农业资源利用	8	2023M733788
3547	徐志程	324445	中国农业大学	农业资源利用	8	2023M733789
3548	韩　润	319875	中国农业大学	生物学	8	2023M733790
3549	王　攀	341097	中国农业大学	生物学	8	2023M733791
3550	杨成凤	319949	中国农业大学	生物学	8	2023M733792
3551	赵贤国	319869	中国农业大学	生物学	8	2023M733793
3552	王心彤	319932	中国农业大学	食品科学与工程	8	2023M733794
3553	薛宏坤	313181	中国农业大学	食品科学与工程	8	2023M733795
3554	张璐佳	319920	中国农业大学	食品科学与工程	8	2023M733796
3555	蒋智民	347396	中国农业大学	兽医学	8	2023M733797
3556	任书凝	331716	中国农业大学	兽医学	8	2023M733798
3557	沈泰钰	331901	中国农业大学	兽医学	8	2023M733799
3558	蔡　爽	324447	中国农业大学	畜牧学	8	2023M733800
3559	刘　帅	321217	中国农业大学	畜牧学	8	2023M733801
3560	潘　丽	338218	中国农业大学	畜牧学	8	2023M733802
3561	王　剑	319930	中国农业大学	畜牧学	8	2023M733803

续表

序号	姓名	博士后编号	设站单位名称	一级学科	资助金额/万元	资助编号
3562	吴　怡	320000	中国农业大学	畜牧学	8	2023M733804
3563	马　潇	319934	中国农业大学	园艺学	8	2023M733805
3564	尹　帅	319889	中国农业大学	园艺学	8	2023M733806
3565	陈永明	332544	中国农业大学	作物学	8	2023M733807
3566	邓穗宁	299519	中国农业大学	作物学	8	2023M733808
3567	李　元	320600	中国农业大学	作物学	8	2023M733809
3568	王妍妍	319897	中国农业大学	作物学	8	2023M733810
3569	赵　楠	320305	中国农业大学	作物学	8	2023M733811
3570	李　静	318189	中国农业科学院	地理学	8	2023M733812
3571	王洪萍	327202	中国农业科学院	环境科学与工程	8	2023M733813
3572	樊湘鹏	318846	中国农业科学院	农业工程	8	2023M733814
3573	刘紫云	337160	中国农业科学院	农业工程	8	2023M733815
3574	闫　晶	319305	中国农业科学院	农业资源利用	8	2023M733816
3575	丁明洋	341231	中国农业科学院	兽医学	8	2023M733817
3576	齐晓兰	315294	中国农业科学院	兽医学	8	2023M733818
3577	滕志东	315821	中国农业科学院	兽医学	8	2023M733819
3578	于萌萌	330729	中国农业科学院	兽医学	8	2023M733820
3579	郝珍珍	317441	中国农业科学院	畜牧学	8	2023M733821
3580	周建民	322857	中国农业科学院	畜牧学	8	2023M733822
3581	冯　琴	325182	中国农业科学院	植物保护	8	2023M733823
3582	葛林豪	341078	中国农业科学院	植物保护	8	2023M733824
3583	黄　亮	329619	中国农业科学院	植物保护	8	2023M733825
3584	旷永洁	325781	中国农业科学院	植物保护	8	2023M733826
3585	陶　辉	318181	中国农业科学院	植物保护	8	2023M733827
3586	朱流红	316317	中国农业科学院	植物保护	8	2023M733828
3587	秦　超	337480	中国农业科学院	作物学	8	2023M733829
3588	王云龙	311328	中国农业科学院农业基因组研究所	生物学	8	2023M733830
3589	叶　浩	339229	中国农业科学院农业基因组研究所	生物学	8	2023M733831
3590	张　帆	325959	中国农业科学院农业基因组研究所	畜牧学	8	2023M733832
3591	陈凯园	317140	中国农业科学院农业基因组研究所	园艺学	8	2023M733833
3592	张平贤	331158	中国农业科学院农业基因组研究所	园艺学	8	2023M733834
3593	仲　阳	326787	中国农业科学院农业基因组研究所	园艺学	8	2023M733835
3594	段燕伟	313471	中国农业科学院农业基因组研究所	植物保护	8	2023M733836

续表

序号	姓名	博士后编号	设站单位名称	一级学科	资助金额/万元	资助编号
3595	王　敬	325048	中国农业科学院农业基因组研究所	植物保护	8	2023M733837
3596	张夏瑄	299774	中国农业科学院农业基因组研究所	植物保护	8	2023M733838
3597	魏　华	314610	中国农业科学院农业基因组研究所	作物学	8	2023M733839
3598	刘英楠	315909	中国农业科学院上海兽医研究所	兽医学	8	2023M733840
3599	王　瑶	327152	中国农业银行	理论经济学	5	2023M733841
3600	彭俊超	322627	中国农业银行	应用经济学	5	2023M733842
3601	宋明勇	324876	中国农业银行	应用经济学	5	2023M733843
3602	张　斌	322628	中国农业银行	应用经济学	5	2023M733844
3603	吴何奇	337279	中国浦东干部学院	马克思主义理论	5	2023M733845
3604	何　研	320024	中国气象科学研究院	地理学	8	2023M733846
3605	叶晓雪	316992	中国热带农业科学院	生物学	8	2023M733847
3606	张　丹	311872	中国人民大学	地质学	8	2023M733848
3607	刁　舜	343093	中国人民大学	法学	5	2023M733849
3608	付一耀	311653	中国人民大学	法学	5	2023M733850
3609	苞璐尔	324800	中国人民大学	历史学	5	2023M733851
3610	李　杰	327128	中国人民大学	数学	8	2023M733852
3611	苏红岩	311936	中国人民大学	应用经济学	5	2023M733853
3612	陈　思	331319	中国人民大学	中国语言文学	5	2023M733854
3613	鲁方昕	332347	中国人民大学	中国语言文学	5	2023M733855
3614	李慧敏	302644	中国人民公安大学	化学工程与技术	8	2023M733856
3615	赵亚雄	327019	中国人民银行金融研究所	应用经济学	5	2023M733857
3616	郑开宏	303731	中国商用飞机有限责任公司	力学	8	2023M733858
3617	时　诚	325796	中国社会科学院	法学	5	2023M733859
3618	陈　刚	344791	中国社会科学院	历史学	5	2023M733860
3619	卢晓娜	329527	中国社会科学院	历史学	5	2023M733861
3620	刘　齐	335048	中国社会科学院	社会学	5	2023M733862
3621	张　跃	338984	中国社会科学院	社会学	5	2023M733863
3622	史可寒	334742	中国社会科学院	应用经济学	5	2023M733864
3623	展　望	327116	中国社会科学院	应用经济学	5	2023M733865
3624	吴　雯	338983	中国社会科学院	哲学	5	2023M733866
3625	韦志刚	325174	中国社会科学院	中国语言文学	5	2023M733867
3626	左怡兵	330741	中国社会科学院	中国语言文学	5	2023M733868
3627	冯乾乾	321716	中国石油大学（北京）	地质学	8	2023M733869

续表

序号	姓名	博士后编号	设站单位名称	一级学科	资助金额/万元	资助编号
3628	王玲谦	321757	中国石油大学（北京）	地质资源与地质工程	8	2023M733870
3629	高小中	301693	中国石油大学（北京）	环境科学与工程	8	2023M733871
3630	王　瀚	345390	中国石油大学（北京）	石油与天然气工程	8	2023M733872
3631	熊　超	330720	中国石油大学（北京）	石油与天然气工程	8	2023M733873
3632	李琢宇	302013	中国石油大学（北京）	土木工程	8	2023M733874
3633	徐学旭	337044	中国石油大学（华东）	材料科学与工程	8	2023M733875
3634	杨　鹏	329008	中国石油大学（华东）	地质资源与地质工程	8	2023M733876
3635	李家栋	329436	中国石油大学（华东）	动力工程及工程热物理	8	2023M733877
3636	王小楠	342445	中国石油大学（华东）	机械工程	8	2023M733878
3637	刘峻嵘	307583	中国石油大学（华东）	石油与天然气工程	8	2023M733879
3638	王财林	329669	中国石油大学（华东）	石油与天然气工程	8	2023M733880
3639	吴宇旗	299930	中国石油大学（华东）	土木工程	8	2023M733881
3640	刘　强	330154	中国石油集团东方地球物理勘探有限责任公司	地质资源与地质工程	8	2023M733882
3641	王　震	332033	中国石油天然气股份有限公司冀东油田分公司	地质资源与地质工程	8	2023M733883
3642	王西西	324775	中国水产科学研究院黄海水产研究所	水产	8	2023M733884
3643	宋一凡	341007	中国水利水电科学研究院	水利工程	8	2023M733885
3644	张小可	336961	中国投资有限责任公司	应用经济学	5	2023M733886
3645	徐　妍	329165	中国烟草总公司郑州烟草研究院	食品科学与工程	8	2023M733887
3646	刘佳源	315719	中国药科大学	工商管理	5	2023M733888
3647	孙　浩	305598	中国药科大学	生物学	8	2023M733889
3648	黄　鑫	305388	中国药科大学	生物医学工程	8	2023M733890
3649	陈　芊	317717	中国药科大学	药学	8	2023M733891
3650	程　皓	317108	中国药科大学	药学	8	2023M733892
3651	霍青青	317459	中国药科大学	药学	8	2023M733893
3652	刘晓亚	317139	中国药科大学	药学	8	2023M733894
3653	孙程亮	317478	中国药科大学	药学	8	2023M733895
3654	孙萌阳	318713	中国药科大学	药学	8	2023M733896
3655	杨捍宇	300878	中国药科大学	药学	8	2023M733897
3656	杨培伟	317447	中国药科大学	药学	8	2023M733898
3657	黄亚萍	337428	中国药科大学	中药学	8	2023M733899
3658	边　澈	306454	中国医科大学	临床医学	8	2023M733900

续表

序号	姓名	博士后编号	设站单位名称	一级学科	资助金额/万元	资助编号
3659	梅晨雪	320176	中国医科大学	临床医学	8	2023M733901
3660	那芷菁	331542	中国医科大学	临床医学	8	2023M733902
3661	黄晓娴	331589	中国医科大学	药学	8	2023M733903
3662	林　莉	303525	中国医科大学附属第一医院	临床医学	8	2023M733904
3663	谭　伟	317973	中国医科大学附属第一医院	临床医学	8	2023M733905
3664	徐晓雪	317957	中国医科大学附属第一医院	临床医学	8	2023M733906
3665	张亚洲	326066	中国移动通信集团天津有限公司	计算机科学与技术	8	2023M733907
3666	李震川	327330	中国银联股份有限公司	计算机科学与技术	8	2023M733908
3667	路　旸	304334	中国政法大学	法学	5	2023M733910
3668	施元红	304333	中国政法大学	法学	5	2023M733911
3669	张　珊	325162	中国中医科学院	中西医结合	8	2023M733912
3670	王丽萍	326357	中国中医科学院	中药学	8	2023M733913
3671	崔文强	305908	中国中医科学院	中医学	8	2023M733914
3672	漆仲文	302646	中国中医科学院	中医学	8	2023M733915
3673	陈小龙	311229	中海油研究总院有限责任公司	石油与天然气工程	8	2023M733916
3674	李玉军	313212	中航西安飞机工业集团股份有限公司	航空宇航科学与技术	8	2023M733917
3675	孙文龙	318498	中华全国供销合作总社济南果品研究院	中药学	8	2023M733918
3676	李　俊	323557	中交第二航务工程局有限公司	土木工程	8	2023M733919
3677	冀鹏飞	335937	中南财经政法大学	法学	5	2023M733920
3678	梁　卓	335548	中南财经政法大学	法学	5	2023M733921
3679	赵祖斌	330374	中南财经政法大学	法学	5	2023M733922
3680	邢雪娇	320545	中南财经政法大学	管理科学与工程	5	2023M733923
3681	张　云	319798	中南财经政法大学	理论经济学	5	2023M733924
3682	庄嘉霖	324302	中南财经政法大学	理论经济学	5	2023M733925
3683	李　成	321515	中南财经政法大学	历史学	5	2023M733926
3684	王　妙	317988	中南财经政法大学	社会学	5	2023M733927
3685	石班班	344967	中南财经政法大学	数学	8	2023M733928
3686	肖　迪	320185	中南财经政法大学	新闻传播学	5	2023M733929
3687	何源堃	317986	中南财经政法大学	艺术学	5	2023M733930
3688	黄一松	306966	中南财经政法大学	应用经济学	5	2023M733931
3689	张　亮	325365	中南财经政法大学	应用经济学	5	2023M733932
3690	张春晓	320967	中南大学	材料科学与工程	8	2023M733933

续表

序号	姓名	博士后编号	设站单位名称	一级学科	资助金额/万元	资助编号
3691	周　双	320794	中南大学	材料科学与工程	8	2023M733934
3692	黄　鹊	315260	中南大学	动力工程及工程热物理	8	2023M733935
3693	詹　敏	340516	中南大学	管理科学与工程	5	2023M733936
3694	刘亚楠	329059	中南大学	基础医学	8	2023M733937
3695	周伟华	339364	中南大学	机械工程	8	2023M733938
3696	梁韵逸	311807	中南大学	交通运输工程	8	2023M733939
3697	杜城龙	326122	中南大学	控制科学与工程	8	2023M733940
3698	李雪纯	342531	中南大学	口腔医学	8	2023M733941
3699	熊宏刚	300841	中南大学	口腔医学	8	2023M733942
3700	田　佳	321450	中南大学	矿业工程	8	2023M733943
3701	曹　静	341410	中南大学	临床医学	8	2023M733944
3702	陈　思	331332	中南大学	临床医学	8	2023M733945
3703	陈　霞	309817	中南大学	临床医学	8	2023M733946
3704	段佳熙	332058	中南大学	临床医学	8	2023M733947
3705	高云亮	339326	中南大学	临床医学	8	2023M733948
3706	郭也也	331349	中南大学	临床医学	8	2023M733949
3707	贺海兰	306503	中南大学	临床医学	8	2023M733950
3708	胡　姣	331659	中南大学	临床医学	8	2023M733951
3709	解　健	334612	中南大学	临床医学	8	2023M733952
3710	李彦秀	311806	中南大学	临床医学	8	2023M733953
3711	刘　鹏	327850	中南大学	临床医学	8	2023M733954
3712	龙　谦	334680	中南大学	临床医学	8	2023M733955
3713	饶珊珊	332060	中南大学	临床医学	8	2023M733956
3714	田雨子	301214	中南大学	临床医学	8	2023M733957
3715	王　晶	344143	中南大学	临床医学	8	2023M733958
3716	王　宁	309691	中南大学	临床医学	8	2023M733959
3717	吴长武	344788	中南大学	临床医学	8	2023M733960
3718	吴鼎宇	329167	中南大学	临床医学	8	2023M733961
3719	吴军勇	327102	中南大学	临床医学	8	2023M733962
3720	吴　婷	331343	中南大学	临床医学	8	2023M733963
3721	吴　阳	329060	中南大学	临床医学	8	2023M733964
3722	杨淑均	302396	中南大学	临床医学	8	2023M733965
3723	赵宇文	320973	中南大学	临床医学	8	2023M733966

续表

序号	姓名	博士后编号	设站单位名称	一级学科	资助金额/万元	资助编号
3724	周爱媛	301215	中南大学	临床医学	8	2023M733967
3725	何锡辉	346799	中南大学	马克思主义理论	5	2023M733968
3726	贾相斌	341036	中南大学	生物学	8	2023M733969
3727	孟栋梁	332463	中南大学	土木工程	8	2023M733970
3728	周　倩	344145	中南大学	物理学	8	2023M733971
3729	周文哲	328927	中南大学	物理学	8	2023M733972
3730	陈　娟	307348	中南大学	药学	8	2023M733973
3731	谷亚冰	327848	中南大学	冶金工程	8	2023M733974
3732	王麒羽	341407	中南大学	冶金工程	8	2023M733975
3733	彭晔琴	302540	中南大学	艺术学	5	2023M733976
3734	王晓敏	314590	中南大学	哲学	5	2023M733977
3735	冯丹丹	301232	中南大学	中西医结合	8	2023M733978
3736	王胜峰	305146	中南大学	中西医结合	8	2023M733979
3737	杨罂宇	332415	中南大学	中西医结合	8	2023M733980
3738	尚玉洁	320804	中南大学	中医学	8	2023M733981
3739	杨雪萍	331317	中南大学	中医学	8	2023M733982
3740	刘　滔	331965	中南林业科技大学	生物学	8	2023M733983
3741	张徐源	316515	中南林业科技大学	生物学	8	2023M733984
3742	李世峰	329324	中日友好医院	基础医学	8	2023M733985
3743	尚顺来	324165	中日友好医院	基础医学	8	2023M733986
3744	邓明明	323986	中日友好医院	临床医学	8	2023M733987
3745	李文广	325714	中山大学	材料科学与工程	8	2023M733988
3746	孟子飞	341506	中山大学	船舶与海洋工程	8	2023M733989
3747	王君怡	326836	中山大学	地理学	8	2023M733990
3748	王　珂	301041	中山大学	地理学	8	2023M733991
3749	王胜男	323548	中山大学	地球物理学	8	2023M733992
3750	徐晟岚	332410	中山大学	地质学	8	2023M733993
3751	王思雅	326838	中山大学	工商管理	5	2023M733994
3752	翟雪婷	301043	中山大学	工商管理	5	2023M733995
3753	杜志娇	326495	中山大学	管理科学与工程	5	2023M733996
3754	卢丽娟	335675	中山大学	海洋科学	8	2023M733997
3755	樊连峰	318958	中山大学	化学	8	2023M733998
3756	李翠艳	332402	中山大学	化学	8	2023M733999

续表

序号	姓名	博士后编号	设站单位名称	一级学科	资助金额/万元	资助编号
3757	鲁玉麟	329685	中山大学	化学	8	2023M734000
3758	高　瑞	328561	中山大学	环境科学与工程	8	2023M734001
3759	梁振声	318975	中山大学	环境科学与工程	8	2023M734002
3760	陈　双	335813	中山大学	基础医学	8	2023M734003
3761	吴　帆	299981	中山大学	基础医学	8	2023M734004
3762	许　贺	299925	中山大学	基础医学	8	2023M734005
3763	余海东	324299	中山大学	基础医学	8	2023M734006
3764	张　丽	303333	中山大学	基础医学	8	2023M734007
3765	周　南	318075	中山大学	基础医学	8	2023M734008
3766	任鹏真	326370	中山大学	计算机科学与技术	8	2023M734009
3767	郑沛霖	325986	中山大学	计算机科学与技术	8	2023M734010
3768	郭远龙	324890	中山大学	口腔医学	8	2023M734011
3769	黄沛娜	324888	中山大学	口腔医学	8	2023M734012
3770	温丽玲	324911	中山大学	口腔医学	8	2023M734013
3771	曹羽明	341884	中山大学	临床医学	8	2023M734014
3772	陈海珠	325250	中山大学	临床医学	8	2023M734015
3773	陈军权	313943	中山大学	临床医学	8	2023M734016
3774	陈旭豪	318896	中山大学	临床医学	8	2023M734017
3775	陈志航	323400	中山大学	临床医学	8	2023M734018
3776	谌楚宇	309302	中山大学	临床医学	8	2023M734019
3777	段远强	310531	中山大学	临床医学	8	2023M734020
3778	方锐华	330585	中山大学	临床医学	8	2023M734021
3779	郭　鹏	345200	中山大学	临床医学	8	2023M734022
3780	黄华兴	324187	中山大学	临床医学	8	2023M734023
3781	黎　帅	302357	中山大学	临床医学	8	2023M734024
3782	李胜男	318380	中山大学	临床医学	8	2023M734025
3783	李　越	322180	中山大学	临床医学	8	2023M734026
3784	梁振兴	335676	中山大学	临床医学	8	2023M734027
3785	林　玲	313886	中山大学	临床医学	8	2023M734028
3786	刘海涛	313894	中山大学	临床医学	8	2023M734029
3787	刘倩伶	317301	中山大学	临床医学	8	2023M734030
3788	刘仕杰	323626	中山大学	临床医学	8	2023M734031
3789	罗　繁	324727	中山大学	临床医学	8	2023M734032

续表

序号	姓名	博士后编号	设站单位名称	一级学科	资助金额/万元	资助编号
3790	罗小菁	324765	中山大学	临床医学	8	2023M734033
3791	吕科兴	300138	中山大学	临床医学	8	2023M734034
3792	梅　捷	325244	中山大学	临床医学	8	2023M734035
3793	庞　立	325656	中山大学	临床医学	8	2023M734036
3794	彭　冬	323659	中山大学	临床医学	8	2023M734037
3795	彭毓璐	325403	中山大学	临床医学	8	2023M734038
3796	秦梓欣	332394	中山大学	临床医学	8	2023M734039
3797	沈施施	323667	中山大学	临床医学	8	2023M734040
3798	施东妮	323374	中山大学	临床医学	8	2023M734041
3799	苏佳纯	324761	中山大学	临床医学	8	2023M734042
3800	王　顺	332429	中山大学	临床医学	8	2023M734043
3801	肖　敏	330554	中山大学	临床医学	8	2023M734044
3802	许英汝	323429	中山大学	临床医学	8	2023M734045
3803	杨　静	323650	中山大学	临床医学	8	2023M734046
3804	杨雅涵	331815	中山大学	临床医学	8	2023M734047
3805	张婵娟	302868	中山大学	临床医学	8	2023M734048
3806	张路遥	300373	中山大学	临床医学	8	2023M734049
3807	赵小娟	324944	中山大学	临床医学	8	2023M734050
3808	邹金茂	325248	中山大学	临床医学	8	2023M734051
3809	郭达基	332423	中山大学	生物学	8	2023M734052
3810	黄　翔	323498	中山大学	生物学	8	2023M734053
3811	雷梦琦	324643	中山大学	生物学	8	2023M734054
3812	邱　露	306055	中山大学	生物学	8	2023M734055
3813	沈玲玲	330601	中山大学	生物学	8	2023M734056
3814	王丽邱	327542	中山大学	生物学	8	2023M734057
3815	杨　扬	323485	中山大学	生物学	8	2023M734058
3816	王亚平	325249	中山大学	生物医学工程	8	2023M734059
3817	尚　蕾	310266	中山大学	数学	8	2023M734060
3818	王子豪	323672	中山大学	数学	8	2023M734061
3819	张　帅	327186	中山大学	图书情报与档案管理	5	2023M734062
3820	黄家洛	326375	中山大学	药学	8	2023M734063
3821	雷紫凝	310240	中山大学	药学	8	2023M734064
3822	王　红	326374	中山大学	药学	8	2023M734065

续表

序号	姓名	博士后编号	设站单位名称	一级学科	资助金额/万元	资助编号
3823	张一帆	318456	中山大学	应用经济学	5	2023M734066
3824	黄　昉	313474	中山大学	哲学	5	2023M734067
3825	陆梓超	328536	中山大学	哲学	5	2023M734068
3826	沈俊楠	306789	中山大学	政治学	5	2023M734069
3827	徐展翅	326377	中山大学	中西医结合	8	2023M734070
3828	陈　菁	333360	中山市人民医院	临床医学	8	2023M734071
3829	申玉坦	335174	中石化石油化工科学研究院有限公司	化学工程与技术	8	2023M734072
3830	董　俊	313651	中铁二院工程集团有限责任公司	土木工程	8	2023M734073
3831	赵　玲	305794	中央财经大学	工商管理	5	2023M734074
3832	杜晓鹏	318840	中央财经大学	心理学	8	2023M734075
3833	李知睿	320653	中央财经大学	应用经济学	5	2023M734076
3834	李　爽	332904	中央美术学院	艺术学	5	2023M734077
3835	裴艾琳	328609	中央民族大学	历史学	5	2023M734078
3836	郭少妮	343172	中央民族大学	民族学	5	2023M734079
3837	孔钰钦	343194	中央民族大学	新闻传播学	5	2023M734080
3838	施珠妹	322074	中冶建工集团有限公司	法学	5	2023M734081
3839	蔡　姣	342254	中冶建工集团有限公司	土木工程	8	2023M734082
3840	刘欣鹏	318247	中冶建工集团有限公司	土木工程	8	2023M734083
3841	钟永力	318246	中冶建工集团有限公司	土木工程	8	2023M734084
3842	向华伟	300202	中冶建筑研究总院有限公司	土木工程	8	2023M734085
3843	鞠　明	330358	珠海澳大科技研究院	环境科学与工程	8	2023M734086
3844	彭　涛	333136	珠海澳大科技研究院	生物医学工程	8	2023M734087
3845	许兰淑	329552	珠海复旦创新研究院	材料科学与工程	8	2023M734088
3846	韩雅洁	343712	珠海复旦创新研究院	应用经济学	5	2023M734089
3847	田　瑞	313467	珠海舒桐医疗科技有限公司	临床医学	8	2023M734090
3848	赵停停	329972	珠海舒桐医疗科技有限公司	生物学	8	2023M734091
3849	张玉敏	334696	淄博信通电器有限公司	电气工程	8	2023M734092
3850	刘明明	330536	淄博正华助剂股份有限公司	材料科学与工程	8	2023M734093
3851	鄢忠森	305841	紫金矿业集团股份有限公司	环境科学与工程	8	2023M734094
3852	陈安霞	301812	自然资源部第二海洋研究所	地质学	8	2023M734095
3853	韩迎春	322493	自然资源部第三海洋研究所	海洋科学	8	2023M734096
3854	刘　超	325309	自然资源部第一海洋研究所	地理学	8	2023M734097
3855	袁　龙	329118	自然资源部第一海洋研究所	海洋科学	8	2023M734098

中国博士后科学基金第 73 批面上资助“地区专项支持计划”获资助人员名单

（部分获资助人员名单略）

序号	姓名	博士后编号	设站单位名称	一级学科	资助金额/万元	资助编号
1	朱文光	301780	宝钛集团有限公司	材料科学与工程	8	2023MD734099
2	黄浩洲	323464	成都中医药大学	中药学	8	2023MD734100
3	李雪珂	337407	成都中医药大学	中医学	8	2023MD734101
4	李雨豁	321266	成都中医药大学	中医学	8	2023MD734102
5	刘　娟	324084	成都中医药大学	中医学	8	2023MD734103
6	彭思涵	325532	成都中医药大学	中医学	8	2023MD734104
7	杨嘉玮	326279	成都中医药大学	中医学	8	2023MD734105
8	李　辉	311393	重庆长安汽车股份有限公司	机械工程	8	2023MD734106
9	蒲巧林	315166	重庆重邮信科通信技术有限公司	计算机科学与技术	8	2023MD734107
10	郭永瑞	315137	重庆重邮信科通信技术有限公司	物理学	8	2023MD734108
11	徐正建	344328	重庆地质矿产研究院	地质资源与地质工程	8	2023MD734109
12	张　丽	305195	重庆工商大学	应用经济学	5	2023MD734110
13	闫　磊	346701	重庆市迪马实业股份有限公司	土木工程	8	2023MD734111
14	吴　悦	326726	重庆市建筑科学研究院	土木工程	8	2023MD734112
15	赵文瑞	325852	重庆市中医院（重庆市中医研究院）	心理学	5	2023MD734113
16	陶兴宝	327634	重庆市中医院（重庆市中医研究院）	中药学	8	2023MD734114
17	文　巧	326321	重庆市中医院（重庆市中医研究院）	中医学	8	2023MD734115
18	樊舒蕾	332628	重庆医科大学	临床医学	8	2023MD734116
19	龚　雪	301366	重庆医科大学	临床医学	8	2023MD734117
20	笱冬志	302510	重庆医科大学	临床医学	8	2023MD734118
21	黄　菊	323641	重庆医科大学	临床医学	8	2023MD734119
22	李丹丹	306102	重庆医科大学	临床医学	8	2023MD734120
23	刘长金	339664	重庆医科大学	临床医学	8	2023MD734121
24	刘姚江	313082	重庆医科大学	临床医学	8	2023MD734122
25	牟　迪	306077	重庆医科大学	临床医学	8	2023MD734123
26	滕　腾	344101	重庆医科大学	临床医学	8	2023MD734124
27	田茗源	304401	重庆医科大学	临床医学	8	2023MD734125
28	王　丹	323322	重庆医科大学	临床医学	8	2023MD734126
29	魏跃新	337056	重庆医科大学	临床医学	8	2023MD734127
30	许　可	312026	重庆医科大学	临床医学	8	2023MD734128

续表

序号	姓名	博士后编号	设站单位名称	一级学科	资助金额/万元	资助编号
31	许　盼	324400	重庆医科大学	临床医学	8	2023MD734129
32	喻浩宸	333291	重庆医科大学	临床医学	8	2023MD734130
33	张　豪	330489	重庆医科大学	临床医学	8	2023MD734131
34	赵郭盛	305828	重庆医科大学	临床医学	8	2023MD734132
35	邓利玲	315337	重庆医科大学	食品科学与工程	8	2023MD734133
36	宋　丹	320189	重庆医科大学	物理学	8	2023MD734134
37	陈念芝	323320	重庆医科大学	中医学	8	2023MD734135
38	韩珍珍	309119	重庆邮电大学	信息与通信工程	8	2023MD734136
39	夏士超	320746	重庆邮电大学	信息与通信工程	8	2023MD734137
40	曲京博	305542	东北农业大学	农业工程	8	2023MD734138
41	王　明	345562	东北农业大学	生物学	8	2023MD734139
42	程金菊	336755	东北农业大学	食品科学与工程	8	2023MD734140
43	程谟桢	332767	东北农业大学	园艺学	8	2023MD734141
44	倪鹤嘉	317053	东北农业大学	作物学	8	2023MD734142
45	刘昌宇	342032	东北石油大学	动力工程及工程热物理	8	2023MD734143
46	胡金弘	301392	东方电气集团东方电机有限公司	水利工程	8	2023MD734144
47	吴国鹏	318454	敦煌研究院	地质资源与地质工程	8	2023MD734145
48	和建政	309150	甘肃省人民医院	中西医结合	8	2023MD734146
49	张　彪	309642	广西博世科环保科技股份有限公司	农业工程	8	2023MD734147
50	郭明亮	318835	广西大学	作物学	8	2023MD734148
51	程楚杭	304426	广西科学院	海洋科学	8	2023MD734149
52	廖秀芬	329085	广西科学院	海洋科学	8	2023MD734150
53	崔飞虎	334477	广西师范大学	化学	8	2023MD734151
54	韦方棉	323061	广西师范大学	化学	8	2023MD734152
55	王丽君	307485	广西医科大学	公共卫生与预防医学	8	2023MD734153
56	胡雪莹	306309	广西医科大学	临床医学	8	2023MD734154
57	柳俊刚	307075	广西医科大学	临床医学	8	2023MD734155
58	熊永福	312835	广西医科大学	临床医学	8	2023MD734156
59	吕建林	306321	广西医科大学	中西医结合	8	2023MD734157
60	罗　劲	322684	广西医科大学	中药学	8	2023MD734158
61	王春明	305028	广西医科大学	中药学	8	2023MD734159
62	陈　伟	341147	广西玉柴机器股份有限公司	动力工程及工程热物理	8	2023MD734160
63	白云星	318787	贵州大学	林学	8	2023MD734161

续表

序号	姓名	博士后编号	设站单位名称	一级学科	资助金额/万元	资助编号
64	田倩婷	305803	贵州医科大学	基础医学	8	2023MD734162
65	赵东东	310427	桂林电子科技大学	地质资源与地质工程	8	2023MD734163
66	黄宇星	331240	桂林电子科技大学	机械工程	8	2023MD734164
67	杨　甲	311092	桂林理工大学	化学工程与技术	8	2023MD734165
68	潘鹏宇	335402	国网四川省电力公司	电气工程	8	2023MD734166
69	田玉婷	311370	国网四川省电力公司	电气工程	8	2023MD734167
70	王志学	338947	哈尔滨理工大学	机械工程	8	2023MD734168
71	姜　媛	311033	哈尔滨医科大学	基础医学	8	2023MD734169
72	周萍萍	324607	哈尔滨医科大学	基础医学	8	2023MD734170
73	罗迎春	324238	哈尔滨医科大学	临床医学	8	2023MD734171
74	吴　昊	324376	哈尔滨医科大学	临床医学	8	2023MD734172
75	杨　搏	330018	哈尔滨医科大学	兽医学	8	2023MD734173
76	刘晓锋	319017	海南大学	海洋科学	8	2023MD734174
77	陈　茜	311519	黑龙江八一农垦大学	作物学	8	2023MD734175
78	徐雪野	316261	黑龙江大学	马克思主义理论	5	2023MD734176
79	徐　颖	302503	黑龙江省东北石油大学科技园发展有限公司	石油与天然气工程	8	2023MD734177
80	雷　蕾	325032	黑龙江省农业科学院	作物学	8	2023MD734178
81	类红瑞	338818	吉林省产品质量监督检验院	药学	8	2023MD734179
82	张昊池	341298	金宇保灵生物药品有限公司	兽医学	8	2023MD734180
83	马红坤	333237	昆明理工大学	社会学	5	2023MD734181
84	蔡　君	318157	昆明理工大学	冶金工程	8	2023MD734182
85	师悦龄	341374	兰州交通大学	测绘科学与技术	8	2023MD734183
86	邓洋洋	304893	辽宁中医药大学	中医学	8	2023MD734184
87	赵　磊	305798	辽宁中医药大学	中医学	8	2023MD734185
88	张　斌	322585	林同棪国际工程咨询（中国）有限公司	土木工程	8	2023MD734186
89	唐湘毅	337837	柳州两面针股份有限公司	食品科学与工程	8	2023MD734187
90	柏力萄	344779	隆鑫工业有限公司	中医学	8	2023MD734188
91	刘　晗	329627	煤炭科学研究总院重庆分院	矿业工程	8	2023MD734189
92	乌尼图	307064	内蒙古农业大学	畜牧学	8	2023MD734190
93	王二雨	331440	内蒙古伊泰集团有限公司	矿业工程	8	2023MD734191
94	孙　岳	318206	宁夏医科大学总医院	公共卫生与预防医学	8	2023MD734192

续表

序号	姓名	博士后编号	设站单位名称	一级学科	资助金额/万元	资助编号
95	朱莹莹	334208	青海互助青稞酒股份有限公司	食品科学与工程	8	2023MD734193
96	季世达	322907	沈阳农业大学	林学	8	2023MD734194
97	仇志恒	306278	沈阳农业大学	园艺学	8	2023MD734195
98	罗曼莉	322867	沈阳农业大学	园艺学	8	2023MD734196
99	任　杰	338638	沈阳农业大学	园艺学	8	2023MD734197
100	王瑾瑄	340753	太极集团有限公司	基础医学	8	2023MD734198
101	周颖惠	312804	西安工业大学	机械工程	8	2023MD734199
102	达永琪	327966	西安建筑科技大学	材料科学与工程	8	2023MD734200
103	强凤鸣	321679	西安建筑科技大学	材料科学与工程	8	2023MD734201
104	蓝　君	334705	西安建筑科技大学	环境科学与工程	8	2023MD734202
105	刘　涛	321395	西安建筑科技大学	环境科学与工程	8	2023MD734203
106	刘婷婷	302454	西安建筑科技大学	环境科学与工程	8	2023MD734204
107	董尧荣	338458	西安建筑科技大学	土木工程	8	2023MD734205
108	郭红村	342349	西安建筑科技大学	土木工程	8	2023MD734206
109	秦　玲	341592	西安建筑科技大学	土木工程	8	2023MD734207
110	万琪琪	320759	西安建筑科技大学	土木工程	8	2023MD734208
111	张　路	327967	西安建筑科技大学	土木工程	8	2023MD734209
112	陈利萍	313579	西安建筑科技大学	冶金工程	8	2023MD734210
113	王　力	310815	西安科技大学	地质资源与地质工程	8	2023MD734211
114	顾合龙	312156	西安科技大学	矿业工程	8	2023MD734212
115	马　逾	316395	西安科技大学	矿业工程	8	2023MD734213
116	苏　彬	319394	西安科技大学	矿业工程	8	2023MD734214
117	王若帆	328241	西安科技大学	矿业工程	8	2023MD734215
118	陈　磊	343248	西安理工大学	材料科学与工程	8	2023MD734216
119	罗洋洋	313199	西安理工大学	材料科学与工程	8	2023MD734217
120	赵垚澎	314616	西安理工大学	电子科学与技术	8	2023MD734218
121	刘柏均	315382	西安理工大学	航空宇航科学与技术	8	2023MD734219
122	党　薇	303561	西安理工大学	冶金工程	8	2023MD734220
123	王　岩	311628	西安煤矿机械有限公司	机械工程	8	2023MD734221
124	马成云	340105	西安石油大学	石油与天然气工程	8	2023MD734222
125	杨　兵	326678	西安石油大学	石油与天然气工程	8	2023MD734223
126	焦　琰	339712	西北大学	法学	5	2023MD734224
127	党　萌	331004	西北大学	生物学	8	2023MD734225

续表

序号	姓名	博士后编号	设站单位名称	一级学科	资助金额/万元	资助编号
128	王　赟	312901	西北有色金属研究院	核科学与技术	8	2023MD734226
129	韩学凯	341896	西藏自治区农牧科学院	生物学	8	2023MD734227
130	李军山	341346	西南科技大学	化学	8	2023MD734228
131	张　烽	337261	新疆联海创智信息科技有限公司	动力工程及工程热物理	8	2023MD734229
132	姜春萌	340773	新疆农业大学	水利工程	8	2023MD734230
133	苏　洋	312773	新疆农业大学	应用经济学	5	2023MD734231
134	胡亮亮	339466	新疆农业大学	园艺学	8	2023MD734232
135	王　怡	339469	新疆农业大学	作物学	8	2023MD734233
136	张石磊	305895	新疆泰昆集团股份有限公司	兽医学	8	2023MD734234
137	杨盛超	343300	新疆天富能源股份有限公司	材料科学与工程	8	2023MD734235
138	王　丹	341977	新疆医科大学	公共管理	5	2023MD734236
139	曹国梁	345042	新希望集团有限公司	生物医学工程	8	2023MD734237
140	武　璇	322247	延边大学	物理学	8	2023MD734238
141	王　瑶	312576	云南电网有限责任公司	应用经济学	5	2023MD734239
142	崔健臣	344424	云南省第一人民医院	临床医学	8	2023MD734240
143	张秀杰	307158	中国医科大学	公共管理	5	2023MD734243
144	姜慕舟	307004	中国医科大学	口腔医学	8	2023MD734244
145	窦浩文	319029	中国医科大学	生物学	8	2023MD734245
146	胡晓云	320061	中国医科大学	药学	8	2023MD734246
147	邓　妍	335113	中国医科大学附属第一医院	公共卫生与预防医学	8	2023MD734247
148	黄选章	319034	中国医科大学附属第一医院	临床医学	8	2023MD734248

中国博士后科学基金第 74 批面上资助获资助人员名单

（部分获资助人员名单略）

序号	姓名	博士后编号	设站单位名称	一级学科	资助金额/万元	资助编号
1	易彩娇	327845	爱尔眼科医院集团股份有限公司	临床医学	8	2023M740001
2	付应龙	331558	安徽贝克制药股份有限公司	化学	8	2023M740002
3	李志强	354136	安徽大学	材料科学与工程	8	2023M740003
4	刘晓浩	328130	安徽大学	材料科学与工程	8	2023M740004
5	祁　杰	357166	安徽大学	材料科学与工程	8	2023M740005
6	张海娟	330344	安徽大学	材料科学与工程	8	2023M740006
7	周雪梅	330271	安徽大学	法学	5	2023M740007
8	李钦臻	324714	安徽大学	化学	8	2023M740008
9	李一鸣	331834	安徽大学	化学	8	2023M740009
10	许洁琼	359093	安徽大学	化学	8	2023M740010
11	高　云	360920	安徽大学	化学工程与技术	8	2023M740011
12	陈　彪	331865	安徽大学	环境科学与工程	8	2023M740012
13	丁亚东	327824	安徽大学	机械工程	8	2023M740013
14	徐　佳	325013	安徽大学	计算机科学与技术	8	2023M740014
15	杨尚尚	348973	安徽大学	计算机科学与技术	8	2023M740015
16	钱丽琴	342877	安徽大学	数学	8	2023M740016
17	张振亚	345713	安徽工业大学	材料科学与工程	8	2023M740017
18	程　君	350765	安徽翰联色纺股份有限公司	交通运输工程	8	2023M740018
19	熊清平	329312	安徽华润金蟾药业有限公司	中药学	8	2023M740019
20	刘小双	343844	安徽农业大学	作物学	8	2023M740020
21	贺长波	342889	安徽全柴动力股份有限公司	机械工程	8	2023M740021
22	张　一	329294	安徽医科大学	公共卫生与预防医学	8	2023M740022
23	程维晟	329307	安徽医科大学	临床医学	8	2023M740023
24	李海迪	333814	安徽医科大学	临床医学	8	2023M740024
25	魏永杰	341758	安徽医科大学	临床医学	8	2023M740025
26	姚　凤	341283	安徽医科大学	药学	8	2023M740026
27	陈克功	345662	安徽医科大学第一附属医院	临床医学	8	2023M740027
28	杨思民	357441	安徽医科大学第一附属医院	临床医学	8	2023M740028
29	储召友	354307	安徽医科大学第一附属医院	药学	8	2023M740029
30	补赛玉	328302	北京大学	材料科学与工程	8	2023M740030

续表

序号	姓名	博士后编号	设站单位名称	一级学科	资助金额/万元	资助编号
31	高　丽	338572	北京大学	材料科学与工程	8	2023M740031
32	韩小藏	316848	北京大学	材料科学与工程	8	2023M740032
33	司贺伟	354320	北京大学	材料科学与工程	8	2023M740033
34	王嘉铭	330437	北京大学	材料科学与工程	8	2023M740034
35	熊　涛	313981	北京大学	测绘科学与技术	8	2023M740035
36	贺　铭	352658	北京大学	船舶与海洋工程	8	2023M740036
37	张　鑫	333466	北京大学	大气科学	8	2023M740037
38	牛樱楠	338580	北京大学	地理学	8	2023M740038
39	欧阳世殊	348727	北京大学	地理学	8	2023M740039
40	俞庆水	353613	北京大学	地理学	8	2023M740040
41	翟晨阳	359402	北京大学	地理学	8	2023M740041
42	张华艳	328041	北京大学	地理学	8	2023M740042
43	李　智	328258	北京大学	地球物理学	8	2023M740043
44	黎晏彰	316834	北京大学	地质学	8	2023M740044
45	刘航宇	316833	北京大学	地质学	8	2023M740045
46	韦春婉	351161	北京大学	地质学	8	2023M740046
47	邹　雷	317551	北京大学	地质学	8	2023M740047
48	潘子晴	338281	北京大学	地质资源与地质工程	8	2023M740048
49	李君实	343001	北京大学	电子科学与技术	8	2023M740049
50	刘　迪	338854	北京大学	电子科学与技术	8	2023M740050
51	刘柯钦	352598	北京大学	电子科学与技术	8	2023M740051
52	汪　洋	327983	北京大学	电子科学与技术	8	2023M740052
53	吴林东	326381	北京大学	电子科学与技术	8	2023M740053
54	杨　欢	312627	北京大学	电子科学与技术	8	2023M740054
55	张　玲	343190	北京大学	电子科学与技术	8	2023M740055
56	张　敏	331105	北京大学	动力工程及工程热物理	8	2023M740056
57	陈晓航	315304	北京大学	法学	5	2023M740057
58	钱　坤	352596	北京大学	法学	5	2023M740058
59	张　鸿	328576	北京大学	工商管理	5	2023M740059
60	周雪涵	334481	北京大学	公共管理	5	2023M740060
61	艾思奇	317591	北京大学	公共卫生与预防医学	8	2023M740061
62	王月晖	336366	北京大学	光学工程	8	2023M740062
63	高　磊	318394	北京大学	核科学与技术	8	2023M740063

续表

序号	姓名	博士后编号	设站单位名称	一级学科	资助金额/万元	资助编号
64	赵云彪	350628	北京大学	核科学与技术	8	2023M740064
65	郭逸霖	353092	北京大学	化学	8	2023M740065
66	李明瑶	352655	北京大学	化学	8	2023M740066
67	李沅锦	317930	北京大学	化学	8	2023M740067
68	刘　莹	316036	北京大学	化学	8	2023M740068
69	屈扬坤	333387	北京大学	化学	8	2023M740069
70	孙宗强	355408	北京大学	化学	8	2023M740070
71	谢　娟	316868	北京大学	化学	8	2023M740071
72	杨志恒	353184	北京大学	化学	8	2023M740072
73	周志鹏	355238	北京大学	化学	8	2023M740073
74	李金城	353198	北京大学	环境科学与工程	8	2023M740074
75	刘远峰	359577	北京大学	环境科学与工程	8	2023M740075
76	段沛奇	352608	北京大学	计算机科学与技术	8	2023M740076
77	高　翔	352597	北京大学	计算机科学与技术	8	2023M740077
78	姜艳杰	364995	北京大学	计算机科学与技术	8	2023M740078
79	颜　鲲	353206	北京大学	计算机科学与技术	8	2023M740079
80	张嘉琪	346251	北京大学	计算机科学与技术	8	2023M740080
81	倪奥华	338037	北京大学	教育学	5	2023M740081
82	徐玲玲	330965	北京大学	教育学	5	2023M740082
83	易梦春	313996	北京大学	教育学	5	2023M740083
84	周逸航	316856	北京大学	科学技术史	8	2023M740084
85	崔洋洋	337153	北京大学	控制科学与工程	8	2023M740085
86	万昌兵	317614	北京大学	矿业工程	8	2023M740086
87	惠　男	328370	北京大学	历史学	5	2023M740087
88	李　理	328541	北京大学	力学	8	2023M740088
89	龙　浩	328459	北京大学	力学	8	2023M740089
90	钱志浩	312631	北京大学	力学	8	2023M740090
91	苏笑宇	313995	北京大学	力学	8	2023M740091
92	张续耀	337806	北京大学	力学	8	2023M740092
93	石　强	352811	北京大学	临床医学	8	2023M740093
94	崔　瑜	348715	北京大学	农林经济管理	5	2023M740094
95	周　南	327999	北京大学	农林经济管理	5	2023M740095
96	齐立娟	350242	北京大学	生物学	8	2023M740096

续表

序号	姓名	博士后编号	设站单位名称	一级学科	资助金额/万元	资助编号
97	齐泮晴	328826	北京大学	生物学	8	2023M740097
98	宋德力	337945	北京大学	生物学	8	2023M740098
99	王红蕾	350236	北京大学	生物学	8	2023M740099
100	蒋东杰	331102	北京大学	生物医学工程	8	2023M740100
101	林　艺	334484	北京大学	生物医学工程	8	2023M740101
102	徐　洁	343592	北京大学	生物医学工程	8	2023M740102
103	苗　帅	352676	北京大学	数学	8	2023M740103
104	潘　晗	328457	北京大学	数学	8	2023M740104
105	余　倩	353397	北京大学	数学	8	2023M740105
106	袁天宇	328853	北京大学	数学	8	2023M740106
107	詹泓飞	328373	北京大学	数学	8	2023M740107
108	张瑞珈	343189	北京大学	数学	8	2023M740108
109	杨智凯	353341	北京大学	水利工程	8	2023M740109
110	Aoyama Yuhiko	317230	北京大学	天文学	8	2023M740110
111	Torben Christian Frost	333473	北京大学	天文学	8	2023M740111
112	段雅丹	354393	北京大学	天文学	8	2023M740112
113	朱良贵	328568	北京大学	天文学	8	2023M740113
114	钱礼翔	342182	北京大学	图书情报与档案管理	5	2023M740114
115	窦淳耀	352592	北京大学	外国语言文学	5	2023M740115
116	陈　鹏	353995	北京大学	物理学	8	2023M740116
117	郭　丹	353086	北京大学	物理学	8	2023M740117
118	梁津敏	352579	北京大学	物理学	8	2023M740118
119	刘殊恒	352575	北京大学	物理学	8	2023M740119
120	王二青	338034	北京大学	物理学	8	2023M740120
121	闫秋辰	352580	北京大学	物理学	8	2023M740121
122	杨诗祺	352581	北京大学	物理学	8	2023M740122
123	辛西诺	336446	北京大学	新闻传播学	5	2023M740123
124	范　莹	316432	北京大学	心理学	8	2023M740124
125	杨　佳	352589	北京大学	心理学	8	2023M740125
126	张　洁	351312	北京大学	仪器科学与技术	8	2023M740126
127	张　韵	315826	北京大学	艺术学	5	2023M740127
128	丁　海	351311	北京大学	应用经济学	5	2023M740128

续表

序号	姓名	博士后编号	设站单位名称	一级学科	资助金额/万元	资助编号
129	李秋红	317373	北京大学	哲学	5	2023M740129
130	王希佳	333390	北京大学	哲学	5	2023M740130
131	张婷婷	354012	北京大学	哲学	5	2023M740131
132	张贵科	354319	北京大学	政治学	5	2023M740132
133	陶　冉	341395	北京大学	中国语言文学	5	2023M740133
134	郑浩月	351306	北京大学	中国语言文学	5	2023M740134
135	李佳音	353266	北京大学重庆大数据研究院	数学	8	2023M740135
136	周书铎	317640	北京大学医学部	公共管理	5	2023M740136
137	吉云鹏	319304	北京大学医学部	化学	8	2023M740137
138	汪　洋	358411	北京大学医学部	化学	8	2023M740138
139	柴小粉	321737	北京大学医学部	口腔医学	8	2023M740139
140	冯诗阳	320667	北京大学医学部	口腔医学	8	2023M740140
141	赵　菡	358705	北京大学医学部	口腔医学	8	2023M740141
142	陈　磊	359930	北京大学医学部	临床医学	8	2023M740142
143	陈　露	358665	北京大学医学部	临床医学	8	2023M740143
144	陈卓婧	360037	北京大学医学部	临床医学	8	2023M740144
145	代文立	322032	北京大学医学部	临床医学	8	2023M740145
146	何　玄	319758	北京大学医学部	临床医学	8	2023M740146
147	刘宁宁	360254	北京大学医学部	临床医学	8	2023M740147
148	裴艳宏	358664	北京大学医学部	临床医学	8	2023M740148
149	云楚宇	340769	北京大学医学部	临床医学	8	2023M740149
150	赵　凯	324799	北京大学医学部	临床医学	8	2023M740150
151	崔春梅	339160	北京大学医学部	生物学	8	2023M740151
152	贾思琪	356155	北京大学医学部	生物学	8	2023M740152
153	张　莹	313990	北京大学医学部	生物学	8	2023M740153
154	赵文静	319302	北京大学医学部	图书情报与档案管理	5	2023M740154
155	郝燕云	357645	北京大学医学部	药学	8	2023M740155
156	鞠　翰	338691	北京大学医学部	药学	8	2023M740156
157	姚文龙	361762	北京大学医学部	药学	8	2023M740157
158	陈诗琪	323219	北京大学医学部	中西医结合	8	2023M740158
159	张潇元	335389	北京工商大学	地理学	8	2023M740159
160	杨晓婷	344493	北京工商大学	农林经济管理	5	2023M740160
161	贾世亮	353269	北京工商大学	食品科学与工程	8	2023M740161

续表

序号	姓名	博士后编号	设站单位名称	一级学科	资助金额/万元	资助编号
162	刘梦瑶	341481	北京工商大学	食品科学与工程	8	2023M740162
163	马利霞	325728	北京工业大学	材料科学与工程	8	2023M740163
164	张　欢	333547	北京工业大学	电子科学与技术	8	2023M740164
165	杜彦君	321690	北京工业大学	动力工程及工程热物理	8	2023M740165
166	杨莘博	321851	北京工业大学	管理科学与工程	5	2023M740166
167	马　赛	337244	北京工业大学	化学	8	2023M740167
168	潘文婷	322270	北京工业大学	基础医学	8	2023M740168
169	王晶晶	320397	北京工业大学	控制科学与工程	8	2023M740169
170	吕　峥	327781	北京工业大学	力学	8	2023M740170
171	许　萌	319535	北京工业大学	生物医学工程	8	2023M740171
172	张艳萍	321687	北京工业大学	生物医学工程	8	2023M740172
173	赵　钰	321842	北京工业大学	数学	8	2023M740173
174	姜伟平	335010	北京工业大学	土木工程	8	2023M740174
175	郭康丽	353157	北京化工大学	材料科学与工程	8	2023M740195
176	刘　硕	353640	北京化工大学	化学	8	2023M740196
177	穆振杰	357101	北京化工大学	化学工程与技术	8	2023M740197
178	王　凯	362458	北京化工大学	化学工程与技术	8	2023M740198
179	张长伟	345601	北京化工大学	化学工程与技术	8	2023M740199
180	云慧敏	349350	北京化工大学	环境科学与工程	8	2023M740200
181	郭继鹏	359125	北京化工大学	计算机科学与技术	8	2023M740201
182	史雨堃	316621	北京化工大学	控制科学与工程	8	2023M740202
183	曹雪利	352683	北京化工大学	生物学	8	2023M740203
184	周　迪	327349	北京计算科学研究中心	物理学	8	2023M740204
185	黄晓娟	357612	北京交通大学	马克思主义理论	5	2023M740205
186	冯佳慧	321000	北京交通大学	数学	8	2023M740206
187	何　臻	354775	北京交通大学	数学	8	2023M740207
188	陈　良	358462	北京科技大学	材料科学与工程	8	2023M740208
189	高放放	320013	北京科技大学	材料科学与工程	8	2023M740209
190	余成意	355859	北京科技大学	材料科学与工程	8	2023M740210
191	李晓光	325141	北京科技大学	动力工程及工程热物理	8	2023M740211
192	李　玥	340667	北京科技大学	工商管理	5	2023M740212
193	宋　玉	312986	北京科技大学	计算机科学与技术	8	2023M740213
194	刘俊飞	312234	北京科技大学	矿业工程	8	2023M740214

续表

序号	姓名	博士后编号	设站单位名称	一级学科	资助金额/万元	资助编号
195	韦梦菡	323875	北京科技大学	矿业工程	8	2023M740215
196	吴晓东	324505	北京科技大学	矿业工程	8	2023M740216
197	刘迪翔	328779	北京科技大学	马克思主义理论	5	2023M740217
198	陈菲菲	333374	北京科技大学	农林经济管理	5	2023M740218
199	龚海燕	352564	北京科技大学	生物学	8	2023M740219
200	周莉平	352557	北京科技大学	生物医学工程	8	2023M740220
201	徐从辉	320444	北京科技大学	数学	8	2023M740221
202	汤小艺	320594	北京科技大学	外国语言文学	5	2023M740222
203	李　华	343740	北京科技大学	信息与通信工程	8	2023M740223
204	黄孝山	358765	北京科技大学	冶金工程	8	2023M740224
205	黄　峥	343104	北京科技大学	冶金工程	8	2023M740225
206	郭笑春	344444	北京科技大学	应用经济学	5	2023M740226
207	许宏泽	323730	北京量子信息科学研究院	物理学	8	2023M740272
208	刘新颖	323193	北京林业大学	环境科学与工程	8	2023M740273
209	叶　阳	342912	北京林业大学	建筑学	8	2023M740274
210	董碧莹	361182	北京林业大学	林学	8	2023M740275
211	唐　晨	328469	北京林业大学	林学	8	2023M740276
212	赵　烨	360668	北京林业大学	林学	8	2023M740277
213	姚　舜	326865	北京林业大学	林业工程	8	2023M740278
214	郭亚玉	334775	北京林业大学	生物学	8	2023M740279
215	孙青青	361359	北京林业大学	生物学	8	2023M740280
216	陈一笛	321404	北京林业大学	心理学	5	2023M740281
217	景云鹏	344285	北京林业大学	畜牧学	8	2023M740282
218	李　霄	322619	北京林业大学	畜牧学	8	2023M740283
219	林　栋	342436	北京脑科学与类脑研究中心	生物学	8	2023M740284
220	苏　勃	327753	北京师范大学	地理学	8	2023M740285
221	唐　杰	323171	北京师范大学	地理学	8	2023M740286
222	吴　芳	340551	北京师范大学	地理学	8	2023M740287
223	杨　林	329328	北京师范大学	法学	5	2023M740288
224	韩文静	340555	北京师范大学	公共管理	5	2023M740289
225	袁　廷	323056	北京师范大学	化学	8	2023M740290
226	杨　奎	342058	北京师范大学	环境科学与工程	8	2023M740291
227	郭玉娟	344789	北京师范大学	教育学	5	2023M740292

续表

序号	姓名	博士后编号	设站单位名称	一级学科	资助金额/万元	资助编号
228	胡雪龙	327332	北京师范大学	教育学	5	2023M740293
229	杨　漪	313429	北京师范大学	社会学	5	2023M740294
230	张呈祥	320616	北京师范大学	生物学	8	2023M740295
231	任雅宁	357602	北京师范大学	物理学	8	2023M740296
232	王　平	347963	北京师范大学	心理学	8	2023M740297
233	肖　雪	343146	北京师范大学	心理学	5	2023M740298
234	张光耀	323010	北京师范大学	心理学	8	2023M740299
235	赵文博	352626	北京师范大学	心理学	5	2023M740300
236	周　荃	347105	北京师范大学	心理学	8	2023M740301
237	侯东晓	329695	北京师范大学	艺术学	5	2023M740302
238	黄兆杰	356178	北京师范大学	艺术学	5	2023M740303
239	高　明	338291	北京师范大学	应用经济学	5	2023M740304
240	李筱艺	328030	北京师范大学	哲学	5	2023M740305
241	白军伟	343798	北京师范大学	中国语言文学	5	2023M740306
242	高世蒙	346164	北京师范大学	中国语言文学	5	2023M740307
243	龚　艳	364392	北京师范大学	中国语言文学	5	2023M740308
244	王　栋	345181	北京师范大学	中国语言文学	5	2023M740309
245	杨柳青	328837	北京师范大学	中国语言文学	5	2023M740310
246	梁佳惠	315536	北京市农林科学院	林学	8	2023M740311
247	窦汉杰	323256	北京市农林科学院	农业工程	8	2023M740312
248	高　歌	361609	北京市农林科学院	园艺学	8	2023M740313
249	刘雪晴	358134	北京市农林科学院	作物学	8	2023M740314
250	郑晓婷	324853	北京外国语大学	外国语言文学	5	2023M740315
251	王玉玲	349499	北京外国语大学	中国语言文学	5	2023M740316
252	彭庆魁	364686	北京卫蓝新能源科技有限公司	材料科学与工程	8	2023M740317
253	陈亚丽	334433	北京协和医学院	基础医学	8	2023M740318
254	戴高乐	319708	北京协和医学院	基础医学	8	2023M740319
255	冯鹏辉	332013	北京协和医学院	临床医学	8	2023M740320
256	梁　静	334428	北京协和医学院	临床医学	8	2023M740321
257	宋绮蕊	362397	北京协和医学院	临床医学	8	2023M740322
258	薛　鹏	359613	北京协和医学院	临床医学	8	2023M740323
259	罗小玲	343355	北京协和医学院	生物学	8	2023M740324
260	孙国欢	328869	北京协和医学院	生物学	8	2023M740325

续表

序号	姓名	博士后编号	设站单位名称	一级学科	资助金额/万元	资助编号
261	王子珏	347113	北京协和医学院	生物学	8	2023M740326
262	贾海雪	323826	北京协和医学院	生物医学工程	8	2023M740327
263	王和平	343658	北京协和医学院	生物医学工程	8	2023M740328
264	李艳妃	329342	北京协和医学院	中药学	8	2023M740329
265	田思超	350230	北京协和医学院	中药学	8	2023M740330
266	张　琦	335871	北京雁栖湖应用数学研究院	数学	8	2023M740331
267	张英敏	341142	北京医院	生物学	8	2023M740332
268	赵文禹	363045	北京邮电大学	电子科学与技术	8	2023M740337
269	王森淼	323818	北京邮电大学	计算机科学与技术	8	2023M740338
270	夏　丹	361999	北京邮电大学	计算机科学与技术	8	2023M740339
271	贾浩歌	323907	北京邮电大学	信息与通信工程	8	2023M740340
272	孙梦颖	323028	北京邮电大学	信息与通信工程	8	2023M740341
273	张静璇	323024	北京邮电大学	信息与通信工程	8	2023M740342
274	郑松筠	332790	北京语言大学	外国语言文学	5	2023M740343
275	侯显良	359086	北京中医药大学	基础医学	8	2023M740344
276	乔连生	356781	北京中医药大学	中药学	8	2023M740345
277	陈　宇	319976	北京中医药大学	中医学	8	2023M740346
278	马文欣	328854	北京中医药大学	中医学	8	2023M740347
279	王亚婷	337188	北洋国家精馏技术工程发展有限公司	材料科学与工程	8	2023M740348
280	黄　巍	335533	比亚迪汽车工业有限公司	材料科学与工程	8	2023M740349
281	陈继强	334806	博威集团有限公司	材料科学与工程	8	2023M740350
282	庞　咏	348683	博威集团有限公司	材料科学与工程	8	2023M740351
283	张保敬	351223	博威集团有限公司	冶金工程	8	2023M740352
284	陈　颖	348785	昌平实验室	生物学	8	2023M740353
285	任刘珍	345360	长安大学	船舶与海洋工程	8	2023M740354
286	杨子强	340190	长安大学	地质学	8	2023M740355
287	黄　东	326679	长安大学	动力工程及工程热物理	8	2023M740356
288	屈靖国	352165	长安大学	动力工程及工程热物理	8	2023M740357
289	王　振	340460	长安大学	机械工程	8	2023M740358
290	胡栋梁	351609	长安大学	交通运输工程	8	2023M740359
291	刘建龙	344623	长安大学	交通运输工程	8	2023M740360
292	刘志广	313051	长安大学	交通运输工程	8	2023M740361
293	余金城	322367	长安大学	交通运输工程	8	2023M740362

续表

序号	姓名	博士后编号	设站单位名称	一级学科	资助金额/万元	资助编号
294	李欢欢	339718	长安大学	水利工程	8	2023M740363
295	李婉歆	334960	长安大学	水利工程	8	2023M740364
296	王文蕊	340458	长安大学	土木工程	8	2023M740365
297	师艳子	331787	长安大学	信息与通信工程	8	2023M740366
298	李　典	328032	长江设计集团有限公司	水利工程	8	2023M740367
299	郭建华	341936	长江设计集团有限公司	土木工程	8	2023M740368
300	吕超凡	356644	长江水利委员会长江科学院	水利工程	8	2023M740369
301	章文明	345875	常茂生物化学工程股份有限公司	化学工程与技术	8	2023M740370
302	张　畅	335780	常州市第二人民医院	临床医学	8	2023M740371
303	张艳丽	335934	常州市第二人民医院	临床医学	8	2023M740372
304	胡　航	314227	常州市第二人民医院	药学	8	2023M740373
305	孙　晗	347839	常州市第一人民医院	临床医学	8	2023M740374
306	言力韬	332733	常州市第一人民医院	临床医学	8	2023M740375
307	王乐乐	340353	常州亿晶光电科技有限公司	化学	8	2023M740376
308	韩加伟	346622	常州制药厂有限公司	中药学	8	2023M740377
309	徐　川	361974	成都理工大学	地质资源与地质工程	8	2023M740378
310	张东旭	332299	成都理工大学	地质资源与地质工程	8	2023M740379
311	杨朝明	361973	成都理工大学	核科学与技术	8	2023M740380
312	陈飞龙	355992	成都体育学院	体育学	5	2023M740381
313	田　寅	335711	成都中医药大学	化学	8	2023M740382
314	张鹏飞	364354	成都中医药大学	中医学	8	2023M740383
315	张　颖	360984	成都中医药大学	中医学	8	2023M740384
316	邓青林	342154	重庆大学	地质资源与地质工程	8	2023M740385
317	郑　兴	338188	重庆大学	地质资源与地质工程	8	2023M740386
318	冯谟可	352722	重庆大学	电气工程	8	2023M740387
319	徐罗那	340750	重庆大学	电气工程	8	2023M740388
320	李秀权	324153	重庆大学	动力工程及工程热物理	8	2023M740389
321	张　欢	355148	重庆大学	工商管理	5	2023M740390
322	潘　虹	314528	重庆大学	公共管理	5	2023M740391
323	黄振华	342660	重庆大学	管理科学与工程	5	2023M740392
324	陶向阳	355941	重庆大学	管理科学与工程	5	2023M740393
325	尹晓玲	332828	重庆大学	管理科学与工程	5	2023M740394
326	周亚倩	340016	重庆大学	管理科学与工程	5	2023M740395

续表

序号	姓名	博士后编号	设站单位名称	一级学科	资助金额/万元	资助编号
327	郭亚琳	330491	重庆大学	化学	8	2023M740396
328	董建鹏	320822	重庆大学	机械工程	8	2023M740397
329	王文玺	337568	重庆大学	机械工程	8	2023M740398
330	刘　高	318636	重庆大学	计算机科学与技术	8	2023M740399
331	高　姗	342386	重庆大学	建筑学	8	2023M740400
332	钱星宇	322582	重庆大学	建筑学	8	2023M740401
333	龙宪磊	342253	重庆大学	控制科学与工程	8	2023M740402
334	侯先波	332745	重庆大学	力学	8	2023M740403
335	张园园	341967	重庆大学	力学	8	2023M740404
336	刘迎琦	363875	重庆大学	生物学	8	2023M740405
337	余东琴	340015	重庆大学	生物医学工程	8	2023M740406
338	陈　强	342221	重庆大学	石油与天然气工程	8	2023M740407
339	散雪峰	342153	重庆大学	数学	8	2023M740408
340	李圳程	330972	重庆大学	体育学	5	2023M740409
341	吴廷尧	331268	重庆大学	土木工程	8	2023M740410
342	马大帅	310822	重庆大学	物理学	8	2023M740411
343	曾俊杰	310823	重庆大学	物理学	8	2023M740412
344	张楠兰	329847	重庆大学	新闻传播学	5	2023M740413
345	吴泳江	346348	重庆大学	畜牧学	8	2023M740414
346	郑亚旭	313749	重庆大学	冶金工程	8	2023M740415
347	谯自健	333915	重庆大学	仪器科学与技术	8	2023M740416
348	卢　曼	351997	重庆大学	应用经济学	5	2023M740417
349	姬翠翠	324140	重庆地质矿产研究院	测绘科学与技术	8	2023M740418
350	王元萍	344642	重庆地质矿产研究院	应用经济学	5	2023M740419
351	李孟珠	358873	重庆工商大学科技开发有限公司	土木工程	8	2023M740420
352	阮文臣	348201	重庆国际免疫研究院	基础医学	8	2023M740421
353	冯　伟	343184	重庆机床厂	机械工程	8	2023M740422
354	王　嵩	313567	重庆交通大学	交通运输工程	8	2023M740423
355	刘　浩	332629	重庆交通大学	土木工程	8	2023M740424
356	吴二鲁	346554	重庆交通大学	土木工程	8	2023M740425
357	于和路	331798	重庆交通大学	土木工程	8	2023M740426
358	吴　柳	322419	重庆交通大学	应用经济学	5	2023M740427

续表

序号	姓名	博士后编号	设站单位名称	一级学科	资助金额/万元	资助编号
359	李思奇	341544	重庆精准医疗产业技术研究院有限公司	环境科学与工程	8	2023M740428
360	李　罗	360376	重庆市妇幼保健院	基础医学	8	2023M740430
361	杨小锋	360387	重庆市妇幼保健院	临床医学	8	2023M740431
362	张保珍	360379	重庆市妇幼保健院	临床医学	8	2023M740432
363	姜亮亮	344640	重庆市气象局	地理学	8	2023M740433
364	丁伶莉	355944	重庆市中医院（重庆市中医研究院）	中西医结合	8	2023M740434
365	周　琪	357583	重庆市中医院（重庆市中医研究院）	中西医结合	8	2023M740435
366	杜　华	360624	重庆市中医院（重庆市中医研究院）	中药学	8	2023M740436
367	路琼琼	363185	重庆市中医院（重庆市中医研究院）	中医学	8	2023M740437
368	彭　维	324819	重庆市中医院（重庆市中医研究院）	中医学	8	2023M740438
369	许馨之	343374	重庆市肿瘤医院（研究所）	临床医学	8	2023M740439
370	张　鑫	339661	重庆医科大学	管理科学与工程	5	2023M740440
371	陈淑莹	330113	重庆医科大学	基础医学	8	2023M740441
372	陈香均	364244	重庆医科大学	临床医学	8	2023M740442
373	何长龙	322773	重庆医科大学	临床医学	8	2023M740443
374	刘　昶	323631	重庆医科大学	临床医学	8	2023M740444
375	马雪玲	324144	重庆医科大学	临床医学	8	2023M740445
376	潘　瑜	351510	重庆医科大学	临床医学	8	2023M740446
377	冉雨鑫	323077	重庆医科大学	临床医学	8	2023M740447
378	沈皆亮	329555	重庆医科大学	临床医学	8	2023M740448
379	万雪颖	361076	重庆医科大学	临床医学	8	2023M740449
380	汪小棠	327275	重庆医科大学	临床医学	8	2023M740450
381	谢玲玲	329456	重庆医科大学	临床医学	8	2023M740451
382	印胡滨	329958	重庆医科大学	临床医学	8	2023M740452
383	周小波	353257	重庆医科大学	临床医学	8	2023M740453
384	史文珂	361759	重庆医科大学	生物学	8	2023M740454
385	杨　露	360627	重庆医科大学附属第二医院	临床医学	8	2023M740455
386	贺小娅	344782	重庆医科大学附属儿童医院	临床医学	8	2023M740456
387	郭鹏飞	341597	重庆银行股份有限公司	应用经济学	5	2023M740457
388	孙钦秀	313719	大连工业大学	食品科学与工程	8	2023M740458
389	姜尚磊	357230	大连光洋科技集团有限公司	机械工程	8	2023M740459
390	张　强	362599	大连海事大学	测绘科学与技术	8	2023M740460

续表

序号	姓名	博士后编号	设站单位名称	一级学科	资助金额/万元	资助编号
391	高跃峰	338670	大连海事大学	船舶与海洋工程	8	2023M740461
392	周　野	323206	大连海事大学	电气工程	8	2023M740462
393	高　昕	362615	大连海事大学	工商管理	5	2023M740463
394	王　爽	362226	大连海事大学	管理科学与工程	5	2023M740464
395	顾高峰	361723	大连海事大学	交通运输工程	8	2023M740465
396	张　雷	324109	大连海事大学	交通运输工程	8	2023M740466
397	桑　红	323204	大连海事大学	控制科学与工程	8	2023M740467
398	李树光	338436	大连海事大学	力学	8	2023M740468
399	魏国振	327464	大连海事大学	水利工程	8	2023M740469
400	关　书	347053	大连海事大学	应用经济学	5	2023M740470
401	周潘潘	350882	大连理工常熟研究院有限公司	材料科学与工程	8	2023M740471
402	甘志星	322656	大连理工常熟研究院有限公司	物理学	8	2023M740472
403	陈楷文	330667	大连理工大学	材料科学与工程	8	2023M740473
404	刘国震	352233	大连理工大学	材料科学与工程	8	2023M740474
405	王星星	364613	大连理工大学	材料科学与工程	8	2023M740475
406	张利静	332653	大连理工大学	材料科学与工程	8	2023M740476
407	刘　辉	340221	大连理工大学	船舶与海洋工程	8	2023M740477
408	储佳伟	312855	大连理工大学	动力工程及工程热物理	8	2023M740478
409	张慧颖	331582	大连理工大学	动力工程及工程热物理	8	2023M740479
410	张　倩	355070	大连理工大学	动力工程及工程热物理	8	2023M740480
411	陈　渊	340258	大连理工大学	工商管理	5	2023M740481
412	刘嘉玲	340200	大连理工大学	工商管理	5	2023M740482
413	李一鑫	344723	大连理工大学	海洋科学	8	2023M740483
414	白洪源	350073	大连理工大学	化学	8	2023M740484
415	杨　阳	329911	大连理工大学	化学	8	2023M740485
416	顾　华	334337	大连理工大学	化学工程与技术	8	2023M740486
417	贺毛毛	337597	大连理工大学	化学工程与技术	8	2023M740487
418	贾元东	335090	大连理工大学	化学工程与技术	8	2023M740488
419	王　超	359840	大连理工大学	化学工程与技术	8	2023M740489
420	袁　博	360662	大连理工大学	机械工程	8	2023M740490
421	马　龙	349171	大连理工大学	计算机科学与技术	8	2023M740491
422	黄亚冰	332595	大连理工大学	控制科学与工程	8	2023M740492
423	刘　洋	332644	大连理工大学	控制科学与工程	8	2023M740493

续表

序号	姓名	博士后编号	设站单位名称	一级学科	资助金额/万元	资助编号
424	郭　迪	337190	大连理工大学	力学	8	2023M740494
425	都书博	340148	大连理工大学	生物学	8	2023M740495
426	李跃辉	330658	大连理工大学	生物学	8	2023M740496
427	郑振钧	341452	大连理工大学	水利工程	8	2023M740497
428	梁建平	340215	大连理工大学	物理学	8	2023M740498
429	卢华兵	323279	大连理工大学	信息与通信工程	8	2023M740499
430	宁　波	334399	大连医科大学	中西医结合	8	2023M740500
431	黄　鑫	348825	大连永佳电子技术有限公司	计算机科学与技术	8	2023M740501
432	任万飞	349156	迪瑞医疗科技股份有限公司	机械工程	8	2023M740502
433	陈朝阳	311544	电子科技大学	材料科学与工程	8	2023M740503
434	张　明	342923	电子科技大学	材料科学与工程	8	2023M740504
435	郑荣宗	334281	电子科技大学	材料科学与工程	8	2023M740505
436	黎皓天	365396	电子科技大学	电子科学与技术	8	2023M740506
437	余益明	339644	电子科技大学	电子科学与技术	8	2023M740507
438	张　雯	347781	电子科技大学	管理科学与工程	5	2023M740508
439	韩嘉悦	341347	电子科技大学	光学工程	8	2023M740509
440	刘　欢	348498	电子科技大学	光学工程	8	2023M740510
441	王　艳	339636	电子科技大学	光学工程	8	2023M740511
442	刘丰宁	332301	电子科技大学	化学	8	2023M740512
443	祁明雨	361002	电子科技大学	化学	8	2023M740513
444	陈　璐	335029	电子科技大学	环境科学与工程	8	2023M740514
445	许新操	358173	电子科技大学	交通运输工程	8	2023M740515
446	王　敏	332305	电子科技大学	控制科学与工程	8	2023M740516
447	陈　蕾	350308	电子科技大学	临床医学	8	2023M740517
448	何韵琪	321489	电子科技大学	临床医学	8	2023M740518
449	刘明辉	344378	电子科技大学	临床医学	8	2023M740519
450	王　旸	348228	电子科技大学	临床医学	8	2023M740520
451	袁　伟	345574	电子科技大学	马克思主义理论	5	2023M740521
452	李　政	329823	电子科技大学	生物学	8	2023M740522
453	张静超	326288	电子科技大学	生物学	8	2023M740523
454	樊云霜	361001	电子科技大学	生物医学工程	8	2023M740524
455	王焕文	325529	电子科技大学	物理学	8	2023M740525
456	杨　秀	333725	电子科技大学	物理学	8	2023M740526

续表

序号	姓名	博士后编号	设站单位名称	一级学科	资助金额/万元	资助编号
457	陈家辉	360990	电子科技大学	信息与通信工程	8	2023M740527
458	龙睿哲	318333	电子科技大学	信息与通信工程	8	2023M740528
459	邱荷茜	339556	电子科技大学	信息与通信工程	8	2023M740529
460	王志航	321300	电子科技大学	信息与通信工程	8	2023M740530
461	陈　辉	349759	电子科技大学广东电子信息工程研究院	公共管理	5	2023M740531
462	陈　威	348978	电子科技大学广东电子信息工程研究院	管理科学与工程	5	2023M740532
463	赵　强	313815	电子科技大学广东电子信息工程研究院	计算机科学与技术	8	2023M740533
464	马　亮	313660	电子科技大学广东电子信息工程研究院	信息与通信工程	8	2023M740534
465	曲　柳	336163	东北大学	材料科学与工程	8	2023M740535
466	张　一	315415	东北大学	材料科学与工程	8	2023M740536
467	郭旭民	346004	东北大学	机械工程	8	2023M740537
468	李文锋	322993	东北大学	机械工程	8	2023M740538
469	孙　飞	327468	东北大学	机械工程	8	2023M740539
470	杨志超	348819	东北大学	机械工程	8	2023M740540
471	邹　强	325438	东北大学	机械工程	8	2023M740541
472	穆云飞	353773	东北大学	控制科学与工程	8	2023M740542
473	努尔古丽喀日	347751	东北大学	控制科学与工程	8	2023M740543
474	张　娟	341000	东北大学	控制科学与工程	8	2023M740544
475	赫伟东	319027	东北大学	矿业工程	8	2023M740545
476	侯朋远	336162	东北大学	矿业工程	8	2023M740546
477	莽昌烨	364061	东北大学	矿业工程	8	2023M740547
478	肖伯文	311554	东北大学	理论经济学	5	2023M740548
479	洪广洋	338420	东北大学	力学	8	2023M740549
480	高　爽	330657	东北大学	马克思主义理论	5	2023M740550
481	田宏宇	337116	东北大学	冶金工程	8	2023M740551
482	赵芸鹤	339003	东北林业大学	材料科学与工程	8	2023M740552
483	李安原	330984	东北林业大学	地理学	8	2023M740553
484	杜诚杰	339691	东北林业大学	纺织科学与工程	8	2023M740554
485	崔亭亭	355405	东北林业大学	化学	8	2023M740555

续表

序号	姓名	博士后编号	设站单位名称	一级学科	资助金额/万元	资助编号
486	姜　波	346481	东北林业大学	化学	8	2023M740556
487	孙　楠	349504	东北林业大学	化学	8	2023M740557
488	胡宝雨	333793	东北林业大学	交通运输工程	8	2023M740558
489	姜　昊	311758	东北林业大学	力学	8	2023M740559
490	刘增才	347547	东北林业大学	林学	8	2023M740560
491	马维超	362160	东北林业大学	林学	8	2023M740561
492	戴　林	348749	东北林业大学	林业工程	8	2023M740562
493	徐　婷	347640	东北林业大学	林业工程	8	2023M740563
494	代武君	311497	东北林业大学	生物学	8	2023M740564
495	王文梦	361921	东北林业大学	生物学	8	2023M740565
496	郑　瞳	363321	东北林业大学	生物学	8	2023M740566
497	孙朝范	320843	东北林业大学	物理学	8	2023M740567
498	张　箭	345703	东北林业大学	药学	8	2023M740568
499	杨　柳	346128	东北农业大学	环境科学与工程	8	2023M740569
500	侯仁杰	351245	东北农业大学	农业工程	8	2023M740570
501	成　毅	350733	东北农业大学	农业资源利用	8	2023M740571
502	曹传爱	348788	东北农业大学	食品科学与工程	8	2023M740572
503	马佳歌	342648	东北农业大学	食品科学与工程	8	2023M740573
504	金君学	329650	东北农业大学	畜牧学	8	2023M740574
505	张鹏飞	317712	东北农业大学	作物学	8	2023M740575
506	俞兆渊	330645	东北师范大学	工商管理	5	2023M740576
507	宋　健	320705	东北师范大学	化学	8	2023M740577
508	梁秀华	363053	东北师范大学	教育学	5	2023M740578
509	苏慧丽	325832	东北师范大学	教育学	5	2023M740579
510	单晓彤	364752	东北师范大学	林学	8	2023M740580
511	蒋京京	345812	东北师范大学	数学	8	2023M740581
512	刘峰成	339762	东北石油大学	土木工程	8	2023M740582
513	张宏斌	339871	东北石油大学应用技术研究院	石油与天然气工程	8	2023M740583
514	吴紫阳	339944	东华大学	材料科学与工程	8	2023M740584
515	轩慧霞	310644	东华大学	材料科学与工程	8	2023M740585
516	吴　凡	356201	东华大学	纺织科学与工程	8	2023M740586
517	张欣欣	337916	东华大学	纺织科学与工程	8	2023M740587
518	张从越	345193	东南大学	电气工程	8	2023M740588

续表

序号	姓名	博士后编号	设站单位名称	一级学科	资助金额/万元	资助编号
519	金　伟	340831	东南大学	动力工程及工程热物理	8	2023M740589
520	鲁秋香	363720	东南大学	动力工程及工程热物理	8	2023M740590
521	王　鑫	327796	东南大学	动力工程及工程热物理	8	2023M740591
522	曾凝霜	314019	东南大学	管理科学与工程	5	2023M740592
523	韩　权	338777	东南大学	航空宇航科学与技术	8	2023M740593
524	胡慧慧	358310	东南大学	化学	8	2023M740594
525	吴开庆	350909	东南大学	化学	8	2023M740595
526	殷聪聪	340824	东南大学	化学工程与技术	8	2023M740596
527	庄修政	318657	东南大学	化学工程与技术	8	2023M740597
528	邓敏强	327786	东南大学	机械工程	8	2023M740598
529	段早琦	311589	东南大学	机械工程	8	2023M740599
530	路　成	346379	东南大学	计算机科学与技术	8	2023M740600
531	杨　柳	360364	东南大学	建筑学	8	2023M740601
532	俞　毅	327797	东南大学	控制科学与工程	8	2023M740602
533	李宇婷	338405	东南大学	临床医学	8	2023M740603
534	王善正	338411	东南大学	临床医学	8	2023M740604
535	鄢一新	340987	东南大学	农业工程	8	2023M740605
536	胡扬楠	350653	东南大学	生物学	8	2023M740606
537	吴　战	333873	东南大学	生物医学工程	8	2023M740607
538	周　莹	339774	东南大学	生物医学工程	8	2023M740608
539	吴彰钰	342272	东南大学	土木工程	8	2023M740609
540	肖怀广	315171	东南大学	土木工程	8	2023M740610
541	赵亚松	332567	东南大学	土木工程	8	2023M740611
542	何　淼	329226	东南大学	物理学	8	2023M740612
543	冉　征	363203	东南大学	应用经济学	5	2023M740613
544	徐邵军	340484	东南大学	应用经济学	5	2023M740614
545	何　嗪	349028	东南大学附属中大医院	临床医学	8	2023M740615
546	纪　锋	350689	东南大学附属中大医院	临床医学	8	2023M740616
547	杨　洁	365137	东南大学附属中大医院	临床医学	8	2023M740617
548	万　援	313209	东南大学溧阳研究院	电气工程	8	2023M740618
549	王稳华	327135	对外经济贸易大学	工商管理	5	2023M740619
550	聂　卓	326994	对外经济贸易大学	应用经济学	5	2023M740620
551	周　军	346488	法尔胜泓昇集团有限公司	材料科学与工程	8	2023M740621

续表

序号	姓名	博士后编号	设站单位名称	一级学科	资助金额/万元	资助编号
552	杨　佳	347916	风神轮胎股份有限公司	材料科学与工程	8	2023M740622
553	黄炳旭	353796	佛山播恩生物科技有限公司	畜牧学	8	2023M740623
554	吴继鹏	356944	佛山市第一人民医院（中山大学附属佛山医院）	计算机科学与技术	8	2023M740624
555	李　梅	312715	佛山市第一人民医院（中山大学附属佛山医院）	生物学	8	2023M740625
556	雷雄心	327815	佛山市第一人民医院（中山大学附属佛山医院）	生物医学工程	8	2023M740626
557	朱佳仪	315771	佛山市第一人民医院（中山大学附属佛山医院）	药学	8	2023M740627
558	欧阳琴	358013	福建八马茶业有限公司	食品科学与工程	8	2023M740628
559	顾文智	326674	福建农林大学	农业工程	8	2023M740629
560	温小椿	362043	福建省长汀金龙稀土有限公司	冶金工程	8	2023M740630
561	鄢予霖	342577	福建师范大学	地理学	8	2023M740631
562	张　昊	354217	福建师范大学	化学	8	2023M740632
563	王学彬	316303	福建师范大学	体育学	5	2023M740633
564	张晓丽	346620	福建师范大学	体育学	5	2023M740634
565	周钧毅	346623	福建师范大学	心理学	8	2023M740635
566	陈鹏弘	329020	福建医科大学附属协和医院	临床医学	8	2023M740636
567	刘丽雅	356702	福建中医药大学附属康复医院	中西医结合	8	2023M740637
568	袁　涛	344094	福州大学	化学	8	2023M740638
569	鞠顺隆	351693	复旦大学	材料科学与工程	8	2023M740639
570	周　金	352301	复旦大学	材料科学与工程	8	2023M740640
571	冯鑫鑫	351655	复旦大学	大气科学	8	2023M740641
572	祝　曦	329319	复旦大学	电气工程	8	2023M740642
573	李丽圆	351099	复旦大学	电子科学与技术	8	2023M740643
574	孟佳琳	316361	复旦大学	电子科学与技术	8	2023M740644
575	朱立远	351658	复旦大学	电子科学与技术	8	2023M740645
576	江　江	338783	复旦大学	工商管理	5	2023M740646
577	邱宏亮	338782	复旦大学	工商管理	5	2023M740647
578	黄利利	326551	复旦大学	公共卫生与预防医学	8	2023M740648
579	姜宜萱	351103	复旦大学	公共卫生与预防医学	8	2023M740649
580	梁贵生	354940	复旦大学	化学	8	2023M740650

续表

序号	姓名	博士后编号	设站单位名称	一级学科	资助金额/万元	资助编号
581	路晨昊	316791	复旦大学	化学	8	2023M740651
582	唐成强	351332	复旦大学	化学	8	2023M740652
583	王　征	316809	复旦大学	化学工程与技术	8	2023M740653
584	年　敏	322921	复旦大学	环境科学与工程	8	2023M740654
585	钱云坤	317792	复旦大学	环境科学与工程	8	2023M740655
586	姚婧知	357326	复旦大学	环境科学与工程	8	2023M740656
587	吕书轩	330273	复旦大学	基础医学	8	2023M740657
588	王鹏程	320987	复旦大学	基础医学	8	2023M740658
589	谢　超	322937	复旦大学	基础医学	8	2023M740659
590	易　昕	352969	复旦大学	基础医学	8	2023M740660
591	张　珏	357322	复旦大学	基础医学	8	2023M740661
592	冯永飞	338083	复旦大学	机械工程	8	2023M740662
593	李禄权	321732	复旦大学	机械工程	8	2023M740663
594	田　宇	361796	复旦大学	机械工程	8	2023M740664
595	高述勇	343233	复旦大学	计算机科学与技术	8	2023M740665
596	刘名威	315674	复旦大学	计算机科学与技术	8	2023M740666
597	杜　爽	338665	复旦大学	建筑学	8	2023M740667
598	郁永彬	332226	复旦大学	科学技术史	8	2023M740668
599	祁佳佳	322607	复旦大学	口腔医学	8	2023M740669
600	王奕斐	320226	复旦大学	历史学	5	2023M740670
601	包娓娓	339374	复旦大学	临床医学	8	2023M740671
602	陈仕东	356520	复旦大学	临床医学	8	2023M740672
603	陈　正	356559	复旦大学	临床医学	8	2023M740673
604	陈紫婷	362962	复旦大学	临床医学	8	2023M740674
605	耿子寒	339385	复旦大学	临床医学	8	2023M740675
606	李天文	363606	复旦大学	临床医学	8	2023M740676
607	李　璇	319516	复旦大学	临床医学	8	2023M740677
608	刘潇潇	339383	复旦大学	临床医学	8	2023M740678
609	孙嘉磊	339386	复旦大学	临床医学	8	2023M740679
610	孙荣棋	363102	复旦大学	临床医学	8	2023M740680
611	王鹏程	359464	复旦大学	临床医学	8	2023M740681
612	吴凯敏	356519	复旦大学	临床医学	8	2023M740682
613	吴欣然	324131	复旦大学	临床医学	8	2023M740683

续表

序号	姓名	博士后编号	设站单位名称	一级学科	资助金额/万元	资助编号
614	游文杰	331678	复旦大学	临床医学	8	2023M740684
615	张博宇	333245	复旦大学	临床医学	8	2023M740685
616	张亚茹	363608	复旦大学	临床医学	8	2023M740686
617	周　雷	339375	复旦大学	临床医学	8	2023M740687
618	朱梦璇	339368	复旦大学	临床医学	8	2023M740688
619	王　阳	345104	复旦大学	社会学	5	2023M740689
620	冯　枭	332710	复旦大学	生物学	8	2023M740690
621	宫千淳	362523	复旦大学	生物学	8	2023M740691
622	郭阶雨	335140	复旦大学	生物学	8	2023M740692
623	何承鹏	311425	复旦大学	生物学	8	2023M740693
624	黄　阳	323596	复旦大学	生物学	8	2023M740694
625	蒋晓雪	340047	复旦大学	生物学	8	2023M740695
626	黎　婷	362845	复旦大学	生物学	8	2023M740696
627	李玲玲	362961	复旦大学	生物学	8	2023M740697
628	李　雪	354581	复旦大学	生物学	8	2023M740698
629	盛　欢	342013	复旦大学	生物学	8	2023M740699
630	宋秀梅	340841	复旦大学	生物学	8	2023M740700
631	孙宝玉	316359	复旦大学	生物学	8	2023M740701
632	王亚兰	327168	复旦大学	生物学	8	2023M740702
633	王耀一	357325	复旦大学	生物学	8	2023M740703
634	徐婉约	345457	复旦大学	生物学	8	2023M740704
635	余　英	338997	复旦大学	生物学	8	2023M740705
636	曾伊蓉	351256	复旦大学	生物学	8	2023M740706
637	张　亮	317659	复旦大学	生物学	8	2023M740707
638	张小曦	362964	复旦大学	生物学	8	2023M740708
639	赵昭昭	352993	复旦大学	生物学	8	2023M740709
640	周英骏	345669	复旦大学	生物学	8	2023M740710
641	初春光	357738	复旦大学	生物医学工程	8	2023M740711
642	邢文宇	351774	复旦大学	生物医学工程	8	2023M740712
643	侯晓博	351770	复旦大学	数学	8	2023M740713
644	李彦君	348279	复旦大学	数学	8	2023M740714
645	王　聪	357297	复旦大学	数学	8	2023M740715
646	王司宇	351719	复旦大学	数学	8	2023M740716

续表

序号	姓名	博士后编号	设站单位名称	一级学科	资助金额/万元	资助编号
647	王兆钰	361033	复旦大学	数学	8	2023M740717
648	王思璇	336224	复旦大学	外国语言文学	5	2023M740718
649	丁　翔	359664	复旦大学	物理学	8	2023M740719
650	高梅森	331027	复旦大学	物理学	8	2023M740720
651	王佳俊	352994	复旦大学	物理学	8	2023M740721
652	王珊珊	362527	复旦大学	物理学	8	2023M740722
653	岳曜廷	337917	复旦大学	物理学	8	2023M740723
654	钟海鑫	310646	复旦大学	系统科学	8	2023M740724
655	陈　波	316358	复旦大学	新闻传播学	5	2023M740725
656	郭　冲	331028	复旦大学	新闻传播学	5	2023M740726
657	赵　静	344978	复旦大学	新闻传播学	5	2023M740727
658	曹玄烨	361526	复旦大学	药学	8	2023M740728
659	苏润萍	317785	复旦大学	药学	8	2023M740729
660	邢　刚	329722	复旦大学	药学	8	2023M740730
661	余荧蓝	338841	复旦大学	药学	8	2023M740731
662	颜邦宁	337919	复旦大学	哲学	5	2023M740732
663	杨　雨	353305	复旦大学	哲学	5	2023M740733
664	姜亦炜	344906	复旦大学	政治学	5	2023M740734
665	武桐雨	352978	复旦大学	政治学	5	2023M740735
666	谢丽萍	322603	复旦大学	政治学	5	2023M740736
667	李金燕	325409	复旦大学	中国语言文学	5	2023M740737
668	王全华	353497	复旦大学	中国语言文学	5	2023M740738
669	仲秋融	352381	复旦大学	中国语言文学	5	2023M740739
670	王雪君	325194	复旦大学	中医学	8	2023M740740
671	王　钢	312698	公牛集团股份有限公司	土木工程	8	2023M740741
672	付心迪	315445	光大环境科技（中国）有限公司	环境科学与工程	8	2023M740742
673	蔡仁烨	313919	广东邦达实业有限公司	力学	8	2023M740743
674	龚广祥	349366	广东彩艳股份有限公司	应用经济学	5	2023M740744
675	温志鹏	321468	广东工业大学	材料科学与工程	8	2023M740745
676	肖迎波	319615	广东工业大学	材料科学与工程	8	2023M740746
677	张　聪	330743	广东工业大学	光学工程	8	2023M740747
678	漆　毅	352354	广东工业大学	化学工程与技术	8	2023M740748
679	罗　娜	352965	广东工业大学	环境科学与工程	8	2023M740749

续表

序号	姓名	博士后编号	设站单位名称	一级学科	资助金额/万元	资助编号
680	程志键	336420	广东工业大学	控制科学与工程	8	2023M740750
681	李艳洲	316703	广东工业大学	控制科学与工程	8	2023M740751
682	刘　畅	321703	广东工业大学	控制科学与工程	8	2023M740752
683	钟晓青	336928	广东工业大学	控制科学与工程	8	2023M740753
684	林达超	349945	广东工业大学	土木工程	8	2023M740754
685	宋永锋	362442	广东工业大学	仪器科学与技术	8	2023M740755
686	方　晓	333833	广东国际战略研究院	政治学	5	2023M740756
687	宋冬冬	325379	广东海大集团有限公司畜牧水产研究中心	环境科学与工程	8	2023M740757
688	宋东福	354295	广东豪美新材股份有限公司	材料科学与工程	8	2023M740758
689	董　浩	334004	广东环凯微生物科技有限公司	食品科学与工程	8	2023M740759
690	邱　实	336134	广东汇博机器人技术有限公司	信息与通信工程	8	2023M740760
691	尹　超	332110	广东省科学院	地理学	8	2023M740761
692	肖丽芳	330414	广东省科学院	地质学	8	2023M740762
693	谭泽文	346322	广东省科学院	环境科学与工程	8	2023M740763
694	高　歌	315768	广东省心血管病研究所	基础医学	8	2023M740764
695	阿　荣	362875	广东省心血管病研究所	临床医学	8	2023M740765
696	方丽欣	315338	广东省心血管病研究所	临床医学	8	2023M740766
697	张德才	318648	广东省心血管病研究所	临床医学	8	2023M740767
698	张玮琪	345884	广东省心血管病研究所	临床医学	8	2023M740768
699	郑　帅	323711	广东省心血管病研究所	临床医学	8	2023M740769
700	纵丹丹	313968	广东省心血管病研究所	临床医学	8	2023M740770
701	何晨曦	337431	广东省心血管病研究所	生物学	8	2023M740771
702	李宏辉	320632	广东省心血管病研究所	生物医学工程	8	2023M740772
703	吕　静	320726	广东省心血管病研究所	生物医学工程	8	2023M740773
704	梁婷婷	310626	广东省心血管病研究所	中药学	8	2023M740774
705	贾　浩	358231	广东省智能科学与技术研究院	电子科学与技术	8	2023M740775
706	王开开	323145	广东省智能科学与技术研究院	生物学	8	2023M740776
707	林志东	337629	广东省中医院	中医学	8	2023M740777
708	刘炳然	333917	广东省中医院	中医学	8	2023M740778
709	马灏川	345766	广东省中医院	中医学	8	2023M740779
710	曾智力	345767	广东省中医院	中医学	8	2023M740780
711	冯　怡	347978	广东炜林纳功能材料有限公司	材料科学与工程	8	2023M740781

续表

序号	姓名	博士后编号	设站单位名称	一级学科	资助金额/万元	资助编号
712	吴　磊	310743	广东药科大学附属第一医院	临床医学	8	2023M740782
713	罗金丽	338621	广东一方制药有限公司	中医学	8	2023M740783
714	全　宇	350334	广东医科大学附属医院	基础医学	8	2023M740784
715	张会群	337278	广东粤海水务股份有限公司	环境科学与工程	8	2023M740785
716	李威霖	314619	广西大学	土木工程	8	2023M740786
717	杨　红	358423	广西大学	作物学	8	2023M740787
718	林同威	317491	广西民族大学	历史学	5	2023M740788
719	徐泽军	349145	广州白云山和记黄埔中药有限公司	药学	8	2023M740789
720	余　汇	336880	广州白云山和记黄埔中药有限公司	中西医结合	8	2023M740790
721	谢晓如	331870	广州大学	地理学	8	2023M740791
722	孙婧婧	318377	广州大学	法学	5	2023M740792
723	王　磊	345815	广州大学	核科学与技术	8	2023M740793
724	黎景卫	330228	广州大学	化学	8	2023M740794
725	曹慧敏	342611	广州大学	环境科学与工程	8	2023M740795
726	宋　婷	336631	广州大学	历史学	5	2023M740796
727	张烨昆	346382	广州大学	历史学	5	2023M740797
728	高　妍	358304	广州大学	农业资源利用	8	2023M740798
729	范智杰	350724	广州大学	数学	8	2023M740799
730	古川叶	333362	广州大学	数学	8	2023M740800
731	王　凯	351663	广州大学	数学	8	2023M740801
732	朱忠才	315591	广州大学	数学	8	2023M740802
733	宋仕民	352333	广州大学	天文学	8	2023M740803
734	李亚峰	312812	广州大学	土木工程	8	2023M740804
735	腾　帅	350605	广州大学	土木工程	8	2023M740805
736	杨海洋	311231	广州大学	土木工程	8	2023M740806
737	吴启鹏	318043	广州海关技术中心	中药学	8	2023M740807
738	孙　嘉	313446	广州南沙资讯科技园有限公司	地理学	8	2023M740808
739	张镇华	357264	广州南沙资讯科技园有限公司	海洋科学	8	2023M740809
740	赵瑞华	336202	广州南沙资讯科技园有限公司	化学	8	2023M740810
741	吕　灏	327369	广州南沙资讯科技园有限公司	化学工程与技术	8	2023M740811
742	朱　柯	332803	广州南沙资讯科技园有限公司	临床医学	8	2023M740812
743	胡怡思	360821	广州南沙资讯科技园有限公司	生物学	8	2023M740813
744	杨　林	326785	广州南沙资讯科技园有限公司	生物学	8	2023M740814

续表

序号	姓名	博士后编号	设站单位名称	一级学科	资助金额/万元	资助编号
745	杨　卫	361387	广州南沙资讯科技园有限公司	生物医学工程	8	2023M740815
746	杨天翔	317684	广州鹏辉能源科技股份有限公司	化学	8	2023M740816
747	刘照麟	315142	广州汽车集团股份有限公司	机械工程	8	2023M740817
748	吴春秀	362812	广州实验室	基础医学	8	2023M740818
749	王丹丹	341531	广州实验室	临床医学	8	2023M740819
750	龚　安	331710	广州实验室	生物学	8	2023M740820
751	刘静馨	341975	广州实验室	生物学	8	2023M740821
752	刘利红	315786	广州实验室	生物学	8	2023M740822
753	张鹏飞	318245	广州实验室	生物学	8	2023M740823
754	谭惠诗	363041	广州市第一人民医院	临床医学	8	2023M740824
755	张艳芳	332614	广州市妇女儿童医疗中心	临床医学	8	2023M740825
756	李百建	359473	广州市建筑科学研究院集团有限公司	土木工程	8	2023M740826
757	陈　晨	345527	广州市锐博生物科技有限公司	基础医学	8	2023M740827
758	黄晓涵	338605	广州医科大学	基础医学	8	2023M740828
759	韦庶培	364565	广州医科大学	基础医学	8	2023M740829
760	庄海霞	323136	广州医科大学	基础医学	8	2023M740830
761	邓晓洁	313105	广州医科大学	临床医学	8	2023M740831
762	邓煜麟	315078	广州医科大学	临床医学	8	2023M740832
763	李金燕	325932	广州医科大学	临床医学	8	2023M740833
764	李　铁	320437	广州医科大学	临床医学	8	2023M740834
765	李望忠	323539	广州医科大学	临床医学	8	2023M740835
766	廖　莉	356696	广州医科大学	临床医学	8	2023M740836
767	莫丽华	349664	广州医科大学	临床医学	8	2023M740837
768	裴小雅	323243	广州医科大学	临床医学	8	2023M740838
769	孙悦宁	363503	广州医科大学	临床医学	8	2023M740839
770	汪　继	320424	广州医科大学	临床医学	8	2023M740840
771	王昭妮	325397	广州医科大学	临床医学	8	2023M740841
772	徐　健	350573	广州医科大学	临床医学	8	2023M740842
773	许莉萍	341286	广州医科大学	临床医学	8	2023M740843
774	张　领	362742	广州医科大学	临床医学	8	2023M740844
775	李宛生	363491	广州医科大学	生物学	8	2023M740845
776	廖高明	363497	广州医科大学	生物学	8	2023M740846
777	王笑颖	363478	广州医科大学	生物学	8	2023M740847

续表

序号	姓名	博士后编号	设站单位名称	一级学科	资助金额/万元	资助编号
778	张莹莹	360509	广州医科大学	生物学	8	2023M740848
779	陈方园	321950	广州医科大学	药学	8	2023M740849
780	宋　孟	341487	广州医科大学	中药学	8	2023M740850
781	招振楠	346969	广州医药集团有限公司	药学	8	2023M740851
782	杜群群	327222	广州医药集团有限公司	中药学	8	2023M740852
783	陈　敏	354650	广州中医药大学	药学	8	2023M740853
784	陈　琦	316503	广州中医药大学	中西医结合	8	2023M740854
785	谢　天	315347	广州中医药大学	中西医结合	8	2023M740855
786	王丽平	356590	广州中医药大学	中药学	8	2023M740856
787	邓　冬	316600	广州中医药大学	中医学	8	2023M740857
788	何秋杏	327327	广州中医药大学	中医学	8	2023M740858
789	李思怡	365222	广州中医药大学	中医学	8	2023M740859
790	饶希午	328339	广州中医药大学	中医学	8	2023M740860
791	汤小荣	359800	广州中医药大学	中医学	8	2023M740861
792	叶翔凌	363849	广州中医药大学	中医学	8	2023M740862
793	占　凯	327318	广州中医药大学	中医学	8	2023M740863
794	张天鸽	354092	广州中医药大学	中医学	8	2023M740864
795	周兴宏	327608	广州中医药大学	中医学	8	2023M740865
796	汤　庆	342974	国机重工集团常林有限公司	农业工程	8	2023M740866
797	王龙伟	364680	国家纳米科学中心	基础医学	8	2023M740867
798	李博朝	323027	国家纳米科学中心	生物医学工程	8	2023M740868
799	丁云霞	336436	国家体育总局体育科学研究所	体育学	5	2023M740869
800	饶志坚	334493	国家体育总局体育科学研究所	体育学	5	2023M740870
801	李思成	328902	国家图书馆	历史学	5	2023M740871
802	文立杰	328901	国家图书馆	艺术学	5	2023M740872
803	丰志强	351486	国家卫生健康委卫生发展研究中心	公共管理	5	2023M740873
804	周　旭	359195	国开启科量子技术（北京）有限公司	物理学	8	2023M740874
805	孙玉祥	347708	国科大杭州高等研究院	光学工程	8	2023M740875
806	于洪岩	347478	国科大杭州高等研究院	光学工程	8	2023M740876
807	马云峰	357979	国科大杭州高等研究院	环境科学与工程	8	2023M740877
808	吴佳骏	357978	国科大杭州高等研究院	物理学	8	2023M740878
809	程　晨	344710	国网安徽省电力有限公司	电气工程	8	2023M740879
810	王蕾报	335709	国网河北省电力有限公司	电气工程	8	2023M740880

续表

序号	姓名	博士后编号	设站单位名称	一级学科	资助金额/万元	资助编号
811	李　祯	364178	哈尔滨玻璃钢研究院	土木工程	8	2023M740881
812	王志远	353908	哈尔滨理工大学	材料科学与工程	8	2023M740943
813	孙　萍	360845	哈尔滨医科大学	临床医学	8	2023M740944
814	王佳起	360115	哈尔滨医科大学	临床医学	8	2023M740945
815	王硕硕	357318	哈尔滨医科大学	临床医学	8	2023M740946
816	王秀枝	313260	海安上海交通大学智能装备研究院	机械工程	8	2023M740947
817	李北兴	329571	海利尔药业集团股份有限公司	植物保护	8	2023M740948
818	郭佳欢	345495	海南大学	生物学	8	2023M740949
819	罗　舟	325505	海南大学	应用经济学	5	2023M740950
820	杨　壮	319509	海南大学	作物学	8	2023M740951
821	梁贤文	334942	海南省人民医院	临床医学	8	2023M740952
822	马宾杰	322094	海南省崖州湾种子实验室	生物学	8	2023M740953
823	严　浪	319155	海南省崖州湾种子实验室	生物学	8	2023M740954
824	李宇飞	345899	海南省崖州湾种子实验室	作物学	8	2023M740955
825	常　林	356041	海天水务集团股份公司	环境科学与工程	8	2023M740956
826	兰臣臣	332656	邯郸钢铁集团有限责任公司	冶金工程	8	2023M740957
827	吴严生	347338	杭州安恒信息技术股份有限公司	数学	8	2023M740958
828	李洪亮	350489	好孩子儿童用品有限公司	冶金工程	8	2023M740959
829	李　涛	347455	合肥工业大学	管理科学与工程	5	2023M740960
830	彭玉升	360158	合肥工业大学	计算机科学与技术	8	2023M740961
831	宋　慧	329889	合肥工业大学	生物学	8	2023M740962
832	李文文	325760	合肥实验室	光学工程	8	2023M740963
833	查　辰	342011	合肥实验室	物理学	8	2023M740964
834	王　璟	342612	河北工业大学	材料科学与工程	8	2023M740965
835	许　杰	324684	河北工业大学	动力工程及工程热物理	8	2023M740966
836	郭凌云	364197	河北工业大学	工商管理	5	2023M740967
837	李博颖	347329	河北工业大学	化学	8	2023M740968
838	刘加朋	337008	河北工业大学	化学工程与技术	8	2023M740969
839	杨美德	343788	河北工业大学	机械工程	8	2023M740970
840	陈俊峰	364305	河北国亮新材料股份有限公司	材料科学与工程	8	2023M740971
841	樊　森	338959	河北医科大学	临床医学	8	2023M740972
842	郭　钰	337725	河海大学	材料科学与工程	8	2023M740973
843	孙梦雅	347575	河海大学	地质资源与地质工程	8	2023M740974

续表

序号	姓名	博士后编号	设站单位名称	一级学科	资助金额/万元	资助编号
844	戴　超	337454	河海大学	电气工程	8	2023M740975
845	王　博	337450	河海大学	电气工程	8	2023M740976
846	曾焕泽	350852	河海大学	管理科学与工程	5	2023M740977
847	禹辉映	350719	河海大学	马克思主义理论	5	2023M740978
848	孙宇婷	350634	河海大学	社会学	5	2023M740979
849	衡　通	350406	河海大学	水利工程	8	2023M740980
850	李浩然	336910	河海大学	水利工程	8	2023M740981
851	李涧鸣	355543	河海大学	水利工程	8	2023M740982
852	李田雨	313420	河海大学	水利工程	8	2023M740983
853	魏　佳	315720	河海大学	水利工程	8	2023M740984
854	何　旭	337870	河海大学	土木工程	8	2023M740985
855	夏　鹏	336852	河海大学	土木工程	8	2023M740986
856	叶　梓	329503	河海大学	土木工程	8	2023M740987
857	庄　笑	348091	河海大学	信息与通信工程	8	2023M740988
858	贾　倩	343651	河南大学	兵器科学与技术	8	2023M740989
859	张玲玲	347900	河南大学	材料科学与工程	8	2023M740990
860	张　鹏	345630	河南大学	材料科学与工程	8	2023M740991
861	张远征	360863	河南大学	材料科学与工程	8	2023M740992
862	李　阳	362052	河南大学	地理学	8	2023M740993
863	时芳琳	360866	河南大学	地理学	8	2023M740994
864	谢遵义	336327	河南大学	地理学	8	2023M740995
865	安云飞	333118	河南大学	工商管理	5	2023M740996
866	常建霞	338170	河南大学	工商管理	5	2023M740997
867	张毅文	346359	河南大学	管理科学与工程	5	2023M740998
868	李备蓓	325718	河南大学	化学	8	2023M740999
869	徐尤智	330303	河南大学	化学	8	2023M741000
870	刘　英	313281	河南大学	化学工程与技术	8	2023M741001
871	王云朋	311954	河南大学	化学工程与技术	8	2023M741002
872	魏济时	336587	河南大学	化学工程与技术	8	2023M741003
873	王永波	349313	河南大学	教育学	5	2023M741004
874	夏淑玉	339096	河南大学	教育学	5	2023M741005
875	张　引	332848	河南大学	教育学	5	2023M741006
876	殷红建	340793	河南大学	军队指挥学	5	2023M741007

续表

序号	姓名	博士后编号	设站单位名称	一级学科	资助金额/万元	资助编号
877	石华光	311863	河南大学	控制科学与工程	8	2023M741008
878	吴禄源	326702	河南大学	矿业工程	8	2023M741009
879	李鹏辉	322546	河南大学	历史学	5	2023M741010
880	刘晓明	357735	河南大学	临床医学	8	2023M741011
881	夏瑞雪	340573	河南大学	临床医学	8	2023M741012
882	杜　悦	336332	河南大学	生物学	8	2023M741013
883	何文亚	345246	河南大学	生物学	8	2023M741014
884	张东亚	357773	河南大学	生物学	8	2023M741015
885	张国森	350995	河南大学	生物学	8	2023M741016
886	张芯蕊	325691	河南大学	食品科学与工程	8	2023M741017
887	许倩茹	326713	河南大学	兽医学	8	2023M741018
888	白若冰	362136	河南大学	数学	8	2023M741019
889	贾洪潮	353728	河南大学	数学	8	2023M741020
890	刘家倩	355790	河南大学	数学	8	2023M741021
891	朱铁磊	336609	河南大学	数学	8	2023M741022
892	郝银凤	326720	河南大学	水产	8	2023M741023
893	王　博	336455	河南大学	物理学	8	2023M741024
894	李小保	324367	河南大学	心理学	5	2023M741025
895	王亚光	327492	河南大学	冶金工程	8	2023M741026
896	李　申	348511	河南大学	艺术学	5	2023M741027
897	侯春林	333757	河南大学	哲学	5	2023M741028
898	李志军	315954	河南大学	哲学	5	2023M741029
899	管仁杰	312139	河南大学	中国语言文学	5	2023M741030
900	王程亮	348510	河南大学	作物学	8	2023M741031
901	刘士华	314877	河南工业大学	机械工程	8	2023M741032
902	朱婷伟	315764	河南工业大学	食品科学与工程	8	2023M741033
903	吴梅梅	315663	河南工业大学	水利工程	8	2023M741034
904	赵健辰	340791	河南工业大学	土木工程	8	2023M741035
905	段　磊	337073	河南黄河旋风股份有限公司	物理学	8	2023M741036
906	王永雷	324982	河南科技大学	材料科学与工程	8	2023M741037
907	孙晓界	338166	河南科技大学	船舶与海洋工程	8	2023M741038
908	袁赛赛	353672	河南科技大学	化学工程与技术	8	2023M741039
909	郑大远	361427	河南科技大学	机械工程	8	2023M741040

续表

序号	姓名	博士后编号	设站单位名称	一级学科	资助金额/万元	资助编号
910	刘牧华	348816	河南科技大学	计算机科学与技术	8	2023M741041
911	张道博	338154	河南科技大学	物理学	8	2023M741042
912	贺文杰	330829	河南理工大学	材料科学与工程	8	2023M741043
913	张　昆	313801	河南理工大学	地质资源与地质工程	8	2023M741044
914	赵伟仲	355042	河南理工大学	地质资源与地质工程	8	2023M741045
915	罗　朋	314352	河南理工大学	化学	8	2023M741046
916	邱加冬	348817	河南理工大学	矿业工程	8	2023M741047
917	屈笑笑	352291	河南理工大学	矿业工程	8	2023M741048
918	张　涛	351006	河南理工大学	土木工程	8	2023M741049
919	韩　威	335694	河南农业大学	公共管理	5	2023M741050
920	董玉杰	340229	河南农业大学	林学	8	2023M741051
921	耿率帅	310588	河南农业大学	农林经济管理	5	2023M741052
922	陈炳霖	365706	河南农业大学	农业工程	8	2023M741053
923	郑小雪	365264	河南农业大学	社会学	5	2023M741054
924	裴亚欣	349453	河南农业大学	生物学	8	2023M741055
925	补　彤	326894	河南农业大学	兽医学	8	2023M741056
926	李森阳	336298	河南农业大学	兽医学	8	2023M741057
927	马世杰	338127	河南农业大学	兽医学	8	2023M741058
928	张天留	332162	河南农业大学	畜牧学	8	2023M741059
929	王晓燕	330431	河南农业大学	应用经济学	5	2023M741060
930	安光辉	339605	河南农业大学	园艺学	8	2023M741061
931	汪　虎	332631	河南农业大学	园艺学	8	2023M741062
932	马庆周	339607	河南农业大学	植物保护	8	2023M741063
933	雷　洁	333199	河南农业大学	作物学	8	2023M741064
934	李文钰	339726	河南农业大学	作物学	8	2023M741065
935	刘　晔	344362	河南农业大学	作物学	8	2023M741066
936	裴　丹	336462	河南农业大学	作物学	8	2023M741067
937	余晓东	339604	河南农业大学	作物学	8	2023M741068
938	袁雨豪	332636	河南农业大学	作物学	8	2023M741069
939	刘亚强	337440	河南森源电气股份有限公司	控制科学与工程	8	2023M741070
940	王诗慧	343335	河南省人民医院	生物学	8	2023M741071
941	任广乾	314876	河南省社会科学院	工商管理	5	2023M741072
942	胡海洋	340802	河南省社会科学院	应用经济学	5	2023M741073

续表

序号	姓名	博士后编号	设站单位名称	一级学科	资助金额/万元	资助编号
943	姚　晨	357692	河南省社会科学院	应用经济学	5	2023M741074
944	郭　豪	315913	河南省肿瘤医院	临床医学	8	2023M741075
945	郝　贺	339617	河南省肿瘤医院	临床医学	8	2023M741076
946	崔明焕	352802	河南师范大学	光学工程	8	2023M741077
947	李　淼	317740	河南师范大学	化学	8	2023M741078
948	张　璐	345838	河南师范大学	环境科学与工程	8	2023M741079
949	周　浩	340795	河南师范大学	马克思主义理论	5	2023M741080
950	尹际富	361425	河南师范大学	数学	8	2023M741081
951	罗　军	344584	河南万里交通科技集团股份有限公司	土木工程	8	2023M741082
952	肖元化	340597	河南易成新能源股份有限公司	材料科学与工程	8	2023M741083
953	孙彦刚	346497	河南中医药大学	生物学	8	2023M741084
954	耿　好	315731	河南中医药大学	中药学	8	2023M741085
955	王鹏磊	365714	河南中医药大学	中药学	8	2023M741086
956	赵　晖	365716	河南中医药大学	中药学	8	2023M741087
957	曹彦刚	312471	河南中医药大学	中医学	8	2023M741088
958	任金玲	330426	河南中医药大学	中医学	8	2023M741089
959	张清燕	328202	河南中医药大学第一附属医院	中西医结合	8	2023M741090
960	赵　硕	312473	河南中医药大学第一附属医院	中西医结合	8	2023M741091
961	董政委	327834	河南中医药大学第一附属医院	中医学	8	2023M741092
962	兰真真	312713	河南中医药大学第一附属医院	中医学	8	2023M741093
963	王　龙	327952	河南中医药大学第一附属医院	中医学	8	2023M741094
964	孙雨航	350212	黑龙江八一农垦大学	兽医学	8	2023M741095
965	潘　娟	361727	黑龙江中医药大学	中药学	8	2023M741096
966	迟丝雨	356742	湖北大学	化学	8	2023M741098
967	胡施颖	357171	湖北大学	生物学	8	2023M741099
968	李文强	317086	湖北大学	生物学	8	2023M741100
969	马美琪	354152	湖北大学	生物学	8	2023M741101
970	齐　炎	354121	湖北大学	生物学	8	2023M741102
971	吴银盛	352268	湖北大学	生物学	8	2023M741103
972	徐　磊	354129	湖北大学	生物学	8	2023M741104
973	宋方媛	365095	湖北省农业科学院	林学	8	2023M741105
974	朱佳佳	362549	湖北省农业科学院	兽医学	8	2023M741106
975	李　博	356292	湖北省农业科学院	作物学	8	2023M741107

续表

序号	姓名	博士后编号	设站单位名称	一级学科	资助金额/万元	资助编号
976	王书霞	326143	湖北省水利水电规划勘测设计院	水利工程	8	2023M741108
977	尤　俊	330951	湖北新蓝天新材料股份有限公司	材料科学与工程	8	2023M741109
978	李亚楠	359555	湖北中医药大学	中医学	8	2023M741110
979	程　清	362303	湖南大学	材料科学与工程	8	2023M741111
980	郑宏媚	337174	湖南大学	地理学	8	2023M741112
981	宁　倩	351690	湖南大学	电气工程	8	2023M741113
982	赵能桐	351712	湖南大学	电气工程	8	2023M741114
983	陶全洋	355160	湖南大学	电子科学与技术	8	2023M741115
984	冯长岭	337192	湖南大学	动力工程及工程热物理	8	2023M741116
985	陈大伟	355173	湖南大学	化学	8	2023M741117
986	高　磊	316517	湖南大学	化学	8	2023M741118
987	李吉利	353248	湖南大学	化学	8	2023M741119
988	马　原	352405	湖南大学	化学	8	2023M741120
989	周扬扬	351738	湖南大学	化学	8	2023M741121
990	罗沁澜	350501	湖南大学	化学工程与技术	8	2023M741122
991	刘　羽	331942	湖南大学	计算机科学与技术	8	2023M741123
992	肖　雄	331968	湖南大学	计算机科学与技术	8	2023M741124
993	龚　昕	344897	湖南大学	建筑学	8	2023M741125
994	梅　杰	343428	湖南大学	控制科学与工程	8	2023M741126
995	陈名剑	356685	湖南大学	生物学	8	2023M741127
996	许力文	319717	湖南大学	生物学	8	2023M741128
997	徐俊超	331212	湖南大学	生物医学工程	8	2023M741129
998	王东亮	322797	湖南大学	兽医学	8	2023M741130
999	严子龙	359222	湖南大学	数学	8	2023M741131
1000	谭羽桐	329055	湖南大学	土木工程	8	2023M741132
1001	王超群	350794	湖南大学	土木工程	8	2023M741133
1002	杨立夫	314022	湖南大学	土木工程	8	2023M741134
1003	刘佳威	360475	湖南大学	物理学	8	2023M741135
1004	赵　浩	317784	湖南大学	物理学	8	2023M741136
1005	黄宇漩	319378	湖南大学	应用经济学	5	2023M741137
1006	张　波	339638	湖南大学	应用经济学	5	2023M741138
1007	卜志刚	355135	湖南大学	植物保护	8	2023M741139
1008	张刘萍	356686	湖南大学	植物保护	8	2023M741140

续表

序号	姓名	博士后编号	设站单位名称	一级学科	资助金额/万元	资助编号
1009	刘　聪	313171	湖南大学	作物学	8	2023M741141
1010	唐乐为	344140	湖南农业大学	农业工程	8	2023M741142
1011	何岳东	330500	湖南农业大学	生物学	8	2023M741143
1012	汤冰倩	350795	湖南农业大学	园艺学	8	2023M741144
1013	王志斌	315885	湖南省肿瘤医院	药学	8	2023M741145
1014	赵新杰	343435	湖南师范大学	生物学	8	2023M741146
1015	张　磊	311513	湖南师范大学	数学	8	2023M741147
1016	谭　钦	355167	湖南师范大学	物理学	8	2023M741148
1017	张　旭	358093	华北电力大学	电气工程	8	2023M741149
1018	辛团团	315599	华北电力大学	动力工程及工程热物理	8	2023M741150
1019	张圆正	323209	华北电力大学	环境科学与工程	8	2023M741151
1020	宋子秋	352324	华北电力大学	控制科学与工程	8	2023M741152
1021	陶晨璐	322478	华北电力大学	理论经济学	5	2023M741153
1022	王舒玮	317924	华北电力大学	冶金工程	8	2023M741154
1023	张天翼	316646	华北电力大学	冶金工程	8	2023M741155
1024	成　功	316200	华东交通大学	交通运输工程	8	2023M741156
1025	陶　丹	346340	华东交通大学	农业工程	8	2023M741157
1026	林　超	343943	华东交通大学	土木工程	8	2023M741158
1027	许紫刚	346369	华东交通大学	土木工程	8	2023M741159
1028	袁亚龙	334996	华东交通大学铁路环境振动与噪声工程研究中心	管理科学与工程	5	2023M741160
1029	聂　彪	331226	华东交通大学铁路环境振动与噪声工程研究中心	土木工程	8	2023M741161
1030	黄　娟	310811	华东理工常熟研究院有限公司	农业资源利用	8	2023M741162
1031	潘伟童	329034	华东理工大学	动力工程及工程热物理	8	2023M741163
1032	柳　颖	328588	华东理工大学	工商管理	5	2023M741164
1033	金　鑫	355602	华东理工大学	化学	8	2023M741165
1034	孙雅飞	355985	华东理工大学	化学	8	2023M741166
1035	王　骞	355610	华东理工大学	化学	8	2023M741167
1036	张逸寒	357011	华东理工大学	化学	8	2023M741168
1037	宗泽州	355615	华东理工大学	化学	8	2023M741169
1038	邵　斌	355612	华东理工大学	化学工程与技术	8	2023M741170
1039	俞　霞	320364	华东理工大学	环境科学与工程	8	2023M741171

续表

序号	姓名	博士后编号	设站单位名称	一级学科	资助金额/万元	资助编号
1040	李小龙	356985	华东理工大学	机械工程	8	2023M741172
1041	张　烨	320469	华东理工大学	矿业工程	8	2023M741173
1042	何　怡	334666	华东理工大学	马克思主义理论	5	2023M741174
1043	张　斌	328590	华东理工大学	生物学	8	2023M741175
1044	邹振平	332689	华东理工大学	生物学	8	2023M741176
1045	李舒蕊	343898	华东理工大学	生物医学工程	8	2023M741177
1046	任兰芳	322223	华东师范大学	材料科学与工程	8	2023M741178
1047	彭　琰	320457	华东师范大学	地理学	8	2023M741179
1048	张新放	311369	华东师范大学	地理学	8	2023M741180
1049	唐剑明	325203	华东师范大学	历史学	5	2023M741181
1050	刘海燕	360407	华东师范大学	马克思主义理论	5	2023M741182
1051	郭明伟	322056	华东师范大学	生物学	8	2023M741183
1052	于　剑	325214	华东师范大学	生物学	8	2023M741184
1053	张白冰	329005	华东师范大学	生物学	8	2023M741185
1054	张　强	332160	华东师范大学	生物学	8	2023M741186
1055	黄文峰	353628	华东师范大学	物理学	8	2023M741187
1056	吴修齐	353627	华东师范大学	物理学	8	2023M741188
1057	张春晓	331669	华东师范大学	艺术学	5	2023M741189
1058	苑慧玲	349568	华东师范大学	应用经济学	5	2023M741190
1059	杨　菁	319636	华东师范大学	中国语言文学	5	2023M741191
1060	郑依梅	322067	华东师范大学	中国语言文学	5	2023M741192
1061	成小爱	355559	华东政法大学	法学	5	2023M741193
1062	林　坤	339856	华东政法大学	法学	5	2023M741194
1063	向　秦	336695	华东政法大学	法学	5	2023M741195
1064	许胜晴	355059	华东政法大学	法学	5	2023M741196
1065	薛人伟	314868	华东政法大学	法学	5	2023M741197
1066	朱奇伟	314613	华东政法大学	法学	5	2023M741198
1067	郭　一	353316	华东政法大学	外国语言文学	5	2023M741199
1068	霍　凤	349293	华东政法大学	新闻传播学	5	2023M741200
1069	唐浩然	321419	华南理工大学	材料科学与工程	8	2023M741201
1070	张漳敏	359478	华南理工大学	材料科学与工程	8	2023M741202
1071	周智豪	332147	华南理工大学	材料科学与工程	8	2023M741203
1072	卢俊文	345620	华南理工大学	地理学	8	2023M741204

续表

序号	姓名	博士后编号	设站单位名称	一级学科	资助金额/万元	资助编号
1073	吴理豪	340379	华南理工大学	电气工程	8	2023M741205
1074	向凯燃	362046	华南理工大学	电子科学与技术	8	2023M741206
1075	林仁镇	354868	华南理工大学	公共管理	5	2023M741207
1076	叶常春	360080	华南理工大学	化学	8	2023M741208
1077	赵　鑫	359243	华南理工大学	化学工程与技术	8	2023M741209
1078	赵楠楠	348479	华南理工大学	建筑学	8	2023M741210
1079	黄晓婉	323272	华南理工大学	生物医学工程	8	2023M741211
1080	田　由	342693	华南理工大学	食品科学与工程	8	2023M741212
1081	邓信平	362127	华南理工大学	心理学	5	2023M741213
1082	王文冉	331061	华南农业大学	化学工程与技术	8	2023M741214
1083	马立哲	345192	华南农业大学	农业工程	8	2023M741215
1084	焦　芳	316219	华南农业大学	生物学	8	2023M741216
1085	李　祯	362254	华南农业大学	生物学	8	2023M741217
1086	文　靓	329186	华南农业大学	生物学	8	2023M741218
1087	杨明康	320720	华南农业大学	生物学	8	2023M741219
1088	黄　钊	320723	华南农业大学	兽医学	8	2023M741220
1089	李　龚	342690	华南农业大学	兽医学	8	2023M741221
1090	赵晓亚	339233	华南农业大学	兽医学	8	2023M741222
1091	宾　朋	338826	华南农业大学	畜牧学	8	2023M741223
1092	吴家劲	327701	华南农业大学	畜牧学	8	2023M741224
1093	陈水福	343416	华南农业大学	作物学	8	2023M741225
1094	黄成威	361906	华南农业大学	作物学	8	2023M741226
1095	王木妹	361953	华南农业大学	作物学	8	2023M741227
1096	杨　娟	361900	华南农业大学	作物学	8	2023M741228
1097	郑智刚	345213	华南农业大学	作物学	8	2023M741229
1098	刘铁忠	319503	华南师范大学	材料科学与工程	8	2023M741230
1099	董龙章	321417	华南师范大学	化学	8	2023M741231
1100	李润寒	321360	华南师范大学	化学	8	2023M741232
1101	黄振山	333138	华南师范大学	环境科学与工程	8	2023M741233
1102	冯　磊	334544	华南师范大学	生物学	8	2023M741234
1103	梁　芳	332831	华南师范大学	生物学	8	2023M741235
1104	刘晓诗	363850	华南师范大学	生物学	8	2023M741236
1105	罗　威	318364	华南师范大学	生物学	8	2023M741237

续表

序号	姓名	博士后编号	设站单位名称	一级学科	资助金额/万元	资助编号
1106	田　甜	355442	华南师范大学	生物医学工程	8	2023M741238
1107	罗　永	334892	华南师范大学	数学	8	2023M741239
1108	李　赛	332181	华南师范大学	物理学	8	2023M741240
1109	史嘉鑫	335973	华南师范大学	心理学	8	2023M741241
1110	汤少敏	339645	华南师范大学	仪器科学与技术	8	2023M741242
1111	胡慧敏	345525	华润股份有限公司	生物学	8	2023M741243
1112	高建宝	357215	华中科技大学	材料科学与工程	8	2023M741244
1113	龙锦川	311950	华中科技大学	材料科学与工程	8	2023M741245
1114	罗　炫	342237	华中科技大学	材料科学与工程	8	2023M741246
1115	曾　诚	343509	华中科技大学	材料科学与工程	8	2023M741247
1116	张鹏程	314537	华中科技大学	材料科学与工程	8	2023M741248
1117	周士翔	322508	华中科技大学	材料科学与工程	8	2023M741249
1118	梁子漪	322519	华中科技大学	电气工程	8	2023M741250
1119	赵　钰	356614	华中科技大学	电气工程	8	2023M741251
1120	鲁博文	329979	华中科技大学	动力工程及工程热物理	8	2023M741252
1121	任强强	312464	华中科技大学	动力工程及工程热物理	8	2023M741253
1122	杨竞择	320549	华中科技大学	动力工程及工程热物理	8	2023M741254
1123	杨　威	330078	华中科技大学	动力工程及工程热物理	8	2023M741255
1124	李红侠	318677	华中科技大学	公共卫生与预防医学	8	2023M741256
1125	李京徽	323742	华中科技大学	光学工程	8	2023M741257
1126	赵宇轩	330774	华中科技大学	光学工程	8	2023M741258
1127	杨鑫杰	332265	华中科技大学	化学	8	2023M741259
1128	刘齐浩	315352	华中科技大学	机械工程	8	2023M741260
1129	沙　伟	333808	华中科技大学	机械工程	8	2023M741261
1130	张　涛	338091	华中科技大学	机械工程	8	2023M741262
1131	蒋兴宇	356695	华中科技大学	控制科学与工程	8	2023M741263
1132	殷明明	347656	华中科技大学	生物学	8	2023M741264
1133	赵丽媛	352453	华中科技大学	生物医学工程	8	2023M741265
1134	杨　爽	330143	华中科技大学	数学	8	2023M741266
1135	王　栋	340925	华中科技大学	水利工程	8	2023M741267
1136	刘新宇	316974	华中科技大学	土木工程	8	2023M741268
1137	李新录	332779	华中科技大学	物理学	8	2023M741269
1138	余　民	332781	华中科技大学	物理学	8	2023M741270

续表

序号	姓名	博士后编号	设站单位名称	一级学科	资助金额/万元	资助编号
1139	海梦碟	352448	华中科技大学	应用经济学	5	2023M741271
1140	赖烽辉	339041	华中科技大学	应用经济学	5	2023M741272
1141	黄昌胜	356655	华中科技大学同济医学院附属同济医院	临床医学	8	2023M741273
1142	靳　平	356656	华中科技大学同济医学院附属同济医院	临床医学	8	2023M741274
1143	刘亚冲	356645	华中科技大学同济医学院附属同济医院	临床医学	8	2023M741275
1144	刘宇辉	356504	华中科技大学同济医学院附属同济医院	临床医学	8	2023M741276
1145	王翌晨	356665	华中科技大学同济医学院附属同济医院	临床医学	8	2023M741277
1146	夏启东	356428	华中科技大学同济医学院附属同济医院	临床医学	8	2023M741278
1147	赵博闻	356640	华中科技大学同济医学院附属同济医院	临床医学	8	2023M741279
1148	张少琦	357858	华中科技大学同济医学院附属同济医院	药学	8	2023M741280
1149	丁　鹏	356554	华中科技大学同济医学院附属协和医院	临床医学	8	2023M741281
1150	韩小雨	356557	华中科技大学同济医学院附属协和医院	临床医学	8	2023M741282
1151	武增红	322483	华中科技大学同济医学院附属协和医院	临床医学	8	2023M741283
1152	张红艳	316571	华中科技大学同济医学院附属协和医院	临床医学	8	2023M741284
1153	张　曦	356597	华中科技大学同济医学院附属协和医院	临床医学	8	2023M741285
1154	许　运	356753	华中农业大学	农业资源利用	8	2023M741286
1155	褚希彤	311949	华中农业大学	生物学	8	2023M741287
1156	郭慧敏	317975	华中农业大学	生物学	8	2023M741288
1157	刘　海	356322	华中农业大学	生物学	8	2023M741289
1158	邢永辉	353082	华中农业大学	生物学	8	2023M741290

续表

序号	姓名	博士后编号	设站单位名称	一级学科	资助金额/万元	资助编号
1159	莫　全	360264	华中农业大学	兽医学	8	2023M741291
1160	赵　亚	352898	华中农业大学	兽医学	8	2023M741292
1161	周　亲	329995	华中农业大学	兽医学	8	2023M741293
1162	邹佳辉	330405	华中农业大学	兽医学	8	2023M741294
1163	李　陈	358021	华中农业大学	水产	8	2023M741295
1164	程　伟	358425	华中农业大学	畜牧学	8	2023M741296
1165	刘彩云	317965	华中农业大学	植物保护	8	2023M741297
1166	孙　鹏	357970	华中农业大学	植物保护	8	2023M741298
1167	王冠英	356739	华中农业大学	作物学	8	2023M741299
1168	喻　兴	352146	华中农业大学	作物学	8	2023M741300
1169	张德建	318652	华中农业大学	作物学	8	2023M741301
1170	罗宏远	314140	华中师范大学	管理科学与工程	5	2023M741302
1171	孙　冉	324305	华中师范大学	教育学	5	2023M741303
1172	万　仟	322510	华中师范大学	教育学	5	2023M741304
1173	王成济	332919	华中师范大学	教育学	5	2023M741305
1174	王广帅	336514	华中师范大学	教育学	5	2023M741306
1175	杨大伟	328277	华中师范大学	教育学	5	2023M741307
1176	杨　瑞	326872	华中师范大学	历史学	5	2023M741308
1177	李胜龙	360263	华中师范大学	农业资源利用	8	2023M741309
1178	赵万林	344674	华中师范大学	社会学	5	2023M741310
1179	李奥强	317943	华中师范大学	生物学	8	2023M741311
1180	黄佳雨	356799	华中师范大学	数学	8	2023M741312
1181	蔡　祎	330082	华中师范大学	外国语言文学	5	2023M741313
1182	刘学坤	362542	华中师范大学	外国语言文学	5	2023M741314
1183	何明健	345003	华中师范大学	物理学	8	2023M741315
1184	李庆庆	320460	华中师范大学	心理学	5	2023M741316
1185	焦玉平	356807	华中师范大学	政治学	5	2023M741317
1186	谷中兰	322506	华中师范大学	中国语言文学	5	2023M741318
1187	王　毅	324306	华中师范大学	中国语言文学	5	2023M741319
1188	张子帆	362322	华中师范大学	中国语言文学	5	2023M741320
1189	路　萍	331689	怀柔实验室	地质资源与地质工程	8	2023M741321
1190	段祺君	357333	怀柔实验室	电气工程	8	2023M741322
1191	路　中	336945	黄河勘测规划设计研究院有限公司	公共管理	5	2023M741323

续表

序号	姓名	博士后编号	设站单位名称	一级学科	资助金额/万元	资助编号
1192	张　迪	324979	黄河勘测规划设计研究院有限公司	水利工程	8	2023M741324
1193	王　兴	331095	辉大（上海）生物科技有限公司	临床医学	8	2023M741325
1194	陈冯钱	357462	吉林大学	材料科学与工程	8	2023M741326
1195	冯黔堃	322754	吉林大学	地球物理学	8	2023M741327
1196	韩　丽	357537	吉林大学	地质资源与地质工程	8	2023M741328
1197	朱金宝	322763	吉林大学	地质资源与地质工程	8	2023M741329
1198	周　岩	357524	吉林大学	电子科学与技术	8	2023M741330
1199	石　晶	365202	吉林大学	法学	5	2023M741331
1200	张国磊	317747	吉林大学	公共管理	5	2023M741332
1201	姚晓旭	339180	吉林大学	管理科学与工程	5	2023M741333
1202	柴圣超	357459	吉林大学	化学	8	2023M741334
1203	牛文文	357458	吉林大学	化学	8	2023M741335
1204	邵志宇	322744	吉林大学	化学	8	2023M741336
1205	王　鑫	338895	吉林大学	化学	8	2023M741337
1206	于　浩	357541	吉林大学	化学	8	2023M741338
1207	韩嘉懿	322752	吉林大学	机械工程	8	2023M741339
1208	邵艳龙	357481	吉林大学	机械工程	8	2023M741340
1209	徐泽洲	365207	吉林大学	机械工程	8	2023M741341
1210	岳恒山	316716	吉林大学	计算机科学与技术	8	2023M741342
1211	孙　悦	326925	吉林大学	口腔医学	8	2023M741343
1212	王　璐	311427	吉林大学	口腔医学	8	2023M741344
1213	李　浩	326914	吉林大学	历史学	5	2023M741345
1214	梁　骁	322750	吉林大学	生物学	8	2023M741346
1215	刘文茉	338896	吉林大学	生物学	8	2023M741347
1216	赵才军	357503	吉林大学	兽医学	8	2023M741348
1217	姜　军	357538	吉林大学	数学	8	2023M741349
1218	李齐清	346405	吉林大学	物理学	8	2023M741350
1219	翟春光	326293	吉林大学	物理学	8	2023M741351
1220	张　盈	322742	吉林大学	物理学	8	2023M741352
1221	孙伟伦	339202	吉林大学	药学	8	2023M741353
1222	张培兴	357472	吉林大学	仪器科学与技术	8	2023M741354
1223	薛　佳	338888	吉林大学	政治学	5	2023M741355
1224	余桂娟	362133	集美大学	水产	8	2023M741356

续表

序号	姓名	博士后编号	设站单位名称	一级学科	资助金额/万元	资助编号
1225	徐美苓	357684	济南大学	材料科学与工程	8	2023M741357
1226	周永庆	315815	济南大学	化学	8	2023M741358
1227	贾洪英	318494	济南大学	环境科学与工程	8	2023M741359
1228	吴廷廷	358383	济南大学	环境科学与工程	8	2023M741360
1229	曹建新	322140	济南轨道交通集团有限公司	土木工程	8	2023M741361
1230	赵晓昱	311910	济南圣泉集团股份有限公司	化学工程与技术	8	2023M741362
1231	王冠华	313088	济南圣泉集团股份有限公司	轻工技术与工程	8	2023M741363
1232	党瑞丽	349630	济宁市第一人民医院	公共卫生与预防医学	8	2023M741364
1233	孟俊俊	348565	济宁市第一人民医院	公共卫生与预防医学	8	2023M741365
1234	陈贝贝	348562	济宁市第一人民医院	中药学	8	2023M741366
1235	高　升	357941	济宁医学院附属医院	临床医学	8	2023M741367
1236	周亚兰	322145	济宁医学院附属医院	临床医学	8	2023M741368
1237	班清风	321204	济宁医学院附属医院	食品科学与工程	8	2023M741369
1238	赖伟基	320839	暨南大学	材料科学与工程	8	2023M741370
1239	肖浩汉	344304	暨南大学	管理科学与工程	5	2023M741371
1240	陈熙熙	319544	暨南大学	光学工程	8	2023M741372
1241	南向红	320753	暨南大学	光学工程	8	2023M741373
1242	王学智	318568	暨南大学	化学	8	2023M741374
1243	曾　恒	319108	暨南大学	化学	8	2023M741375
1244	汤书琴	318577	暨南大学	环境科学与工程	8	2023M741376
1245	冯沛然	320785	暨南大学	基础医学	8	2023M741377
1246	黎光强	356475	暨南大学	基础医学	8	2023M741378
1247	肖潺潺	357452	暨南大学	基础医学	8	2023M741379
1248	李　媛	318955	暨南大学	教育学	5	2023M741380
1249	陈观茂	319099	暨南大学	临床医学	8	2023M741381
1250	刘燕芳	319102	暨南大学	临床医学	8	2023M741382
1251	吴有盛	356435	暨南大学	临床医学	8	2023M741383
1252	徐　平	319163	暨南大学	临床医学	8	2023M741384
1253	杨亿立	329171	暨南大学	临床医学	8	2023M741385
1254	董　璐	328311	暨南大学	生物学	8	2023M741386
1255	索　昊	332485	暨南大学	食品科学与工程	8	2023M741387
1256	薛　凤	365544	暨南大学	物理学	8	2023M741388
1257	胡　鸥	356444	暨南大学	药学	8	2023M741389

续表

序号	姓名	博士后编号	设站单位名称	一级学科	资助金额/万元	资助编号
1258	齐　明	356439	暨南大学	药学	8	2023M741390
1259	王　生	357249	暨南大学	药学	8	2023M741391
1260	李　权	320411	暨南大学	中国语言文学	5	2023M741392
1261	张莹洁	340242	暨南大学	中国语言文学	5	2023M741393
1262	牛　杰	356468	暨南大学	中西医结合	8	2023M741394
1263	王　奇	356388	暨南大学	中药学	8	2023M741395
1264	郝闻致	356796	暨南大学	中医学	8	2023M741396
1265	刘金满	330861	暨南大学	中医学	8	2023M741397
1266	曹　昉	359739	嘉庚创新实验室	化学	8	2023M741398
1267	邹业国	357992	嘉庚创新实验室	化学工程与技术	8	2023M741399
1268	孙丰鑫	339746	江南大学	纺织科学与工程	8	2023M741400
1269	王本新	336494	江南大学	光学工程	8	2023M741401
1270	刘邦海	337543	江南大学	环境科学与工程	8	2023M741402
1271	王兴隆	341198	江南大学	环境科学与工程	8	2023M741403
1272	余　静	350414	江南大学	环境科学与工程	8	2023M741404
1273	杨　柳	356892	江南大学	基础医学	8	2023M741405
1274	秦志杰	316633	江南大学	轻工技术与工程	8	2023M741406
1275	王雪山	327216	江南大学	轻工技术与工程	8	2023M741407
1276	常璐璐	357847	江南大学	食品科学与工程	8	2023M741408
1277	郭立纯	356891	江南大学	食品科学与工程	8	2023M741409
1278	陆　欣	330789	江南大学	食品科学与工程	8	2023M741410
1279	陆正阳	356866	江南大学	艺术学	5	2023M741411
1280	冯养巨	312016	江苏大学	材料科学与工程	8	2023M741412
1281	董庆铭	311974	江苏大学	动力工程及工程热物理	8	2023M741413
1282	季磊磊	324208	江苏大学	动力工程及工程热物理	8	2023M741414
1283	卢梦月	343941	江苏大学	动力工程及工程热物理	8	2023M741415
1284	陆　勇	311973	江苏大学	动力工程及工程热物理	8	2023M741416
1285	刘　洋	343965	江苏大学	光学工程	8	2023M741417
1286	陶宇峰	350081	江苏大学	光学工程	8	2023M741418
1287	成杏文	349716	江苏大学	化学	8	2023M741419
1288	崔颜华	343889	江苏大学	化学工程与技术	8	2023M741420
1289	Syed Bilal Shah	311244	江苏大学	环境科学与工程	8	2023M741421
1290	蒋恩慧	353059	江苏大学	环境科学与工程	8	2023M741422

续表

序号	姓名	博士后编号	设站单位名称	一级学科	资助金额/万元	资助编号
1291	王晓春	321579	江苏大学	环境科学与工程	8	2023M741423
1292	张博凡	350030	江苏大学	环境科学与工程	8	2023M741424
1293	丁伶伶	338067	江苏大学	基础医学	8	2023M741425
1294	梁宇琛	343973	江苏大学	机械工程	8	2023M741426
1295	徐　刚	343939	江苏大学	机械工程	8	2023M741427
1296	朱　浩	334333	江苏大学	机械工程	8	2023M741428
1297	汪道歌	343923	江苏大学	交通运输工程	8	2023M741429
1298	徐丹丹	343980	江苏大学	林学	8	2023M741430
1299	张家慧	338069	江苏大学	临床医学	8	2023M741431
1300	赵　睿	343978	江苏大学	临床医学	8	2023M741432
1301	方会敏	349714	江苏大学	农业工程	8	2023M741433
1302	李长伟	311968	江苏大学	农业工程	8	2023M741434
1303	梁　莹	337358	江苏大学	农业工程	8	2023M741435
1304	史乃煜	349719	江苏大学	农业工程	8	2023M741436
1305	史永强	349968	江苏大学	农业工程	8	2023M741437
1306	于　振	337421	江苏大学	生物学	8	2023M741438
1307	张亚雯	360833	江苏大学	生物学	8	2023M741439
1308	王凯利	320978	江苏大学	食品科学与工程	8	2023M741440
1309	张　勇	349715	江苏大学	数学	8	2023M741441
1310	盖盼盼	321052	江苏大学	土木工程	8	2023M741442
1311	张慧敏	343930	江苏大学	物理学	8	2023M741443
1312	曹　阳	339765	江苏德源药业股份有限公司	化学	8	2023M741444
1313	迟一鸣	339766	江苏丰东热技术有限公司	机械工程	8	2023M741445
1314	胡美琪	351124	江苏恒力化纤股份有限公司	纺织科学与工程	8	2023M741446
1315	杭庆雷	335788	江苏九旭药业有限公司	生物学	8	2023M741447
1316	王　淼	316477	江苏康缘药业股份有限公司	中药学	8	2023M741448
1317	李春岩	353411	江苏科技大学	材料科学与工程	8	2023M741449
1318	马文杰	351042	江苏联发纺织股份有限公司	环境科学与工程	8	2023M741450
1319	张成林	350469	江苏鹿山新材料有限公司	材料科学与工程	8	2023M741451
1320	李晓宇	348025	江苏欧力特能源科技有限公司	交通运输工程	8	2023M741452
1321	程　璨	327883	江苏省计量科学研究院	核科学与技术	8	2023M741453
1322	刘　嵩	345473	江苏省建筑科学研究院有限公司	交通运输工程	8	2023M741454
1323	代金鹏	337710	江苏省建筑科学研究院有限公司	土木工程	8	2023M741455

续表

序号	姓名	博士后编号	设站单位名称	一级学科	资助金额/万元	资助编号
1324	张茹菊	354469	江苏省农业科学院	农业资源利用	8	2023M741456
1325	刘钱媛	333270	江苏省农业科学院	食品科学与工程	8	2023M741457
1326	崔兆康	353704	江苏省农业科学院	畜牧学	8	2023M741458
1327	李　浩	340493	江苏省农用激素工程技术研究中心有限公司	化学工程与技术	8	2023M741459
1328	尤东方	351026	江苏省人民医院	公共卫生与预防医学	8	2023M741460
1329	侯　莹	341666	江苏省人民医院	临床医学	8	2023M741461
1330	李陶然	346214	江苏省人民医院	临床医学	8	2023M741462
1331	梁金花	335787	江苏省人民医院	临床医学	8	2023M741463
1332	马　成	335786	江苏省人民医院	临床医学	8	2023M741464
1333	孙　昊	346196	江苏省人民医院	临床医学	8	2023M741465
1334	许宏涛	345235	江苏省人民医院	临床医学	8	2023M741466
1335	张　琪	322359	江苏省人民医院	临床医学	8	2023M741467
1336	郑　瑜	346211	江苏省人民医院	临床医学	8	2023M741468
1337	周　正	351032	江苏省人民医院	临床医学	8	2023M741469
1338	徐　坤	341388	江苏省肿瘤防治研究所	临床医学	8	2023M741470
1339	施敏杰	342329	江苏新扬子造船有限公司	化学工程与技术	8	2023M741471
1340	林良良	350857	江苏亚太轻合金科技股份有限公司	化学工程与技术	8	2023M741472
1341	邢月秀	335789	江苏亿通高科技股份有限公司	信息与通信工程	8	2023M741473
1342	代洪亮	349015	江苏中创清源科技有限公司	环境科学与工程	8	2023M741474
1343	庄　宇	327054	江苏众红生物工程创药研究院有限公司	药学	8	2023M741475
1344	杨胜苏	317737	江西财经大学	理论经济学	5	2023M741476
1345	高　云	320937	江西财经大学	艺术学	5	2023M741477
1346	葛　萌	319026	江西财经大学	艺术学	5	2023M741478
1347	胡经纬	344863	江西理工大学	材料科学与工程	8	2023M741479
1348	李瑞友	337408	江西联创光电科技股份有限公司	地球物理学	8	2023M741480
1349	高　彪	315071	江西省出版传媒集团有限公司	管理科学与工程	5	2023M741481
1350	韩瑞才	327087	江西省农业科学院	作物学	8	2023M741482
1351	周　朋	345701	江西省人民医院	临床医学	8	2023M741483
1352	刘思奇	320929	江西师范大学	化学	8	2023M741484
1353	孙　磊	344040	快克智能装备股份有限公司	材料科学与工程	8	2023M741485
1354	王　银	320153	昆山市第一人民医院	临床医学	8	2023M741486

续表

序号	姓名	博士后编号	设站单位名称	一级学科	资助金额/万元	资助编号
1355	陈玉莹	363317	兰州大学	地理学	8	2023M741487
1356	张山佳	316335	兰州大学	地理学	8	2023M741488
1357	裴斌斌	343345	兰州大学	动力工程及工程热物理	8	2023M741489
1358	齐如鹏	339106	兰州大学	化学	8	2023M741490
1359	王梦然	365300	兰州大学	化学	8	2023M741491
1360	张　华	337514	兰州大学	化学	8	2023M741492
1361	撒海涛	359499	兰州大学	历史学	5	2023M741493
1362	宁　娇	326575	兰州大学	农业资源利用	8	2023M741494
1363	李孟湛	343353	兰州大学	畜牧学	8	2023M741495
1364	李朋朋	355301	兰州交通大学	测绘科学与技术	8	2023M741496
1365	黄　皓	346748	丽水市农林科学研究院	食品科学与工程	8	2023M741497
1366	沈　霖	354802	丽水市中心医院	临床医学	8	2023M741498
1367	王梦成	351565	利欧集团股份有限公司	动力工程及工程热物理	8	2023M741499
1368	胡　箫	315125	利欧集团股份有限公司	力学	8	2023M741500
1369	袁迎第	337601	连云港市第一人民医院	临床医学	8	2023M741501
1370	杨辛未	336156	辽宁工程技术大学	矿业工程	8	2023M741502
1371	刘金亮	322944	辽宁省交通规划设计院有限责任公司	土木工程	8	2023M741503
1372	赵国庆	339461	辽宁省交通规划设计院有限责任公司	土木工程	8	2023M741504
1373	邓真真	358386	聊城市人民医院	海洋科学	8	2023M741505
1374	胡顺凤	353479	聊城市人民医院	临床医学	8	2023M741506
1375	王晓庆	313406	聊城市人民医院	临床医学	8	2023M741507
1376	张　赫	333955	临港实验室	生物学	8	2023M741508
1377	谭　草	365502	龙口中宇机械有限公司	机械工程	8	2023M741509
1378	徐　博	335309	龙信建设集团有限公司	土木工程	8	2023M741510
1379	蔡亚凡	314094	泸州老窖集团有限责任公司	环境科学与工程	8	2023M741511
1380	柴丽娟	345055	泸州老窖集团有限责任公司	轻工技术与工程	8	2023M741512
1381	马　森	313516	漯河市中心医院	食品科学与工程	8	2023M741513
1382	张静苑	341494	漯河市中心医院	外国语言文学	5	2023M741514
1383	董宏生	352192	美的集团有限公司	动力工程及工程热物理	8	2023M741515
1384	蔡建军	345777	美欣达集团有限公司	动力工程及工程热物理	8	2023M741516
1385	曹夏天	363319	南昌大学	法学	5	2023M741517
1386	肖　欢	352786	南昌大学	工商管理	5	2023M741518
1387	林　勇	359293	南昌大学	林学	8	2023M741519

续表

序号	姓名	博士后编号	设站单位名称	一级学科	资助金额/万元	资助编号
1388	黄俊明	351840	南昌大学	临床医学	8	2023M741520
1389	罗青华	346391	南昌大学	临床医学	8	2023M741521
1390	汤超涛	357854	南昌大学	临床医学	8	2023M741522
1391	宗　振	319040	南昌大学	临床医学	8	2023M741523
1392	李晶晶	320933	南昌大学	水产	8	2023M741524
1393	陈　瀚	340736	南方海洋科学与工程广东省实验室（珠海）	海洋科学	8	2023M741525
1394	聂亚飞	362651	南方海洋科学与工程广东省实验室（珠海）	海洋科学	8	2023M741526
1395	王传印	330895	南方海洋科学与工程广东省实验室（珠海）	海洋科学	8	2023M741527
1396	储康杰	314255	南方科技大学	材料科学与工程	8	2023M741528
1397	史才旺	345824	南方科技大学	地球物理学	8	2023M741529
1398	宋冰囡	313902	南方科技大学	地质学	8	2023M741530
1399	谢志昂	340020	南方科技大学	地质学	8	2023M741531
1400	张　旭	342360	南方科技大学	电子科学与技术	8	2023M741532
1401	冯雪真	360809	南方科技大学	环境科学与工程	8	2023M741533
1402	蔡留阳	351601	南方科技大学	基础医学	8	2023M741534
1403	赵冬华	349950	南方科技大学	机械工程	8	2023M741535
1404	李　贞	329682	南方科技大学	林学	8	2023M741536
1405	赵　康	364225	南方科技大学	农业资源利用	8	2023M741537
1406	胡江建	362206	南方科技大学	生物学	8	2023M741538
1407	夏玉山	343295	南方科技大学	生物学	8	2023M741539
1408	张智慧	334530	南方科技大学	生物学	8	2023M741540
1409	周　波	330918	南方科技大学	生物学	8	2023M741541
1410	林曼萍	341363	南方科技大学	生物医学工程	8	2023M741542
1411	孙　源	334318	南方科技大学	数学	8	2023M741543
1412	陈晓冰	313666	南方科技大学	物理学	8	2023M741544
1413	郭增龙	362466	南方科技大学	物理学	8	2023M741545
1414	刘国威	345155	南方科技大学	物理学	8	2023M741546
1415	罗　翔	330867	南方科技大学	物理学	8	2023M741547
1416	杨　金	323582	南方科技大学	物理学	8	2023M741548
1417	李青青	364547	南方医科大学	公共管理	5	2023M741549

续表

序号	姓名	博士后编号	设站单位名称	一级学科	资助金额/万元	资助编号
1418	黎姿茵	321939	南方医科大学	公共卫生与预防医学	8	2023M741550
1419	张开凯	360230	南方医科大学	公共卫生与预防医学	8	2023M741551
1420	钟文芳	356492	南方医科大学	公共卫生与预防医学	8	2023M741552
1421	钟怡洲	359688	南方医科大学	公共卫生与预防医学	8	2023M741553
1422	高　阳	325972	南方医科大学	基础医学	8	2023M741554
1423	李烽锋	326047	南方医科大学	基础医学	8	2023M741555
1424	李　山	330225	南方医科大学	基础医学	8	2023M741556
1425	李永盛	323511	南方医科大学	基础医学	8	2023M741557
1426	万荣雪	364569	南方医科大学	基础医学	8	2023M741558
1427	熊伟荣	326043	南方医科大学	基础医学	8	2023M741559
1428	张珑山	323300	南方医科大学	基础医学	8	2023M741560
1429	保靖夫	334320	南方医科大学	临床医学	8	2023M741561
1430	陈得舒	326050	南方医科大学	临床医学	8	2023M741562
1431	陈　果	341910	南方医科大学	临床医学	8	2023M741563
1432	陈启伟	361129	南方医科大学	临床医学	8	2023M741564
1433	陈宇煜	362240	南方医科大学	临床医学	8	2023M741565
1434	谷晶晶	324955	南方医科大学	临床医学	8	2023M741566
1435	关天旺	364213	南方医科大学	临床医学	8	2023M741567
1436	李艳芹	341876	南方医科大学	临床医学	8	2023M741568
1437	刘超群	341875	南方医科大学	临床医学	8	2023M741569
1438	刘亚辉	360347	南方医科大学	临床医学	8	2023M741570
1439	潘杭雨	360303	南方医科大学	临床医学	8	2023M741571
1440	齐灿灿	313160	南方医科大学	临床医学	8	2023M741572
1441	尚　沛	355860	南方医科大学	临床医学	8	2023M741573
1442	汪志超	325335	南方医科大学	临床医学	8	2023M741574
1443	王　冲	323294	南方医科大学	临床医学	8	2023M741575
1444	王海臻	351812	南方医科大学	临床医学	8	2023M741576
1445	王　琼	341823	南方医科大学	临床医学	8	2023M741577
1446	王志强	335199	南方医科大学	临床医学	8	2023M741578
1447	吴朝锐	360231	南方医科大学	临床医学	8	2023M741579
1448	吴佳妮	341822	南方医科大学	临床医学	8	2023M741580
1449	杨凯博	363466	南方医科大学	临床医学	8	2023M741581
1450	杨　兰	348854	南方医科大学	临床医学	8	2023M741582

续表

序号	姓名	博士后编号	设站单位名称	一级学科	资助金额/万元	资助编号
1451	姚欣强	323251	南方医科大学	临床医学	8	2023M741583
1452	余雨中	322179	南方医科大学	临床医学	8	2023M741584
1453	张倩倩	335180	南方医科大学	临床医学	8	2023M741585
1454	赵　豪	313251	南方医科大学	临床医学	8	2023M741586
1455	周权炜	330051	南方医科大学	临床医学	8	2023M741587
1456	邹志敏	313889	南方医科大学	临床医学	8	2023M741588
1457	李　鑫	356535	南方医科大学	生物学	8	2023M741589
1458	张　杰	360210	南方医科大学	生物学	8	2023M741590
1459	张武锔	323525	南方医科大学	生物学	8	2023M741591
1460	陈佩儿	364212	南方医科大学	生物医学工程	8	2023M741592
1461	刘小嘉	321942	南方医科大学	生物医学工程	8	2023M741593
1462	吴书建	325354	南方医科大学	食品科学与工程	8	2023M741594
1463	刘　璐	360208	南方医科大学	药学	8	2023M741595
1464	陈炜聪	351813	南方医科大学	中西医结合	8	2023M741596
1465	肖　倩	325328	南方医科大学	中西医结合	8	2023M741597
1466	杨思霞	346929	南方医科大学	中西医结合	8	2023M741598
1467	杨雪梅	333123	南方医科大学	中西医结合	8	2023M741599
1468	李会英	342486	南方医科大学	中药学	8	2023M741600
1469	杨　婵	363936	南方医科大学	中药学	8	2023M741601
1470	杨　琴	329074	南方医科大学	中药学	8	2023M741602
1471	游艳婷	337987	南方医科大学	中医学	8	2023M741603
1472	廖　清	314216	南方医科大学顺德医院（佛山市顺德区第一人民医院）	基础医学	8	2023M741604
1473	李延利	348920	南方医科大学顺德医院（佛山市顺德区第一人民医院）	临床医学	8	2023M741605
1474	罗　丹	357563	南方医科大学顺德医院（佛山市顺德区第一人民医院）	临床医学	8	2023M741606
1475	陈　哲	350796	南华大学	药学	8	2023M741607
1476	韩　忆	362134	南华大学附属第一医院	临床医学	8	2023M741608
1477	姜　丽	348248	南华大学附属第一医院	临床医学	8	2023M741609
1478	张厚检	362135	南华大学附属第一医院	临床医学	8	2023M741610
1479	陈　超	350223	南京财经大学	食品科学与工程	8	2023M741611
1480	陈传庆	344115	南京大学	材料科学与工程	8	2023M741612

续表

序号	姓名	博士后编号	设站单位名称	一级学科	资助金额/万元	资助编号
1481	王　博	337603	南京大学	材料科学与工程	8	2023M741613
1482	苟琪琪	354261	南京大学	大气科学	8	2023M741614
1483	王　搌	328819	南京大学	大气科学	8	2023M741615
1484	许文涛	342246	南京大学	地质资源与地质工程	8	2023M741616
1485	童芸芳	346019	南京大学	电子科学与技术	8	2023M741617
1486	童　阳	339584	南京大学	管理科学与工程	5	2023M741618
1487	丁梓轩	359362	南京大学	光学工程	8	2023M741619
1488	高　超	345680	南京大学	海洋科学	8	2023M741620
1489	侯瑞林	324699	南京大学	化学	8	2023M741621
1490	柯思文	323850	南京大学	化学	8	2023M741622
1491	王　飞	347062	南京大学	化学	8	2023M741623
1492	王　师	339023	南京大学	化学	8	2023M741624
1493	杜翠伟	352855	南京大学	环境科学与工程	8	2023M741625
1494	薛　意	347876	南京大学	环境科学与工程	8	2023M741626
1495	张　明	339413	南京大学	环境科学与工程	8	2023M741627
1496	张　谦	342125	南京大学	环境科学与工程	8	2023M741628
1497	王欣玥	361468	南京大学	基础医学	8	2023M741629
1498	乔艺波	345681	南京大学	建筑学	8	2023M741630
1499	郭　晗	350670	南京大学	理论经济学	5	2023M741631
1500	任芳容	328821	南京大学	理论经济学	5	2023M741632
1501	滕　飞	339407	南京大学	马克思主义理论	5	2023M741633
1502	郑娜娜	351668	南京大学	社会学	5	2023M741634
1503	曹　阳	357219	南京大学	数学	8	2023M741635
1504	杨晓梅	339350	南京大学	数学	8	2023M741636
1505	李大洋	350669	南京大学	水利工程	8	2023M741637
1506	王　洋	326875	南京大学	天文学	8	2023M741638
1507	许啸宇	348542	南京大学	天文学	8	2023M741639
1508	赵　哲	339333	南京大学	外国语言文学	5	2023M741640
1509	杨宇犇	348118	南京大学	物理学	8	2023M741641
1510	刘倩倩	321575	南京大学	药学	8	2023M741642
1511	田　梦	350844	南京大学	应用经济学	5	2023M741643
1512	赵　立	326141	南京大学	哲学	5	2023M741644
1513	徐　涛	340330	南京大学医学院附属鼓楼医院	基础医学	8	2023M741645

续表

序号	姓名	博士后编号	设站单位名称	一级学科	资助金额/万元	资助编号
1514	杜　颖	335751	南京大学医学院附属鼓楼医院	临床医学	8	2023M741646
1515	樊智文	350422	南京大学医学院附属鼓楼医院	临床医学	8	2023M741647
1516	刘东明	350421	南京大学医学院附属鼓楼医院	临床医学	8	2023M741648
1517	王皓瑶	334294	南京大学医学院附属鼓楼医院	临床医学	8	2023M741649
1518	吴　亮	340329	南京大学医学院附属鼓楼医院	临床医学	8	2023M741650
1519	杨　洁	335540	南京大学医学院附属鼓楼医院	临床医学	8	2023M741651
1520	叶小连	322219	南京大学医学院附属鼓楼医院	临床医学	8	2023M741652
1521	强伟杰	327993	南京大学医学院附属鼓楼医院	中药学	8	2023M741653
1522	安　翔	326135	南京工业大学	材料科学与工程	8	2023M741654
1523	贾永辉	320829	南京工业大学	材料科学与工程	8	2023M741655
1524	吴晓栋	348775	南京工业大学	材料科学与工程	8	2023M741656
1525	周　哲	326737	南京工业大学	电子科学与技术	8	2023M741657
1526	黄　珊	326683	南京工业大学	化学	8	2023M741658
1527	江　禹	313419	南京工业大学	化学	8	2023M741659
1528	陈桂宁	327064	南京工业大学	化学工程与技术	8	2023M741660
1529	陈智豪	320238	南京工业大学	化学工程与技术	8	2023M741661
1530	冯艺荣	314723	南京工业大学	化学工程与技术	8	2023M741662
1531	刘嘉唯	329930	南京工业大学	化学工程与技术	8	2023M741663
1532	刘美玲	337876	南京工业大学	化学工程与技术	8	2023M741664
1533	闻娟娟	326423	南京工业大学	化学工程与技术	8	2023M741665
1534	邹　栋	349824	南京工业大学	化学工程与技术	8	2023M741666
1535	张天宇	363199	南京工业大学	机械工程	8	2023M741667
1536	卢亚伟	342336	南京工业大学	矿业工程	8	2023M741668
1537	王玉先	326424	南京工业大学	食品科学与工程	8	2023M741669
1538	徐积刚	349644	南京工业大学	土木工程	8	2023M741670
1539	赵文超	342074	南京林业大学	材料科学与工程	8	2023M741719
1540	陈硕蕾	337451	南京林业大学	建筑学	8	2023M741720
1541	明美玲	347829	南京林业大学	林学	8	2023M741721
1542	穆亚丽	343539	南京林业大学	农林经济管理	5	2023M741722
1543	樊晨龙	349266	南京林业大学	农业工程	8	2023M741723
1544	姜洪喆	341986	南京林业大学	农业工程	8	2023M741724
1545	相　波	342076	南京林业大学	农业工程	8	2023M741725
1546	程　虎	356838	南京林业大学	农业资源利用	8	2023M741726

续表

序号	姓名	博士后编号	设站单位名称	一级学科	资助金额/万元	资助编号
1547	高小立	348700	南京林业大学	生物学	8	2023M741727
1548	陈冬冬	344855	南京林业大学	土木工程	8	2023M741728
1549	丁明珉	339679	南京林业大学	土木工程	8	2023M741729
1550	林　煜	341987	南京林业大学	土木工程	8	2023M741730
1551	张延泰	342781	南京林业大学	土木工程	8	2023M741731
1552	李　欣	315392	南京农业大学	地理学	8	2023M741732
1553	聂文静	348240	南京农业大学	农林经济管理	5	2023M741733
1554	吴一恒	349641	南京农业大学	农林经济管理	5	2023M741734
1555	杨宗耀	347064	南京农业大学	农林经济管理	5	2023M741735
1556	李康宁	341963	南京农业大学	农业资源利用	8	2023M741736
1557	栗照鑫	350398	南京农业大学	农业资源利用	8	2023M741737
1558	秦　超	349324	南京农业大学	农业资源利用	8	2023M741738
1559	邵天韵	314863	南京农业大学	农业资源利用	8	2023M741739
1560	孙新丽	341390	南京农业大学	农业资源利用	8	2023M741740
1561	谢远明	341391	南京农业大学	农业资源利用	8	2023M741741
1562	白彤硕	315394	南京农业大学	生物学	8	2023M741742
1563	刘　斌	311584	南京农业大学	生物学	8	2023M741743
1564	王小文	349397	南京农业大学	生物学	8	2023M741744
1565	颜学宾	356904	南京农业大学	生物学	8	2023M741745
1566	王晓明	343385	南京农业大学	兽医学	8	2023M741746
1567	姚晓磊	342745	南京农业大学	畜牧学	8	2023M741747
1568	朱海凤	350042	南京农业大学	畜牧学	8	2023M741748
1569	贡　鑫	353823	南京农业大学	园艺学	8	2023M741749
1570	吴　潇	314856	南京农业大学	园艺学	8	2023M741750
1571	高浩力	350417	南京农业大学	植物保护	8	2023M741751
1572	张彦超	353826	南京农业大学	植物保护	8	2023M741752
1573	陈高明	330572	南京农业大学	作物学	8	2023M741753
1574	何骄阳	358308	南京农业大学	作物学	8	2023M741754
1575	李日慧	360360	南京农业大学	作物学	8	2023M741755
1576	徐宏发	343526	南京农业大学	作物学	8	2023M741756
1577	杨中义	353832	南京农业大学	作物学	8	2023M741757
1578	张军学	320574	南京栖霞建设股份有限公司	建筑学	8	2023M741758
1579	陈仙仙	347828	南京师范大学	地理学	8	2023M741759

续表

序号	姓名	博士后编号	设站单位名称	一级学科	资助金额/万元	资助编号
1580	陈玉洁	339683	南京师范大学	地理学	8	2023M741760
1581	钟　强	354599	南京师范大学	环境科学与工程	8	2023M741761
1582	谢　雯	351437	南京师范大学	教育学	5	2023M741762
1583	李　丹	340294	南京师范大学	数学	8	2023M741763
1584	高　擎	349992	南京市第一医院	临床医学	8	2023M741764
1585	施　良	318003	南京市第一医院	临床医学	8	2023M741765
1586	付　永	350711	南京市口腔医院	口腔医学	8	2023M741766
1587	彭　巧	350712	南京市口腔医院	口腔医学	8	2023M741767
1588	查　伟	330041	南京水利科学研究院	水利工程	8	2023M741768
1589	苏　鑫	330042	南京水利科学研究院	水利工程	8	2023M741769
1590	吴杰峰	319704	南京水利科学研究院	水利工程	8	2023M741770
1591	朱冬冬	350633	南京信息工程大学	材料科学与工程	8	2023M741771
1592	朱晓辉	342715	南京信息工程大学	材料科学与工程	8	2023M741772
1593	胡　康	356874	南京信息工程大学	大气科学	8	2023M741773
1594	谭仲辉	350601	南京信息工程大学	大气科学	8	2023M741774
1595	谢文欣	350568	南京信息工程大学	大气科学	8	2023M741775
1596	刘　霞	350639	南京信息工程大学	管理科学与工程	5	2023M741776
1597	沈令斌	317428	南京信息工程大学	光学工程	8	2023M741777
1598	张　翔	343886	南京信息工程大学	计算机科学与技术	8	2023M741778
1599	邓进昌	364760	南京信息工程大学	矿业工程	8	2023M741779
1600	张笑河	346521	南京信息工程大学	物理学	8	2023M741780
1601	林　鹏	340480	南京信息工程大学	信息与通信工程	8	2023M741781
1602	田入运	347379	南京信息工程大学	仪器科学与技术	8	2023M741782
1603	成　诚	355451	南京医科大学	公共卫生与预防医学	8	2023M741783
1604	葛泽河	355488	南京医科大学	公共卫生与预防医学	8	2023M741784
1605	杨　旭	355558	南京医科大学	公共卫生与预防医学	8	2023M741785
1606	张明智	325557	南京医科大学	公共卫生与预防医学	8	2023M741786
1607	姜玉莹	355479	南京医科大学	基础医学	8	2023M741787
1608	韩　笑	326074	南京医科大学	口腔医学	8	2023M741788
1609	李　翔	325508	南京医科大学	口腔医学	8	2023M741789
1610	庞　静	319174	南京医科大学	临床医学	8	2023M741790
1611	孙　硕	355481	南京医科大学	临床医学	8	2023M741791
1612	辛天闻	339012	南京医科大学	临床医学	8	2023M741792

续表

序号	姓名	博士后编号	设站单位名称	一级学科	资助金额/万元	资助编号
1613	尹安雯	339759	南京医科大学	临床医学	8	2023M741793
1614	张娜莎	316159	南京医科大学	临床医学	8	2023M741794
1615	顾丹灵	355496	南京医科大学	生物学	8	2023M741795
1616	朱银杏	326075	南京医科大学	中药学	8	2023M741796
1617	宋佳宇	337524	南京医科大学附属儿童医院	临床医学	8	2023M741797
1618	张茹艺	350473	南京医科大学附属儿童医院	临床医学	8	2023M741798
1619	马　健	350033	南京艺术学院	艺术学	5	2023M741799
1620	魏　娟	338058	南京邮电大学	材料科学与工程	8	2023M741800
1621	黄　煜	351391	南京邮电大学	电气工程	8	2023M741801
1622	冯泽彪	349003	南京邮电大学	管理科学与工程	5	2023M741802
1623	刘加伟	359351	南京邮电大学	光学工程	8	2023M741803
1624	陆　峰	348052	南京邮电大学	化学	8	2023M741804
1625	郑彬双	343530	南京邮电大学	交通运输工程	8	2023M741805
1626	邓　超	339016	南京邮电大学	控制科学与工程	8	2023M741806
1627	姚大杰	351636	南京邮电大学	控制科学与工程	8	2023M741807
1628	任　帅	350024	南京中医药大学附属医院	临床医学	8	2023M741808
1629	刘　兵	355690	南开大学	材料科学与工程	8	2023M741809
1630	杨　磊	314981	南开大学	材料科学与工程	8	2023M741810
1631	潘彬彬	319189	南开大学	化学	8	2023M741811
1632	师晓梦	356211	南开大学	化学	8	2023M741812
1633	王　彩	317052	南开大学	化学	8	2023M741813
1634	张祥宇	322080	南开大学	化学	8	2023M741814
1635	赵　健	342268	南开大学	化学	8	2023M741815
1636	兰富军	317051	南开大学	化学工程与技术	8	2023M741816
1637	史本兵	337401	南开大学	化学工程与技术	8	2023M741817
1638	杨磊鑫	349931	南开大学	化学工程与技术	8	2023M741818
1639	侯　萱	355647	南开大学	环境科学与工程	8	2023M741819
1640	周歆妍	351505	南开大学	计算机科学与技术	8	2023M741820
1641	王秀丽	349921	南开大学	控制科学与工程	8	2023M741821
1642	郭子健	317188	南开大学	历史学	5	2023M741822
1643	曲佳宝	352771	南开大学	马克思主义理论	5	2023M741823
1644	张　楠	328435	南开大学	生物学	8	2023M741824
1645	付文慧	322818	南开大学	食品科学与工程	8	2023M741825

续表

序号	姓名	博士后编号	设站单位名称	一级学科	资助金额/万元	资助编号
1646	胡　杰	326407	南开大学	数学	8	2023M741826
1647	张逸枫	331761	南开大学	数学	8	2023M741827
1648	李泽方	318413	南开大学	物理学	8	2023M741828
1649	孙明明	329611	南开大学	药学	8	2023M741829
1650	王继岩	312589	南开大学	药学	8	2023M741830
1651	王　瑞	327199	南开大学	政治学	5	2023M741831
1652	陆　旭	327716	南开大学	中国语言文学	5	2023M741832
1653	张鹏飞	351682	内蒙古大学	化学	8	2023M741833
1654	史瑞婕	343600	内蒙古蒙牛乳业（集团）股份有限公司	食品科学与工程	8	2023M741834
1655	王妍蔺	348590	宁波大学	化学	8	2023M741835
1656	何雨娟	318516	宁波大学	生物学	8	2023M741836
1657	贾阳磊	335836	宁波大学	生物学	8	2023M741837
1658	张　波	359980	宁波大学	生物学	8	2023M741838
1659	苏　雅	333460	宁波海通食品科技有限公司	食品科学与工程	8	2023M741839
1660	陈占明	351572	宁波中策动力机电集团有限公司	动力工程及工程热物理	8	2023M741840
1661	李松峰	351278	宁波中策动力机电集团有限公司	动力工程及工程热物理	8	2023M741841
1662	张蓝萱	320200	鹏城实验室	光学工程	8	2023M741842
1663	潘囿丞	329381	鹏城实验室	计算机科学与技术	8	2023M741843
1664	姚舒敏	341944	鹏城实验室	信息与通信工程	8	2023M741844
1665	张　可	333288	鹏城实验室	信息与通信工程	8	2023M741845
1666	姚邦华	342902	平顶山天安煤业股份有限公司	矿业工程	8	2023M741846
1667	葛国伟	328416	平高集团有限公司	电气工程	8	2023M741847
1668	曾　嘉	365135	浦江实验室	计算机科学与技术	8	2023M741848
1669	张　琦	348623	浦江实验室	计算机科学与技术	8	2023M741849
1670	周　晓	355822	浦江实验室	计算机科学与技术	8	2023M741850
1671	邹易澄	353755	浦江实验室	计算机科学与技术	8	2023M741851
1672	郭　浩	334045	启元实验室	系统科学	8	2023M741852
1673	焦　雷	354732	青岛大学	化学	8	2023M741853
1674	李丛丛	354675	青岛大学	化学	8	2023M741854
1675	刘朝龙	315656	青岛大学	化学	8	2023M741855
1676	高瑞通	354690	青岛大学	环境科学与工程	8	2023M741856
1677	李亚庆	345355	青岛大学	临床医学	8	2023M741857

续表

序号	姓名	博士后编号	设站单位名称	一级学科	资助金额/万元	资助编号
1678	刘睿清	336691	青岛大学	临床医学	8	2023M741858
1679	刘永亮	354680	青岛大学	临床医学	8	2023M741859
1680	宋瑶琳	316109	青岛大学	临床医学	8	2023M741860
1681	孙偲瑜	327888	青岛大学	临床医学	8	2023M741861
1682	张　华	315977	青岛大学	临床医学	8	2023M741862
1683	张照龙	315979	青岛大学	临床医学	8	2023M741863
1684	赵　涛	354695	青岛大学	临床医学	8	2023M741864
1685	李焕欢	315981	青岛大学	数学	8	2023M741865
1686	蒋宏飞	354749	青岛大学	药学	8	2023M741866
1687	王　超	354678	青岛大学	药学	8	2023M741867
1688	董　林	317857	青岛海洋地质研究所	地质资源与地质工程	8	2023M741868
1689	徐思南	328162	青岛海洋地质研究所	海洋科学	8	2023M741869
1690	赵亚鹏	357039	青岛海洋地质研究所	海洋科学	8	2023M741870
1691	王学花	357906	青岛科技大学	材料科学与工程	8	2023M741871
1692	李　峥	337066	青岛科技大学	化学	8	2023M741872
1693	邓晨光	327370	清华大学	材料科学与工程	8	2023M741873
1694	耿超亮	327436	清华大学	材料科学与工程	8	2023M741874
1695	李善霖	355219	清华大学	材料科学与工程	8	2023M741875
1696	刘　洪	354145	清华大学	材料科学与工程	8	2023M741876
1697	卢功勋	335590	清华大学	材料科学与工程	8	2023M741877
1698	王泽霖	328085	清华大学	材料科学与工程	8	2023M741878
1699	武英举	350529	清华大学	材料科学与工程	8	2023M741879
1700	肖巍伟	364377	清华大学	材料科学与工程	8	2023M741880
1701	徐　民	315296	清华大学	材料科学与工程	8	2023M741881
1702	吕　旭	335644	清华大学	测绘科学与技术	8	2023M741882
1703	韩　鹏	328028	清华大学	船舶与海洋工程	8	2023M741883
1704	郭亚琴	338864	清华大学	地理学	8	2023M741884
1705	武　慧	354529	清华大学	地理学	8	2023M741885
1706	谢永顺	328004	清华大学	地理学	8	2023M741886
1707	池映天	354158	清华大学	电气工程	8	2023M741887
1708	任宁宇	327731	清华大学	电气工程	8	2023M741888
1709	陈　航	321316	清华大学	电子科学与技术	8	2023M741889
1710	郭鹏文	343099	清华大学	电子科学与技术	8	2023M741890

续表

序号	姓名	博士后编号	设站单位名称	一级学科	资助金额/万元	资助编号
1711	梁向鹏	343292	清华大学	电子科学与技术	8	2023M741891
1712	林钰登	353634	清华大学	电子科学与技术	8	2023M741892
1713	朱佳雪	327385	清华大学	电子科学与技术	8	2023M741893
1714	方　筑	328089	清华大学	动力工程及工程热物理	8	2023M741894
1715	刘　彬	335800	清华大学	动力工程及工程热物理	8	2023M741895
1716	王邑维	328560	清华大学	动力工程及工程热物理	8	2023M741896
1717	赵博生	328390	清华大学	动力工程及工程热物理	8	2023M741897
1718	李依怡	310787	清华大学	法学	5	2023M741898
1719	邱玉强	330691	清华大学	法学	5	2023M741899
1720	岳万兵	327727	清华大学	法学	5	2023M741900
1721	乔亚丽	331465	清华大学	工商管理	5	2023M741901
1722	田马飞	318866	清华大学	工商管理	5	2023M741902
1723	曹丹丘	310677	清华大学	公共管理	5	2023M741903
1724	胡志明	327660	清华大学	公共管理	5	2023M741904
1725	刘　帅	348527	清华大学	公共管理	5	2023M741905
1726	邹昀瑾	331463	清华大学	公共管理	5	2023M741906
1727	上官莉莉	339175	清华大学	管理科学与工程	5	2023M741907
1728	薛　刚	350426	清华大学	管理科学与工程	5	2023M741908
1729	张　萌	353977	清华大学	管理科学与工程	5	2023M741909
1730	朱　辰	343047	清华大学	管理科学与工程	5	2023M741910
1731	赵　峰	343458	清华大学	光学工程	8	2023M741911
1732	靳旭红	334152	清华大学	航空宇航科学与技术	8	2023M741912
1733	李宗洋	343017	清华大学	核科学与技术	8	2023M741913
1734	马文魁	353648	清华大学	核科学与技术	8	2023M741914
1735	文宇同	318821	清华大学	核科学与技术	8	2023M741915
1736	陈嘉伟	350448	清华大学	化学	8	2023M741916
1737	刘　旦	335646	清华大学	化学	8	2023M741917
1738	王　赢	355389	清华大学	化学	8	2023M741918
1739	苟竞仁	319216	清华大学	化学工程与技术	8	2023M741919
1740	李欣欣	343237	清华大学	化学工程与技术	8	2023M741920
1741	熊伦乔	353649	清华大学	化学工程与技术	8	2023M741921
1742	徐　攀	319208	清华大学	化学工程与技术	8	2023M741922
1743	陈云宁	346200	清华大学	环境科学与工程	8	2023M741923

续表

序号	姓名	博士后编号	设站单位名称	一级学科	资助金额/万元	资助编号
1744	傅晨玲	335803	清华大学	环境科学与工程	8	2023M741924
1745	黄财德	354544	清华大学	环境科学与工程	8	2023M741925
1746	梁宝瑞	348430	清华大学	环境科学与工程	8	2023M741926
1747	刘文斌	353984	清华大学	环境科学与工程	8	2023M741927
1748	隆云鹏	354624	清华大学	环境科学与工程	8	2023M741928
1749	彭　露	343193	清华大学	环境科学与工程	8	2023M741929
1750	吴　昊	348717	清华大学	环境科学与工程	8	2023M741930
1751	邢　磊	319200	清华大学	环境科学与工程	8	2023M741931
1752	杨培珍	354453	清华大学	环境科学与工程	8	2023M741932
1753	于　豹	328094	清华大学	环境科学与工程	8	2023M741933
1754	张聪聪	339135	清华大学	环境科学与工程	8	2023M741934
1755	张　朔	354460	清华大学	环境科学与工程	8	2023M741935
1756	张逸博	333267	清华大学	环境科学与工程	8	2023M741936
1757	顾慧卿	327376	清华大学	机械工程	8	2023M741937
1758	黄金凤	318796	清华大学	机械工程	8	2023M741938
1759	李新新	343077	清华大学	机械工程	8	2023M741939
1760	林子钰	354388	清华大学	机械工程	8	2023M741940
1761	刘　阳	335741	清华大学	机械工程	8	2023M741941
1762	吴动波	327482	清华大学	机械工程	8	2023M741942
1763	陈　雷	348400	清华大学	计算机科学与技术	8	2023M741943
1764	陈　壮	327390	清华大学	计算机科学与技术	8	2023M741944
1765	从　鑫	355199	清华大学	计算机科学与技术	8	2023M741945
1766	范少华	354097	清华大学	计算机科学与技术	8	2023M741946
1767	付梓焱	343120	清华大学	计算机科学与技术	8	2023M741947
1768	黄　文	355314	清华大学	计算机科学与技术	8	2023M741948
1769	李汝佳	339159	清华大学	计算机科学与技术	8	2023M741949
1770	马志远	355356	清华大学	计算机科学与技术	8	2023M741950
1771	王一凯	318171	清华大学	计算机科学与技术	8	2023M741951
1772	朱锦潮	333599	清华大学	计算机科学与技术	8	2023M741952
1773	刘晓东	328043	清华大学	建筑学	8	2023M741953
1774	宋修教	335651	清华大学	建筑学	8	2023M741954
1775	严　鑫	312410	清华大学	建筑学	8	2023M741955
1776	李忠灿	354437	清华大学	交通运输工程	8	2023M741956

续表

序号	姓名	博士后编号	设站单位名称	一级学科	资助金额/万元	资助编号
1777	王　聪	328468	清华大学	交通运输工程	8	2023M741957
1778	魏邦洋	353643	清华大学	交通运输工程	8	2023M741958
1779	杨　森	313740	清华大学	交通运输工程	8	2023M741959
1780	杨芊芊	355633	清华大学	教育学	5	2023M741960
1781	常东良	354430	清华大学	控制科学与工程	8	2023M741961
1782	李欣阳	354441	清华大学	控制科学与工程	8	2023M741962
1783	卢　志	354416	清华大学	控制科学与工程	8	2023M741963
1784	于炳耀	348435	清华大学	控制科学与工程	8	2023M741964
1785	赵佳晨	318780	清华大学	控制科学与工程	8	2023M741965
1786	周仕佶	346651	清华大学	控制科学与工程	8	2023M741966
1787	李　梦	317422	清华大学	矿业工程	8	2023M741967
1788	马　庆	327404	清华大学	矿业工程	8	2023M741968
1789	刘丽雅	318788	清华大学	力学	8	2023M741969
1790	刘　伟	350411	清华大学	力学	8	2023M741970
1791	王莅辰	318744	清华大学	力学	8	2023M741971
1792	杨同会	315247	清华大学	力学	8	2023M741972
1793	韩宇飞	318793	清华大学	林业工程	8	2023M741973
1794	戴依聪	355395	清华大学	临床医学	8	2023M741974
1795	石文昊	327430	清华大学	临床医学	8	2023M741975
1796	姜术容	327450	清华大学	民族学	5	2023M741976
1797	郭珊珊	331131	清华大学	农业工程	8	2023M741977
1798	刘瑶瑶	330659	清华大学	社会学	5	2023M741978
1799	陶霞飞	330714	清华大学	社会学	5	2023M741979
1800	陈　彪	327644	清华大学	生物学	8	2023M741980
1801	陈康净	318415	清华大学	生物学	8	2023M741981
1802	陈志杰	327709	清华大学	生物学	8	2023M741982
1803	代小勇	333595	清华大学	生物学	8	2023M741983
1804	王晓博	343314	清华大学	生物学	8	2023M741984
1805	游　鑫	353884	清华大学	生物学	8	2023M741985
1806	张炬庆	350522	清华大学	生物学	8	2023M741986
1807	张胜南	318746	清华大学	生物学	8	2023M741987
1808	兰恒荣	327694	清华大学	生物医学工程	8	2023M741988
1809	李　玥	355631	清华大学	食品科学与工程	8	2023M741989

续表

序号	姓名	博士后编号	设站单位名称	一级学科	资助金额/万元	资助编号
1810	马国瑞	353790	清华大学	数学	8	2023M741990
1811	孙　涛	319226	清华大学	数学	8	2023M741991
1812	翁为方	319259	清华大学	数学	8	2023M741992
1813	周　宁	364111	清华大学	数学	8	2023M741993
1814	高桦楠	339136	清华大学	水产	8	2023M741994
1815	陈星宇	351364	清华大学	水利工程	8	2023M741995
1816	薛　源	348521	清华大学	水利工程	8	2023M741996
1817	张　军	343342	清华大学	水利工程	8	2023M741997
1818	宋翠英	364535	清华大学	天文学	8	2023M741998
1819	徐　睿	346130	清华大学	天文学	8	2023M741999
1820	任大瑞	327680	清华大学	土木工程	8	2023M742000
1821	田英鹏	327678	清华大学	土木工程	8	2023M742001
1822	燕发源	318808	清华大学	土木工程	8	2023M742002
1823	王亦许	331307	清华大学	物理学	8	2023M742003
1824	魏　宾	310783	清华大学	物理学	8	2023M742004
1825	熊昊楠	335600	清华大学	物理学	8	2023M742005
1826	张峻铭	327463	清华大学	物理学	8	2023M742006
1827	樊　溥	346139	清华大学	新闻传播学	5	2023M742007
1828	魏心妮	327451	清华大学	新闻传播学	5	2023M742008
1829	曹亚帅	348443	清华大学	信息与通信工程	8	2023M742009
1830	柴浩野	355282	清华大学	信息与通信工程	8	2023M742010
1831	南兆君	319748	清华大学	信息与通信工程	8	2023M742011
1832	何　朋	339167	清华大学	药学	8	2023M742012
1833	姜瑶瑶	327714	清华大学	药学	8	2023M742013
1834	袁锦烽	354275	清华大学	仪器科学与技术	8	2023M742014
1835	崔　强	328577	清华大学	艺术学	5	2023M742015
1836	高鹏宇	330750	清华大学	艺术学	5	2023M742016
1837	刘玉琪	312565	清华大学	艺术学	5	2023M742017
1838	黄志宏	320010	清华大学	应用经济学	5	2023M742018
1839	李庆涛	343252	清华大学	应用经济学	5	2023M742019
1840	李元琨	327413	清华大学	应用经济学	5	2023M742020
1841	徐照宜	335582	清华大学	应用经济学	5	2023M742021
1842	张铧兮	343211	清华大学	应用经济学	5	2023M742022

续表

序号	姓名	博士后编号	设站单位名称	一级学科	资助金额/万元	资助编号
1843	侯　洁	346275	清华大学	哲学	5	2023M742023
1844	王友奎	343226	清华大学	哲学	5	2023M742024
1845	郎　昆	364723	清华大学	政治学	5	2023M742025
1846	门钰璐	346193	清华大学	政治学	5	2023M742026
1847	苗丰涛	328063	清华大学	政治学	5	2023M742027
1848	龚　骞	354387	清华大学	植物保护	8	2023M742028
1849	岳　宁	327438	清华大学	植物保护	8	2023M742029
1850	戚　悦	328040	清华大学	中国语言文学	5	2023M742030
1851	吴娟娟	312834	清华大学	中国语言文学	5	2023M742031
1852	张定棋	327704	清华大学	中医学	8	2023M742032
1853	李浩然	314304	清华大学苏州汽车研究院（相城）	机械工程	8	2023M742033
1854	范晓宸	345014	清华大学天津电子信息研究院	计算机科学与技术	8	2023M742034
1855	张薇宁	322813	曲阜师范大学	材料科学与工程	8	2023M742035
1856	张世慧	360269	曲阜师范大学	历史学	5	2023M742036
1857	杨伟荣	349038	曲阜师范大学	马克思主义理论	5	2023M742037
1858	方娇慧	342443	曲阜师范大学	生物学	8	2023M742038
1859	吴　忧	337634	曲阜师范大学	数学	8	2023M742039
1860	董德朋	333441	曲阜师范大学	体育学	5	2023M742040
1861	李　卯	310814	人民教育出版社有限公司	教育学	5	2023M742041
1862	许　赛	343310	日照金禾生化集团股份有限公司	环境科学与工程	8	2023M742042
1863	龙天宇	359468	三峡大学	化学	8	2023M742043
1864	吕元飞	355548	三峡大学	环境科学与工程	8	2023M742044
1865	窦蒙家	321645	散裂中子源科学中心	动力工程及工程热物理	8	2023M742045
1866	刘树林	321635	散裂中子源科学中心	核科学与技术	8	2023M742046
1867	裴加景	326172	散裂中子源科学中心	核科学与技术	8	2023M742047
1868	Didar Baimanov	334579	散裂中子源科学中心	生物学	8	2023M742048
1869	李宗伦	358253	散裂中子源科学中心	物理学	8	2023M742049
1870	康元环	325080	山东宝来利来生物工程股份有限公司	水产	8	2023M742050
1871	黄　冲	348296	山东财经大学	应用经济学	5	2023M742051
1872	刘齐鲁	362372	山东大学	材料科学与工程	8	2023M742052
1873	王　璐	333444	山东大学	材料科学与工程	8	2023M742053
1874	曲洪坤	360267	山东大学	地球物理学	8	2023M742054
1875	高　腾	321187	山东大学	电气工程	8	2023M742055

续表

序号	姓名	博士后编号	设站单位名称	一级学科	资助金额/万元	资助编号
1876	马　锐	353849	山东大学	电气工程	8	2023M742056
1877	孟繁博	360300	山东大学	电气工程	8	2023M742057
1878	边　琦	355771	山东大学	公共管理	5	2023M742058
1879	董晓升	349274	山东大学	公共管理	5	2023M742059
1880	路立勇	357685	山东大学	公共管理	5	2023M742060
1881	杨丽丽	341806	山东大学	公共卫生与预防医学	8	2023M742061
1882	韩心晴	352064	山东大学	核科学与技术	8	2023M742062
1883	苗亚伟	340568	山东大学	化学	8	2023M742063
1884	王　斌	362366	山东大学	化学	8	2023M742064
1885	王　鹏	362369	山东大学	化学	8	2023M742065
1886	程　杰	316536	山东大学	基础医学	8	2023M742066
1887	李　晔	353446	山东大学	基础医学	8	2023M742067
1888	沙国萌	330495	山东大学	基础医学	8	2023M742068
1889	张　静	316534	山东大学	机械工程	8	2023M742069
1890	赵大端	360272	山东大学	控制科学与工程	8	2023M742070
1891	丁　田	325849	山东大学	口腔医学	8	2023M742071
1892	沈　松	360673	山东大学	口腔医学	8	2023M742072
1893	薛浩杰	322801	山东大学	矿业工程	8	2023M742073
1894	刘晓红	344847	山东大学	理论经济学	5	2023M742074
1895	姜金言	311300	山东大学	历史学	5	2023M742075
1896	王　亚	321191	山东大学	历史学	5	2023M742076
1897	王晓平	342813	山东大学	力学	8	2023M742077
1898	国林沛	345394	山东大学	临床医学	8	2023M742078
1899	孔　都	362997	山东大学	临床医学	8	2023M742079
1900	秦君超	343814	山东大学	临床医学	8	2023M742080
1901	冯晓畅	322137	山东大学	马克思主义理论	5	2023M742081
1902	王德庆	327920	山东大学	轻工技术与工程	8	2023M742082
1903	Muhammad Fahad Sardar	342533	山东大学	生物学	8	2023M742083
1904	胡嘉琪	353375	山东大学	生物学	8	2023M742084
1905	康照琪	317768	山东大学	生物学	8	2023M742085
1906	马　馨	321192	山东大学	生物学	8	2023M742086
1907	潘云军	353593	山东大学	生物学	8	2023M742087

续表

序号	姓名	博士后编号	设站单位名称	一级学科	资助金额/万元	资助编号
1908	孙向楠	348375	山东大学	生物学	8	2023M742088
1909	王　飞	317091	山东大学	生物学	8	2023M742089
1910	朱双国	345617	山东大学	生物学	8	2023M742090
1911	饶孟姣	320048	山东大学	数学	8	2023M742091
1912	孙婉婷	357948	山东大学	数学	8	2023M742092
1913	代　松	331229	山东大学	水利工程	8	2023M742093
1914	冯　硕	347796	山东大学	土木工程	8	2023M742094
1915	李　彪	328292	山东大学	土木工程	8	2023M742095
1916	荣坤杰	340915	山东大学	土木工程	8	2023M742096
1917	刘伟康	363541	山东大学	物理学	8	2023M742097
1918	汪　磊	353364	山东大学	物理学	8	2023M742098
1919	邢文静	317006	山东大学	物理学	8	2023M742099
1920	周　航	356140	山东大学	物理学	8	2023M742100
1921	唐　凯	360278	山东大学	药学	8	2023M742101
1922	姜复宁	353846	山东大学	中国语言文学	5	2023M742102
1923	解树明	316282	山东大学	中国语言文学	5	2023M742103
1924	沈文远	343817	山东大学	中药学	8	2023M742104
1925	郭小维	364938	山东大学齐鲁医院	基础医学	8	2023M742105
1926	杨　硕	364907	山东大学齐鲁医院	控制科学与工程	8	2023M742106
1927	冯格格	311802	山东大学齐鲁医院	临床医学	8	2023M742107
1928	韩殿文	364916	山东大学齐鲁医院	临床医学	8	2023M742108
1929	黄橙紫	364913	山东大学齐鲁医院	临床医学	8	2023M742109
1930	黄英剑	326510	山东大学齐鲁医院	临床医学	8	2023M742110
1931	贾睿楠	364933	山东大学齐鲁医院	临床医学	8	2023M742111
1932	荆卫强	326508	山东大学齐鲁医院	临床医学	8	2023M742112
1933	来庆腾	364881	山东大学齐鲁医院	临床医学	8	2023M742113
1934	李柏延	365318	山东大学齐鲁医院	临床医学	8	2023M742114
1935	李明颖	364932	山东大学齐鲁医院	临床医学	8	2023M742115
1936	林　岩	325899	山东大学齐鲁医院	临床医学	8	2023M742116
1937	刘万成	327697	山东大学齐鲁医院	临床医学	8	2023M742117
1938	刘泽娟	326516	山东大学齐鲁医院	临床医学	8	2023M742118
1939	宋心宇	364900	山东大学齐鲁医院	临床医学	8	2023M742119
1940	田振宇	364929	山东大学齐鲁医院	临床医学	8	2023M742120

续表

序号	姓名	博士后编号	设站单位名称	一级学科	资助金额/万元	资助编号
1941	王　强	364890	山东大学齐鲁医院	临床医学	8	2023M742121
1942	王锐卿	364928	山东大学齐鲁医院	临床医学	8	2023M742122
1943	王士冠	364889	山东大学齐鲁医院	临床医学	8	2023M742123
1944	薛　飞	364905	山东大学齐鲁医院	临床医学	8	2023M742124
1945	杨金奂	364888	山东大学齐鲁医院	临床医学	8	2023M742125
1946	杨可慧	364906	山东大学齐鲁医院	临床医学	8	2023M742126
1947	俞力雯	364908	山东大学齐鲁医院	临床医学	8	2023M742127
1948	张　浩	364919	山东大学齐鲁医院	临床医学	8	2023M742128
1949	周　莹	325892	山东大学齐鲁医院	临床医学	8	2023M742129
1950	张钦然	364876	山东大学齐鲁医院	数学	8	2023M742130
1951	杨鲁莹	364917	山东大学齐鲁医院	中西医结合	8	2023M742131
1952	李中媛	338103	山东福田药业有限公司	食品科学与工程	8	2023M742132
1953	张　鹏	355094	山东高等技术研究院	材料科学与工程	8	2023M742133
1954	曹　帅	341808	山东黄金集团有限公司	矿业工程	8	2023M742134
1955	邓南平	321202	山东京博控股集团有限公司	纺织科学与工程	8	2023M742135
1956	李　明	350787	山东京博控股集团有限公司	化学工程与技术	8	2023M742136
1957	王玉玉	339189	山东科技大学	材料科学与工程	8	2023M742137
1958	邓　玥	341542	山东科技大学	电子科学与技术	8	2023M742138
1959	韩承豪	325609	山东科技大学	矿业工程	8	2023M742139
1960	江守波	330308	山东科技大学	矿业工程	8	2023M742140
1961	王　晓	354653	山东科技大学	矿业工程	8	2023M742141
1962	朱向楠	352127	山东科技大学	矿业工程	8	2023M742142
1963	董　硕	354738	山东科技大学	土木工程	8	2023M742143
1964	孟　坤	354746	山东科技大学	土木工程	8	2023M742144
1965	张永政	343737	山东科技大学	土木工程	8	2023M742145
1966	刘　强	354936	山东科技大学	信息与通信工程	8	2023M742146
1967	曲　越	354842	山东科技大学	应用经济学	5	2023M742147
1968	韩祥生	336049	山东理工大学	纺织科学与工程	8	2023M742148
1969	刘　洁	345400	山东绿叶制药有限公司	临床医学	8	2023M742149
1970	郭泽艺	359301	山东农业大学	食品科学与工程	8	2023M742150
1971	周　静	317119	山东农业大学	兽医学	8	2023M742151
1972	孙　权	328291	山东农业大学	园艺学	8	2023M742152
1973	杨　琳	348631	山东农业大学	园艺学	8	2023M742153

续表

序号	姓名	博士后编号	设站单位名称	一级学科	资助金额/万元	资助编号
1974	王启斌	356145	山东农业大学	作物学	8	2023M742154
1975	周志鹏	329442	山东农友软件有限公司	理论经济学	5	2023M742155
1976	卢　涛	330731	山东省科学院海洋仪器仪表研究所	船舶与海洋工程	8	2023M742156
1977	张志刚	351773	山东省科学院海洋仪器仪表研究所	船舶与海洋工程	8	2023M742157
1978	成艺坪	348836	山东省立医院	临床医学	8	2023M742158
1979	李　莉	326976	山东省医学科学院	临床医学	8	2023M742159
1980	时　良	331223	山东省医学科学院	临床医学	8	2023M742160
1981	王　新	313972	山东省医学科学院	临床医学	8	2023M742161
1982	薛晓彤	319457	山东省医学科学院	临床医学	8	2023M742162
1983	庄旭旭	342958	山东省医学科学院	临床医学	8	2023M742163
1984	宋美佳	350623	山东泰和科技股份有限公司	材料科学与工程	8	2023M742164
1985	孔祥金	364299	山东五征集团有限公司	动力工程及工程热物理	8	2023M742165
1986	柴文萍	335431	山东新北洋信息技术股份有限公司	电气工程	8	2023M742166
1987	何建华	356070	山东中医药大学	历史学	5	2023M742167
1988	扈艳婷	360694	山东中医药大学	临床医学	8	2023M742168
1989	张　磊	356103	山东中医药大学	生物学	8	2023M742169
1990	麻贞贞	360686	山东中医药大学	中西医结合	8	2023M742170
1991	绪　扩	360683	山东中医药大学	中药学	8	2023M742171
1992	陈　杰	310881	山西白求恩医院（山西医学科学院）	光学工程	8	2023M742172
1993	赵慧芳	312653	山西白求恩医院（山西医学科学院）	临床医学	8	2023M742173
1994	尉慰奇	315324	山西大学	轻工技术与工程	8	2023M742174
1995	晁　曦	343328	山西大学	冶金工程	8	2023M742175
1996	郭　崴	328966	山西大学	中国语言文学	5	2023M742176
1997	王娟娟	364581	山西高等创新研究院	临床医学	8	2023M742177
1998	翟少东	313245	山西高等创新研究院	临床医学	8	2023M742178
1999	张　喆	364512	山西高等创新研究院	临床医学	8	2023M742179
2000	王　磊	315592	山西晋城无烟煤矿业集团有限责任公司	矿业工程	8	2023M742180
2001	莫　平	327795	山西省交通科技研发有限公司	地质资源与地质工程	8	2023M742181
2002	李爱平	340903	山西省中医药研究院	中药学	8	2023M742182
2003	张　彬	349458	山西师范大学	艺术学	5	2023M742183
2004	王汉敏	337200	山鹰国际控股股份公司	轻工技术与工程	8	2023M742184
2005	廖婧茜	337811	陕西师范大学	教育学	5	2023M742185

续表

序号	姓名	博士后编号	设站单位名称	一级学科	资助金额/万元	资助编号
2006	郭明明	323099	陕西师范大学	民族学	5	2023M742186
2007	魏　强	341319	陕西师范大学	生物学	8	2023M742187
2008	袁　磊	340470	陕西师范大学	生物学	8	2023M742188
2009	何婉莺	327552	陕西师范大学	食品科学与工程	8	2023M742189
2010	王　迪	314483	陕西师范大学	食品科学与工程	8	2023M742190
2011	穆　俊	353489	陕西师范大学	艺术学	5	2023M742191
2012	任　杰	325052	陕西师范大学	中国语言文学	5	2023M742192
2013	赵明明	321424	汕头大学	水产	8	2023M742193
2014	刘文通	336763	上海财经大学	工商管理	5	2023M742194
2015	赵森杨	316108	上海财经大学	应用经济学	5	2023M742195
2016	田　原	313065	上海大学	材料科学与工程	8	2023M742196
2017	吴倩倩	355878	上海大学	电子科学与技术	8	2023M742197
2018	曹　璠	363778	上海大学	光学工程	8	2023M742198
2019	高腾洋	326355	上海大学	化学	8	2023M742199
2020	宋佳玲	351739	上海大学	环境科学与工程	8	2023M742200
2021	屠含章	340772	上海大学	历史学	5	2023M742201
2022	刘金龙	333229	上海大学	临床医学	8	2023M742202
2023	张元维	363438	上海大学	临床医学	8	2023M742203
2024	林　玲	333294	上海大学	社会学	5	2023M742204
2025	杨婷婷	318563	上海大学	生物学	8	2023M742205
2026	宋甜甜	354073	上海大学	新闻传播学	5	2023M742206
2027	李　莉	316948	上海大学	信息与通信工程	8	2023M742207
2028	秦亚岚	337062	上海大学	信息与通信工程	8	2023M742208
2029	孙强超	328510	上海大学	冶金工程	8	2023M742209
2030	郝慧敏	316212	上海大学	中国语言文学	5	2023M742210
2031	苗思萌	320735	上海大学	中国语言文学	5	2023M742211
2032	张露露	315612	上海大学	中国语言文学	5	2023M742212
2033	黄诗雨	341965	上海海事大学	材料科学与工程	8	2023M742213
2034	戴黎斌	317825	上海海洋大学	水产	8	2023M742214
2035	高世科	354171	上海海洋大学	水产	8	2023M742215
2036	熊　骏	353255	上海华测导航技术股份有限公司	控制科学与工程	8	2023M742216
2037	常志东	361782	上海交通大学	材料科学与工程	8	2023M742217
2038	储淑芬	337458	上海交通大学	材料科学与工程	8	2023M742218

续表

序号	姓名	博士后编号	设站单位名称	一级学科	资助金额/万元	资助编号
2039	邓庆琛	357085	上海交通大学	材料科学与工程	8	2023M742219
2040	高治强	343231	上海交通大学	材料科学与工程	8	2023M742220
2041	韩大鑫	346829	上海交通大学	材料科学与工程	8	2023M742221
2042	吕卓然	359491	上海交通大学	材料科学与工程	8	2023M742222
2043	牛鹏亮	350962	上海交通大学	材料科学与工程	8	2023M742223
2044	杨　超	357416	上海交通大学	材料科学与工程	8	2023M742224
2045	张　超	331526	上海交通大学	材料科学与工程	8	2023M742225
2046	王旭升	358761	上海交通大学	船舶与海洋工程	8	2023M742226
2047	李嘉文	340629	上海交通大学	电气工程	8	2023M742227
2048	王春雪	345392	上海交通大学	电子科学与技术	8	2023M742228
2049	郜志腾	314794	上海交通大学	动力工程及工程热物理	8	2023M742229
2050	胡志锋	355880	上海交通大学	动力工程及工程热物理	8	2023M742230
2051	赵　洲	340169	上海交通大学	动力工程及工程热物理	8	2023M742231
2052	姜　宁	336018	上海交通大学	工商管理	5	2023M742232
2053	王军进	348667	上海交通大学	工商管理	5	2023M742233
2054	曹晶晶	358767	上海交通大学	光学工程	8	2023M742234
2055	侯佳林	363058	上海交通大学	海洋科学	8	2023M742235
2056	冷　浩	336182	上海交通大学	海洋科学	8	2023M742236
2057	吕永新	338310	上海交通大学	海洋科学	8	2023M742237
2058	陆陶冶	320638	上海交通大学	航空宇航科学与技术	8	2023M742238
2059	王　杰	344294	上海交通大学	核科学与技术	8	2023M742239
2060	杨宜昂	352474	上海交通大学	核科学与技术	8	2023M742240
2061	李　晨	342866	上海交通大学	化学	8	2023M742241
2062	栾向峰	336010	上海交通大学	化学	8	2023M742242
2063	马一添	342538	上海交通大学	化学	8	2023M742243
2064	孟凡成	357208	上海交通大学	化学	8	2023M742244
2065	孙明河	352369	上海交通大学	化学	8	2023M742245
2066	付开星	352194	上海交通大学	环境科学与工程	8	2023M742246
2067	胡奕博	354481	上海交通大学	环境科学与工程	8	2023M742247
2068	李美琪	359958	上海交通大学	环境科学与工程	8	2023M742248
2069	王坤婵	358762	上海交通大学	环境科学与工程	8	2023M742249
2070	党嘉强	324585	上海交通大学	机械工程	8	2023M742250
2071	顾　鹏	316815	上海交通大学	机械工程	8	2023M742251

续表

序号	姓名	博士后编号	设站单位名称	一级学科	资助金额/万元	资助编号
2072	沈毅君	328984	上海交通大学	机械工程	8	2023M742252
2073	王书友	324063	上海交通大学	机械工程	8	2023M742253
2074	杨　诚	338027	上海交通大学	机械工程	8	2023M742254
2075	杨驹丰	337343	上海交通大学	机械工程	8	2023M742255
2076	张春雨	351218	上海交通大学	机械工程	8	2023M742256
2077	章　程	332312	上海交通大学	机械工程	8	2023M742257
2078	钟豪章	363414	上海交通大学	机械工程	8	2023M742258
2079	郝　昊	341400	上海交通大学	计算机科学与技术	8	2023M742259
2080	张　言	318212	上海交通大学	计算机科学与技术	8	2023M742260
2081	柯　津	336709	上海交通大学	控制科学与工程	8	2023M742261
2082	欧阳威	326442	上海交通大学	控制科学与工程	8	2023M742262
2083	谢　涛	331581	上海交通大学	控制科学与工程	8	2023M742263
2084	王艺环	340719	上海交通大学	矿业工程	8	2023M742264
2085	张　霖	311155	上海交通大学	矿业工程	8	2023M742265
2086	于仲觉	324679	上海交通大学	理论经济学	5	2023M742266
2087	齐玉明	343057	上海交通大学	力学	8	2023M742267
2088	温治辉	354474	上海交通大学	力学	8	2023M742268
2089	赵东晓	335966	上海交通大学	力学	8	2023M742269
2090	Xiu Wen Kang	338031	上海交通大学	生物学	8	2023M742270
2091	罗星煜	355842	上海交通大学	生物学	8	2023M742271
2092	田文雅	351508	上海交通大学	生物学	8	2023M742272
2093	杨强震	344138	上海交通大学	生物学	8	2023M742273
2094	岳圣杰	326759	上海交通大学	生物学	8	2023M742274
2095	张　姣	336517	上海交通大学	生物学	8	2023M742275
2096	郑梦梦	340407	上海交通大学	生物学	8	2023M742276
2097	周园园	352715	上海交通大学	生物学	8	2023M742277
2098	鲍丙坤	340314	上海交通大学	生物医学工程	8	2023M742278
2099	刘心怡	336515	上海交通大学	生物医学工程	8	2023M742279
2100	冯笑笑	336872	上海交通大学	食品科学与工程	8	2023M742280
2101	胡梦君	352225	上海交通大学	食品科学与工程	8	2023M742281
2102	黄梓芮	334782	上海交通大学	食品科学与工程	8	2023M742282
2103	陈宗超	349929	上海交通大学	兽医学	8	2023M742283
2104	张国梁	324658	上海交通大学	数学	8	2023M742284

续表

序号	姓名	博士后编号	设站单位名称	一级学科	资助金额/万元	资助编号
2105	李　洋	357307	上海交通大学	天文学	8	2023M742285
2106	郑云亮	310673	上海交通大学	天文学	8	2023M742286
2107	秦国晋	340628	上海交通大学	土木工程	8	2023M742287
2108	向　升	322090	上海交通大学	土木工程	8	2023M742288
2109	郎梦晨	313762	上海交通大学	外国语言文学	5	2023M742289
2110	张　娣	342521	上海交通大学	外国语言文学	5	2023M742290
2111	陈柯坷	363176	上海交通大学	物理学	8	2023M742291
2112	贺炎炎	348929	上海交通大学	物理学	8	2023M742292
2113	劉佳韋	353281	上海交通大学	物理学	8	2023M742293
2114	宋怀航	362280	上海交通大学	物理学	8	2023M742294
2115	王　鹏	345572	上海交通大学	物理学	8	2023M742295
2116	吴昕蒙	330365	上海交通大学	物理学	8	2023M742296
2117	张　超	330351	上海交通大学	物理学	8	2023M742297
2118	孙　伟	342868	上海交通大学	信息与通信工程	8	2023M742298
2119	魏广证	317023	上海交通大学	药学	8	2023M742299
2120	熊朝栋	319970	上海交通大学	药学	8	2023M742300
2121	钟世虎	335380	上海交通大学	应用经济学	5	2023M742301
2122	王沛鸿	331953	上海交通大学	植物保护	8	2023M742302
2123	辜　磊	330050	上海交通大学	中国语言文学	5	2023M742303
2124	Muhammad Abdullah	350774	上海交通大学	作物学	8	2023M742304
2125	汪文鑫	352473	上海交通大学医学院	公共卫生与预防医学	8	2023M742305
2126	费雪枫	329793	上海交通大学医学院	基础医学	8	2023M742306
2127	郭道霞	353774	上海交通大学医学院	基础医学	8	2023M742307
2128	郭　宇	319964	上海交通大学医学院	基础医学	8	2023M742308
2129	梁文华	351914	上海交通大学医学院	基础医学	8	2023M742309
2130	刘晓南	364183	上海交通大学医学院	基础医学	8	2023M742310
2131	罗　浩	336752	上海交通大学医学院	基础医学	8	2023M742311
2132	王燕燕	351913	上海交通大学医学院	基础医学	8	2023M742312
2133	王之凯	353772	上海交通大学医学院	基础医学	8	2023M742313
2134	张钰娟	319407	上海交通大学医学院	基础医学	8	2023M742314
2135	支　喆	312894	上海交通大学医学院	基础医学	8	2023M742315
2136	陈柏延	321064	上海交通大学医学院	口腔医学	8	2023M742316

续表

序号	姓名	博士后编号	设站单位名称	一级学科	资助金额/万元	资助编号
2137	高立恒	356512	上海交通大学医学院	口腔医学	8	2023M742317
2138	蒋伟东	319954	上海交通大学医学院	口腔医学	8	2023M742318
2139	林文珍	320776	上海交通大学医学院	口腔医学	8	2023M742319
2140	周知航	346719	上海交通大学医学院	口腔医学	8	2023M742320
2141	曹润怿	324873	上海交通大学医学院	临床医学	8	2023M742321
2142	陈艳阳	360788	上海交通大学医学院	临床医学	8	2023M742322
2143	程雯艳	343629	上海交通大学医学院	临床医学	8	2023M742323
2144	方昊昱	328385	上海交通大学医学院	临床医学	8	2023M742324
2145	傅丽文	356364	上海交通大学医学院	临床医学	8	2023M742325
2146	葛于伟	362724	上海交通大学医学院	临床医学	8	2023M742326
2147	顾　赟	362728	上海交通大学医学院	临床医学	8	2023M742327
2148	顾云青	354455	上海交通大学医学院	临床医学	8	2023M742328
2149	姜之歆	346722	上海交通大学医学院	临床医学	8	2023M742329
2150	金　鹏	356415	上海交通大学医学院	临床医学	8	2023M742330
2151	康子健	362718	上海交通大学医学院	临床医学	8	2023M742331
2152	林　力	323360	上海交通大学医学院	临床医学	8	2023M742332
2153	凌世烽	356505	上海交通大学医学院	临床医学	8	2023M742333
2154	刘珈杞	321456	上海交通大学医学院	临床医学	8	2023M742334
2155	刘翔琪	362584	上海交通大学医学院	临床医学	8	2023M742335
2156	刘泽阳	340126	上海交通大学医学院	临床医学	8	2023M742336
2157	梅　丹	360785	上海交通大学医学院	临床医学	8	2023M742337
2158	欧阳苑	355866	上海交通大学医学院	临床医学	8	2023M742338
2159	施剑峰	346643	上海交通大学医学院	临床医学	8	2023M742339
2160	汪　波	359673	上海交通大学医学院	临床医学	8	2023M742340
2161	王海伦	332797	上海交通大学医学院	临床医学	8	2023M742341
2162	王立人	362720	上海交通大学医学院	临床医学	8	2023M742342
2163	王师堃	362726	上海交通大学医学院	临床医学	8	2023M742343
2164	王蔚侃	346689	上海交通大学医学院	临床医学	8	2023M742344
2165	王玥莹	330312	上海交通大学医学院	临床医学	8	2023M742345
2166	伍笑棋	324166	上海交通大学医学院	临床医学	8	2023M742346
2167	肖　垚	316585	上海交通大学医学院	临床医学	8	2023M742347
2168	肖　雨	334193	上海交通大学医学院	临床医学	8	2023M742348
2169	徐燕萍	343637	上海交通大学医学院	临床医学	8	2023M742349

续表

序号	姓名	博士后编号	设站单位名称	一级学科	资助金额/万元	资助编号
2170	薛舒燕	341379	上海交通大学医学院	临床医学	8	2023M742350
2171	严宇青	364182	上海交通大学医学院	临床医学	8	2023M742351
2172	杨凌凯	327896	上海交通大学医学院	临床医学	8	2023M742352
2173	尹利敏	340276	上海交通大学医学院	临床医学	8	2023M742353
2174	张　晨	330081	上海交通大学医学院	临床医学	8	2023M742354
2175	张　科	342015	上海交通大学医学院	临床医学	8	2023M742355
2176	张　烨	328386	上海交通大学医学院	临床医学	8	2023M742356
2177	代鹏飞	346217	上海交通大学医学院	生物学	8	2023M742357
2178	罗正南	342232	上海交通大学医学院	生物学	8	2023M742358
2179	罗志华	358414	上海交通大学医学院	生物学	8	2023M742359
2180	刘明月	346061	上海交通大学医学院	生物医学工程	8	2023M742360
2181	王　帆	331876	上海交通大学医学院	生物医学工程	8	2023M742361
2182	徐　烨	349906	上海交通大学医学院	生物医学工程	8	2023M742362
2183	闫泓雨	317815	上海交通大学医学院	生物医学工程	8	2023M742363
2184	朱茂华	354276	上海交通大学医学院	药学	8	2023M742364
2185	唐梦瑶	354336	上海科技大学	化学	8	2023M742365
2186	郑　雨	354156	上海科技大学	化学	8	2023M742366
2187	王志鹏	353901	上海科技大学	生物学	8	2023M742367
2188	孙铁群	329931	上海科技大学	生物医学工程	8	2023M742368
2189	骆赛男	320068	上海理工大学	材料科学与工程	8	2023M742369
2190	占太杰	329064	上海理工大学	动力工程及工程热物理	8	2023M742370
2191	刘艳飞	329598	上海理工大学	化学工程与技术	8	2023M742371
2192	庞　文	350114	上海理工大学	机械工程	8	2023M742372
2193	李　涛	354519	上海理工大学	临床医学	8	2023M742373
2194	肖博文	349428	上海师范大学	教育学	5	2023M742374
2195	卓晓孟	357754	上海师范大学	教育学	5	2023M742375
2196	苏晓涵	321323	上海师范大学	历史学	5	2023M742376
2197	杨　璇	343936	上海师范大学	历史学	5	2023M742377
2198	邓丽娟	331917	上海外国语大学	外国语言文学	5	2023M742378
2199	徐沛勣	330620	上海证券交易所	工商管理	5	2023M742379
2200	曾海荣	355477	上海中医药大学	药学	8	2023M742380
2201	王明珠	317813	上海中医药大学	中西医结合	8	2023M742381
2202	范文翔	357001	上海中医药大学	中药学	8	2023M742382

续表

序号	姓名	博士后编号	设站单位名称	一级学科	资助金额/万元	资助编号
2203	刘吉爽	336616	上海中医药大学	中药学	8	2023M742383
2204	周松雷	353804	上海中医药大学	中药学	8	2023M742384
2205	孙沁梅	355838	上海中医药大学	中医学	8	2023M742385
2206	朱一昕	335779	上能电气股份有限公司	电气工程	8	2023M742386
2207	黄文芳	361098	深圳北京大学香港科技大学医学中心	临床医学	8	2023M742387
2208	王国玲	325241	深圳北京大学香港科技大学医学中心	临床医学	8	2023M742388
2209	杨穆文	324347	深圳北京大学香港科技大学医学中心	临床医学	8	2023M742389
2210	姚　执	329337	深圳北京大学香港科技大学医学中心	临床医学	8	2023M742390
2211	景铃胭	319083	深圳大学	材料科学与工程	8	2023M742391
2212	张晨爽	337101	深圳大学	光学工程	8	2023M742392
2213	马瑞洁	346102	深圳大学	海洋科学	8	2023M742393
2214	黄成金	325290	深圳大学	航空宇航科学与技术	8	2023M742394
2215	王玉琳	325314	深圳大学	化学	8	2023M742395
2216	周　建	343281	深圳大学	临床医学	8	2023M742396
2217	张　菊	351370	深圳大学	生物学	8	2023M742397
2218	杨　浩	342850	深圳大学	生物医学工程	8	2023M742398
2219	胡园园	317300	深圳大学	食品科学与工程	8	2023M742399
2220	汪正铸	340715	深圳大学	兽医学	8	2023M742400
2221	李心亮	355500	深圳大学	数学	8	2023M742401
2222	陈诗佳	313299	深圳大学	物理学	8	2023M742402
2223	王　韬	317830	深圳大学	物理学	8	2023M742403
2224	李　萌	351417	深圳大学	药学	8	2023M742404
2225	张春光	326187	深圳大学	哲学	5	2023M742405
2226	何培坤	362291	深圳大学	中西医结合	8	2023M742406
2227	胡缤元	319342	深圳大学	中药学	8	2023M742407
2228	王令骁	356334	深圳大学高新技术	化学	8	2023M742408
2229	孙　玮	356718	深圳广播电影电视集团	艺术学	5	2023M742409
2230	邹轩轩	356714	深圳华大生命科学研究院	生物学	8	2023M742410
2231	吴云根	347590	深圳霁因生物医药转化研究院	生物医学工程	8	2023M742411
2232	琚洋洋	326848	深圳市第二人民医院	化学	8	2023M742412
2233	郭嘉炜	327454	深圳市第二人民医院	临床医学	8	2023M742413
2234	蒋素素	362033	深圳市第二人民医院	生物学	8	2023M742414
2235	魏江春	321956	深圳市第二人民医院	中药学	8	2023M742415

续表

序号	姓名	博士后编号	设站单位名称	一级学科	资助金额/万元	资助编号
2236	鲁荣光	345605	深圳市第三人民医院	兽医学	8	2023M742416
2237	孙召建	338614	深圳市格林美高新技术股份有限公司	化学	8	2023M742417
2238	金娜娜	344277	深圳市人民医院（暨南大学第二临床医学院）	生物学	8	2023M742418
2239	李　恩	328738	深圳湾实验室	化学	8	2023M742419
2240	邱石桥	349180	深圳湾实验室	基础医学	8	2023M742420
2241	王婉秋	337274	深圳湾实验室	临床医学	8	2023M742421
2242	何利利	364477	深圳湾实验室	生物学	8	2023M742422
2243	鞠　佳	318092	深圳湾实验室	生物学	8	2023M742423
2244	耿红军	335197	深圳虚拟大学园	工商管理	5	2023M742424
2245	郭伟栋	363701	深圳证券交易所	应用经济学	5	2023M742425
2246	张　扬	359380	生态环境部环境规划院	环境科学与工程	8	2023M742426
2247	孙宝林	341324	石家庄铁道大学	土木工程	8	2023M742427
2248	赵　硕	359197	首都儿科研究所	基础医学	8	2023M742428
2249	陈鸣悦	353293	首都师范大学	历史学	5	2023M742429
2250	刘　萍	354028	首都师范大学	马克思主义理论	5	2023M742430
2251	张　朋	354903	首都师范大学	心理学	8	2023M742431
2252	马亚楠	329853	首都师范大学	艺术学	5	2023M742432
2253	陈雨泓	354914	首都师范大学	中国语言文学	5	2023M742433
2254	殷　红	354022	首都师范大学	中国语言文学	5	2023M742434
2255	单绍波	339997	首都医科大学	临床医学	8	2023M742435
2256	邓梦月	322262	首都医科大学	临床医学	8	2023M742436
2257	侯志凯	329767	首都医科大学	临床医学	8	2023M742437
2258	胡晓飞	314729	首都医科大学	临床医学	8	2023M742438
2259	毛　宁	314730	首都医科大学	临床医学	8	2023M742439
2260	王　赞	340566	首都医科大学	临床医学	8	2023M742440
2261	杨耀华	330001	首钢集团有限公司	材料科学与工程	8	2023M742441
2262	王　悦	331077	舜宇集团有限公司	光学工程	8	2023M742442
2263	张彦杰	317880	舜宇集团有限公司	机械工程	8	2023M742443
2264	李　战	333800	四川大学	材料科学与工程	8	2023M742444
2265	曾富容	346788	四川大学	材料科学与工程	8	2023M742445
2266	李佳南	322576	四川大学	地质资源与地质工程	8	2023M742446
2267	兰　天	322476	四川大学	工商管理	5	2023M742447

续表

序号	姓名	博士后编号	设站单位名称	一级学科	资助金额/万元	资助编号
2268	孙合林	339941	四川大学	工商管理	5	2023M742448
2269	杨升曦	357042	四川大学	工商管理	5	2023M742449
2270	庞　娟	350456	四川大学	公共卫生与预防医学	8	2023M742450
2271	徐裕杰	324029	四川大学	公共卫生与预防医学	8	2023M742451
2272	王旭倩	335951	四川大学	化学工程与技术	8	2023M742452
2273	唐　鹏	342463	四川大学	环境科学与工程	8	2023M742453
2274	房　飞	334505	四川大学	基础医学	8	2023M742454
2275	魏瀚铖	339942	四川大学	基础医学	8	2023M742455
2276	贺裕鹏	358985	四川大学	机械工程	8	2023M742456
2277	巨兴兴	333068	四川大学	控制科学与工程	8	2023M742457
2278	崔钰嘉	322471	四川大学	口腔医学	8	2023M742458
2279	张　博	322569	四川大学	口腔医学	8	2023M742459
2280	李　聪	322729	四川大学	矿业工程	8	2023M742460
2281	焦　阳	358989	四川大学	历史学	5	2023M742461
2282	刘百舸	332243	四川大学	历史学	5	2023M742462
2283	唐鹏飞	344560	四川大学	力学	8	2023M742463
2284	王静禹	349631	四川大学	林业工程	8	2023M742464
2285	曹潇月	345144	四川大学	临床医学	8	2023M742465
2286	陈雯雯	336555	四川大学	临床医学	8	2023M742466
2287	代昕雨	357063	四川大学	临床医学	8	2023M742467
2288	邓翔天	334615	四川大学	临床医学	8	2023M742468
2289	邓　艳	335303	四川大学	临床医学	8	2023M742469
2290	郜小帅	332683	四川大学	临床医学	8	2023M742470
2291	贺琴琴	335167	四川大学	临床医学	8	2023M742471
2292	洪　瑞	316305	四川大学	临床医学	8	2023M742472
2293	李佳梦	333799	四川大学	临床医学	8	2023M742473
2294	李　青	350328	四川大学	临床医学	8	2023M742474
2295	李松航	358792	四川大学	临床医学	8	2023M742475
2296	刘庆亚	322445	四川大学	临床医学	8	2023M742476
2297	刘　杨	351301	四川大学	临床医学	8	2023M742477
2298	罗泽宇	334887	四川大学	临床医学	8	2023M742478
2299	任　倩	335285	四川大学	临床医学	8	2023M742479
2300	王丽琼	311706	四川大学	临床医学	8	2023M742480

续表

序号	姓名	博士后编号	设站单位名称	一级学科	资助金额/万元	资助编号
2301	王梦瑶	344912	四川大学	临床医学	8	2023M742481
2302	王学焱	344732	四川大学	临床医学	8	2023M742482
2303	王志国	343902	四川大学	临床医学	8	2023M742483
2304	谢成霞	311884	四川大学	临床医学	8	2023M742484
2305	邢　飞	313543	四川大学	临床医学	8	2023M742485
2306	许子寒	350784	四川大学	临床医学	8	2023M742486
2307	曾　皓	335418	四川大学	临床医学	8	2023M742487
2308	翟小倩	336349	四川大学	临床医学	8	2023M742488
2309	赵长健	335896	四川大学	临床医学	8	2023M742489
2310	赵　丹	351517	四川大学	临床医学	8	2023M742490
2311	赵　星	343018	四川大学	临床医学	8	2023M742491
2312	周　冉	311790	四川大学	临床医学	8	2023M742492
2313	王亚平	331625	四川大学	轻工技术与工程	8	2023M742493
2314	林　皑	311236	四川大学	生物学	8	2023M742494
2315	刘　宇	335420	四川大学	生物学	8	2023M742495
2316	肖　鹏	349299	四川大学	生物学	8	2023M742496
2317	曹　欢	312970	四川大学	生物医学工程	8	2023M742497
2318	黄可心	313006	四川大学	生物医学工程	8	2023M742498
2319	刘振宇	363024	四川大学	食品科学与工程	8	2023M742499
2320	夏许寒	359091	四川大学	食品科学与工程	8	2023M742500
2321	罗宇骁	323094	四川大学	土木工程	8	2023M742501
2322	罗栋栋	350371	四川大学	药学	8	2023M742502
2323	王文婧	350477	四川大学	药学	8	2023M742503
2324	黄　铮	323088	四川大学	哲学	5	2023M742504
2325	蒲柏林	358783	四川大学	中国语言文学	5	2023M742505
2326	盛　慧	363040	四川大学	中国语言文学	5	2023M742506
2327	胡　倩	335166	四川大学	中西医结合	8	2023M742507
2328	史良琴	352914	四川好医生攀西药业有限责任公司	中西医结合	8	2023M742508
2329	李　凯	337852	四川农业大学	公共管理	5	2023M742509
2330	黄　雄	330211	四川农业大学	林学	8	2023M742510
2331	徐　琳	330452	四川农业大学	林学	8	2023M742511
2332	李芬妮	330454	四川农业大学	农林经济管理	5	2023M742512
2333	张艳艳	312495	四川农业大学	农业资源利用	8	2023M742513

续表

序号	姓名	博士后编号	设站单位名称	一级学科	资助金额/万元	资助编号
2334	赵　宁	347191	四川农业大学	食品科学与工程	8	2023M742514
2335	李　冉	313287	四川农业大学	畜牧学	8	2023M742515
2336	孙文强	311765	四川农业大学	畜牧学	8	2023M742516
2337	何佳鲜	337025	四川农业大学	园艺学	8	2023M742517
2338	翁玉玲	324680	四川省社会科学院	法学	5	2023M742518
2339	陈雨亭	354340	松山湖材料实验室	材料科学与工程	8	2023M742519
2340	张伟财	347451	松山湖材料实验室	化学工程与技术	8	2023M742520
2341	张　旭	321415	松山湖材料实验室	物理学	8	2023M742521
2342	侯章浩	316544	苏州秉创科技有限公司	机械工程	8	2023M742522
2343	范孝春	318257	苏州大学	材料科学与工程	8	2023M742523
2344	贾若飞	350029	苏州大学	材料科学与工程	8	2023M742524
2345	吕　强	349971	苏州大学	材料科学与工程	8	2023M742525
2346	王凯礼	349976	苏州大学	材料科学与工程	8	2023M742526
2347	张旭良	349970	苏州大学	材料科学与工程	8	2023M742527
2348	朱宇杰	350258	苏州大学	材料科学与工程	8	2023M742528
2349	朱智杰	318273	苏州大学	材料科学与工程	8	2023M742529
2350	解安全	333878	苏州大学	纺织科学与工程	8	2023M742530
2351	孙敢皓	348539	苏州大学	核科学与技术	8	2023M742531
2352	崔明月	350256	苏州大学	化学	8	2023M742532
2353	杜明浩	335758	苏州大学	化学	8	2023M742533
2354	李　东	331165	苏州大学	化学	8	2023M742534
2355	李雪超	329035	苏州大学	化学	8	2023M742535
2356	万应鹏	347118	苏州大学	化学	8	2023M742536
2357	魏之鹤	353845	苏州大学	化学	8	2023M742537
2358	何林玮	354489	苏州大学	环境科学与工程	8	2023M742538
2359	王学羽	356872	苏州大学	环境科学与工程	8	2023M742539
2360	纪敏涛	318640	苏州大学	基础医学	8	2023M742540
2361	马成龙	335762	苏州大学	机械工程	8	2023M742541
2362	李基鹏	350898	苏州大学	力学	8	2023M742542
2363	陈　文	350950	苏州大学	临床医学	8	2023M742543
2364	魏　帅	354490	苏州大学	临床医学	8	2023M742544
2365	张裕烽	340307	苏州大学	数学	8	2023M742545
2366	王岑依	355119	苏州大学	体育学	5	2023M742546

续表

序号	姓名	博士后编号	设站单位名称	一级学科	资助金额/万元	资助编号
2367	Arshad Ali	363200	苏州大学	物理学	8	2023M742547
2368	刘芹良	341962	苏州大学	新闻传播学	5	2023M742548
2369	孙　倩	361471	苏州大学附属第一医院	临床医学	8	2023M742549
2370	褚耿磊	361104	苏州大学附属第一医院	生物医学工程	8	2023M742550
2371	朱海民	328252	苏州电器科学研究院股份有限公司	力学	8	2023M742551
2372	程青青	319740	苏州工业园区人力资源开发有限公司	材料科学与工程	8	2023M742552
2373	董　卓	321591	苏州工业园区人力资源开发有限公司	材料科学与工程	8	2023M742553
2374	韩云飞	319761	苏州工业园区人力资源开发有限公司	材料科学与工程	8	2023M742554
2375	孙丽娜	362390	苏州工业园区人力资源开发有限公司	材料科学与工程	8	2023M742555
2376	张　程	336275	苏州工业园区人力资源开发有限公司	材料科学与工程	8	2023M742556
2377	仲云雷	328766	苏州工业园区人力资源开发有限公司	材料科学与工程	8	2023M742557
2378	蔡正阳	340492	苏州工业园区人力资源开发有限公司	电子科学与技术	8	2023M742558
2379	李　敏	362276	苏州工业园区人力资源开发有限公司	电子科学与技术	8	2023M742559
2380	张建亚	337930	苏州工业园区人力资源开发有限公司	电子科学与技术	8	2023M742560
2381	李阿蕾	315717	苏州工业园区人力资源开发有限公司	光学工程	8	2023M742561
2382	李连辉	363179	苏州工业园区人力资源开发有限公司	化学	8	2023M742562
2383	黄德华	362275	苏州工业园区人力资源开发有限公司	生物医学工程	8	2023M742563
2384	刘雅宁	362381	苏州工业园区人力资源开发有限公司	生物医学工程	8	2023M742564
2385	方　龙	315692	苏州工业园区人力资源开发有限公司	物理学	8	2023M742565
2386	汤一用	333627	苏州国际发展集团有限公司	应用经济学	5	2023M742566
2387	赵圣斌	360122	苏州华亚智能科技股份有限公司	材料科学与工程	8	2023M742567
2388	彭　涛	346337	苏州朗捷通智能科技有限公司	计算机科学与技术	8	2023M742568
2389	刘昌荣	334649	苏州路之遥科技股份有限公司	电子科学与技术	8	2023M742569
2390	赵美琳	338072	苏州三维园艺有限公司	生物学	8	2023M742570
2391	廖　凡	349617	苏州市商祺光电有限公司	材料科学与工程	8	2023M742571
2392	姚　琴	346774	苏州亚太金属有限公司	机械工程	8	2023M742572
2393	程　诚	350005	苏州中瑞智创三维科技股份有限公司	机械工程	8	2023M742573
2394	吴洪状	350006	苏州中瑞智创三维科技股份有限公司	控制科学与工程	8	2023M742574
2395	李雪莲	342407	太原经济开发区管理委员会	材料科学与工程	8	2023M742575
2396	王振华	315984	太原经济开发区管理委员会	机械工程	8	2023M742576
2397	梁美彦	343475	太原经济开发区管理委员会	仪器科学与技术	8	2023M742577
2398	王翔宇	322843	太原理工大学	机械工程	8	2023M742578
2399	张　林	315818	泰安市中心医院	公共卫生与预防医学	8	2023M742579

续表

序号	姓名	博士后编号	设站单位名称	一级学科	资助金额/万元	资助编号
2400	刘思钰	356923	泰州市人民医院	基础医学	8	2023M742580
2401	代兴杰	337753	天方药业有限公司	药学	8	2023M742581
2402	朱海明	361093	天津大学	船舶与海洋工程	8	2023M742582
2403	杜　莹	334631	天津大学	电气工程	8	2023M742583
2404	寇佳宝	348211	天津大学	电气工程	8	2023M742584
2405	解　媛	324430	天津大学	电子科学与技术	8	2023M742585
2406	谭沿松	322128	天津大学	动力工程及工程热物理	8	2023M742586
2407	田镇宇	364142	天津大学	动力工程及工程热物理	8	2023M742587
2408	于　桢	353439	天津大学	动力工程及工程热物理	8	2023M742588
2409	王炜珉	320002	天津大学	海洋科学	8	2023M742589
2410	冯瑞卿	338322	天津大学	化学	8	2023M742590
2411	黄忆男	317079	天津大学	化学	8	2023M742591
2412	艾敏华	354897	天津大学	化学工程与技术	8	2023M742592
2413	刁新勇	310947	天津大学	化学工程与技术	8	2023M742593
2414	郭　丹	364173	天津大学	化学工程与技术	8	2023M742594
2415	李　帅	342929	天津大学	化学工程与技术	8	2023M742595
2416	张皓然	342865	天津大学	化学工程与技术	8	2023M742596
2417	孟　坛	335188	天津大学	环境科学与工程	8	2023M742597
2418	任绪凯	315553	天津大学	机械工程	8	2023M742598
2419	王若然	319018	天津大学	历史学	5	2023M742599
2420	张钟毓	328732	天津大学	力学	8	2023M742600
2421	张　琪	355098	天津大学	农业工程	8	2023M742601
2422	闫晓光	316131	天津大学	生物学	8	2023M742602
2423	康　勇	335189	天津大学	生物医学工程	8	2023M742603
2424	于海情	361091	天津大学	生物医学工程	8	2023M742604
2425	张　浩	361090	天津大学	生物医学工程	8	2023M742605
2426	唐　炜	333331	天津大学	食品科学与工程	8	2023M742606
2427	揭志羽	316021	天津大学	土木工程	8	2023M742607
2428	奚　萌	351250	天津大学	信息与通信工程	8	2023M742608
2429	李延双	337556	天津大学	应用经济学	5	2023M742609
2430	张晚烛	357365	天津大学	应用经济学	5	2023M742610
2431	常晓燕	347746	天津大学	政治学	5	2023M742611
2432	康　青	339537	天津德祥生物技术有限公司	食品科学与工程	8	2023M742612

续表

序号	姓名	博士后编号	设站单位名称	一级学科	资助金额/万元	资助编号
2433	赵凯宇	321465	天津科技大学	化学工程与技术	8	2023M742613
2434	张　鹏	357276	天津科技大学	机械工程	8	2023M742614
2435	黄龙辉	340418	天津科技大学	轻工技术与工程	8	2023M742615
2436	刘莹莹	339548	天津科技大学	轻工技术与工程	8	2023M742616
2437	吕章艳	335508	天津医科大学肿瘤医院	公共卫生与预防医学	8	2023M742617
2438	王　滨	357122	天津医科大学肿瘤医院	基础医学	8	2023M742618
2439	王鹏宇	364190	天津医科大学肿瘤医院	临床医学	8	2023M742619
2440	周天兴	364799	天津医科大学肿瘤医院	临床医学	8	2023M742620
2441	赵丽娜	332957	天津医科大学肿瘤医院	生物学	8	2023M742621
2442	孔令平	362575	天津医科大学总医院	临床医学	8	2023M742622
2443	刘娜娜	359812	天津医科大学总医院	临床医学	8	2023M742623
2444	刘召云	361647	天津医科大学总医院	临床医学	8	2023M742624
2445	陈淑静	357115	天津中医药大学	中药学	8	2023M742625
2446	刘　陶	357119	天津中医药大学	中药学	8	2023M742626
2447	陈　哲	357113	天津中医药大学	中医学	8	2023M742627
2448	陈天星	311339	同济大学	材料科学与工程	8	2023M742628
2449	康　琪	364151	同济大学	材料科学与工程	8	2023M742629
2450	童明德	320362	同济大学	材料科学与工程	8	2023M742630
2451	王　鹏	352223	同济大学	材料科学与工程	8	2023M742631
2452	李裕诚	314525	同济大学	地质资源与地质工程	8	2023M742632
2453	孙　蕊	337087	同济大学	地质资源与地质工程	8	2023M742633
2454	李　旭	317477	同济大学	管理科学与工程	5	2023M742634
2455	李　琛	346850	同济大学	海洋科学	8	2023M742635
2456	李振威	310896	同济大学	航空宇航科学与技术	8	2023M742636
2457	冯甘雨	337247	同济大学	环境科学与工程	8	2023M742637
2458	张亚运	326637	同济大学	环境科学与工程	8	2023M742638
2459	姜俊坤	357291	同济大学	基础医学	8	2023M742639
2460	景炅婕	343698	同济大学	基础医学	8	2023M742640
2461	袁　浩	348168	同济大学	机械工程	8	2023M742641
2462	汪统岳	345370	同济大学	建筑学	8	2023M742642
2463	梁浩阳	342562	同济大学	交通运输工程	8	2023M742643
2464	岳子杰	363826	同济大学	控制科学与工程	8	2023M742644
2465	解　健	327324	同济大学	口腔医学	8	2023M742645

续表

序号	姓名	博士后编号	设站单位名称	一级学科	资助金额/万元	资助编号
2466	卜时夏	330005	同济大学	临床医学	8	2023M742646
2467	王照洁	319927	同济大学	临床医学	8	2023M742647
2468	谢红艳	334172	同济大学	临床医学	8	2023M742648
2469	张玉荣	334885	同济大学	临床医学	8	2023M742649
2470	朱小奇	316548	同济大学	临床医学	8	2023M742650
2471	傅沙缪	351216	同济大学	生物学	8	2023M742651
2472	胡　瑞	344055	同济大学	生物学	8	2023M742652
2473	刘彩莹	362090	同济大学	生物学	8	2023M742653
2474	马　青	337464	同济大学	生物学	8	2023M742654
2475	梅沪生	352463	同济大学	生物学	8	2023M742655
2476	聂平平	316953	同济大学	生物学	8	2023M742656
2477	涂志奋	355562	同济大学	生物学	8	2023M742657
2478	徐睿敏	355564	同济大学	生物学	8	2023M742658
2479	刘　刚	349425	同济大学	生物医学工程	8	2023M742659
2480	杨　捷	349426	同济大学	生物医学工程	8	2023M742660
2481	董自康	329481	同济大学	数学	8	2023M742661
2482	梁启刚	343824	同济大学	数学	8	2023M742662
2483	程月华	341622	同济大学	土木工程	8	2023M742663
2484	宋超林	325298	同济大学	土木工程	8	2023M742664
2485	王希珺	329322	同济大学	土木工程	8	2023M742665
2486	杨　阳	326795	同济大学	土木工程	8	2023M742666
2487	尹文汉	337742	同济大学	土木工程	8	2023M742667
2488	洪　斌	323438	同济大学	物理学	8	2023M742668
2489	雷亚伦	319286	同济大学	艺术学	5	2023M742669
2490	冯　伟	323718	网络通信与安全紫金山实验室	电子科学与技术	8	2023M742670
2491	侯华舟	354466	网络通信与安全紫金山实验室	控制科学与工程	8	2023M742671
2492	张昌伟	334619	网络通信与安全紫金山实验室	信息与通信工程	8	2023M742672
2493	韩　政	319645	温州医科大学	临床医学	8	2023M742673
2494	沈宝国	329508	温州医科大学	临床医学	8	2023M742674
2495	邓加东	317964	无锡派克新材料科技股份有限公司	材料科学与工程	8	2023M742675
2496	孟晓辉	361440	无锡市中医医院	中医学	8	2023M742676
2497	肖学良	344306	吴江福华织造有限公司	纺织科学与工程	8	2023M742677
2498	沈　华	350886	吴江市鼎盛丝绸有限公司	纺织科学与工程	8	2023M742678

续表

序号	姓名	博士后编号	设站单位名称	一级学科	资助金额/万元	资助编号
2499	冯璐玮	332005	武汉大学	测绘科学与技术	8	2023M742679
2500	景茂强	326007	武汉大学	测绘科学与技术	8	2023M742680
2501	梁福逊	334904	武汉大学	测绘科学与技术	8	2023M742681
2502	连喜红	358406	武汉大学	地理学	8	2023M742682
2503	覃　谭	340922	武汉大学	地球物理学	8	2023M742683
2504	姜　健	357265	武汉大学	电子科学与技术	8	2023M742684
2505	陈　波	338370	武汉大学	法学	5	2023M742685
2506	邢泽宇	350521	武汉大学	公共管理	5	2023M742686
2507	陈绍维	341513	武汉大学	化学	8	2023M742687
2508	胡旭东	358823	武汉大学	化学	8	2023M742688
2509	黄彬铜	332021	武汉大学	化学	8	2023M742689
2510	李海梅	357860	武汉大学	化学	8	2023M742690
2511	毛乐宝	336658	武汉大学	化学	8	2023M742691
2512	李双喜	326216	武汉大学	环境科学与工程	8	2023M742692
2513	尹乾兴	356768	武汉大学	机械工程	8	2023M742693
2514	郭诗怡	325481	武汉大学	建筑学	8	2023M742694
2515	陈瑞希	315360	武汉大学	临床医学	8	2023M742695
2516	刘　银	325482	武汉大学	临床医学	8	2023M742696
2517	王月莺	315362	武汉大学	临床医学	8	2023M742697
2518	夏　鹏	356805	武汉大学	临床医学	8	2023M742698
2519	肖靖杰	345142	武汉大学	临床医学	8	2023M742699
2520	易新泽宇	357170	武汉大学	临床医学	8	2023M742700
2521	张　栋	325498	武汉大学	临床医学	8	2023M742701
2522	张　圣	324319	武汉大学	临床医学	8	2023M742702
2523	龚　蓉	341468	武汉大学	生物学	8	2023M742703
2524	刘强强	332338	武汉大学	生物学	8	2023M742704
2525	卢　佩	324324	武汉大学	生物学	8	2023M742705
2526	陶新园	350523	武汉大学	生物学	8	2023M742706
2527	王金凯	326226	武汉大学	生物学	8	2023M742707
2528	席　悦	350531	武汉大学	生物学	8	2023M742708
2529	袁为锋	359842	武汉大学	生物学	8	2023M742709
2530	张　倩	339451	武汉大学	生物学	8	2023M742710
2531	钟　晨	325477	武汉大学	数学	8	2023M742711

续表

序号	姓名	博士后编号	设站单位名称	一级学科	资助金额/万元	资助编号
2532	何梦婷	364810	武汉大学	图书情报与档案管理	5	2023M742712
2533	唐少辉	314139	武汉大学	土木工程	8	2023M742713
2534	余宏淦	337043	武汉大学	土木工程	8	2023M742714
2535	白　凯	357266	武汉大学	物理学	8	2023M742715
2536	邱温轩	315356	武汉大学	物理学	8	2023M742716
2537	吴　瑶	352454	武汉工程大学	材料科学与工程	8	2023M742717
2538	刘小迪	358026	武汉华大国家数字化学习工程技术有限公司	教育学	5	2023M742718
2539	杨永愿	353019	武汉科技大学	环境科学与工程	8	2023M742719
2540	江　都	334303	武汉科技大学	机械工程	8	2023M742720
2541	熊　军	320488	武汉科技大学	控制科学与工程	8	2023M742721
2542	陈　翔	320479	武汉科技大学	力学	8	2023M742722
2543	胡晓明	341270	武汉科技大学	冶金工程	8	2023M742723
2544	余　申	353743	武汉理工大学	化学	8	2023M742724
2545	陈　波	354407	武汉理工大学	矿业工程	8	2023M742725
2546	陈　鹏	340452	武汉理工大学	矿业工程	8	2023M742726
2547	高慧慧	339042	武汉市中心医院	生物学	8	2023M742727
2548	陈　磊	332802	武汉体育学院	体育学	5	2023M742728
2549	梁琛彬	360450	西安电子科技大学	地理学	8	2023M742729
2550	曹得重	352017	西安电子科技大学	电子科学与技术	8	2023M742730
2551	冯　强	349161	西安电子科技大学	电子科学与技术	8	2023M742731
2552	李晓茜	355699	西安电子科技大学	电子科学与技术	8	2023M742732
2553	王修登	358830	西安电子科技大学	电子科学与技术	8	2023M742733
2554	孙善富	352520	西安电子科技大学	化学工程与技术	8	2023M742734
2555	康　强	344804	西安电子科技大学	机械工程	8	2023M742735
2556	钟申洁	346422	西安电子科技大学	机械工程	8	2023M742736
2557	董　乐	353010	西安电子科技大学	计算机科学与技术	8	2023M742737
2558	李　硕	363744	西安电子科技大学	计算机科学与技术	8	2023M742738
2559	刘　洋	342353	西安电子科技大学	计算机科学与技术	8	2023M742739
2560	孙冉冉	331005	西安电子科技大学	计算机科学与技术	8	2023M742740
2561	佟　威	331402	西安电子科技大学	计算机科学与技术	8	2023M742741
2562	袁　笛	334929	西安电子科技大学	计算机科学与技术	8	2023M742742
2563	张松年	352494	西安电子科技大学	计算机科学与技术	8	2023M742743

续表

序号	姓名	博士后编号	设站单位名称	一级学科	资助金额/万元	资助编号
2564	高　原	340181	西安电子科技大学	控制科学与工程	8	2023M742744
2565	黄年昌	354847	西安电子科技大学	控制科学与工程	8	2023M742745
2566	李清雅	347815	西安电子科技大学	力学	8	2023M742746
2567	顾　陇	346761	西安电子科技大学	临床医学	8	2023M742747
2568	乔晁强	335722	西安电子科技大学	生物医学工程	8	2023M742748
2569	黄明迪	352496	西安电子科技大学	数学	8	2023M742749
2570	彭　深	314615	西安电子科技大学	数学	8	2023M742750
2571	王世花	362583	西安电子科技大学	数学	8	2023M742751
2572	见超超	332224	西安电子科技大学	物理学	8	2023M742752
2573	黄学军	354846	西安电子科技大学	信息与通信工程	8	2023M742753
2574	宋黎浩	349381	西安电子科技大学	信息与通信工程	8	2023M742754
2575	李　聪	336324	西安交通大学	材料科学与工程	8	2023M742755
2576	卢　德	354216	西安交通大学	材料科学与工程	8	2023M742756
2577	芦晓可	348454	西安交通大学	材料科学与工程	8	2023M742757
2578	王　晶	330681	西安交通大学	材料科学与工程	8	2023M742758
2579	王双洁	343262	西安交通大学	材料科学与工程	8	2023M742759
2580	王文佳	346978	西安交通大学	材料科学与工程	8	2023M742760
2581	王艺林	312795	西安交通大学	材料科学与工程	8	2023M742761
2582	吴　强	330534	西安交通大学	材料科学与工程	8	2023M742762
2583	吴亚科	357827	西安交通大学	材料科学与工程	8	2023M742763
2584	董　宁	353012	西安交通大学	电气工程	8	2023M742764
2585	贾少锋	336992	西安交通大学	电气工程	8	2023M742765
2586	林天煜	332225	西安交通大学	电气工程	8	2023M742766
2587	景瑞轶	348384	西安交通大学	电子科学与技术	8	2023M742767
2588	鲁　琦	337284	西安交通大学	电子科学与技术	8	2023M742768
2589	陈　慧	346587	西安交通大学	动力工程及工程热物理	8	2023M742769
2590	马　壮	316186	西安交通大学	动力工程及工程热物理	8	2023M742770
2591	张垲垣	313414	西安交通大学	动力工程及工程热物理	8	2023M742771
2592	张伊黎	331415	西安交通大学	动力工程及工程热物理	8	2023M742772
2593	向　翼	324181	西安交通大学	工商管理	5	2023M742773
2594	刘秋雨	348811	西安交通大学	公共管理	5	2023M742774
2595	陈　娟	329144	西安交通大学	公共卫生与预防医学	8	2023M742775
2596	王定康	355920	西安交通大学	公共卫生与预防医学	8	2023M742776

续表

序号	姓名	博士后编号	设站单位名称	一级学科	资助金额/万元	资助编号
2597	杨姣梅	317238	西安交通大学	公共卫生与预防医学	8	2023M742777
2598	张建波	352505	西安交通大学	公共卫生与预防医学	8	2023M742778
2599	马　瑶	317253	西安交通大学	管理科学与工程	5	2023M742779
2600	刘　悦	331790	西安交通大学	光学工程	8	2023M742780
2601	庞利辉	339708	西安交通大学	光学工程	8	2023M742781
2602	周子扬	360779	西安交通大学	航空宇航科学与技术	8	2023M742782
2603	金鹏博	354853	西安交通大学	化学	8	2023M742783
2604	武甜甜	313046	西安交通大学	化学	8	2023M742784
2605	吴小梅	355917	西安交通大学	化学工程与技术	8	2023M742785
2606	马牧笛	346921	西安交通大学	环境科学与工程	8	2023M742786
2607	田明姣	330338	西安交通大学	环境科学与工程	8	2023M742787
2608	朱　蕾	316532	西安交通大学	环境科学与工程	8	2023M742788
2609	彭　祯	347437	西安交通大学	计算机科学与技术	8	2023M742789
2610	闫彩霞	331410	西安交通大学	计算机科学与技术	8	2023M742790
2611	杨　奔	347601	西安交通大学	计算机科学与技术	8	2023M742791
2612	赵　衰	341120	西安交通大学	计算机科学与技术	8	2023M742792
2613	赵文嘉	330339	西安交通大学	计算机科学与技术	8	2023M742793
2614	付来义	313047	西安交通大学	控制科学与工程	8	2023M742794
2615	杨　悦	330333	西安交通大学	控制科学与工程	8	2023M742795
2616	翟　茜	353358	西安交通大学	临床医学	8	2023M742796
2617	张崔煜	360441	西安交通大学	临床医学	8	2023M742797
2618	梁　珊	330515	西安交通大学	马克思主义理论	5	2023M742798
2619	周莉娜	327253	西安交通大学	生物学	8	2023M742799
2620	胡　焱	348115	西安交通大学	生物医学工程	8	2023M742800
2621	高红丽	335269	西安交通大学	体育学	5	2023M742801
2622	贾国圣	313694	西安交通大学	土木工程	8	2023M742802
2623	任宏昊	364144	西安交通大学	外国语言文学	5	2023M742803
2624	张小娟	342921	西安交通大学	外国语言文学	5	2023M742804
2625	刘文全	343260	西安交通大学	物理学	8	2023M742805
2626	赵　龙	336835	西安交通大学	物理学	8	2023M742806
2627	李巨星	350435	西安交通大学	新闻传播学	5	2023M742807
2628	任　围	353525	西安交通大学	新闻传播学	5	2023M742808
2629	程可为	357034	西安交通大学	应用经济学	5	2023M742809

续表

序号	姓名	博士后编号	设站单位名称	一级学科	资助金额/万元	资助编号
2630	景　薇	316535	西安交通大学	应用经济学	5	2023M742810
2631	亢延锟	353360	西安交通大学	应用经济学	5	2023M742811
2632	王建辉	348113	西安交通大学	哲学	5	2023M742812
2633	王　赛	337826	西安交通大学	哲学	5	2023M742813
2634	李　昕	357036	西安交通大学	中国语言文学	5	2023M742814
2635	贾　嘉	360454	西安科技大学	化学工程与技术	8	2023M742815
2636	吕慧菲	319395	西安科技大学	矿业工程	8	2023M742816
2637	张园勃	355694	西安科技大学	矿业工程	8	2023M742817
2638	胡名叶	311620	西安理工大学	工商管理	5	2023M742818
2639	严立京	329031	西安理工大学	化学	8	2023M742819
2640	刘婷婷	330996	西安外国语大学	工商管理	5	2023M742820
2641	徐建平	349388	西安稀有金属材料研究院有限公司	材料科学与工程	8	2023M742821
2642	孙昊田	350878	西北大学	地理学	8	2023M742822
2643	柴　姝	311635	西北大学	地质学	8	2023M742823
2644	申　琪	358826	西北大学	地质学	8	2023M742824
2645	李　茜	327265	西北大学	环境科学与工程	8	2023M742825
2646	周伯乐	341315	西北大学	理论经济学	5	2023M742826
2647	李维军	350871	西北大学	马克思主义理论	5	2023M742827
2648	田　阳	343270	西北大学	食品科学与工程	8	2023M742828
2649	贾淑明	351674	西北农林科技大学	力学	8	2023M742852
2650	董　玮	342634	西北农林科技大学	农业工程	8	2023M742853
2651	于流洋	330524	西北农林科技大学	农业工程	8	2023M742854
2652	钟泽坤	351673	西北农林科技大学	农业资源利用	8	2023M742855
2653	李彦霈	328793	西北农林科技大学	生物学	8	2023M742856
2654	罗丽芬	357830	西北农林科技大学	生物学	8	2023M742857
2655	张添佑	340093	西北农林科技大学	生物学	8	2023M742858
2656	王丽英	338205	西北农林科技大学	食品科学与工程	8	2023M742859
2657	王妍入	315376	西北农林科技大学	食品科学与工程	8	2023M742860
2658	刘　韬	337112	西北农林科技大学	水产	8	2023M742861
2659	刘艳利	344805	西北农林科技大学	畜牧学	8	2023M742862
2660	刘　尧	331403	西北农林科技大学	畜牧学	8	2023M742863
2661	王　菲	313974	西北农林科技大学	畜牧学	8	2023M742864
2662	张　蓓	349891	西北农林科技大学	畜牧学	8	2023M742865

续表

序号	姓名	博士后编号	设站单位名称	一级学科	资助金额/万元	资助编号
2663	车润民	360430	西北农林科技大学	园艺学	8	2023M742866
2664	胡亚楠	350276	西北农林科技大学	园艺学	8	2023M742867
2665	王家发	313371	西北农林科技大学	园艺学	8	2023M742868
2666	杨　洁	360465	西北农林科技大学	园艺学	8	2023M742869
2667	祝令成	317252	西北农林科技大学	园艺学	8	2023M742870
2668	蔡　璘	337823	西北农林科技大学	植物保护	8	2023M742871
2669	李一帆	338209	西北农林科技大学	植物保护	8	2023M742872
2670	辛凯芸	357395	西北农林科技大学	植物保护	8	2023M742873
2671	沈程硕	348129	西北师范大学	化学	8	2023M742874
2672	焦奔奇	362592	西北有色金属研究院	材料科学与工程	8	2023M742875
2673	金彦宇	359342	西北政法大学	法学	5	2023M742876
2674	毛奕欢	360951	西南财经大学	工商管理	5	2023M742877
2675	黄光麟	335399	西南财经大学	应用经济学	5	2023M742878
2676	唐朱睿	346809	西南大学	环境科学与工程	8	2023M742879
2677	宋　琴	343367	西南大学	林学	8	2023M742880
2678	陶文静	354048	西南大学	生物学	8	2023M742881
2679	李　贤	352700	西南大学	图书情报与档案管理	5	2023M742882
2680	孙得翔	330207	西南交通大学	材料科学与工程	8	2023M742883
2681	谢亚坤	348481	西南交通大学	测绘科学与技术	8	2023M742884
2682	王　辉	333956	西南交通大学	电气工程	8	2023M742885
2683	杨　蕊	333749	西南交通大学	管理科学与工程	5	2023M742886
2684	王　颖	358162	西南交通大学	核科学与技术	8	2023M742887
2685	李　莎	360968	西南交通大学	化学	8	2023M742888
2686	王春燕	360977	西南交通大学	化学	8	2023M742889
2687	陈侣存	365389	西南交通大学	环境科学与工程	8	2023M742890
2688	龚新颖	348214	西南交通大学	环境科学与工程	8	2023M742891
2689	李康璐	360978	西南交通大学	环境科学与工程	8	2023M742892
2690	童圆君	360974	西南交通大学	环境科学与工程	8	2023M742893
2691	曹　均	322408	西南交通大学	机械工程	8	2023M742894
2692	李　杨	344065	西南交通大学	机械工程	8	2023M742895
2693	吴振宇	360971	西南交通大学	计算机科学与技术	8	2023M742896
2694	姜亚楠	353419	西南交通大学	生物医学工程	8	2023M742897
2695	吕　城	365387	西南交通大学	石油与天然气工程	8	2023M742898

续表

序号	姓名	博士后编号	设站单位名称	一级学科	资助金额/万元	资助编号
2696	周　平	336637	西南交通大学	土木工程	8	2023M742899
2697	焦　振	350929	西南交通大学	物理学	8	2023M742900
2698	时　巧	331137	西南交通大学	信息与通信工程	8	2023M742901
2699	刘　佳	331329	西南交通大学	仪器科学与技术	8	2023M742902
2700	陈海龙	318330	西南石油大学	石油与天然气工程	8	2023M742903
2701	李　骏	314277	西南石油大学	石油与天然气工程	8	2023M742904
2702	徐富江	336635	西南医科大学附属医院	生物学	8	2023M742905
2703	刘浩然	341700	西南政法大学	法学	5	2023M742906
2704	刘元贺	314337	西南政法大学	政治学	5	2023M742907
2705	康巧玲	320920	厦门大学	材料科学与工程	8	2023M742908
2706	杨　级	334841	厦门大学	材料科学与工程	8	2023M742909
2707	彭玉琢	342320	厦门大学	大气科学	8	2023M742910
2708	陈　丽	325116	厦门大学	法学	5	2023M742911
2709	曾钰诚	325601	厦门大学	法学	5	2023M742912
2710	吴亚飞	325763	厦门大学	公共卫生与预防医学	8	2023M742913
2711	陈　佳	342165	厦门大学	光学工程	8	2023M742914
2712	林文强	320063	厦门大学	海洋科学	8	2023M742915
2713	方建阳	364466	厦门大学	核科学与技术	8	2023M742916
2714	刘　佳	315666	厦门大学	化学	8	2023M742917
2715	王辉猛	362855	厦门大学	化学	8	2023M742918
2716	方海啸	348119	厦门大学	化学工程与技术	8	2023M742919
2717	唐业东	341240	厦门大学	基础医学	8	2023M742920
2718	蔡　诚	359546	厦门大学	历史学	5	2023M742921
2719	艾元立	334500	厦门大学	生物学	8	2023M742922
2720	黄巧玲	358746	厦门大学	生物学	8	2023M742923
2721	孙　祥	362448	厦门大学	生物医学工程	8	2023M742924
2722	杨依妮	320257	厦门大学	数学	8	2023M742925
2723	崔　闯	364373	厦门大学	水产	8	2023M742926
2724	刘灵珂	340449	厦门大学	水产	8	2023M742927
2725	王　怡	340448	厦门大学	水产	8	2023M742928
2726	曹天文	320606	厦门大学	天文学	8	2023M742929
2727	黄　睿	312914	厦门大学	哲学	5	2023M742930
2728	李庆贤	364591	厦门大学附属第一医院	临床医学	8	2023M742931

续表

序号	姓名	博士后编号	设站单位名称	一级学科	资助金额/万元	资助编号
2729	于闻哲	364598	厦门大学附属第一医院	临床医学	8	2023M742932
2730	崔馨元	334180	香港大学深圳医院	临床医学	8	2023M742933
2731	吴玉俊	328932	湘潭大学	环境科学与工程	8	2023M742934
2732	王龙滟	347923	新界泵业（浙江）有限公司	动力工程及工程热物理	8	2023M742935
2733	李　萍	350820	鑫缘茧丝绸集团有限公司	畜牧学	8	2023M742936
2734	陈　歌	346188	徐州矿务集团有限公司	地质资源与地质工程	8	2023M742937
2735	朱金佗	335790	徐州矿务集团有限公司	矿业工程	8	2023M742938
2736	范江朋	352788	徐州医科大学	临床医学	8	2023M742939
2737	李　曰	350372	徐州医科大学	临床医学	8	2023M742940
2738	廖晓琳	342099	亚邦投资控股集团有限公司	农业资源利用	8	2023M742941
2739	赵宝俊	344233	亚太泵阀有限公司	海洋科学	8	2023M742942
2740	杨洪生	335460	烟台泰和新材料股份有限公司	材料科学与工程	8	2023M742943
2741	王　博	347319	兖矿能源集团股份有限公司	矿业工程	8	2023M742944
2742	王文凤	311516	燕山大学	材料科学与工程	8	2023M742945
2743	杨丹丹	313200	扬州大学	光学工程	8	2023M742946
2744	杨甫林	347427	扬州大学	化学	8	2023M742947
2745	李　阳	311337	扬州大学	控制科学与工程	8	2023M742948
2746	陈亚迪	348040	扬州大学	林学	8	2023M742949
2747	路兆庚	349014	扬州大学	林学	8	2023M742950
2748	马　坦	312106	扬州大学	临床医学	8	2023M742951
2749	孙一迪	340301	扬州大学	农业工程	8	2023M742952
2750	汤　权	340302	扬州大学	农业资源利用	8	2023M742953
2751	朱振邦	344125	扬州大学	兽医学	8	2023M742954
2752	冯　涛	351052	扬州大学	数学	8	2023M742955
2753	张　燿	353405	扬州大学	水产	8	2023M742956
2754	李夏元	346825	扬州大学	土木工程	8	2023M742957
2755	王相军	340296	扬州大学	土木工程	8	2023M742958
2756	徐　江	312485	扬州大学	土木工程	8	2023M742959
2757	葛　晶	337868	扬州大学	畜牧学	8	2023M742960
2758	路恩会	344126	扬州大学	仪器科学与技术	8	2023M742961
2759	姜丽娟	334622	扬州大学	园艺学	8	2023M742962
2760	户少武	352833	扬州大学	作物学	8	2023M742963
2761	谭文琛	353839	扬州大学	作物学	8	2023M742964

续表

序号	姓名	博士后编号	设站单位名称	一级学科	资助金额/万元	资助编号
2762	朱敬宇	333256	应急管理部天津消防研究所	矿业工程	8	2023M742965
2763	董清平	337740	云南大学	历史学	5	2023M742966
2764	沈卡祥	331971	云南大学	历史学	5	2023M742967
2765	王春雪	312577	云南磷化集团有限公司	生物学	8	2023M742968
2766	逯　慧	325431	张江实验室	化学	8	2023M742969
2767	周　磊	332827	招商局重庆交通科研设计院	力学	8	2023M742970
2768	郝猷琛	330434	浙江大学	材料科学与工程	8	2023M742971
2769	秦　宁	355536	浙江大学	材料科学与工程	8	2023M742972
2770	孙振亨	356542	浙江大学	材料科学与工程	8	2023M742973
2771	夏万顺	318933	浙江大学	材料科学与工程	8	2023M742974
2772	项艳鑫	362907	浙江大学	材料科学与工程	8	2023M742975
2773	张兴普	321895	浙江大学	材料科学与工程	8	2023M742976
2774	赵　明	355534	浙江大学	材料科学与工程	8	2023M742977
2775	郑鸿飞	338023	浙江大学	材料科学与工程	8	2023M742978
2776	吴鸿翔	318482	浙江大学	地质学	8	2023M742979
2777	祝凤金	320497	浙江大学	地质资源与地质工程	8	2023M742980
2778	余　彬	346258	浙江大学	电气工程	8	2023M742981
2779	林凡凡	356952	浙江大学	电子科学与技术	8	2023M742982
2780	张　顺	321073	浙江大学	电子科学与技术	8	2023M742983
2781	方　松	321029	浙江大学	动力工程及工程热物理	8	2023M742984
2782	徐子龙	347630	浙江大学	动力工程及工程热物理	8	2023M742985
2783	王　森	325865	浙江大学	法学	5	2023M742986
2784	陈　灿	348300	浙江大学	公共卫生与预防医学	8	2023M742987
2785	宋立甲	352753	浙江大学	光学工程	8	2023M742988
2786	侯　晓	329530	浙江大学	化学	8	2023M742989
2787	李航杰	346254	浙江大学	化学	8	2023M742990
2788	刘　诚	321558	浙江大学	化学	8	2023M742991
2789	骆钧飞	330438	浙江大学	化学	8	2023M742992
2790	吴振兴	353720	浙江大学	化学	8	2023M742993
2791	黄　迪	347930	浙江大学	化学工程与技术	8	2023M742994
2792	李　迪	324599	浙江大学	化学工程与技术	8	2023M742995
2793	刘　喆	333308	浙江大学	化学工程与技术	8	2023M742996
2794	鲁　丹	354608	浙江大学	化学工程与技术	8	2023M742997

续表

序号	姓名	博士后编号	设站单位名称	一级学科	资助金额/万元	资助编号
2795	翟　羿	355538	浙江大学	化学工程与技术	8	2023M742998
2796	陈　妍	320956	浙江大学	环境科学与工程	8	2023M742999
2797	俞卓栋	351165	浙江大学	环境科学与工程	8	2023M743000
2798	黄方昊	321126	浙江大学	机械工程	8	2023M743001
2799	张　扬	351746	浙江大学	机械工程	8	2023M743002
2800	景宸琛	321048	浙江大学	计算机科学与技术	8	2023M743003
2801	刘　倩	322481	浙江大学	教育学	5	2023M743004
2802	田贤鹏	329103	浙江大学	教育学	5	2023M743005
2803	柏明明	349305	浙江大学	控制科学与工程	8	2023M743006
2804	赵世一	356995	浙江大学	控制科学与工程	8	2023M743007
2805	姜步琳	363562	浙江大学	口腔医学	8	2023M743008
2806	孙谋远	358341	浙江大学	口腔医学	8	2023M743009
2807	钟　良	333608	浙江大学	口腔医学	8	2023M743010
2808	唐海山	362994	浙江大学	力学	8	2023M743011
2809	夏　严	322579	浙江大学	力学	8	2023M743012
2810	戴思雅	323870	浙江大学	临床医学	8	2023M743013
2811	杭　凯	323735	浙江大学	临床医学	8	2023M743014
2812	李丽丽	323995	浙江大学	临床医学	8	2023M743015
2813	李天冶	323998	浙江大学	临床医学	8	2023M743016
2814	林锦雯	362116	浙江大学	临床医学	8	2023M743017
2815	凌　清	323908	浙江大学	临床医学	8	2023M743018
2816	刘　赫	326030	浙江大学	临床医学	8	2023M743019
2817	楼晓伟	358325	浙江大学	临床医学	8	2023M743020
2818	卢惠丹	323942	浙江大学	临床医学	8	2023M743021
2819	马学友	323969	浙江大学	临床医学	8	2023M743022
2820	滕心怡	323880	浙江大学	临床医学	8	2023M743023
2821	肖美玲	365080	浙江大学	临床医学	8	2023M743024
2822	阎若瑾	356004	浙江大学	临床医学	8	2023M743025
2823	于荐青	324013	浙江大学	临床医学	8	2023M743026
2824	余梦丽	324389	浙江大学	临床医学	8	2023M743027
2825	张　莹	323930	浙江大学	临床医学	8	2023M743028
2826	符颖怡	333642	浙江大学	农业资源利用	8	2023M743029
2827	汤　胜	362545	浙江大学	农业资源利用	8	2023M743030

续表

序号	姓名	博士后编号	设站单位名称	一级学科	资助金额/万元	资助编号
2828	陈　潮	344331	浙江大学	生物学	8	2023M743031
2829	陈升言	329409	浙江大学	生物学	8	2023M743032
2830	陈宇霖	340066	浙江大学	生物学	8	2023M743033
2831	邓　梁	362548	浙江大学	生物学	8	2023M743034
2832	付锐锐	356948	浙江大学	生物学	8	2023M743035
2833	贺存满	338164	浙江大学	生物学	8	2023M743036
2834	李　心	344076	浙江大学	生物学	8	2023M743037
2835	梁利军	323931	浙江大学	生物学	8	2023M743038
2836	卢信良	330666	浙江大学	生物学	8	2023M743039
2837	马　骄	320071	浙江大学	生物学	8	2023M743040
2838	钱　胜	358571	浙江大学	生物学	8	2023M743041
2839	钱文畅	334417	浙江大学	生物学	8	2023M743042
2840	乔露露	357017	浙江大学	生物学	8	2023M743043
2841	王江勤	355982	浙江大学	生物学	8	2023M743044
2842	吴东亚	320576	浙江大学	生物学	8	2023M743045
2843	肖　琴	340647	浙江大学	生物学	8	2023M743046
2844	徐陈超	333630	浙江大学	生物学	8	2023M743047
2845	叶佳园	356543	浙江大学	生物学	8	2023M743048
2846	张霈婧	330180	浙江大学	生物学	8	2023M743049
2847	赵文艺	318533	浙江大学	生物学	8	2023M743050
2848	郑军强	357580	浙江大学	生物学	8	2023M743051
2849	朱　亮	355486	浙江大学	生物学	8	2023M743052
2850	孔留兵	355813	浙江大学	生物医学工程	8	2023M743053
2851	李　鑫	358715	浙江大学	生物医学工程	8	2023M743054
2852	刘文哲	346763	浙江大学	生物医学工程	8	2023M743055
2853	诸进晋	323786	浙江大学	生物医学工程	8	2023M743056
2854	刘夏雨	353943	浙江大学	食品科学与工程	8	2023M743057
2855	陈冠年	331597	浙江大学	土木工程	8	2023M743058
2856	王晓冉	347857	浙江大学	土木工程	8	2023M743059
2857	严华祥	313319	浙江大学	土木工程	8	2023M743060
2858	何柳月	348473	浙江大学	系统科学	8	2023M743061
2859	张艺竞	317739	浙江大学	心理学	8	2023M743062
2860	郭荣斌	313314	浙江大学	信息与通信工程	8	2023M743063

续表

序号	姓名	博士后编号	设站单位名称	一级学科	资助金额/万元	资助编号
2861	张　萌	322214	浙江大学	畜牧学	8	2023M743064
2862	柴　昕	318923	浙江大学	药学	8	2023M743065
2863	陈一凡	354587	浙江大学	药学	8	2023M743066
2864	黄丽文	340659	浙江大学	药学	8	2023M743067
2865	徐　妍	312049	浙江大学	药学	8	2023M743068
2866	季少融	332078	浙江大学	艺术学	5	2023M743069
2867	石　榴	358756	浙江大学	艺术学	5	2023M743070
2868	田　语	323690	浙江大学	艺术学	5	2023M743071
2869	王陈豪	320877	浙江大学	应用经济学	5	2023M743072
2870	程海燕	318599	浙江大学	园艺学	8	2023M743073
2871	冯志航	332089	浙江大学	园艺学	8	2023M743074
2872	邹茹冰	320957	浙江大学	植物保护	8	2023M743075
2873	赫如意	315044	浙江大学	中国语言文学	5	2023M743076
2874	武雨含	358477	浙江大学	中药学	8	2023M743077
2875	陈洪瑜	329879	浙江大学	作物学	8	2023M743078
2876	盛　况	329579	浙江大学	作物学	8	2023M743079
2877	汪洲涛	331616	浙江大学	作物学	8	2023M743080
2878	袁鹏程	345029	浙江大学杭州国际科创中心	材料科学与工程	8	2023M743081
2879	张　铁	349392	浙江大学杭州国际科创中心	材料科学与工程	8	2023M743082
2880	范柱平	335234	浙江大学杭州国际科创中心	电子科学与技术	8	2023M743083
2881	刘　明	357002	浙江大学杭州国际科创中心	化学	8	2023M743084
2882	万　枫	358753	浙江大学杭州国际科创中心	化学	8	2023M743085
2883	杨　雪	356430	浙江大学杭州国际科创中心	化学	8	2023M743086
2884	张松娜	348552	浙江大学杭州国际科创中心	化学	8	2023M743087
2885	朱　安	362936	浙江大学杭州国际科创中心	化学	8	2023M743088
2886	李逊甲	349165	浙江大学杭州国际科创中心	农业工程	8	2023M743089
2887	高子翔	333128	浙江大学杭州国际科创中心	农业资源利用	8	2023M743090
2888	宋书言	342726	浙江大学杭州国际科创中心	生物学	8	2023M743091
2889	周思铭	334950	浙江大学建筑设计研究院有限公司	土木工程	8	2023M743092
2890	Okon Samuel Ukpong	324137	浙江大学苏州工业技术研究院	水利工程	8	2023M743093
2891	黄德玉	334970	浙江大学医学中心（余杭）	基础医学	8	2023M743094
2892	徐小洁	356389	浙江大学医学中心（余杭）	临床医学	8	2023M743095

续表

序号	姓名	博士后编号	设站单位名称	一级学科	资助金额/万元	资助编号
2893	毕洪运	340999	浙江大学医学中心（余杭）	生物学	8	2023M743096
2894	陈晓莹	358298	浙江大学医学中心（余杭）	生物学	8	2023M743097
2895	王　垚	337886	浙江工业大学	材料科学与工程	8	2023M743098
2896	陆海旻	357383	浙江工业大学	管理科学与工程	5	2023M743099
2897	张　琦	320508	浙江工业大学	环境科学与工程	8	2023M743100
2898	张振炎	358217	浙江工业大学	环境科学与工程	8	2023M743101
2899	陈　波	335838	浙江工业大学	机械工程	8	2023M743102
2900	韩云晓	330164	浙江工业大学	机械工程	8	2023M743103
2901	沈　洁	349410	浙江工业大学	生物医学工程	8	2023M743104
2902	郑司雨	316080	浙江禾欣控股有限公司	材料科学与工程	8	2023M743105
2903	石佳博	347917	浙江禾欣控股有限公司	轻工技术与工程	8	2023M743106
2904	杨　亭	345451	浙江惠嘉生物科技股份有限公司	畜牧学	8	2023M743107
2905	陈东阳	337144	浙江金马逊机械有限公司	船舶与海洋工程	8	2023M743108
2906	尹阳阳	349832	浙江精工钢结构集团有限公司	水利工程	8	2023M743109
2907	曹　青	337898	浙江精工集成科技股份有限公司	电子科学与技术	8	2023M743110
2908	满增明	345488	浙江联宜电机有限公司	材料科学与工程	8	2023M743111
2909	王陈向	333952	浙江联宜电机有限公司	机械工程	8	2023M743112
2910	邓金萍	349187	浙江农林大学	林学	8	2023M743113
2911	陈继繁	358083	浙江省第二医院	临床医学	8	2023M743114
2912	郑　冉	358066	浙江省第二医院	临床医学	8	2023M743115
2913	邵　谧	358920	浙江省第一医院	临床医学	8	2023M743116
2914	沈皓天	359174	浙江省第一医院	临床医学	8	2023M743117
2915	汤江辉	359185	浙江省第一医院	临床医学	8	2023M743118
2916	王　蒙	355131	浙江省第一医院	临床医学	8	2023M743119
2917	朱星鑫	358887	浙江省第一医院	临床医学	8	2023M743120
2918	汪非遐	359062	浙江省妇女保健院	临床医学	8	2023M743121
2919	刘迎夏	316239	浙江省农业科学院	农业资源利用	8	2023M743122
2920	Noman Muhammad	359114	浙江省农业科学院	植物保护	8	2023M743123
2921	楼筱婷	337506	浙江省人民医院	临床医学	8	2023M743124
2922	诸葛傲翔	358574	浙江省邵逸夫医院	临床医学	8	2023M743125
2923	李　雪	328494	浙江省肿瘤医院	公共卫生与预防医学	8	2023M743126
2924	孔　雀	345938	浙江盛发纺织印染有限公司	纺织科学与工程	8	2023M743127

续表

序号	姓名	博士后编号	设站单位名称	一级学科	资助金额/万元	资助编号
2925	张佳文	350181	浙江盛发纺织印染有限公司	纺织科学与工程	8	2023M743128
2926	胡　柳	345773	浙江盛发纺织印染有限公司	化学工程与技术	8	2023M743129
2927	焦　杨	336771	浙江师范大学	材料科学与工程	8	2023M743130
2928	张　键	330467	浙江师范大学	化学	8	2023M743131
2929	阳诚砖	335846	浙江师范大学	计算机科学与技术	8	2023M743132
2930	刘兴亮	330172	浙江西湖高等研究院（西湖大学）	材料科学与工程	8	2023M743133
2931	张　玲	318529	浙江西湖高等研究院（西湖大学）	材料科学与工程	8	2023M743134
2932	胡维强	334365	浙江西湖高等研究院（西湖大学）	化学	8	2023M743135
2933	郭鹏明	342589	浙江西湖高等研究院（西湖大学）	力学	8	2023M743136
2934	段昊然	357408	浙江西湖高等研究院（西湖大学）	生物学	8	2023M743137
2935	宋子林	326482	浙江西湖高等研究院（西湖大学）	生物学	8	2023M743138
2936	王　靖	353550	浙江西湖高等研究院（西湖大学）	生物学	8	2023M743139
2937	黄　婧	330171	浙江西湖高等研究院（西湖大学）	生物医学工程	8	2023M743140
2938	张世杰	313781	浙江医药股份有限公司新昌制药厂	中药学	8	2023M743141
2939	李　乐	364285	浙江中成控股集团有限公司	材料科学与工程	8	2023M743142
2940	徐玲钰	354727	浙江中医药大学	生物学	8	2023M743143
2941	王　宇	354831	浙江中医药大学	药学	8	2023M743144
2942	杨　琳	354828	浙江中医药大学	药学	8	2023M743145
2943	马健雄	363904	浙江中医药大学	中医学	8	2023M743146
2944	赵　颖	363885	浙江中医药大学	中医学	8	2023M743147
2945	惠　飞	345584	郑州大学	材料科学与工程	8	2023M743149
2946	靳绪庭	352088	郑州大学	材料科学与工程	8	2023M743150
2947	李梦瑶	351943	郑州大学	材料科学与工程	8	2023M743151
2948	乔永强	310921	郑州大学	材料科学与工程	8	2023M743152
2949	王　柳	347351	郑州大学	材料科学与工程	8	2023M743153
2950	王卓森	351946	郑州大学	材料科学与工程	8	2023M743154
2951	聂　瑞	352044	郑州大学	电气工程	8	2023M743155
2952	彭　伟	352290	郑州大学	电子科学与技术	8	2023M743156
2953	苗沛霖	344714	郑州大学	法学	5	2023M743157
2954	高沛然	346744	郑州大学	工商管理	5	2023M743158
2955	牛　腾	332173	郑州大学	工商管理	5	2023M743159
2956	宋皓杰	346750	郑州大学	工商管理	5	2023M743160
2957	刘钰婧	331301	郑州大学	公共管理	5	2023M743161

续表

序号	姓名	博士后编号	设站单位名称	一级学科	资助金额/万元	资助编号
2958	李国昊	312581	郑州大学	管理科学与工程	5	2023M743162
2959	乔　岩	322524	郑州大学	管理科学与工程	5	2023M743163
2960	陈雪倩	362145	郑州大学	化学	8	2023M743164
2961	刘晓婷	362514	郑州大学	化学	8	2023M743165
2962	刘泽水	355040	郑州大学	化学	8	2023M743166
2963	桑滟鹃	355014	郑州大学	化学	8	2023M743167
2964	王贝贝	365727	郑州大学	化学	8	2023M743168
2965	张家恒	363216	郑州大学	化学	8	2023M743169
2966	赵瑞正	352039	郑州大学	化学	8	2023M743170
2967	赵英杰	362141	郑州大学	化学	8	2023M743171
2968	李东洋	328401	郑州大学	化学工程与技术	8	2023M743172
2969	睢晓洁	345952	郑州大学	化学工程与技术	8	2023M743173
2970	孙楷航	338485	郑州大学	化学工程与技术	8	2023M743174
2971	张继斌	352042	郑州大学	化学工程与技术	8	2023M743175
2972	郭　琼	345873	郑州大学	环境科学与工程	8	2023M743176
2973	李　远	355054	郑州大学	环境科学与工程	8	2023M743177
2974	施伟龙	351950	郑州大学	环境科学与工程	8	2023M743178
2975	刘方方	350069	郑州大学	基础医学	8	2023M743179
2976	赵　冉	352041	郑州大学	基础医学	8	2023M743180
2977	朱相展	352443	郑州大学	基础医学	8	2023M743181
2978	陈鹏冲	322951	郑州大学	机械工程	8	2023M743182
2979	彭振龙	328199	郑州大学	机械工程	8	2023M743183
2980	苏瑞涛	348977	郑州大学	机械工程	8	2023M743184
2981	毕　莹	351937	郑州大学	计算机科学与技术	8	2023M743185
2982	胡世哲	352045	郑州大学	计算机科学与技术	8	2023M743186
2983	金　钊	338918	郑州大学	计算机科学与技术	8	2023M743187
2984	吴　宾	350127	郑州大学	计算机科学与技术	8	2023M743188
2985	许鸿飞	328180	郑州大学	计算机科学与技术	8	2023M743189
2986	王日冉	350071	郑州大学	交通运输工程	8	2023M743190
2987	任航丽	326709	郑州大学	控制科学与工程	8	2023M743191
2988	滕道光	352111	郑州大学	矿业工程	8	2023M743192
2989	严辉发	322528	郑州大学	历史学	5	2023M743193
2990	吴　啸	352037	郑州大学	力学	8	2023M743194

续表

序号	姓名	博士后编号	设站单位名称	一级学科	资助金额/万元	资助编号
2991	杨俊杰	362406	郑州大学	力学	8	2023M743195
2992	丁丽华	339445	郑州大学	临床医学	8	2023M743196
2993	林蓓蕾	338514	郑州大学	临床医学	8	2023M743197
2994	路　阳	338182	郑州大学	临床医学	8	2023M743198
2995	王　宁	338513	郑州大学	临床医学	8	2023M743199
2996	薛　晨	350125	郑州大学	临床医学	8	2023M743200
2997	杨帅玺	336458	郑州大学	临床医学	8	2023M743201
2998	姚　欢	328193	郑州大学	临床医学	8	2023M743202
2999	远孝琼	345874	郑州大学	临床医学	8	2023M743203
3000	张　涛	346360	郑州大学	临床医学	8	2023M743204
3001	牛伟伟	350070	郑州大学	马克思主义理论	5	2023M743205
3002	丁俊祥	349017	郑州大学	生物学	8	2023M743206
3003	吴思璇	347253	郑州大学	生物学	8	2023M743207
3004	袁　野	352103	郑州大学	生物医学工程	8	2023M743208
3005	丁培阳	346289	郑州大学	兽医学	8	2023M743209
3006	陈如冰	352216	郑州大学	数学	8	2023M743210
3007	胡增辉	338921	郑州大学	数学	8	2023M743211
3008	赵晓龙	312440	郑州大学	数学	8	2023M743212
3009	孙　倬	344593	郑州大学	图书情报与档案管理	5	2023M743213
3010	谷志强	319411	郑州大学	土木工程	8	2023M743214
3011	李　航	338486	郑州大学	土木工程	8	2023M743215
3012	苏　畅	318049	郑州大学	土木工程	8	2023M743216
3013	童明娜	318045	郑州大学	土木工程	8	2023M743217
3014	姚煦霈	351989	郑州大学	土木工程	8	2023M743218
3015	翟科杰	342224	郑州大学	土木工程	8	2023M743219
3016	宋　璐	338181	郑州大学	外国语言文学	5	2023M743220
3017	贾陌尘	313730	郑州大学	物理学	8	2023M743221
3018	刘　莹	339723	郑州大学	物理学	8	2023M743222
3019	马　良	331186	郑州大学	物理学	8	2023M743223
3020	王东洋	352118	郑州大学	物理学	8	2023M743224
3021	吴汉超	330432	郑州大学	物理学	8	2023M743225
3022	行　言	362140	郑州大学	物理学	8	2023M743226
3023	张家奇	352034	郑州大学	物理学	8	2023M743227

续表

序号	姓名	博士后编号	设站单位名称	一级学科	资助金额/万元	资助编号
3024	郭　晨	311728	郑州大学	新闻传播学	5	2023M743228
3025	谢李鹏	352117	郑州大学	信息与通信工程	8	2023M743229
3026	杨　婧	344581	郑州大学	信息与通信工程	8	2023M743230
3027	宋庆龄	352031	郑州大学	药学	8	2023M743231
3028	王志豪	352090	郑州大学	药学	8	2023M743232
3029	张鑫荟	344571	郑州大学	药学	8	2023M743233
3030	李少龙	346288	郑州大学	冶金工程	8	2023M743234
3031	范　伟	311952	郑州大学	应用经济学	5	2023M743235
3032	梁燚焱	332171	郑州大学	应用经济学	5	2023M743236
3033	商大为	320477	郑州大学	应用经济学	5	2023M743237
3034	王　琪	345854	郑州大学	园艺学	8	2023M743238
3035	陈　曦	310926	郑州大学	哲学	5	2023M743239
3036	王　硕	319150	郑州大学	政治学	5	2023M743240
3037	霍东晓	346503	郑州大学	中国语言文学	5	2023M743241
3038	肖文婷	318046	郑州大学	中国语言文学	5	2023M743242
3039	刘柏杨	346295	郑州大学第一附属医院	临床医学	8	2023M743243
3040	夏月庆	341801	郑州机械研究所	材料科学与工程	8	2023M743244
3041	王　培	351924	郑州机械研究所	机械工程	8	2023M743245
3042	翟兆阳	348759	郑州机械研究所	机械工程	8	2023M743246
3043	康　乐	339442	郑州泰丰制药有限公司	中医学	8	2023M743247
3044	陈晨端	336781	之江实验室	材料科学与工程	8	2023M743248
3045	成　添	336785	之江实验室	电子科学与技术	8	2023M743249
3046	胡陈枢	321354	之江实验室	动力工程及工程热物理	8	2023M743250
3047	董　严	354758	之江实验室	光学工程	8	2023M743251
3048	徐英明	358210	之江实验室	光学工程	8	2023M743252
3049	郑洪坤	318532	之江实验室	光学工程	8	2023M743253
3050	陈晓昊	355744	之江实验室	机械工程	8	2023M743254
3051	黄　禹	336828	之江实验室	计算机科学与技术	8	2023M743255
3052	王庆刚	349209	之江实验室	计算机科学与技术	8	2023M743256
3053	姚鹏程	336827	之江实验室	计算机科学与技术	8	2023M743257
3054	张艾嘉	318549	之江实验室	计算机科学与技术	8	2023M743258
3055	方　深	336802	之江实验室	交通运输工程	8	2023M743259
3056	李梦泽	357512	之江实验室	控制科学与工程	8	2023M743260

续表

序号	姓名	博士后编号	设站单位名称	一级学科	资助金额/万元	资助编号
3057	张贵泉	343389	之江实验室	生物学	8	2023M743261
3058	张　雪	347006	之江实验室	生物学	8	2023M743262
3059	周于聪	312694	之江实验室	生物学	8	2023M743263
3060	Muhammad Zohaib Hassan Shah	336780	之江实验室	生物医学工程	8	2023M743264
3061	杨文剑	313102	之江实验室	生物医学工程	8	2023M743265
3062	王季红	318556	之江实验室	数学	8	2023M743266
3063	蒋相平	314517	之江实验室	物理学	8	2023M743267
3064	阮永都	321349	之江实验室	物理学	8	2023M743268
3065	王楚翘	315689	中船动力镇江有限公司	动力工程及工程热物理	8	2023M743269
3066	王　鑫	356550	中共上海市委党校	马克思主义理论	5	2023M743271
3067	赵亚楠	359935	中共上海市委党校	马克思主义理论	5	2023M743272
3068	张宜强	330619	中共上海市委党校	政治学	5	2023M743273
3069	王　琳	329378	中国传媒大学	管理科学与工程	5	2023M743275
3070	钟思雨	356369	中国传媒大学	马克思主义理论	5	2023M743276
3071	王　焕	328842	中国传媒大学	社会学	5	2023M743277
3072	任天知	333498	中国传媒大学	新闻传播学	5	2023M743278
3073	高子晗	328861	中国传媒大学	艺术学	5	2023M743279
3074	黄　敏	330680	中国传媒大学	艺术学	5	2023M743280
3075	李邵波	331187	中国地质大学	测绘科学与技术	8	2023M743282
3076	施东雷	317948	中国地质大学	大气科学	8	2023M743283
3077	魏　韵	317962	中国地质大学	大气科学	8	2023M743284
3078	李子昂	345186	中国地质大学	地球物理学	8	2023M743285
3079	程晓钰	353752	中国地质大学	地质学	8	2023M743286
3080	杜　勇	356829	中国地质大学	地质学	8	2023M743287
3081	范浩文	319117	中国地质大学	地质学	8	2023M743288
3082	郝世豪	356934	中国地质大学	地质学	8	2023M743289
3083	廖秀红	357352	中国地质大学	地质学	8	2023M743290
3084	裴　羽	358832	中国地质大学	地质学	8	2023M743291
3085	孙福宁	343511	中国地质大学	地质学	8	2023M743292
3086	王成思	318323	中国地质大学	地质学	8	2023M743293
3087	罗　望	355953	中国地质大学	地质资源与地质工程	8	2023M743294

续表

序号	姓名	博士后编号	设站单位名称	一级学科	资助金额/万元	资助编号
3088	毛佩筱	353751	中国地质大学	海洋科学	8	2023M743295
3089	吴　霞	317985	中国地质大学	化学	8	2023M743296
3090	刘　争	356827	中国地质大学	石油与天然气工程	8	2023M743297
3091	任麟昊	337045	中国地质大学	物理学	8	2023M743298
3092	黄绍广	331125	中国地质大学	信息与通信工程	8	2023M743299
3093	韩　续	355274	中国地质大学（北京）	地质学	8	2023M743300
3094	刘　梦	353960	中国地质大学（北京）	地质学	8	2023M743301
3095	王　炫	318126	中国地质大学（北京）	地质学	8	2023M743302
3096	徐文坡	334478	中国地质大学（北京）	地质学	8	2023M743303
3097	张雪旋	319743	中国地质大学（北京）	地质学	8	2023M743304
3098	徐绍涛	352637	中国地质大学（北京）	地质资源与地质工程	8	2023M743305
3099	韩吉龙	355293	中国地质调查局发展研究中心	地质学	8	2023M743306
3100	唐吟秋	337895	中国电建集团华东勘测设计研究院有限公司	管理科学与工程	5	2023M743307
3101	辛立庆	362386	中国电建集团华东勘测设计研究院有限公司	环境科学与工程	8	2023M743308
3102	张洪兴	363903	中国电建集团华东勘测设计研究院有限公司	水利工程	8	2023M743309
3103	张晓艳	331073	中国电建集团华东勘测设计研究院有限公司	水利工程	8	2023M743310
3104	王　卿	345939	中国电建集团华东勘测设计研究院有限公司	土木工程	8	2023M743311
3105	刘晓亭	322661	中国工商银行	应用经济学	5	2023M743314
3106	史若诗	360082	中国工商银行	应用经济学	5	2023M743315
3107	朱家雲	353999	中国工商银行	应用经济学	5	2023M743316
3108	冉令江	322901	中国国家博物馆	艺术学	5	2023M743317
3109	宋晓缤	355438	中国海洋大学	工商管理	5	2023M743318
3110	丛　帅	326180	中国海洋大学	海洋科学	8	2023M743319
3111	杜佳宗	334079	中国海洋大学	海洋科学	8	2023M743320
3112	马乾耀	329692	中国海洋大学	海洋科学	8	2023M743321
3113	苗晓明	355443	中国海洋大学	海洋科学	8	2023M743322
3114	庞志彬	321461	中国海洋大学	海洋科学	8	2023M743323
3115	王　硕	344549	中国海洋大学	海洋科学	8	2023M743324

续表

序号	姓名	博士后编号	设站单位名称	一级学科	资助金额/万元	资助编号
3116	杨运超	321240	中国海洋大学	海洋科学	8	2023M743325
3117	于晶洁	320428	中国海洋大学	海洋科学	8	2023M743326
3118	余小飞	343739	中国海洋大学	海洋科学	8	2023M743327
3119	齐建鹏	359620	中国海洋大学	计算机科学与技术	8	2023M743328
3120	朱　雄	317174	中国海洋大学	历史学	5	2023M743329
3121	王丹阳	319340	中国海洋大学	生物学	8	2023M743330
3122	王晓旭	332153	中国海洋大学	食品科学与工程	8	2023M743331
3123	侯志帅	333930	中国海洋大学	水产	8	2023M743332
3124	徐　超	345616	中国海洋大学	水产	8	2023M743333
3125	许本亮	350301	中国海洋大学	水利工程	8	2023M743334
3126	张佳佳	329810	中国海洋大学	政治学	5	2023M743335
3127	陈　爽	349153	中国环境科学研究院	大气科学	8	2023M743338
3128	王世豪	360281	中国环境科学研究院	地理学	8	2023M743339
3129	王子腾	328906	中国环境科学研究院	地质学	8	2023M743340
3130	李玉倩	331501	中国环境科学研究院	环境科学与工程	8	2023M743341
3131	易淑昶	333233	中国建设银行	应用经济学	5	2023M743342
3132	封　涛	344449	中国建筑第八工程局有限公司	环境科学与工程	8	2023M743343
3133	许高娲	351294	中国建筑第八工程局有限公司	土木工程	8	2023M743344
3134	王　男	364506	中国建筑设计研究院有限公司	环境科学与工程	8	2023M743345
3135	李坤昊	335690	中国金融期货交易所股份有限公司	应用经济学	5	2023M743346
3136	罗玉辉	316936	中国经济体制改革研究会	理论经济学	5	2023M743347
3137	韩　霄	362101	中国科学技术大学	材料科学与工程	8	2023M743348
3138	韩叶虎	321959	中国科学技术大学	材料科学与工程	8	2023M743349
3139	刘善秋	328128	中国科学技术大学	材料科学与工程	8	2023M743350
3140	刘　洋	336100	中国科学技术大学	材料科学与工程	8	2023M743351
3141	司桂福	319469	中国科学技术大学	材料科学与工程	8	2023M743352
3142	曾　蕾	325758	中国科学技术大学	材料科学与工程	8	2023M743353
3143	张思蒙	346800	中国科学技术大学	材料科学与工程	8	2023M743354
3144	杨期科	360178	中国科学技术大学	大气科学	8	2023M743355
3145	王诗谋	328143	中国科学技术大学	地球物理学	8	2023M743356
3146	刘　康	357158	中国科学技术大学	地质学	8	2023M743357
3147	刘锐佳	318616	中国科学技术大学	地质学	8	2023M743358
3148	张　伟	356688	中国科学技术大学	地质学	8	2023M743359

续表

序号	姓名	博士后编号	设站单位名称	一级学科	资助金额/万元	资助编号
3149	周慧慧	361272	中国科学技术大学	地质学	8	2023M743360
3150	李　俊	323238	中国科学技术大学	地质资源与地质工程	8	2023M743361
3151	肖一鸣	343227	中国科学技术大学	公共管理	5	2023M743362
3152	阳晶晶	360181	中国科学技术大学	管理科学与工程	5	2023M743363
3153	赵　东	321486	中国科学技术大学	光学工程	8	2023M743364
3154	魏世强	362013	中国科学技术大学	核科学与技术	8	2023M743365
3155	周婉琳	362012	中国科学技术大学	核科学与技术	8	2023M743366
3156	蒋涛立	360182	中国科学技术大学	化学	8	2023M743367
3157	柯景文	362098	中国科学技术大学	化学	8	2023M743368
3158	李　磊	360910	中国科学技术大学	化学	8	2023M743369
3159	梁　康	359518	中国科学技术大学	化学	8	2023M743370
3160	罗赖昊	318621	中国科学技术大学	化学	8	2023M743371
3161	马沛宇	362016	中国科学技术大学	化学	8	2023M743372
3162	彭凌子	362099	中国科学技术大学	化学	8	2023M743373
3163	孙　康	357153	中国科学技术大学	化学	8	2023M743374
3164	王　显	361249	中国科学技术大学	化学	8	2023M743375
3165	文韶萌	365546	中国科学技术大学	化学	8	2023M743376
3166	张蕴涵	362014	中国科学技术大学	化学	8	2023M743377
3167	郑　恺	360185	中国科学技术大学	化学	8	2023M743378
3168	陈　烁	363011	中国科学技术大学	环境科学与工程	8	2023M743379
3169	刘晓成	357157	中国科学技术大学	环境科学与工程	8	2023M743380
3170	徐　舒	333816	中国科学技术大学	环境科学与工程	8	2023M743381
3171	张颖捷	322330	中国科学技术大学	环境科学与工程	8	2023M743382
3172	纪　辰	321488	中国科学技术大学	科学技术史	8	2023M743383
3173	王　珏	363241	中国科学技术大学	控制科学与工程	8	2023M743384
3174	杨文飞	320733	中国科学技术大学	控制科学与工程	8	2023M743385
3175	张　聪	361512	中国科学技术大学	控制科学与工程	8	2023M743386
3176	余潇阳	361993	中国科学技术大学	矿业工程	8	2023M743387
3177	常正华	330403	中国科学技术大学	力学	8	2023M743388
3178	张　潇	363240	中国科学技术大学	力学	8	2023M743389
3179	朱玉东	363008	中国科学技术大学	力学	8	2023M743390
3180	柏素文	327825	中国科学技术大学	临床医学	8	2023M743391
3181	巩凡吾	312068	中国科学技术大学	生物学	8	2023M743392

续表

序号	姓名	博士后编号	设站单位名称	一级学科	资助金额/万元	资助编号
3182	司健敏	331179	中国科学技术大学	生物学	8	2023M743393
3183	粘志刚	319479	中国科学技术大学	生物学	8	2023M743394
3184	林子杰	322380	中国科学技术大学	数学	8	2023M743395
3185	刘　远	330402	中国科学技术大学	数学	8	2023M743396
3186	李　龙	329274	中国科学技术大学	天文学	8	2023M743397
3187	黎浩书	321638	中国科学技术大学	物理学	8	2023M743398
3188	赵致远	354135	中国科学技术大学	物理学	8	2023M743399
3189	朱天翔	361994	中国科学技术大学	物理学	8	2023M743400
3190	卢　智	342405	中国科学技术大学	信息与通信工程	8	2023M743401
3191	欧阳文冲	361263	中国科学技术大学	信息与通信工程	8	2023M743402
3192	温震宇	336818	中国科学技术大学	信息与通信工程	8	2023M743403
3193	肖奕霖	335448	中国科学技术大学	信息与通信工程	8	2023M743404
3194	马丽娟	361269	中国科学技术大学	药学	8	2023M743405
3195	白　晴	325752	中国科学技术大学	植物保护	8	2023M743406
3196	王婷婷	362024	中国科学技术大学附属第一医院（安徽省立医院）	临床医学	8	2023M743407
3197	刘　莹	351325	中国科学技术大学附属第一医院（安徽省立医院）	生物学	8	2023M743408
3198	刘明倩	359368	中国科学技术大学苏州高等研究院	化学	8	2023M743409
3199	张　月	310695	中国科学技术大学苏州高等研究院	计算机科学与技术	8	2023M743410
3200	窦钱斌	335873	中国科学技术大学先进技术研究院	应用经济学	5	2023M743411
3201	彭忠祥	355826	中国科学院长春应用化学研究所	材料科学与工程	8	2023M743412
3202	母晓玮	331207	中国科学院长春应用化学研究所	化学	8	2023M743413
3203	谢德盟	341331	中国科学院成都生物研究所	化学	8	2023M743414
3204	蔺秀琴	354282	中国科学院成都生物研究所	生物学	8	2023M743415
3205	任金龙	318341	中国科学院成都生物研究所	生物学	8	2023M743416
3206	吴　威	358901	中国科学院成都生物研究所	生物学	8	2023M743417
3207	金秉洁	340122	中国科学院城市环境研究所	环境科学与工程	8	2023M743418
3208	王　璐	320928	中国科学院城市环境研究所	环境科学与工程	8	2023M743419
3209	项思维	361078	中国科学院重庆绿色智能技术研究院	环境科学与工程	8	2023M743420
3210	毕宏伟	360074	中国科学院大连化学物理研究所	材料科学与工程	8	2023M743421
3211	柏天新	359835	中国科学院大连化学物理研究所	化学	8	2023M743422
3212	鲍云锋	311546	中国科学院大连化学物理研究所	化学	8	2023M743423

续表

序号	姓名	博士后编号	设站单位名称	一级学科	资助金额/万元	资助编号
3213	方　正	337635	中国科学院大连化学物理研究所	化学	8	2023M743424
3214	李荣坦	351591	中国科学院大连化学物理研究所	化学	8	2023M743425
3215	王朝龙	327466	中国科学院大连化学物理研究所	化学	8	2023M743426
3216	王擎龙	341157	中国科学院大连化学物理研究所	化学	8	2023M743427
3217	王　硕	342045	中国科学院大连化学物理研究所	化学	8	2023M743428
3218	魏鹏飞	341010	中国科学院大连化学物理研究所	化学	8	2023M743429
3219	陈　洋	326032	中国科学院大连化学物理研究所	化学工程与技术	8	2023M743430
3220	王超杰	341014	中国科学院大连化学物理研究所	化学工程与技术	8	2023M743431
3221	王　涛	318409	中国科学院大气物理研究所	大气科学	8	2023M743432
3222	郄　锴	354518	中国科学院大气物理研究所	大气科学	8	2023M743433
3223	张　萍	357671	中国科学院大气物理研究所	大气科学	8	2023M743434
3224	张潇艳	340549	中国科学院大气物理研究所	大气科学	8	2023M743435
3225	朱思虹	319980	中国科学院大气物理研究所	大气科学	8	2023M743436
3226	程　燕	314006	中国科学院大学	材料科学与工程	8	2023M743437
3227	郭　迪	340682	中国科学院大学	材料科学与工程	8	2023M743438
3228	李　奇	326265	中国科学院大学	材料科学与工程	8	2023M743439
3229	刘国才	359755	中国科学院大学	材料科学与工程	8	2023M743440
3230	姜阳邦彦	357871	中国科学院大学	计算机科学与技术	8	2023M743441
3231	刘云帆	362223	中国科学院大学	计算机科学与技术	8	2023M743442
3232	史九领	323044	中国科学院大学	理论经济学	5	2023M743443
3233	曾　真	311088	中国科学院大学	临床医学	8	2023M743444
3234	姜　阳	317496	中国科学院大学	生物医学工程	8	2023M743445
3235	谈溥川	323170	中国科学院大学	生物医学工程	8	2023M743446
3236	肖　凯	357912	中国科学院大学	天文学	8	2023M743447
3237	韦学锋	341040	中国科学院大学	物理学	8	2023M743448
3238	程志翔	330072	中国科学院大学	哲学	5	2023M743449
3239	曹　娟	363309	中国科学院地理科学与资源研究所	地理学	8	2023M743450
3240	厉静文	353178	中国科学院地理科学与资源研究所	地理学	8	2023M743451
3241	梁龙武	359965	中国科学院地理科学与资源研究所	地理学	8	2023M743452
3242	宋　蕾	363988	中国科学院地理科学与资源研究所	地理学	8	2023M743453
3243	王培晓	359562	中国科学院地理科学与资源研究所	地理学	8	2023M743454
3244	王小博	319139	中国科学院地理科学与资源研究所	地理学	8	2023M743455
3245	张　茜	363310	中国科学院地理科学与资源研究所	地理学	8	2023M743456

续表

序号	姓名	博士后编号	设站单位名称	一级学科	资助金额/万元	资助编号
3246	毛晋花	330727	中国科学院地理科学与资源研究所	生物学	8	2023M743457
3247	王　宁	353945	中国科学院地理科学与资源研究所	生物学	8	2023M743458
3248	王若梦	339805	中国科学院地理科学与资源研究所	生物学	8	2023M743459
3249	刘宇晖	316794	中国科学院地球化学研究所	地质学	8	2023M743460
3250	刘泽宇	354197	中国科学院地球环境研究所	大气科学	8	2023M743461
3251	王若楠	341430	中国科学院地球环境研究所	大气科学	8	2023M743462
3252	张怡晅	340178	中国科学院地球环境研究所	地理学	8	2023M743463
3253	彭仕琪	360429	中国科学院地球环境研究所	地质学	8	2023M743464
3254	徐　阳	335291	中国科学院地球环境研究所	地质学	8	2023M743465
3255	高佳维	321929	中国科学院地质与地球物理研究所	地球物理学	8	2023M743466
3256	李文博	320315	中国科学院地质与地球物理研究所	地球物理学	8	2023M743467
3257	李闻达	341897	中国科学院地质与地球物理研究所	地球物理学	8	2023M743468
3258	沈中山	315961	中国科学院地质与地球物理研究所	地球物理学	8	2023M743469
3259	张庭伟	354986	中国科学院地质与地球物理研究所	地球物理学	8	2023M743470
3260	费晨辉	321924	中国科学院地质与地球物理研究所	地质学	8	2023M743471
3261	刘沛余	341788	中国科学院地质与地球物理研究所	地质学	8	2023M743472
3262	任军博	343382	中国科学院地质与地球物理研究所	地质学	8	2023M743473
3263	余海东	358677	中国科学院地质与地球物理研究所	地质学	8	2023M743474
3264	朱园辰	357779	中国科学院东北地理与农业生态研究所	农业资源利用	8	2023M743475
3265	陈鲁夏	330131	中国科学院动物研究所	法学	5	2023M743476
3266	陈阳灿	357642	中国科学院动物研究所	生物学	8	2023M743477
3267	陈逸林	362764	中国科学院动物研究所	生物学	8	2023M743478
3268	肖力文	357605	中国科学院动物研究所	生物学	8	2023M743479
3269	陈宗明	311363	中国科学院分子细胞科学卓越创新中心	生物学	8	2023M743480
3270	单　琳	355605	中国科学院分子细胞科学卓越创新中心	生物学	8	2023M743481
3271	高亚楠	355586	中国科学院分子细胞科学卓越创新中心	生物学	8	2023M743482
3272	韩茂莹	351188	中国科学院分子细胞科学卓越创新中心	生物学	8	2023M743483

续表

序号	姓名	博士后编号	设站单位名称	一级学科	资助金额/万元	资助编号
3273	靳琪琪	351290	中国科学院分子细胞科学卓越创新中心	生物学	8	2023M743484
3274	李烁钧	355608	中国科学院分子细胞科学卓越创新中心	生物学	8	2023M743485
3275	刘秀秀	319074	中国科学院分子细胞科学卓越创新中心	生物学	8	2023M743486
3276	潘宇寅	352151	中国科学院分子细胞科学卓越创新中心	生物学	8	2023M743487
3277	孙凤秀	342600	中国科学院分子细胞科学卓越创新中心	生物学	8	2023M743488
3278	王超雄	355823	中国科学院分子细胞科学卓越创新中心	生物学	8	2023M743489
3279	闫宇泽	342018	中国科学院分子细胞科学卓越创新中心	生物学	8	2023M743490
3280	陈雪莹	319926	中国科学院分子植物科学卓越创新中心	生物学	8	2023M743491
3281	刘　鑫	351478	中国科学院分子植物科学卓越创新中心	生物学	8	2023M743492
3282	罗振鹏	340408	中国科学院分子植物科学卓越创新中心	生物学	8	2023M743493
3283	刘杨杰	354227	中国科学院福建物质结构研究所	材料科学与工程	8	2023M743494
3284	许丽洪	350014	中国科学院福建物质结构研究所	材料科学与工程	8	2023M743495
3285	陈勇军	359967	中国科学院福建物质结构研究所	化学	8	2023M743496
3286	程方圆	357972	中国科学院福建物质结构研究所	化学	8	2023M743497
3287	李雁强	359003	中国科学院福建物质结构研究所	化学	8	2023M743498
3288	张依兵	342940	中国科学院高能物理研究所	物理学	8	2023M743499
3289	鞠　琳	317416	中国科学院光电技术研究所	光学工程	8	2023M743500
3290	白江昊	352210	中国科学院广州地球化学研究所	地质学	8	2023M743501
3291	李旺超	363589	中国科学院广州地球化学研究所	地质学	8	2023M743502
3292	刘金恒	340810	中国科学院广州地球化学研究所	地质学	8	2023M743503
3293	芮会超	324723	中国科学院广州地球化学研究所	地质学	8	2023M743504
3294	杨　春	352418	中国科学院广州地球化学研究所	地质学	8	2023M743505
3295	郑　惠	337579	中国科学院广州地球化学研究所	地质学	8	2023M743506

续表

序号	姓名	博士后编号	设站单位名称	一级学科	资助金额/万元	资助编号
3296	文青梅	314815	中国科学院广州能源研究所	动力工程及工程热物理	8	2023M743507
3297	邱昌煜	316998	中国科学院广州能源研究所	建筑学	8	2023M743508
3298	任天宇	317185	中国科学院广州能源研究所	林业工程	8	2023M743509
3299	付彩霞	323594	中国科学院广州能源研究所	土木工程	8	2023M743510
3300	吕　江	352248	中国科学院广州生物医药与健康研究院	基础医学	8	2023M743511
3301	孙发辉	351344	中国科学院广州生物医药与健康研究院	生物学	8	2023M743512
3302	王教伟	352321	中国科学院广州生物医药与健康研究院	生物学	8	2023M743513
3303	庄镇鹏	352953	中国科学院广州生物医药与健康研究院	畜牧学	8	2023M743514
3304	宋　锐	361737	中国科学院国家空间科学中心	地球物理学	8	2023M743515
3305	王铂钧	342131	中国科学院国家天文台	天文学	8	2023M743516
3306	吴子为	327204	中国科学院国家天文台	天文学	8	2023M743517
3307	胥　恒	316338	中国科学院国家天文台	天文学	8	2023M743518
3308	赵　迪	320321	中国科学院过程工程研究所	化学工程与技术	8	2023M743519
3309	孙文强	322610	中国科学院过程工程研究所	生物学	8	2023M743520
3310	常　蕊	320328	中国科学院过程工程研究所	生物医学工程	8	2023M743521
3311	辛碧霄	320433	中国科学院海洋研究所	地质资源与地质工程	8	2023M743522
3312	陈子飞	315970	中国科学院海洋研究所	海洋科学	8	2023M743523
3313	靳华龙	361416	中国科学院海洋研究所	海洋科学	8	2023M743524
3314	宓英其	333733	中国科学院海洋研究所	海洋科学	8	2023M743525
3315	任秋萍	316232	中国科学院海洋研究所	海洋科学	8	2023M743526
3316	许　航	353314	中国科学院海洋研究所	海洋科学	8	2023M743527
3317	尤　佳	358387	中国科学院海洋研究所	海洋科学	8	2023M743528
3318	张　鑫	352696	中国科学院海洋研究所	海洋科学	8	2023M743529
3319	袁宪锋	320599	中国科学院海洋研究所	控制科学与工程	8	2023M743530
3320	唐　艳	332150	中国科学院海洋研究所	生物学	8	2023M743531
3321	朱本伟	340658	中国科学院海洋研究所	食品科学与工程	8	2023M743532
3322	康　健	333042	中国科学院合肥物质科学研究院	材料科学与工程	8	2023M743533
3323	吴艺津	341745	中国科学院合肥物质科学研究院	材料科学与工程	8	2023M743534
3324	袁洁燕	322331	中国科学院合肥物质科学研究院	材料科学与工程	8	2023M743535

续表

序号	姓名	博士后编号	设站单位名称	一级学科	资助金额/万元	资助编号
3325	郁　彪	314596	中国科学院合肥物质科学研究院	电气工程	8	2023M743536
3326	叶舒然	335060	中国科学院合肥物质科学研究院	光学工程	8	2023M743537
3327	王维俊	315016	中国科学院合肥物质科学研究院	核科学与技术	8	2023M743538
3328	林　昕	350159	中国科学院合肥物质科学研究院	机械工程	8	2023M743539
3329	刘　学	349297	中国科学院合肥物质科学研究院	物理学	8	2023M743540
3330	万晨光	347997	中国科学院合肥物质科学研究院	物理学	8	2023M743541
3331	王舒阳	334306	中国科学院合肥物质科学研究院	物理学	8	2023M743542
3332	吴耀东	352769	中国科学院合肥物质科学研究院	物理学	8	2023M743543
3333	Muhammed Mustapha Ibrahim	317769	中国科学院华南植物园	生物学	8	2023M743544
3334	丁亚梅	330703	中国科学院华南植物园	生物学	8	2023M743545
3335	段芳芳	327609	中国科学院华南植物园	生物学	8	2023M743546
3336	何小香	325325	中国科学院华南植物园	生物学	8	2023M743547
3337	余光灿	350120	中国科学院华南植物园	生物学	8	2023M743548
3338	李百琳	316684	中国科学院华南植物园	食品科学与工程	8	2023M743549
3339	曾　睛	317292	中国科学院华南植物园	园艺学	8	2023M743550
3340	朱　晨	318358	中国科学院华南植物园	园艺学	8	2023M743551
3341	秦正生	321255	中国科学院化学研究所	化学	8	2023M743552
3342	袁闻励	314622	中国科学院化学研究所	化学	8	2023M743553
3343	堵玉林	355083	中国科学院基础医学与肿瘤研究所（筹）	化学	8	2023M743554
3344	吕文毅	329871	中国科学院基础医学与肿瘤研究所（筹）	化学	8	2023M743555
3345	王友娟	325286	中国科学院基础医学与肿瘤研究所（筹）	化学	8	2023M743556
3346	尹升艳	316662	中国科学院基础医学与肿瘤研究所（筹）	化学	8	2023M743557
3347	陈　星	323764	中国科学院基础医学与肿瘤研究所（筹）	临床医学	8	2023M743558
3348	丁一楠	350587	中国科学院基础医学与肿瘤研究所（筹）	临床医学	8	2023M743559

续表

序号	姓名	博士后编号	设站单位名称	一级学科	资助金额/万元	资助编号
3349	胡　灿	350590	中国科学院基础医学与肿瘤研究所（筹）	临床医学	8	2023M743560
3350	张楠楠	352491	中国科学院基础医学与肿瘤研究所（筹）	临床医学	8	2023M743561
3351	易伟成	357410	中国科学院基础医学与肿瘤研究所（筹）	生物学	8	2023M743562
3352	潘利斌	323752	中国科学院基础医学与肿瘤研究所（筹）	药学	8	2023M743563
3353	王士群	315524	中国科学院基础医学与肿瘤研究所（筹）	药学	8	2023M743564
3354	肖　濛	359004	中国科学院计算机网络信息中心	计算机科学与技术	8	2023M743565
3355	李秀星	324832	中国科学院计算技术研究所	计算机科学与技术	8	2023M743566
3356	柳　阳	354013	中国科学院计算技术研究所	计算机科学与技术	8	2023M743567
3357	杨　洁	329421	中国科学院计算技术研究所	计算机科学与技术	8	2023M743568
3358	崔　聪	326458	中国科学院金属研究所	材料科学与工程	8	2023M743569
3359	管现军	344662	中国科学院金属研究所	材料科学与工程	8	2023M743570
3360	李乔磊	352230	中国科学院金属研究所	材料科学与工程	8	2023M743571
3361	李　帅	326438	中国科学院金属研究所	材料科学与工程	8	2023M743572
3362	孟　育	358449	中国科学院金属研究所	材料科学与工程	8	2023M743573
3363	王砚东	359854	中国科学院金属研究所	材料科学与工程	8	2023M743574
3364	韦博鑫	337191	中国科学院金属研究所	材料科学与工程	8	2023M743575
3365	文明月	312206	中国科学院金属研究所	材料科学与工程	8	2023M743576
3366	周天亚	358450	中国科学院金属研究所	材料科学与工程	8	2023M743577
3367	周子荐	324112	中国科学院金属研究所	材料科学与工程	8	2023M743578
3368	王雅宁	311528	中国科学院金属研究所	物理学	8	2023M743579
3369	史坤朋	358724	中国科学院精密测量科学与技术创新研究院	测绘科学与技术	8	2023M743580
3370	宋政宏	359554	中国科学院精密测量科学与技术创新研究院	地球物理学	8	2023M743581
3371	韩冰凯	323580	中国科学院精密测量科学与技术创新研究院	地质资源与地质工程	8	2023M743582
3372	王　方	343905	中国科学院精密测量科学与技术创新研究院	化学	8	2023M743583

续表

序号	姓名	博士后编号	设站单位名称	一级学科	资助金额/万元	资助编号
3373	周月鹏	320473	中国科学院精密测量科学与技术创新研究院	生物学	8	2023M743584
3374	高　硕	329898	中国科学院空天信息创新研究院	地理学	8	2023M743585
3375	徐　琛	358577	中国科学院空天信息创新研究院	地理学	8	2023M743586
3376	郑朝菊	334122	中国科学院空天信息创新研究院	地理学	8	2023M743587
3377	李商洋	313832	中国科学院空天信息创新研究院	电子科学与技术	8	2023M743588
3378	李　楠	324473	中国科学院空天信息创新研究院	生物医学工程	8	2023M743589
3379	邓　杰	351589	中国科学院空天信息创新研究院	植物保护	8	2023M743590
3380	胡贵林	361797	中国科学院昆明植物研究所	食品科学与工程	8	2023M743591
3381	林丽莎	324808	中国科学院昆明植物研究所	药学	8	2023M743592
3382	陈　琳	349075	中国科学院兰州化学物理研究所	机械工程	8	2023M743593
3383	邵玫瑜	317629	中国科学院理化技术研究所	材料科学与工程	8	2023M743594
3384	岳钰琛	358778	中国科学院理化技术研究所	材料科学与工程	8	2023M743595
3385	钱永超	358997	中国科学院理化技术研究所	化学	8	2023M743596
3386	赵家琦	357921	中国科学院理化技术研究所	化学	8	2023M743597
3387	陈朋飞	341789	中国科学院理化技术研究所	生物学	8	2023M743598
3388	陈曾贞	357639	中国科学院理化技术研究所	生物医学工程	8	2023M743599
3389	达旭文	321613	中国科学院理化技术研究所	生物医学工程	8	2023M743600
3390	曹雄辉	357072	中国科学院理论物理研究所	物理学	8	2023M743601
3391	胡世渊	324814	中国科学院理论物理研究所	物理学	8	2023M743602
3392	丁　淦	315830	中国科学院力学研究所	力学	8	2023M743603
3393	王理想	316278	中国科学院力学研究所	力学	8	2023M743604
3394	李坤明	360796	中国科学院南海海洋研究所	海洋科学	8	2023M743605
3395	刘　凯	321426	中国科学院南海海洋研究所	海洋科学	8	2023M743606
3396	郝　征	356877	中国科学院南京土壤研究所	环境科学与工程	8	2023M743607
3397	杨　帅	320252	中国科学院南京土壤研究所	环境科学与工程	8	2023M743608
3398	白　璐	353761	中国科学院脑科学与智能技术卓越创新中心	生物学	8	2023M743609
3399	李　杰	357415	中国科学院脑科学与智能技术卓越创新中心	生物学	8	2023M743610
3400	孙雨薇	341534	中国科学院脑科学与智能技术卓越创新中心	生物学	8	2023M743611

续表

序号	姓名	博士后编号	设站单位名称	一级学科	资助金额/万元	资助编号
3401	王露悦	327170	中国科学院脑科学与智能技术卓越创新中心	生物学	8	2023M743612
3402	谢路成	341757	中国科学院脑科学与智能技术卓越创新中心	生物学	8	2023M743613
3403	张　慧	310761	中国科学院脑科学与智能技术卓越创新中心	生物学	8	2023M743614
3404	张朕坤	341535	中国科学院脑科学与智能技术卓越创新中心	生物学	8	2023M743615
3405	童传俊	351727	中国科学院脑科学与智能技术卓越创新中心	生物医学工程	8	2023M743616
3406	葛金峰	359502	中国科学院宁波材料技术与工程研究所	材料科学与工程	8	2023M743617
3407	石　振	338882	中国科学院宁波材料技术与工程研究所	材料科学与工程	8	2023M743618
3408	王振兴	358233	中国科学院宁波材料技术与工程研究所	材料科学与工程	8	2023M743619
3409	应智琴	310658	中国科学院宁波材料技术与工程研究所	材料科学与工程	8	2023M743620
3410	朱小波	358225	中国科学院宁波材料技术与工程研究所	材料科学与工程	8	2023M743621
3411	杨克荣	329511	中国科学院宁波材料技术与工程研究所	电气工程	8	2023M743622
3412	顾　畅	359111	中国科学院宁波材料技术与工程研究所	化学	8	2023M743623
3413	郝　宇	359102	中国科学院宁波材料技术与工程研究所	化学	8	2023M743624
3414	宋　伟	323105	中国科学院宁波材料技术与工程研究所	化学	8	2023M743625
3415	袁黎明	324279	中国科学院宁波材料技术与工程研究所	机械工程	8	2023M743626
3416	张硕文	327589	中国科学院宁波材料技术与工程研究所	机械工程	8	2023M743627

续表

序号	姓名	博士后编号	设站单位名称	一级学科	资助金额/万元	资助编号
3417	周剑涛	359509	中国科学院宁波材料技术与工程研究所	机械工程	8	2023M743628
3418	马煜辉	341629	中国科学院宁波材料技术与工程研究所	计算机科学与技术	8	2023M743629
3419	胡　聪	353538	中国科学院宁波材料技术与工程研究所	物理学	8	2023M743630
3420	李　宁	321761	中国科学院青藏高原研究所	地理学	8	2023M743631
3421	章　迪	315349	中国科学院青藏高原研究所	地理学	8	2023M743632
3422	周天财	330123	中国科学院青藏高原研究所	地理学	8	2023M743633
3423	崔光帅	329967	中国科学院青藏高原研究所	生物学	8	2023M743634
3424	杨珊珊	316792	中国科学院青藏高原研究所	生物学	8	2023M743635
3425	孙　成	334447	中国科学院青岛生物能源与过程研究所	材料科学与工程	8	2023M743636
3426	王志炜	341772	中国科学院青岛生物能源与过程研究所	环境科学与工程	8	2023M743637
3427	张　伟	356763	中国科学院青岛生物能源与过程研究所	生物学	8	2023M743638
3428	强文文	327683	中国科学院软件研究所	计算机科学与技术	8	2023M743639
3429	李诗颖	331142	中国科学院山西煤炭化学研究所	化学工程与技术	8	2023M743640
3430	薛　雷	329466	中国科学院山西煤炭化学研究所	化学工程与技术	8	2023M743641
3431	丁肖肖	344512	中国科学院山西煤炭化学研究所	环境科学与工程	8	2023M743642
3432	胡桢麟	352467	中国科学院上海光学精密机械研究所	光学工程	8	2023M743643
3433	秦承宇	318629	中国科学院上海光学精密机械研究所	物理学	8	2023M743644
3434	杨鸿宇	330188	中国科学院上海光学精密机械研究所	物理学	8	2023M743645
3435	候志前	353843	中国科学院上海硅酸盐研究所	材料科学与工程	8	2023M743646
3436	胡腾飞	319248	中国科学院上海硅酸盐研究所	材料科学与工程	8	2023M743647
3437	杨亚南	321480	中国科学院上海硅酸盐研究所	材料科学与工程	8	2023M743648
3438	赵书文	321481	中国科学院上海硅酸盐研究所	材料科学与工程	8	2023M743649
3439	秦　宸	321751	中国科学院上海硅酸盐研究所	生物医学工程	8	2023M743650
3440	柳　畅	361060	中国科学院上海技术物理研究所	电子科学与技术	8	2023M743651
3441	张力波	315734	中国科学院上海技术物理研究所	电子科学与技术	8	2023M743652
3442	夏凤雨	325213	中国科学院上海天文台	测绘科学与技术	8	2023M743653
3443	廖麒翔	331770	中国科学院上海天文台	大气科学	8	2023M743654

续表

序号	姓名	博士后编号	设站单位名称	一级学科	资助金额/万元	资助编号
3444	刘　赟	330159	中国科学院上海微系统与信息技术研究所	电子科学与技术	8	2023M743655
3445	高成龙	323703	中国科学院上海药物研究所	药学	8	2023M743656
3446	候　博	363668	中国科学院上海药物研究所	药学	8	2023M743657
3447	胡超羽	321455	中国科学院上海药物研究所	药学	8	2023M743658
3448	龙益如	358307	中国科学院上海药物研究所	药学	8	2023M743659
3449	朱庆春	334912	中国科学院上海应用物理研究所	材料科学与工程	8	2023M743660
3450	马俊丽	355764	中国科学院上海营养与健康研究所	生物学	8	2023M743661
3451	王知龙	355597	中国科学院上海营养与健康研究所	食品科学与工程	8	2023M743662
3452	张雅琪	340245	中国科学院上海营养与健康研究所	食品科学与工程	8	2023M743663
3453	乔　磊	356967	中国科学院上海有机化学研究所	化学	8	2023M743664
3454	张　勋	315941	中国科学院上海有机化学研究所	化学	8	2023M743665
3455	周伟平	336008	中国科学院上海有机化学研究所	化学	8	2023M743666
3456	郑子龙	357746	中国科学院上海有机化学研究所	生物学	8	2023M743667
3457	甘　河	348295	中国科学院深圳先进技术研究院	材料科学与工程	8	2023M743668
3458	李梦婕	361299	中国科学院深圳先进技术研究院	材料科学与工程	8	2023M743669
3459	马　昊	361192	中国科学院深圳先进技术研究院	材料科学与工程	8	2023M743670
3460	吴　列	356184	中国科学院深圳先进技术研究院	材料科学与工程	8	2023M743671
3461	吴　鹏	325457	中国科学院深圳先进技术研究院	公共管理	5	2023M743672
3462	李　颖	331866	中国科学院深圳先进技术研究院	公共卫生与预防医学	8	2023M743673
3463	张小康	321257	中国科学院深圳先进技术研究院	海洋科学	8	2023M743674
3464	殷玉玲	339245	中国科学院深圳先进技术研究院	化学	8	2023M743675
3465	肖湘云	332770	中国科学院深圳先进技术研究院	环境科学与工程	8	2023M743676
3466	姚　芳	325941	中国科学院深圳先进技术研究院	基础医学	8	2023M743677
3467	赵晨旭	362741	中国科学院深圳先进技术研究院	基础医学	8	2023M743678
3468	高大双	344241	中国科学院深圳先进技术研究院	临床医学	8	2023M743679
3469	郝嘉玮	337694	中国科学院深圳先进技术研究院	生物学	8	2023M743680
3470	洪泽璇	324019	中国科学院深圳先进技术研究院	生物学	8	2023M743681
3471	李新新	359211	中国科学院深圳先进技术研究院	生物学	8	2023M743682
3472	廖　鑫	316141	中国科学院深圳先进技术研究院	生物学	8	2023M743683
3473	刘佳翼	360345	中国科学院深圳先进技术研究院	生物学	8	2023M743684
3474	王　鑫	331481	中国科学院深圳先进技术研究院	生物学	8	2023M743685
3475	夏　雄	329839	中国科学院深圳先进技术研究院	生物学	8	2023M743686

续表

序号	姓名	博士后编号	设站单位名称	一级学科	资助金额/万元	资助编号
3476	杨　杏	341912	中国科学院深圳先进技术研究院	生物学	8	2023M743687
3477	丁玉连	343953	中国科学院深圳先进技术研究院	生物医学工程	8	2023M743688
3478	李　楠	324651	中国科学院深圳先进技术研究院	生物医学工程	8	2023M743689
3479	彭迎虎	313458	中国科学院深圳先进技术研究院	生物医学工程	8	2023M743690
3480	王向阳	341614	中国科学院深圳先进技术研究院	生物医学工程	8	2023M743691
3481	严文荣	329093	中国科学院深圳先进技术研究院	生物医学工程	8	2023M743692
3482	颜世强	341477	中国科学院深圳先进技术研究院	生物医学工程	8	2023M743693
3483	李鹏奇	341810	中国科学院深圳先进技术研究院	物理学	8	2023M743694
3484	潘　钥	321021	中国科学院深圳先进技术研究院	物理学	8	2023M743695
3485	郦婉琳	330256	中国科学院深圳先进技术研究院	药学	8	2023M743696
3486	程礼芝	326840	中国科学院深圳先进技术研究院	中药学	8	2023M743697
3487	赵孝明	360625	中国科学院沈阳应用生态研究所	地质学	8	2023M743698
3488	刘雅各	321043	中国科学院沈阳应用生态研究所	林学	8	2023M743699
3489	薛晨阳	360418	中国科学院沈阳应用生态研究所	农业资源利用	8	2023M743700
3490	盛　川	315737	中国科学院沈阳自动化研究所	计算机科学与技术	8	2023M743701
3491	刘西瑶	324106	中国科学院沈阳自动化研究所	控制科学与工程	8	2023M743702
3492	张　涛	342628	中国科学院沈阳自动化研究所	仪器科学与技术	8	2023M743703
3493	黄斌斌	319813	中国科学院生态环境研究中心	地理学	8	2023M743704
3494	贺　勇	356126	中国科学院生态环境研究中心	环境科学与工程	8	2023M743705
3495	季晨阳	342682	中国科学院生态环境研究中心	环境科学与工程	8	2023M743706
3496	李晓彤	320344	中国科学院生态环境研究中心	环境科学与工程	8	2023M743707
3497	刘权震	321733	中国科学院生态环境研究中心	环境科学与工程	8	2023M743708
3498	毛　捷	316878	中国科学院生态环境研究中心	环境科学与工程	8	2023M743709
3499	沈书怡	334518	中国科学院生态环境研究中心	环境科学与工程	8	2023M743710
3500	郑倩雯	313220	中国科学院生态环境研究中心	环境科学与工程	8	2023M743711
3501	左富民	357600	中国科学院生态环境研究中心	环境科学与工程	8	2023M743712
3502	陈胜楠	329900	中国科学院生态环境研究中心	生物学	8	2023M743713
3503	黄　元	349062	中国科学院生态环境研究中心	生物学	8	2023M743714
3504	丁栋博	324863	中国科学院生物物理研究所	生物学	8	2023M743715
3505	牛新松	359160	中国科学院数学与系统科学研究院	管理科学与工程	5	2023M743716
3506	杨成浪	359267	中国科学院数学与系统科学研究院	数学	8	2023M743717
3507	叶文杰	322966	中国科学院数学与系统科学研究院	数学	8	2023M743718
3508	袁　铮	359095	中国科学院数学与系统科学研究院	数学	8	2023M743719

续表

序号	姓名	博士后编号	设站单位名称	一级学科	资助金额/万元	资助编号
3509	章　丽	313860	中国科学院数学与系统科学研究院	数学	8	2023M743720
3510	郑玉书	358688	中国科学院数学与系统科学研究院	数学	8	2023M743721
3511	朱　梦	359096	中国科学院数学与系统科学研究院	数学	8	2023M743722
3512	白国梁	334226	中国科学院水生生物研究所	地质学	8	2023M743723
3513	刘　静	356722	中国科学院水生生物研究所	生物学	8	2023M743724
3514	彭　雪	334225	中国科学院水生生物研究所	生物学	8	2023M743725
3515	孙庆学	344251	中国科学院水生生物研究所	生物学	8	2023M743726
3516	殷文秀	356636	中国科学院水生生物研究所	生物学	8	2023M743727
3517	尹成杰	337321	中国科学院水生生物研究所	水产	8	2023M743728
3518	李艳华	315601	中国科学院微生物研究所	基础医学	8	2023M743729
3519	邵　菲	352256	中国科学院微生物研究所	基础医学	8	2023M743730
3520	赵振楠	352141	中国科学院微生物研究所	生物学	8	2023M743731
3521	张瑞飞	319790	中国科学院微生物研究所	药学	8	2023M743732
3522	余金辉	326003	中国科学院武汉植物园	化学	8	2023M743733
3523	吕臣浩	342166	中国科学院武汉植物园	农业资源利用	8	2023M743734
3524	许　韩	320548	中国科学院武汉植物园	生物学	8	2023M743735
3525	曾晓敏	361375	中国科学院武汉植物园	生物学	8	2023M743736
3526	张　旭	324301	中国科学院武汉植物园	生物学	8	2023M743737
3527	刘晓莹	340756	中国科学院武汉植物园	食品科学与工程	8	2023M743738
3528	翁素婷	363712	中国科学院物理研究所	材料科学与工程	8	2023M743739
3529	王宁宁	323021	中国科学院物理研究所	物理学	8	2023M743740
3530	叶旭斌	328776	中国科学院物理研究所	物理学	8	2023M743741
3531	赵桐周	331177	中国科学院物理研究所	物理学	8	2023M743742
3532	江　峰	325782	中国科学院西北高原生物研究所	林学	8	2023M743743
3533	陈　云	321674	中国科学院西北生态环境资源研究院	地理学	8	2023M743744
3534	申明德	317468	中国科学院西北生态环境资源研究院	地理学	8	2023M743745
3535	江浩源	342924	中国科学院西北生态环境资源研究院	土木工程	8	2023M743746
3536	蔡　望	349502	中国科学院西双版纳热带植物园	生物学	8	2023M743747
3537	李晨阳	345529	中国科学院西双版纳热带植物园	生物学	8	2023M743748
3538	刘　琦	341730	中国科学院新疆生态与地理研究所	地理学	8	2023M743749
3539	张　君	361541	中国科学院亚热带农业生态研究所	地理学	8	2023M743750
3540	姜义圣	314690	中国科学院遗传与发育生物学研究所	生物学	8	2023M743751
3541	肖惠鑫	325155	中国科学院遗传与发育生物学研究所	生物学	8	2023M743752

续表

序号	姓名	博士后编号	设站单位名称	一级学科	资助金额/万元	资助编号
3542	柴　哲	353944	中国科学院遗传与发育生物学研究所	作物学	8	2023M743753
3543	卢　瑜	317137	中国科学院紫金山天文台	天文学	8	2023M743754
3544	李厚成	349497	中国科学院自动化研究所	控制科学与工程	8	2023M743755
3545	刘阿建	316772	中国科学院自动化研究所	控制科学与工程	8	2023M743756
3546	张明月	316653	中国矿业大学	兵器科学与技术	8	2023M743757
3547	邱伟斌	349846	中国矿业大学	材料科学与工程	8	2023M743758
3548	吴小亮	350367	中国矿业大学	材料科学与工程	8	2023M743759
3549	张新孟	342092	中国矿业大学	材料科学与工程	8	2023M743760
3550	孟　振	341821	中国矿业大学	测绘科学与技术	8	2023M743761
3551	赵东升	351049	中国矿业大学	测绘科学与技术	8	2023M743762
3552	吕　彦	314287	中国矿业大学	大气科学	8	2023M743763
3553	陈敬东	348656	中国矿业大学	动力工程及工程热物理	8	2023M743764
3554	刘　展	350391	中国矿业大学	动力工程及工程热物理	8	2023M743765
3555	王　超	342484	中国矿业大学	公共管理	5	2023M743766
3556	谷甜甜	314672	中国矿业大学	管理科学与工程	5	2023M743767
3557	陈思铭	340835	中国矿业大学	化学工程与技术	8	2023M743768
3558	陈　婷	350252	中国矿业大学	化学工程与技术	8	2023M743769
3559	宁尚波	347760	中国矿业大学	化学工程与技术	8	2023M743770
3560	高艺芳	346629	中国矿业大学	环境科学与工程	8	2023M743771
3561	郦淑琦	351775	中国矿业大学	环境科学与工程	8	2023M743772
3562	冯存傲	345898	中国矿业大学	机械工程	8	2023M743773
3563	李　鑫	347727	中国矿业大学	机械工程	8	2023M743774
3564	尹美贵	349539	中国矿业大学	机械工程	8	2023M743775
3565	刘　鑫	340834	中国矿业大学	控制科学与工程	8	2023M743776
3566	陈腾飞	357213	中国矿业大学	矿业工程	8	2023M743777
3567	李百宜	354812	中国矿业大学	矿业工程	8	2023M743778
3568	周　昆	355180	中国矿业大学	矿业工程	8	2023M743779
3569	车思莹	344196	中国矿业大学	食品科学与工程	8	2023M743780
3570	胡邓平	350495	中国矿业大学	水利工程	8	2023M743781
3571	倪宏阳	338053	中国矿业大学	土木工程	8	2023M743782
3572	徐　勇	349399	中国矿业大学	物理学	8	2023M743783
3573	杨玉婷	340487	中国矿业大学	物理学	8	2023M743784
3574	占　颖	329625	中国矿业大学（北京）	电气工程	8	2023M743785

续表

序号	姓名	博士后编号	设站单位名称	一级学科	资助金额/万元	资助编号
3575	董阜豪	326344	中国林业科学研究院	林业工程	8	2023M743786
3576	朱瑞欣	358148	中国农业大学	公共卫生与预防医学	8	2023M743787
3577	庄　重	354887	中国农业大学	环境科学与工程	8	2023M743788
3578	陈　哲	326018	中国农业大学	农林经济管理	5	2023M743789
3579	栗晓宇	358407	中国农业大学	农业工程	8	2023M743790
3580	杨　潇	319989	中国农业大学	农业工程	8	2023M743791
3581	王乐田	354884	中国农业大学	生物学	8	2023M743792
3582	曾　榕	313001	中国农业大学	生物学	8	2023M743793
3583	马　涛	319884	中国农业大学	食品科学与工程	8	2023M743794
3584	闫文佳	319942	中国农业大学	食品科学与工程	8	2023M743795
3585	张洋子	359762	中国农业大学	食品科学与工程	8	2023M743796
3586	陈明月	346246	中国农业大学	兽医学	8	2023M743797
3587	李　铭	359251	中国农业大学	兽医学	8	2023M743798
3588	路晓杰	320003	中国农业大学	兽医学	8	2023M743799
3589	王　贞	319877	中国农业大学	兽医学	8	2023M743800
3590	周凯翔	331720	中国农业大学	兽医学	8	2023M743801
3591	陈天直	319883	中国农业大学	畜牧学	8	2023M743802
3592	冯　跃	321425	中国农业大学	畜牧学	8	2023M743803
3593	马　宁	354960	中国农业大学	畜牧学	8	2023M743804
3594	王　璐	319999	中国农业大学	畜牧学	8	2023M743805
3595	王炜康	319918	中国农业大学	畜牧学	8	2023M743806
3596	叶沁怡	319929	中国农业大学	畜牧学	8	2023M743807
3597	董明明	320306	中国农业大学	园艺学	8	2023M743808
3598	王　妍	346663	中国农业大学	园艺学	8	2023M743809
3599	黄晓博	344012	中国农业大学	植物保护	8	2023M743810
3600	黄　云	319892	中国农业大学	植物保护	8	2023M743811
3601	吕楠楠	331717	中国农业大学	植物保护	8	2023M743812
3602	赵　锐	319882	中国农业大学	植物保护	8	2023M743813
3603	柯文胜	354980	中国农业大学	作物学	8	2023M743814
3604	刘　影	354977	中国农业大学	作物学	8	2023M743815
3605	滕守振	320334	中国农业大学	作物学	8	2023M743816
3606	尹　攀	354882	中国农业大学	作物学	8	2023M743817
3607	张润琪	340552	中国农业大学	作物学	8	2023M743818

续表

序号	姓名	博士后编号	设站单位名称	一级学科	资助金额/万元	资助编号
3608	王　丽	360060	中国农业科学院	地理学	8	2023M743819
3609	安妙颖	327127	中国农业科学院	林学	8	2023M743820
3610	孙琦鑫	318844	中国农业科学院	农业工程	8	2023M743821
3611	李艳君	325791	中国农业科学院	农业资源利用	8	2023M743822
3612	孙逸飞	339127	中国农业科学院	农业资源利用	8	2023M743823
3613	Legesse Tsegaye Gemechu	330719	中国农业科学院	生物学	8	2023M743824
3614	操瑞节	341785	中国农业科学院	生物学	8	2023M743825
3615	徐　鹏	338859	中国农业科学院	生物学	8	2023M743826
3616	胡　淼	322018	中国农业科学院	食品科学与工程	8	2023M743827
3617	李如一	334522	中国农业科学院	食品科学与工程	8	2023M743828
3618	刘淑君	329349	中国农业科学院	食品科学与工程	8	2023M743829
3619	范许许	315295	中国农业科学院	兽医学	8	2023M743830
3620	张　岳	330730	中国农业科学院	兽医学	8	2023M743831
3621	李　甜	319253	中国农业科学院	图书情报与档案管理	5	2023M743832
3622	汤善龙	317450	中国农业科学院	畜牧学	8	2023M743833
3623	王　朋	319812	中国农业科学院	畜牧学	8	2023M743834
3624	张仕琦	319284	中国农业科学院	畜牧学	8	2023M743835
3625	杜田华	335043	中国农业科学院	植物保护	8	2023M743836
3626	黄天宇	359899	中国农业科学院	植物保护	8	2023M743837
3627	坚晋卓	332929	中国农业科学院	植物保护	8	2023M743838
3628	梁金金	317567	中国农业科学院	植物保护	8	2023M743839
3629	宋　玄	359877	中国农业科学院	植物保护	8	2023M743840
3630	田志强	318160	中国农业科学院	植物保护	8	2023M743841
3631	张　燕	316767	中国农业科学院	植物保护	8	2023M743842
3632	程子祥	341262	中国农业科学院	作物学	8	2023M743843
3633	刘　奥	343007	中国农业科学院	作物学	8	2023M743844
3634	王　建	322029	中国农业科学院	作物学	8	2023M743845
3635	魏少博	325602	中国农业科学院	作物学	8	2023M743846
3636	王　楠	325380	中国农业科学院农业基因组研究所	园艺学	8	2023M743847
3637	翟泽峰	322194	中国农业科学院农业基因组研究所	园艺学	8	2023M743848
3638	龚子文	325962	中国农业科学院农业基因组研究所	植物保护	8	2023M743849
3639	李晓锋	363106	中国农业科学院农业基因组研究所	作物学	8	2023M743850

续表

序号	姓名	博士后编号	设站单位名称	一级学科	资助金额/万元	资助编号
3640	钟万顺	340384	中国农业科学院农业基因组研究所	作物学	8	2023M743851
3641	胡剑刚	323081	中国农业科学院上海兽医研究所	兽医学	8	2023M743852
3642	白　银	329139	中国人民大学	法学	5	2023M743853
3643	李鸣捷	358808	中国人民大学	法学	5	2023M743854
3644	凌润泽	324828	中国人民大学	工商管理	5	2023M743855
3645	张超敏	324824	中国人民大学	工商管理	5	2023M743856
3646	李泽鑫	324530	中国人民大学	理论经济学	5	2023M743857
3647	何　可	313019	中国人民大学	农林经济管理	5	2023M743858
3648	刘冉冉	324509	中国人民大学	新闻传播学	5	2023M743859
3649	周　强	332646	中国人民大学	应用经济学	5	2023M743860
3650	段　凡	335171	中国社会科学院	理论经济学	5	2023M743861
3651	马托弟	338981	中国社会科学院	历史学	5	2023M743862
3652	张彬彬	327046	中国社会科学院	历史学	5	2023M743863
3653	云　庆	335175	中国社会科学院	社会学	5	2023M743864
3654	田　野	324518	中国社会科学院	应用经济学	5	2023M743865
3655	张永珅	327115	中国社会科学院	应用经济学	5	2023M743866
3656	林　啸	337525	中国社会科学院	哲学	5	2023M743867
3657	徐　寅	337170	中国社会科学院	中国语言文学	5	2023M743868
3658	李儒鹏	321717	中国石油大学（北京）	地质资源与地质工程	8	2023M743869
3659	夏宇轩	327981	中国石油大学（北京）	地质资源与地质工程	8	2023M743870
3660	任凯鹏	320923	中国石油大学（北京）	管理科学与工程	5	2023M743871
3661	吴华敏	356159	中国石油大学（北京）	管理科学与工程	5	2023M743872
3662	潘金波	333262	中国石油大学（北京）	化学工程与技术	8	2023M743873
3663	荆　琦	358612	中国石油大学（北京）	矿业工程	8	2023M743874
3664	张杰城	319137	中国石油大学（北京）	矿业工程	8	2023M743875
3665	李晓夏	311445	中国石油大学（北京）	马克思主义理论	5	2023M743876
3666	张　旭	334435	中国石油大学（北京）	石油与天然气工程	8	2023M743877
3667	胡张楠	364636	中国石油大学（北京）	数学	8	2023M743878
3668	李　燕	364253	中国石油大学（北京）	数学	8	2023M743879
3669	王　斌	318976	中国石油大学（华东）	材料科学与工程	8	2023M743880
3670	王冠雅	352251	中国石油大学（华东）	测绘科学与技术	8	2023M743881
3671	王胜昆	355727	中国石油大学（华东）	动力工程及工程热物理	8	2023M743882
3672	赵心仪	324969	中国石油大学（华东）	石油与天然气工程	8	2023M743883

续表

序号	姓名	博士后编号	设站单位名称	一级学科	资助金额/万元	资助编号
3673	李　晋	318193	中国石油化工股份有限公司石油勘探开发研究院	地质资源与地质工程	8	2023M743884
3674	昌　吉	325184	中国石油化工股份有限公司石油勘探开发研究院	控制科学与工程	8	2023M743885
3675	闫　炎	318133	中国石油集团工程材料研究院有限公司	石油与天然气工程	8	2023M743886
3676	付玮琪	349957	中国石油集团西部钻探工程有限公司	石油与天然气工程	8	2023M743887
3677	边雷博	345537	中国石油勘探开发研究院	地质资源与地质工程	8	2023M743888
3678	张鹏远	363392	中国石油勘探开发研究院	地质资源与地质工程	8	2023M743889
3679	吴千慧	344279	中国石油勘探开发研究院	石油与天然气工程	8	2023M743890
3680	魏帮鸿	323707	中国水产科学研究院东海水产研究所	水产	8	2023M743891
3681	江承程	356209	中国水产科学研究院黄海水产研究所	食品科学与工程	8	2023M743892
3682	司玉凤	351768	中国水产科学研究院黄海水产研究所	水产	8	2023M743893
3683	樊　煜	355355	中国水利水电科学研究院	水利工程	8	2023M743894
3684	从建力	359834	中国铁道科学研究院集团有限公司	交通运输工程	8	2023M743895
3685	赵传敏	339269	中国投资有限责任公司	应用经济学	5	2023M743896
3686	卢钰琼	317097	中国药科大学	公共管理	5	2023M743897
3687	宋雅琴	317007	中国药科大学	农业资源利用	8	2023M743898
3688	年琳玉	317009	中国药科大学	食品科学与工程	8	2023M743899
3689	陈学涛	317442	中国药科大学	药学	8	2023M743900
3690	冯志奇	317856	中国药科大学	药学	8	2023M743901
3691	皖　宁	317444	中国药科大学	药学	8	2023M743902
3692	潘　婷	354245	中国药科大学	中药学	8	2023M743903
3693	熊志伟	337430	中国药科大学	中药学	8	2023M743904
3694	候亚鹏	331541	中国医科大学	基础医学	8	2023M743905
3695	李可心	318949	中国医科大学	临床医学	8	2023M743906
3696	许会哲	352069	中国医科大学	临床医学	8	2023M743907
3697	黄翰伟	320487	中国医科大学附属第一医院	临床医学	8	2023M743908
3698	乔新博	361619	中国医科大学附属盛京医院	临床医学	8	2023M743909
3699	张　润	353608	中国应用法学研究所	法学	5	2023M743910
3700	王亚丽	358831	中国有色工程有限公司	材料科学与工程	8	2023M743911
3701	李政洋	353105	中国政法大学	法学	5	2023M743913

续表

序号	姓名	博士后编号	设站单位名称	一级学科	资助金额/万元	资助编号
3702	刘云开	355227	中国政法大学	法学	5	2023M743914
3703	鄢雨虹	319290	中国政法大学	法学	5	2023M743915
3704	邹学庚	318156	中国政法大学	法学	5	2023M743916
3705	王旭东	325095	中国中材国际工程股份有限公司	动力工程及工程热物理	8	2023M743917
3706	闫敏敏	325165	中国中医科学院	历史学	5	2023M743918
3707	王砺寒	325160	中国中医科学院	中西医结合	8	2023M743919
3708	李盼飞	325553	中国中医科学院中医药信息研究所	中医学	8	2023M743920
3709	温雅红	332952	中国作家协会	中国语言文学	5	2023M743921
3710	侯亚南	321491	中海油研究总院有限责任公司	石油与天然气工程	8	2023M743922
3711	王　达	338104	中华全国供销合作总社济南果品研究院	食品科学与工程	8	2023M743923
3712	赵利娜	319048	中华全国供销合作总社济南果品研究院	食品科学与工程	8	2023M743924
3713	荆同飞	358495	中科中山药物创新研究院	药学	8	2023M743925
3714	衷维荷	359073	中科中山药物创新研究院	药学	8	2023M743926
3715	李　安	344971	中南财经政法大学	法学	5	2023M743927
3716	卢结华	329976	中南财经政法大学	法学	5	2023M743928
3717	史令珊	336091	中南财经政法大学	法学	5	2023M743929
3718	王瑞祺	338626	中南财经政法大学	法学	5	2023M743930
3719	谢忠洲	319201	中南财经政法大学	法学	5	2023M743931
3720	段　珅	363335	中南财经政法大学	工商管理	5	2023M743932
3721	张　莉	335162	中南财经政法大学	历史学	5	2023M743933
3722	吴　风	322924	中南财经政法大学	食品科学与工程	8	2023M743934
3723	黄欣欣	359560	中南财经政法大学	新闻传播学	5	2023M743935
3724	谢精忠	321815	中南财经政法大学	新闻传播学	5	2023M743936
3725	彭书舟	320174	中南财经政法大学	应用经济学	5	2023M743937
3726	余东升	318912	中南财经政法大学	应用经济学	5	2023M743938
3727	张　燕	328283	中南财经政法大学	应用经济学	5	2023M743939
3728	张子尧	320173	中南财经政法大学	应用经济学	5	2023M743940
3729	廖寒潇	363337	中南大学	材料科学与工程	8	2023M743941
3730	张可菁	321471	中南大学	环境科学与工程	8	2023M743942
3731	陈晓栋	339348	中南大学	交通运输工程	8	2023M743943
3732	袁　可	315878	中南大学	交通运输工程	8	2023M743944

续表

序号	姓名	博士后编号	设站单位名称	一级学科	资助金额/万元	资助编号
3733	张灵玲	347807	中南大学	口腔医学	8	2023M743945
3734	丁诗容	334685	中南大学	临床医学	8	2023M743946
3735	黄　凯	363643	中南大学	临床医学	8	2023M743947
3736	刘盼盼	321595	中南大学	临床医学	8	2023M743948
3737	刘宇星	363336	中南大学	临床医学	8	2023M743949
3738	龙　飞	332096	中南大学	临床医学	8	2023M743950
3739	卢礼卿	332056	中南大学	临床医学	8	2023M743951
3740	容　蓉	363339	中南大学	临床医学	8	2023M743952
3741	史　强	312070	中南大学	临床医学	8	2023M743953
3742	汪俊程	332374	中南大学	临床医学	8	2023M743954
3743	伍俊儒	320792	中南大学	临床医学	8	2023M743955
3744	向诗琦	329062	中南大学	临床医学	8	2023M743956
3745	肖力戈	329396	中南大学	临床医学	8	2023M743957
3746	谢东兴	320974	中南大学	临床医学	8	2023M743958
3747	谢康玲	339324	中南大学	临床医学	8	2023M743959
3748	谢邵兵	332057	中南大学	临床医学	8	2023M743960
3749	徐彦颖	317483	中南大学	临床医学	8	2023M743961
3750	叶文睿	331660	中南大学	临床医学	8	2023M743962
3751	袁　琳	336630	中南大学	临床医学	8	2023M743963
3752	张　波	344153	中南大学	临床医学	8	2023M743964
3753	钟文静	363332	中南大学	临床医学	8	2023M743965
3754	钟　霄	331138	中南大学	临床医学	8	2023M743966
3755	朱　林	327847	中南大学	临床医学	8	2023M743967
3756	刘武平	327849	中南大学	生物医学工程	8	2023M743968
3757	贾　曼	357734	中南大学	数学	8	2023M743969
3758	王松松	321602	中南大学	冶金工程	8	2023M743970
3759	贾美莹	316380	中南林业科技大学	环境科学与工程	8	2023M743971
3760	徐来强	317143	中南林业科技大学	林业工程	8	2023M743972
3761	刘　婷	312916	中南林业科技大学	生物学	8	2023M743973
3762	冯文丽	362495	中日友好医院	基础医学	8	2023M743974
3763	康晓旭	362554	中日友好医院	药学	8	2023M743975
3764	王保福	363847	中日友好医院	中西医结合	8	2023M743976
3765	陈　槐	326821	中山大学	材料科学与工程	8	2023M743977

续表

序号	姓名	博士后编号	设站单位名称	一级学科	资助金额/万元	资助编号
3766	洪俊宇	323503	中山大学	材料科学与工程	8	2023M743978
3767	黎昌昊	324892	中山大学	材料科学与工程	8	2023M743979
3768	魏俊华	362738	中山大学	材料科学与工程	8	2023M743980
3769	马春雷	325374	中山大学	地理学	8	2023M743981
3770	郑　艺	326830	中山大学	地理学	8	2023M743982
3771	唐益亮	356180	中山大学	法学	5	2023M743983
3772	王茹婷	341716	中山大学	工商管理	5	2023M743984
3773	于　佳	338609	中山大学	工商管理	5	2023M743985
3774	刘顺发	331828	中山大学	光学工程	8	2023M743986
3775	肖　邦	361589	中山大学	海洋科学	8	2023M743987
3776	张　光	325372	中山大学	海洋科学	8	2023M743988
3777	常雪晴	341883	中山大学	化学	8	2023M743989
3778	张学文	318305	中山大学	化学	8	2023M743990
3779	张志忠	332398	中山大学	化学	8	2023M743991
3780	谢锐杰	316483	中山大学	化学工程与技术	8	2023M743992
3781	郭　韦	326823	中山大学	环境科学与工程	8	2023M743993
3782	宋子龙	333218	中山大学	环境科学与工程	8	2023M743994
3783	白婉瑜	361911	中山大学	基础医学	8	2023M743995
3784	董洪昌	326378	中山大学	基础医学	8	2023M743996
3785	李嘉倩	362889	中山大学	基础医学	8	2023M743997
3786	孙　聪	361553	中山大学	基础医学	8	2023M743998
3787	王晓玉	326763	中山大学	基础医学	8	2023M743999
3788	杨艳鲜	353528	中山大学	基础医学	8	2023M744000
3789	曹擎星	322213	中山大学	计算机科学与技术	8	2023M744001
3790	朱依婷	359428	中山大学	交通运输工程	8	2023M744002
3791	邝树鸿	362783	中山大学	口腔医学	8	2023M744003
3792	李　迪	324887	中山大学	口腔医学	8	2023M744004
3793	邵怡婷	323619	中山大学	口腔医学	8	2023M744005
3794	王迪侃	324910	中山大学	口腔医学	8	2023M744006
3795	王　璐	324917	中山大学	口腔医学	8	2023M744007
3796	杨静红	362775	中山大学	口腔医学	8	2023M744008
3797	张茜柳	324913	中山大学	口腔医学	8	2023M744009
3798	安佳琪	331783	中山大学	临床医学	8	2023M744010

续表

序号	姓名	博士后编号	设站单位名称	一级学科	资助金额/万元	资助编号
3799	蔡　君	361696	中山大学	临床医学	8	2023M744011
3800	蔡子杰	325267	中山大学	临床医学	8	2023M744012
3801	陈惠谋	325716	中山大学	临床医学	8	2023M744013
3802	陈柯宇	330576	中山大学	临床医学	8	2023M744014
3803	陈衍行	361232	中山大学	临床医学	8	2023M744015
3804	邓存灿	356936	中山大学	临床医学	8	2023M744016
3805	段润平	357278	中山大学	临床医学	8	2023M744017
3806	傅毅振	361231	中山大学	临床医学	8	2023M744018
3807	关宇鹏	341434	中山大学	临床医学	8	2023M744019
3808	何勇飞	358146	中山大学	临床医学	8	2023M744020
3809	洪冬纯	358969	中山大学	临床医学	8	2023M744021
3810	洪露娜	325278	中山大学	临床医学	8	2023M744022
3811	胡梦颜	358863	中山大学	临床医学	8	2023M744023
3812	胡兴斌	325276	中山大学	临床医学	8	2023M744024
3813	黄　靖	325356	中山大学	临床医学	8	2023M744025
3814	黄　铭	325270	中山大学	临床医学	8	2023M744026
3815	江　健	323338	中山大学	临床医学	8	2023M744027
3816	金亚南	316699	中山大学	临床医学	8	2023M744028
3817	金　庄	326829	中山大学	临床医学	8	2023M744029
3818	寇　嘉	324755	中山大学	临床医学	8	2023M744030
3819	李　聪	358955	中山大学	临床医学	8	2023M744031
3820	李梦真	358962	中山大学	临床医学	8	2023M744032
3821	李睿扬	357256	中山大学	临床医学	8	2023M744033
3822	李　旭	323373	中山大学	临床医学	8	2023M744034
3823	李　赟	361551	中山大学	临床医学	8	2023M744035
3824	李　芸	361879	中山大学	临床医学	8	2023M744036
3825	李梓濠	361807	中山大学	临床医学	8	2023M744037
3826	梁熠成	325650	中山大学	临床医学	8	2023M744038
3827	梁宇静	324764	中山大学	临床医学	8	2023M744039
3828	林　朗	326825	中山大学	临床医学	8	2023M744040
3829	刘陈枢	358788	中山大学	临床医学	8	2023M744041
3830	刘灏瀚	362894	中山大学	临床医学	8	2023M744042
3831	刘　锐	326770	中山大学	临床医学	8	2023M744043

续表

序号	姓名	博士后编号	设站单位名称	一级学科	资助金额/万元	资助编号
3832	刘　萧	364245	中山大学	临床医学	8	2023M744044
3833	刘育豪	324900	中山大学	临床医学	8	2023M744045
3834	刘至俊	330564	中山大学	临床医学	8	2023M744046
3835	罗　丽	323390	中山大学	临床医学	8	2023M744047
3836	潘柏祺	323415	中山大学	临床医学	8	2023M744048
3837	潘艺芊	361237	中山大学	临床医学	8	2023M744049
3838	石殷浩	361702	中山大学	临床医学	8	2023M744050
3839	石　宇	332618	中山大学	临床医学	8	2023M744051
3840	宋云河	357248	中山大学	临床医学	8	2023M744052
3841	谭　芳	351074	中山大学	临床医学	8	2023M744053
3842	陶　爽	362706	中山大学	临床医学	8	2023M744054
3843	王家维	325251	中山大学	临床医学	8	2023M744055
3844	王君丹	361221	中山大学	临床医学	8	2023M744056
3845	王　爽	324738	中山大学	临床医学	8	2023M744057
3846	王炜东	324732	中山大学	临床医学	8	2023M744058
3847	王旭东	361706	中山大学	临床医学	8	2023M744059
3848	魏晓悦	357275	中山大学	临床医学	8	2023M744060
3849	夏　沛	361869	中山大学	临床医学	8	2023M744061
3850	谢海扬	325255	中山大学	临床医学	8	2023M744062
3851	谢浩宇	356213	中山大学	临床医学	8	2023M744063
3852	徐　平	357277	中山大学	临床医学	8	2023M744064
3853	许志杰	361672	中山大学	临床医学	8	2023M744065
3854	言诚开	323611	中山大学	临床医学	8	2023M744066
3855	叶小燕	323413	中山大学	临床医学	8	2023M744067
3856	曾文锋	325367	中山大学	临床医学	8	2023M744068
3857	翟端洋	323407	中山大学	临床医学	8	2023M744069
3858	张春宇	361847	中山大学	临床医学	8	2023M744070
3859	张劲玉	357279	中山大学	临床医学	8	2023M744071
3860	张景桐	361233	中山大学	临床医学	8	2023M744072
3861	张　薇	358854	中山大学	临床医学	8	2023M744073
3862	张永欣	323431	中山大学	临床医学	8	2023M744074
3863	郑存静	338606	中山大学	临床医学	8	2023M744075
3864	钟诚锐	340954	中山大学	临床医学	8	2023M744076

续表

序号	姓名	博士后编号	设站单位名称	一级学科	资助金额/万元	资助编号
3865	周文颖	361865	中山大学	临床医学	8	2023M744077
3866	周扬阳	313893	中山大学	临床医学	8	2023M744078
3867	黎人源	341715	中山大学	社会学	5	2023M744079
3868	陈聪颖	332395	中山大学	生物学	8	2023M744080
3869	杜柳冰	357456	中山大学	生物学	8	2023M744081
3870	刘心仪	362185	中山大学	生物学	8	2023M744082
3871	卢湘婉	341704	中山大学	生物学	8	2023M744083
3872	莫伟鹏	356216	中山大学	生物学	8	2023M744084
3873	屈雨亮	341811	中山大学	生物学	8	2023M744085
3874	谭　瑾	362187	中山大学	生物学	8	2023M744086
3875	汪巧云	325043	中山大学	生物学	8	2023M744087
3876	谢　强	327047	中山大学	生物学	8	2023M744088
3877	徐　俊	346471	中山大学	生物学	8	2023M744089
3878	杜丽华	356938	中山大学	生物医学工程	8	2023M744090
3879	黄金丽	345845	中山大学	数学	8	2023M744091
3880	张　庆	351627	中山大学	图书情报与档案管理	5	2023M744092
3881	李　涛	332408	中山大学	物理学	8	2023M744093
3882	梁正程	327535	中山大学	物理学	8	2023M744094
3883	胡轲嘉	348847	中山大学	信息与通信工程	8	2023M744095
3884	李婉清	357468	中山大学	信息与通信工程	8	2023M744096
3885	陈晓惠	347954	中山大学	药学	8	2023M744097
3886	李玮璇	326778	中山大学	艺术学	5	2023M744098
3887	刘晓玲	361691	中山大学	应用经济学	5	2023M744099
3888	苏　鑫	361228	中山大学	中西医结合	8	2023M744100
3889	陈家辉	329260	中铁第四勘察设计院集团有限公司	交通运输工程	8	2023M744101
3890	张晓凤	330696	中铁时代建筑设计院有限公司	土木工程	8	2023M744102
3891	胡云鹏	324224	中铁五局集团有限公司	土木工程	8	2023M744103
3892	胡　晗	311042	中通服咨询设计研究院有限公司	信息与通信工程	8	2023M744104
3893	邓　斌	347518	中盐金坛盐化有限责任公司	临床医学	8	2023M744105
3894	何韵文	357110	中央财经大学	理论经济学	5	2023M744106
3895	赵宇飞	359607	中央财经大学	马克思主义理论	5	2023M744107
3896	陈怡心	356765	中央财经大学	应用经济学	5	2023M744108
3897	张心宁	326629	中央国债登记结算有限责任公司	应用经济学	5	2023M744109

续表

序号	姓名	博士后编号	设站单位名称	一级学科	资助金额/万元	资助编号
3898	谢　敏	331973	中央美术学院	艺术学	5	2023M744110
3899	黄陈辰	332898	中央民族大学	法学	5	2023M744111
3900	李文杰	333364	中央民族大学	民族学	5	2023M744112
3901	杜翘楚	328087	中央民族大学	艺术学	5	2023M744113
3902	贾雪梅	333621	中央民族大学	应用经济学	5	2023M744114
3903	王　涛	354141	株洲齿轮有限责任公司	仪器科学与技术	8	2023M744115
3904	李晓月	326786	珠海澳大科技研究院	土木工程	8	2023M744116
3905	何祖韵	344259	珠海冠宇电池股份有限公司	环境科学与工程	8	2023M744117
3906	许苗苗	314913	珠海市人民医院	基础医学	8	2023M744118
3907	贺铭钰	331762	珠海市人民医院	药学	8	2023M744119
3908	唐　欣	339838	珠海市人民医院	药学	8	2023M744120
3909	钟朝岳	330356	珠海舒桐医疗科技有限公司	生物学	8	2023M744121
3910	柴丽琴	345398	淄博大染坊丝绸集团有限公司	纺织科学与工程	8	2023M744122
3911	符　杰	352485	自然资源部第二海洋研究所	海洋科学	8	2023M744123
3912	位光山	363554	自然资源部第三海洋研究所	海洋科学	8	2023M744124
3913	丁金凤	361787	自然资源部第一海洋研究所	海洋科学	8	2023M744125

中国博士后科学基金第74批面上资助“地区专项支持计划”获资助人员名单

（部分获资助人员名单略）

序号	姓名	博士后编号	设站单位名称	一级学科	资助金额/万元	资助编号
1	何昭璇	364348	成都中医药大学	中西医结合	8	2023MD744126
2	王德贤	364353	成都中医药大学	中西医结合	8	2023MD744127
3	苗艺凡	338358	成都中医药大学	中医学	8	2023MD744128
4	任益锋	360982	成都中医药大学	中医学	8	2023MD744129
5	殷　鸣	360979	成都中医药大学	中医学	8	2023MD744130
6	袁　璟	321267	成都中医药大学	中医学	8	2023MD744131
7	周晓韬	323454	成都中医药大学	中医学	8	2023MD744132
8	王佩月	315150	重庆重邮信科通信技术有限公司	电气工程	8	2023MD744133
9	刘林林	315147	重庆重邮信科通信技术有限公司	机械工程	8	2023MD744134
10	楼碧波	315229	重庆重邮信科通信技术有限公司	物理学	8	2023MD744135
11	雷瑞德	314896	重庆地质矿产研究院	矿业工程	8	2023MD744136
12	董兴安	354042	重庆工商大学科技开发有限公司	化学	8	2023MD744137
13	王岫鑫	359438	重庆建设汽车系统股份有限公司	光学工程	8	2023MD744138
14	杨　柳	340255	重庆金美通信有限责任公司	信息与通信工程	8	2023MD744139
15	王朝强	317219	重庆市建筑科学研究院	交通运输工程	8	2023MD744141
16	李凌智	333685	重庆市人民医院	食品科学与工程	8	2023MD744142
17	徐金智	348041	重庆市中药研究院	中药学	8	2023MD744143
18	李新民	324180	重庆市中医院（重庆市中医研究院）	临床医学	8	2023MD744144
19	袁　睿	355947	重庆市中医院（重庆市中医研究院）	临床医学	8	2023MD744145
20	李晶晶	326322	重庆市中医院（重庆市中医研究院）	中药学	8	2023MD744146
21	向　伟	327633	重庆市中医院（重庆市中医研究院）	中药学	8	2023MD744147
22	杜旭勤	326320	重庆市中医院（重庆市中医研究院）	中医学	8	2023MD744148
23	阎　敏	330114	重庆医科大学	基础医学	8	2023MD744149
24	余海波	323531	重庆医科大学	基础医学	8	2023MD744150
25	龚俊华	324155	重庆医科大学	临床医学	8	2023MD744151
26	贺　雨	329454	重庆医科大学	临床医学	8	2023MD744152
27	江唯希	323643	重庆医科大学	临床医学	8	2023MD744153
28	李思雨	348276	重庆医科大学	临床医学	8	2023MD744154
29	李英瑞	330490	重庆医科大学	临床医学	8	2023MD744155
30	刘　聪	344772	重庆医科大学	临床医学	8	2023MD744156
31	刘光亮	341969	重庆医科大学	临床医学	8	2023MD744157

续表

序号	姓名	博士后编号	设站单位名称	一级学科	资助金额/万元	资助编号
32	王　丹	311803	重庆医科大学	临床医学	8	2023MD744158
33	文艺霖	321832	重庆医科大学	临床医学	8	2023MD744159
34	向涯洁	327278	重庆医科大学	临床医学	8	2023MD744160
35	叶俊宏	331565	重庆医科大学	临床医学	8	2023MD744161
36	余胜男	361077	重庆医科大学	临床医学	8	2023MD744162
37	曾　秋	312028	重庆医科大学	临床医学	8	2023MD744163
38	张　亮	364238	重庆医科大学	临床医学	8	2023MD744164
39	熊久鹏	323319	重庆医科大学	生物医学工程	8	2023MD744165
40	唐丽淼	341580	重庆银行股份有限公司	应用经济学	5	2023MD744166
41	夏誉凤	341581	重庆银行股份有限公司	应用经济学	5	2023MD744167
42	马宝泽	311889	重庆邮电大学	信息与通信工程	8	2023MD744168
43	谢　鑫	354230	重庆邮电大学	信息与通信工程	8	2023MD744169
44	马来好	361626	大连橡胶塑料机械有限公司	交通运输工程	8	2023MD744170
45	张聪宇	333688	东北农业大学	农业工程	8	2023MD744171
46	李　雪	341141	东北农业大学	食品科学与工程	8	2023MD744172
47	赵　一	337032	东北农业大学	兽医学	8	2023MD744173
48	施　雯	346109	东北农业大学	水产	8	2023MD744174
49	张立华	335541	东北农业大学	园艺学	8	2023MD744175
50	张　瑶	335542	东北农业大学	园艺学	8	2023MD744176
51	李　莎	312252	东北农业大学	作物学	8	2023MD744177
52	陈思远	346025	东北石油大学	地质资源与地质工程	8	2023MD744178
53	王　鹏	313824	东北石油大学	控制科学与工程	8	2023MD744179
54	董秀丽	355638	东北石油大学	石油与天然气工程	8	2023MD744180
55	杜昱民	315285	敦煌研究院	地质资源与地质工程	8	2023MD744181
56	石　拓	347967	广西北部湾投资集团有限公司	土木工程	8	2023MD744182
57	冉明霞	358687	广西大学	畜牧学	8	2023MD744183
58	李　珍	342758	广西大学	作物学	8	2023MD744184
59	杨　丽	355360	广西大学	作物学	8	2023MD744185
60	莫淑名	328381	广西科学院	生物学	8	2023MD744186
61	王友彬	324226	广西南南铝航空交通铝合金新材料与应用研究院	材料科学与工程	8	2023MD744187
62	黄利平	352548	广西师范大学	化学	8	2023MD744188
63	葛小婷	359928	广西医科大学	公共卫生与预防医学	8	2023MD744189

续表

序号	姓名	博士后编号	设站单位名称	一级学科	资助金额/万元	资助编号
64	黄虞远	353993	广西医科大学	基础医学	8	2023MD744190
65	白秀梅	316881	广西医科大学	临床医学	8	2023MD744191
66	姜经航	356853	广西医科大学	临床医学	8	2023MD744192
67	李向晖	362281	广西医科大学	临床医学	8	2023MD744193
68	谭启杏	329966	广西医科大学	临床医学	8	2023MD744194
69	甘凤玲	331882	贵州大学	林学	8	2023MD744195
70	黄仕珂	358319	贵州大学	生物学	8	2023MD744196
71	柯俊臣	351965	桂林电子科技大学	电子科学与技术	8	2023MD744197
72	莫智敏	360297	桂林理工大学	材料科学与工程	8	2023MD744198
73	Abid Ullah	335565	桂林理工大学	环境科学与工程	8	2023MD744199
74	汤　兵	358671	桂林理工大学	生物医学工程	8	2023MD744200
75	翁运昊	316654	桂林理工大学	土木工程	8	2023MD744201
76	何妹英	340580	桂林理工大学	园艺学	8	2023MD744202
77	韩　雪	333393	国家大豆工程技术研究中心	作物学	8	2023MD744203
78	周铭浩	328511	哈尔滨理工大学	电气工程	8	2023MD744204
79	王海滨	313148	哈尔滨理工大学	控制科学与工程	8	2023MD744205
80	程晨晨	320750	哈尔滨理工大学	信息与通信工程	8	2023MD744206
81	王加迎	337330	哈尔滨商业大学东北亚服务外包研究中心	工商管理	5	2023MD744207
82	刘明宇	353308	哈尔滨商业大学药物研究所	临床医学	8	2023MD744208
83	张淑娥	362839	哈尔滨医科大学	公共管理	5	2023MD744209
84	张从义	359320	哈尔滨医科大学	公共卫生与预防医学	8	2023MD744210
85	李咸君	359897	哈尔滨医科大学	临床医学	8	2023MD744211
86	李星达	325737	哈尔滨医科大学	临床医学	8	2023MD744212
87	娄盛涵	324374	哈尔滨医科大学	临床医学	8	2023MD744213
88	李　梦	361621	哈尔滨医科大学	生物学	8	2023MD744214
89	柯思源	329411	哈尔滨医科大学	心理学	8	2023MD744215
90	王楠楠	326356	哈尔滨医科大学	中药学	8	2023MD744216
91	赵思聪	350356	黑龙江北大仓集团有限公司	材料科学与工程	8	2023MD744217
92	师　媛	331459	兰州兰石集团有限公司	冶金工程	8	2023MD744218
93	任仲靖	348575	兰州理工大学	航空宇航科学与技术	8	2023MD744219
94	刘鹏飞	339459	辽宁省交通规划设计院有限责任公司	土木工程	8	2023MD744220
95	李婷婷	338426	辽宁中医药大学	中医学	8	2023MD744221

续表

序号	姓名	博士后编号	设站单位名称	一级学科	资助金额/万元	资助编号
96	颜　贝	359779	宁夏医科大学总医院	临床医学	8	2023MD744222
97	安　盟	340103	陕西科技大学	动力工程及工程热物理	8	2023MD744223
98	李　菲	327873	陕西科技大学	化学	8	2023MD744224
99	沈梦霞	348796	陕西科技大学	轻工技术与工程	8	2023MD744225
100	张　荣	356521	陕西科技大学	食品科学与工程	8	2023MD744226
101	范馨月	338642	沈阳农业大学	林学	8	2023MD744227
102	刘　钿	362972	沈阳药科大学	药学	8	2023MD744228
103	孙一鑫	362974	沈阳药科大学	药学	8	2023MD744229
104	王开元	362971	沈阳药科大学	药学	8	2023MD744230
105	杨毅仁	365373	沈阳药科大学	中药学	8	2023MD744231
106	王林珠	313036	首钢水城钢铁（集团）有限责任公司	冶金工程	8	2023MD744232
107	姜　岑	348540	四川好医生攀西药业有限责任公司	中医学	8	2023MD744233
108	曾留香	340522	四川省社会科学院	中国语言文学	5	2023MD744234
109	张伟伟	329667	西安建筑科技大学	地质资源与地质工程	8	2023MD744235
110	杨跃宗	332868	西安建筑科技大学	土木工程	8	2023MD744236
111	李舒越	326804	西安建筑科技大学	物理学	8	2023MD744237
112	马绪瀛	341124	西安科技大学	测绘科学与技术	8	2023MD744238
113	白雪蕊	341320	西安科技大学	地理学	8	2023MD744239
114	王晶钰	328240	西安科技大学	动力工程及工程热物理	8	2023MD744240
115	刘墨宣	363460	西安科技大学	化学工程与技术	8	2023MD744241
116	韩　力	339695	西安科技大学	环境科学与工程	8	2023MD744242
117	蔺小虎	324677	西安科技大学	机械工程	8	2023MD744243
118	孙小云	360433	西安科技大学	机械工程	8	2023MD744244
119	陈松降	327252	西安科技大学	矿业工程	8	2023MD744245
120	程小蛟	344156	西安科技大学	矿业工程	8	2023MD744246
121	龙　航	344157	西安科技大学	矿业工程	8	2023MD744247
122	周　静	333776	西安科技大学	矿业工程	8	2023MD744248
123	王　咚	311436	西安理工大学	材料科学与工程	8	2023MD744249
124	王子婧	346592	西安理工大学	材料科学与工程	8	2023MD744250
125	张　鑫	314875	西安理工大学	材料科学与工程	8	2023MD744251
126	葛　扬	340203	西安理工大学	电气工程	8	2023MD744252
127	王　俊	346591	西安理工大学	水产	8	2023MD744253
128	曹　成	312858	西安理工大学	水利工程	8	2023MD744254

续表

序号	姓名	博士后编号	设站单位名称	一级学科	资助金额/万元	资助编号
129	张云钊	320105	西安石油大学	地质资源与地质工程	8	2023MD744255
130	陈　鑫	354226	西安石油大学	石油与天然气工程	8	2023MD744256
131	梁　拓	353506	西安石油大学	石油与天然气工程	8	2023MD744257
132	王怡睿	358828	西北大学	地理学	8	2023MD744258
133	王　萌	343762	西北大学	生物学	8	2023MD744259
134	宋　帅	322077	西南政法大学	应用经济学	5	2023MD744260
135	刘再营	337659	新疆警察学院非传统安全研究所	民族学	5	2023MD744261
136	王艺洁	339490	新疆农业大学	农林经济管理	5	2023MD744262
137	高　峰	324548	中国电建集团昆明勘测设计研究院有限公司	土木工程	8	2023MD744263
138	石　鹏	358481	中国医科大学	公共卫生与预防医学	8	2023MD744265
139	王　玥	358844	中国医科大学	公共卫生与预防医学	8	2023MD744266
140	陈　孚	312192	中国医科大学	临床医学	8	2023MD744267
141	纪力旸	318022	中国医科大学	临床医学	8	2023MD744268
142	杨斯雯	339025	中国医科大学	生物学	8	2023MD744269
143	董蔚蔚	317961	中国医科大学附属第一医院	临床医学	8	2023MD744270
144	高晓彤	317954	中国医科大学附属第一医院	临床医学	8	2023MD744271
145	季　彬	317310	中国医科大学附属第一医院	临床医学	8	2023MD744272
146	孙曼妮	335105	中国医科大学附属第一医院	临床医学	8	2023MD744273
147	王鹏博	333153	中国医科大学附属第一医院	临床医学	8	2023MD744274
148	张　超	321504	中铁五局集团有限公司	土木工程	8	2023MD744275

中国博士后科学基金第 5 批特别资助（站前）获资助人员名单

（部分获资助人员名单略）

序号	姓名	设站单位名称	一级学科	资助金额/万元	资助编号
1	甘　宁	安徽省农业科学院	农业工程	18	2023TQ0001
2	陈嘉伟	北京大学	生物学	18	2023TQ0002
3	杨诗祺	北京大学	物理学	18	2023TQ0003
4	方培玉	北京大学	化学	18	2023TQ0004
5	陈艺夫	北京大学	化学	18	2023TQ0005
6	熊　博	北京大学	计算机科学与技术	18	2023TQ0006
7	高　丽	北京大学	材料科学与工程	18	2023TQ0007
8	韩芳宇	北京大学	数学	18	2023TQ0008
9	陈　鹏	北京大学	物理学	18	2023TQ0009
10	樊卓宸	北京大学	计算机科学与技术	18	2023TQ0010
11	赵永燕	北京大学	材料科学与工程	18	2023TQ0011
12	徐　鸣	北京大学	化学	18	2023TQ0012
13	姜　岳	北京大学	船舶与海洋工程	18	2023TQ0013
14	赵二猛	北京大学	石油与天然气工程	18	2023TQ0014
15	刘　欣	北京大学	数学	18	2023TQ0015
16	赵子恒	北京大学医学部	基础医学	18	2023TQ0016
17	李小雨	北京大学医学部	基础医学	18	2023TQ0017
18	秦宗实	北京大学医学部	中西医结合	18	2023TQ0018
19	曹雪利	北京化工大学	生物学	18	2023TQ0019
20	李雪丽	北京化工大学	化学工程与技术	18	2023TQ0020
21	任语铮	北京科技大学	信息与通信工程	18	2023TQ0021
22	白明洁	北京科技大学	材料科学与工程	18	2023TQ0022
23	李省伟	北京科技大学	材料科学与工程	18	2023TQ0023
24	李成孝	北京科技大学	矿业工程	18	2023TQ0024
25	冯献慧	北京科技大学	矿业工程	18	2023TQ0025
26	周　瑞	北京生命科学研究所	生物学	18	2023TQ0032
27	杨　帆	北京师范大学	数学	18	2023TQ0033
28	胡炜宇	北京师范大学	心理学	18	2023TQ0034
29	祁艺航	北京协和医学院	临床医学	18	2023TQ0035
30	王和平	北京协和医学院	生物医学工程	18	2023TQ0036
31	李静煊	北京协和医学院	临床医学	18	2023TQ0037

续表

序号	姓名	设站单位名称	一级学科	资助金额/万元	资助编号
32	谭春林	北京协和医学院	生物学	18	2023TQ0038
33	任鹏飞	北京邮电大学	信息与通信工程	18	2023TQ0039
34	刘美岐	大连海事大学	交通运输工程	18	2023TQ0040
35	刘　辉	大连理工大学	船舶与海洋工程	18	2023TQ0041
36	袁　博	大连理工大学	机械工程	18	2023TQ0042
37	薛铭圣	大连理工大学	土木工程	18	2023TQ0043
38	李　娟	大连理工大学	系统科学	18	2023TQ0044
39	秦　炎	大连理工大学	机械工程	18	2023TQ0045
40	邱荷茜	电子科技大学	信息与通信工程	18	2023TQ0046
41	吕　昊	电子科技大学	生物医学工程	18	2023TQ0047
42	闫　成	电子科技大学	电子科学与技术	18	2023TQ0048
43	徐媛媛	电子科技大学	控制科学与工程	18	2023TQ0049
44	尹鹏程	电子科技大学	电子科学与技术	18	2023TQ0050
45	周爱武	电子科技大学	电子科学与技术	18	2023TQ0051
46	谷　鹏	东北大学	电气工程	18	2023TQ0052
47	李亚楠	东北农业大学	兽医学	18	2023TQ0053
48	张欣欣	东华大学	纺织科学与工程	18	2023TQ0054
49	马　杰	东南大学	电子科学与技术	18	2023TQ0055
50	廖梦晖	东南大学	生物学	18	2023TQ0056
51	牛艳芳	东南大学	生物医学工程	18	2023TQ0057
52	曾伊蓉	复旦大学	生物学	18	2023TQ0058
53	朱立远	复旦大学	电子科学与技术	18	2023TQ0059
54	姜宜萱	复旦大学	公共卫生与预防医学	18	2023TQ0060
55	张延安	复旦大学	材料科学与工程	18	2023TQ0061
56	杨　帆	复旦大学	临床医学	18	2023TQ0062
57	项　杭	复旦大学	生物学	18	2023TQ0063
58	丛江珊	复旦大学	临床医学	18	2023TQ0064
59	王司宇	复旦大学	数学	18	2023TQ0065
60	杨克祥	复旦大学	数学	18	2023TQ0066
61	李玉珠	复旦大学	生物医学工程	18	2023TQ0067
62	洪　澜	复旦大学	临床医学	18	2023TQ0068
63	吴启文	复旦大学	生物学	18	2023TQ0069
64	孙荣棋	复旦大学	基础医学	18	2023TQ0070

续表

序号	姓名	设站单位名称	一级学科	资助金额/万元	资助编号
65	江　天	复旦大学	临床医学	18	2023TQ0071
66	李天文	复旦大学	临床医学	18	2023TQ0072
67	尹豪豪	复旦大学	临床医学	18	2023TQ0073
68	孙芳美	复旦大学	数学	18	2023TQ0074
69	王　龑	复旦大学	计算机科学与技术	18	2023TQ0075
70	屈智姝	复旦大学	电子科学与技术	18	2023TQ0076
71	孙仲汉	复旦大学	生物学	18	2023TQ0077
72	钟绍平	复旦大学	临床医学	18	2023TQ0078
73	伊传友	复旦大学	生物学	18	2023TQ0079
74	孙　玉	复旦大学	生物学	18	2023TQ0080
75	付雪微	复旦大学	控制科学与工程	18	2023TQ0081
76	吕希蒙	复旦大学	化学	18	2023TQ0082
77	王　尧	复旦大学	临床医学	18	2023TQ0083
78	徐　宁	复旦大学	生物学	18	2023TQ0084
79	朱梦璇	复旦大学	临床医学	18	2023TQ0085
80	柏佩原	复旦大学	临床医学	18	2023TQ0086
81	陈卫杰	复旦大学	生物学	18	2023TQ0087
82	王龙伟	国家纳米科学中心	生物医学工程	18	2023TQ0090
83	刘文钊	合肥实验室	物理学	18	2023TQ0100
84	朱庆玲	合肥实验室	物理学	18	2023TQ0101
85	郑永光	合肥实验室	物理学	18	2023TQ0102
86	张　默	河北医科大学	临床医学	18	2023TQ0103
87	吕沈欢	河海大学	计算机科学与技术	18	2023TQ0104
88	葛　腾	河海大学	土木工程	18	2023TQ0105
89	杨志远	河南大学	生物学	18	2023TQ0106
90	景　柯	河南科技大学	材料科学与工程	18	2023TQ0107
91	郑军领	河南理工大学	地质资源与地质工程	18	2023TQ0108
92	李占占	河南中医药大学	中药学	18	2023TQ0109
93	朱晨光	湖南大学	材料科学与工程	18	2023TQ0110
94	李升亚	湖南大学	力学	18	2023TQ0111
95	黄　浩	华北电力大学	材料科学与工程	18	2023TQ0112
96	李亚晶	华东理工大学	动力工程及工程热物理	18	2023TQ0113
97	施晨宇	华东理工大学	化学	18	2023TQ0114

续表

序号	姓名	设站单位名称	一级学科	资助金额/万元	资助编号
98	郭志洋	华东理工大学	力学	18	2023TQ0115
99	张逸寒	华东理工大学	化学	18	2023TQ0116
100	马丽坤	华东理工大学	动力工程及工程热物理	18	2023TQ0117
101	席　洋	华东理工大学	化学	18	2023TQ0118
102	王骁晓	华东理工大学	动力工程及工程热物理	18	2023TQ0119
103	袁熙越	华南理工大学	材料科学与工程	18	2023TQ0120
104	朱若楠	华南理工大学	轻工技术与工程	18	2023TQ0121
105	何　茜	华南农业大学	兽医学	18	2023TQ0122
106	郑朝和	华中科技大学	动力工程及工程热物理	18	2023TQ0123
107	张俊杰	华中科技大学	动力工程及工程热物理	18	2023TQ0124
108	王　喆	华中科技大学同济医学院附属协和医院	临床医学	18	2023TQ0125
109	韩小雨	华中科技大学同济医学院附属协和医院	临床医学	18	2023TQ0126
110	鲁　敏	华中师范大学	数学	18	2023TQ0127
111	陈冯钱	吉林大学	化学	18	2023TQ0128
112	徐泽洲	吉林大学	机械工程	18	2023TQ0129
113	刘春梅	吉林大学	食品科学与工程	18	2023TQ0130
114	李俊延	吉林大学	化学	18	2023TQ0131
115	庞　营	吉林大学	电气工程	18	2023TQ0132
116	苏奕粼	吉林大学	农业工程	18	2023TQ0133
117	黄冠宁	暨南大学	生物医学工程	18	2023TQ0134
118	张　迪	暨南大学	中西医结合	18	2023TQ0135
119	肖潺潺	暨南大学	基础医学	18	2023TQ0136
120	邹竞祥	嘉庚创新实验室	化学	18	2023TQ0137
121	孙　卿	江苏大学	食品科学与工程	18	2023TQ0138
122	邹花一阳	江苏省人民医院	临床医学	18	2023TQ0139
123	齐如鹏	兰州大学	化学	18	2023TQ0143
124	陈　棚	兰州大学	物理学	18	2023TQ0144
125	戴卫兵	辽宁工程技术大学	机械工程	18	2023TQ0145
126	安俊卿	南方科技大学	基础医学	18	2023TQ0149
127	钟师红	南方医科大学	临床医学	18	2023TQ0150
128	严　锐	南京大学	计算机科学与技术	18	2023TQ0151
129	黄辉庭	南京大学	材料科学与工程	18	2023TQ0152
130	王玉莲	南京大学医学院附属鼓楼医院	生物医学工程	18	2023TQ0153

续表

序号	姓名	设站单位名称	一级学科	资助金额/万元	资助编号
131	樊智文	南京大学医学院附属鼓楼医院	临床医学	18	2023TQ0154
132	王　鹤	南京工业大学	材料科学与工程	18	2023TQ0155
133	阮　杨	南京农业大学	农业资源利用	18	2023TQ0161
134	田晶晶	南京农业大学	食品科学与工程	18	2023TQ0162
135	祝秋恒	南京水利科学研究院	水利工程	18	2023TQ0163
136	袁　哲	南京邮电大学	信息与通信工程	18	2023TQ0164
137	李亚庆	青岛大学	临床医学	18	2023TQ0165
138	张　娟	清华大学	机械工程	18	2023TQ0166
139	周　宁	清华大学	数学	18	2023TQ0167
140	孙　静	清华大学	大气科学	18	2023TQ0168
141	齐　宁	清华大学	电气工程	18	2023TQ0169
142	张晓卿	清华大学	动力工程及工程热物理	18	2023TQ0170
143	蔡孟池	清华大学	机械工程	18	2023TQ0171
144	贾　甲	清华大学	数学	18	2023TQ0172
145	张炬庆	清华大学	生物学	18	2023TQ0173
146	赵鑫磊	清华大学	物理学	18	2023TQ0174
147	田遴博	清华大学	光学工程	18	2023TQ0175
148	周俊杰	清华大学	电气工程	18	2023TQ0176
149	丁　浩	清华大学	核科学与技术	18	2023TQ0177
150	杨春容	清华大学	化学	18	2023TQ0178
151	熊伦乔	清华大学	化学工程与技术	18	2023TQ0179
152	刘腾宇	清华大学	航空宇航科学与技术	18	2023TQ0180
153	王　晶	清华大学	计算机科学与技术	18	2023TQ0181
154	彭劼扬	清华大学	信息与通信工程	18	2023TQ0182
155	王仰真	清华大学	生物学	18	2023TQ0183
156	刘　磊	清华大学	机械工程	18	2023TQ0184
157	蒋海凤	清华大学	化学工程与技术	18	2023TQ0185
158	韩心晴	山东大学	核科学与技术	18	2023TQ0186
159	史　洋	山东大学	控制科学与工程	18	2023TQ0187
160	姜文欣	山东大学	生物学	18	2023TQ0188
161	李　晔	山东大学	基础医学	18	2023TQ0189
162	彭倩文	山东大学	基础医学	18	2023TQ0190
163	刘文静	山东大学	环境科学与工程	18	2023TQ0191

续表

序号	姓名	设站单位名称	一级学科	资助金额/万元	资助编号
164	王　鹏	山东大学	化学	18	2023TQ0192
165	王晓平	山东大学	数学	18	2023TQ0193
166	王　娜	山东大学	药学	18	2023TQ0194
167	张娟娟	山东大学	畜牧学	18	2023TQ0195
168	俞力雯	山东大学齐鲁医院	临床医学	18	2023TQ0196
169	杨可慧	山东大学齐鲁医院	临床医学	18	2023TQ0197
170	郭小维	山东大学齐鲁医院	基础医学	18	2023TQ0198
171	李柏延	山东大学齐鲁医院	临床医学	18	2023TQ0199
172	王锐卿	山东大学齐鲁医院	临床医学	18	2023TQ0200
173	华　赟	山东科技大学	矿业工程	18	2023TQ0201
174	成艺坪	山东省立医院	临床医学	18	2023TQ0202
175	冷敏敏	山东省立医院	临床医学	18	2023TQ0203
176	艾　轩	陕西师范大学	材料科学与工程	18	2023TQ0204
177	杨　奔	陕西师范大学	材料科学与工程	18	2023TQ0205
178	李小双	陕西师范大学	数学	18	2023TQ0206
179	李柏延	陕西师范大学	地理学	18	2023TQ0207
180	卢海彪	上海大学	材料科学与工程	18	2023TQ0208
181	尚跃勇	上海海洋大学	水产	18	2023TQ0209
182	胡志锋	上海交通大学	动力工程及工程热物理	18	2023TQ0210
183	闫鸿志	上海交通大学	动力工程及工程热物理	18	2023TQ0211
184	孙　伟	上海交通大学	信息与通信工程	18	2023TQ0212
185	郝　昊	上海交通大学	计算机科学与技术	18	2023TQ0213
186	周赫雄	上海交通大学	船舶与海洋工程	18	2023TQ0214
187	王　月	上海交通大学	生物学	18	2023TQ0215
188	李　晨	上海交通大学	化学	18	2023TQ0216
189	吕翠娟	上海交通大学	物理学	18	2023TQ0217
190	宋花歆	上海交通大学医学院	基础医学	18	2023TQ0218
191	陈泰威	上海交通大学医学院	临床医学	18	2023TQ0219
192	马筱一	上海交通大学医学院	基础医学	18	2023TQ0220
193	张文静	深圳大学	临床医学	18	2023TQ0221
194	孙一鑫	沈阳药科大学	药学	18	2023TQ0222
195	刘怡钒	四川大学	临床医学	18	2023TQ0223
196	赵仁良	四川大学	临床医学	18	2023TQ0224

续表

序号	姓名	设站单位名称	一级学科	资助金额/万元	资助编号
197	万谦益	四川大学	临床医学	18	2023TQ0225
198	吴宝红	四川大学	临床医学	18	2023TQ0226
199	徐源蔚	四川大学	临床医学	18	2023TQ0227
200	李松航	四川大学	口腔医学	18	2023TQ0228
201	王文婧	四川大学	药学	18	2023TQ0229
202	孙　柯	四川大学	临床医学	18	2023TQ0230
203	刘　杨	四川大学	临床医学	18	2023TQ0231
204	朱宇杰	苏州大学	生物医学工程	18	2023TQ0232
205	张裕烽	苏州大学	数学	18	2023TQ0233
206	李　明	苏州大学	生物医学工程	18	2023TQ0234
207	马进进	苏州大学	临床医学	18	2023TQ0235
208	吕　芳	苏州大学	材料科学与工程	18	2023TQ0236
209	魏　帅	苏州大学	临床医学	18	2023TQ0237
210	张建亚	苏州工业园区人力资源开发有限公司	电子科学与技术	18	2023TQ0238
211	任秋兵	天津大学	水利工程	18	2023TQ0239
212	王淑洁	天津大学	化学工程与技术	18	2023TQ0240
213	孙基斌	天津大学	土木工程	18	2023TQ0241
214	金　昱	天津大学	电气工程	18	2023TQ0242
215	李　洋	同济大学	环境科学与工程	18	2023TQ0243
216	胡　玥	同济大学	交通运输工程	18	2023TQ0244
217	徐冀韬	网易有道信息技术（北京）有限公司	计算机科学与技术	18	2023TQ0245
218	王海潇	温州医科大学	生物学	18	2023TQ0246
219	刘一苇	武汉大学	水利工程	18	2023TQ0247
220	罗亚荣	武汉大学	测绘科学与技术	18	2023TQ0248
221	陈翠群	武汉大学	计算机科学与技术	18	2023TQ0249
222	周　刚	武汉大学	化学	18	2023TQ0250
223	余宏淦	武汉大学	土木工程	18	2023TQ0251
224	陈绍维	武汉大学	化学	18	2023TQ0252
225	施以旋	武汉大学	测绘科学与技术	18	2023TQ0253
226	汪琦航	武汉理工大学	材料科学与工程	18	2023TQ0254
227	袁海东	西安电子科技大学	物理学	18	2023TQ0255
228	姚卓蕙	西安电子科技大学	信息与通信工程	18	2023TQ0256
229	董　乐	西安电子科技大学	计算机科学与技术	18	2023TQ0257

续表

序号	姓名	设站单位名称	一级学科	资助金额/万元	资助编号
230	赵搏文	西安电子科技大学	计算机科学与技术	18	2023TQ0258
231	丁翰元	西安电子科技大学	电子科学与技术	18	2023TQ0259
232	雷　剑	西安交通大学	公共卫生与预防医学	18	2023TQ0260
233	鲁　琦	西安交通大学	电子科学与技术	18	2023TQ0261
234	蔡皖龙	西安交通大学	土木工程	18	2023TQ0262
235	刘钊钧	西安交通大学	动力工程及工程热物理	18	2023TQ0263
236	陈志平	西安交通大学	材料科学与工程	18	2023TQ0264
237	李　阳	西安交通大学	化学工程与技术	18	2023TQ0265
238	王澍曦	西安交通大学	物理学	18	2023TQ0266
239	王文佳	西安交通大学	材料科学与工程	18	2023TQ0267
240	王亚萍	西安交通大学	临床医学	18	2023TQ0268
241	刘墨宣	西安科技大学	化学工程与技术	18	2023TQ0269
242	雷　桓	西北大学	生物医学工程	18	2023TQ0270
243	肖　越	西南交通大学	交通运输工程	18	2023TQ0278
244	姜步琳	浙江大学	口腔医学	18	2023TQ0279
245	郑　路	浙江大学	生物学	18	2023TQ0280
246	刘夏雨	浙江大学	食品科学与工程	18	2023TQ0281
247	刘志峰	浙江大学	物理学	18	2023TQ0282
248	柏明明	浙江大学	控制科学与工程	18	2023TQ0283
249	潘渊博	浙江大学	临床医学	18	2023TQ0284
250	王極可	浙江大学	药学	18	2023TQ0285
251	赵　明	浙江大学	化学工程与技术	18	2023TQ0286
252	马　凡	浙江大学	计算机科学与技术	18	2023TQ0287
253	叶帅男	浙江大学	计算机科学与技术	18	2023TQ0288
254	张兼伟	浙江大学	临床医学	18	2023TQ0289
255	张　扬	浙江大学	机械工程	18	2023TQ0290
256	林锦雯	浙江大学	临床医学	18	2023TQ0291
257	单历元	浙江大学	材料科学与工程	18	2023TQ0292
258	翟修文	浙江大学医学中心（余杭）	临床医学	18	2023TQ0293
259	陈羽臣	浙江大学医学中心（余杭）	生物学	18	2023TQ0294
260	虞　立	浙江省医学科学院	中医学	18	2023TQ0295
261	郑程龙	郑州大学	光学工程	18	2023TQ0296
262	桑滟鹏	郑州大学	化学	18	2023TQ0297

续表

序号	姓名	设站单位名称	一级学科	资助金额/万元	资助编号
263	李宗泽	郑州大学	土木工程	18	2023TQ0298
264	姚煦霈	郑州大学	土木工程	18	2023TQ0299
265	赵英杰	郑州大学	材料科学与工程	18	2023TQ0300
266	韩茹霞	郑州大学	基础医学	18	2023TQ0301
267	何建勇	郑州大学	矿业工程	18	2023TQ0302
268	吕泽鹏	郑州大学	冶金工程	18	2023TQ0303
269	丁丽华	郑州大学	临床医学	18	2023TQ0304
270	班锦锦	郑州大学	材料科学与工程	18	2023TQ0305
271	王　义	郑州大学	控制科学与工程	18	2023TQ0306
272	宋庆龄	郑州大学	药学	18	2023TQ0307
273	马俊杰	郑州大学	材料科学与工程	18	2023TQ0308
274	赵雅娟	郑州大学	数学	18	2023TQ0309
275	吴金雷	郑州大学	物理学	18	2023TQ0310
276	吴　丹	郑州大学	化学工程与技术	18	2023TQ0311
277	王　文	郑州大学	物理学	18	2023TQ0312
278	王振富	郑州大学	化学工程与技术	18	2023TQ0313
279	田海港	郑州大学	机械工程	18	2023TQ0314
280	王东洋	郑州大学	物理学	18	2023TQ0315
281	宁　川	郑州大学	仪器科学与技术	18	2023TQ0316
282	刘晓婷	郑州大学	化学	18	2023TQ0317
283	于明渊	郑州大学	控制科学与工程	18	2023TQ0318
284	孙楷航	郑州大学	化学工程与技术	18	2023TQ0319
285	安静依	郑州大学	基础医学	18	2023TQ0320
286	陈朋云	郑州大学	信息与通信工程	18	2023TQ0321
287	张玲玲	郑州大学	临床医学	18	2023TQ0322
288	赵艳明	郑州大学	材料科学与工程	18	2023TQ0323
289	李少龙	郑州大学	材料科学与工程	18	2023TQ0324
290	赵　进	之江实验室	计算机科学与技术	18	2023TQ0325
291	林宇璇	之江实验室	数学	18	2023TQ0326
292	黄　禹	之江实验室	计算机科学与技术	18	2023TQ0327
293	王庆刚	之江实验室	计算机科学与技术	18	2023TQ0328
294	张贵泉	之江实验室	生物学	18	2023TQ0329
295	张天惟	之江实验室	天文学	18	2023TQ0330

续表

序号	姓名	设站单位名称	一级学科	资助金额/万元	资助编号
296	孙铁楠	之江实验室	机械工程	18	2023TQ0331
297	商　兰	之江实验室	力学	18	2023TQ0332
298	杨　丰	之江实验室	生物学	18	2023TQ0333
299	王明晶	之江实验室	作物学	18	2023TQ0334
300	何博文	中国地质大学	材料科学与工程	18	2023TQ0335
301	程晓钰	中国地质大学	地质学	18	2023TQ0336
302	周　洋	中国地质大学	控制科学与工程	18	2023TQ0337
303	柯景文	中国科学技术大学	化学	18	2023TQ0338
304	杨子仪	中国科学技术大学	地球物理学	18	2023TQ0339
305	朱玉东	中国科学技术大学	力学	18	2023TQ0340
306	李　磊	中国科学技术大学	化学	18	2023TQ0341
307	郑圣男	中国科学技术大学	生物学	18	2023TQ0342
308	刘德光	中国科学技术大学	化学	18	2023TQ0343
309	杨　乐	中国科学技术大学	控制科学与工程	18	2023TQ0344
310	马明泽	中国科学技术大学	材料科学与工程	18	2023TQ0345
311	肖　旭	中国科学技术大学	动力工程及工程热物理	18	2023TQ0346
312	李泽宇	中国科学技术大学	物理学	18	2023TQ0347
313	罗　亮	中国科学技术大学	环境科学与工程	18	2023TQ0348
314	朱聪聪	中国科学技术大学苏州高等研究院	计算机科学与技术	18	2023TQ0349
315	魏鹏飞	中国科学院大连化学物理研究所	化学	18	2023TQ0350
316	张兴颖	中国科学院动物研究所	生物学	18	2023TQ0351
317	闫宇泽	中国科学院分子细胞科学卓越创新中心	生物学	18	2023TQ0352
318	孙凤秀	中国科学院分子细胞科学卓越创新中心	生物学	18	2023TQ0353
319	程方圆	中国科学院福建物质结构研究所	化学	18	2023TQ0354
320	袁官文	中国科学院高能物理研究所	天文学	18	2023TQ0355
321	许　航	中国科学院海洋研究所	海洋科学	18	2023TQ0356
322	闫子文	中国科学院金属研究所	冶金工程	18	2023TQ0357
323	陈　琳	中国科学院兰州化学物理研究所	机械工程	18	2023TQ0358
324	肖　奎	中国科学院理化技术研究所	化学	18	2023TQ0359
325	罗美英	中国科学院力学研究所	力学	18	2023TQ0360
326	朱小波	中国科学院宁波材料技术与工程研究所	材料科学与工程	18	2023TQ0361
327	赵天歌	中国科学院上海技术物理研究所	电子科学与技术	18	2023TQ0362
328	王若冰	中国科学院上海微系统与信息技术研究所	电子科学与技术	18	2023TQ0363

续表

序号	姓名	设站单位名称	一级学科	资助金额/万元	资助编号
329	龙益如	中国科学院上海药物研究所	药学	18	2023TQ0364
330	江星宇	中国科学院物理研究所	物理学	18	2023TQ0365
331	周安行	中国科学院物理研究所	材料科学与工程	18	2023TQ0366
332	王　宇	中国科学院物理研究所	物理学	18	2023TQ0367
333	杨　森	中国科学院物理研究所	物理学	18	2023TQ0368
334	洛　猛	中国科学院长春光学精密机械与物理研究所	光学工程	18	2023TQ0369
335	彭忠祥	中国科学院长春应用化学研究所	化学	18	2023TQ0370
336	李小倩	中国科学院植物研究所	生物学	18	2023TQ0371
337	朱超琼	中国矿业大学	材料科学与工程	18	2023TQ0372
338	王海楠	中国矿业大学	矿业工程	18	2023TQ0373
339	吕　焱	中国林业科学研究院	林业工程	18	2023TQ0374
340	乔学博	中国南方电网公司	电气工程	18	2023TQ0375
341	朱瑞欣	中国农业大学	公共卫生与预防医学	18	2023TQ0376
342	蒋智民	中国农业大学	兽医学	18	2023TQ0377
343	牛艳肖	中国农业大学	作物学	18	2023TQ0378
344	葛林豪	中国农业科学院	植物保护	18	2023TQ0379
345	张王宁	中国药科大学	中药学	18	2023TQ0380
346	李金择	中建中环工程有限公司	环境科学与工程	18	2023TQ0381
347	郑响凑	中南大学	土木工程	18	2023TQ0382
348	刘吉祥	中日友好医院	临床医学	18	2023TQ0383
349	邓　鹏	中山大学	临床医学	18	2023TQ0384
350	胡　芳	中山大学	临床医学	18	2023TQ0385
351	黄　爽	中山大学	生物医学工程	18	2023TQ0386
352	李智轩	中山大学	临床医学	18	2023TQ0387
353	凌子航	中山大学	口腔医学	18	2023TQ0388
354	李君炎	中山大学	临床医学	18	2023TQ0389
355	赖志城	中山大学	临床医学	18	2023TQ0390
356	李梓濠	中山大学	临床医学	18	2023TQ0391
357	郑雪怡	中山大学	临床医学	18	2023TQ0392
358	李　贺	中山大学	基础医学	18	2023TQ0393
359	马梓坤	中山大学	临床医学	18	2023TQ0394
360	林洪春	中山大学	临床医学	18	2023TQ0395
361	周伟宾	中山大学	临床医学	18	2023TQ0396

续表

序号	姓名	设站单位名称	一级学科	资助金额/万元	资助编号
362	邓　洋	重庆医科大学	临床医学	18	2023TQ0397
363	滕　腾	重庆医科大学	临床医学	18	2023TQ0398
364	神华尉	重庆医科大学附属口腔医院	口腔医学	18	2023TQ0399
365	何祖韵	珠海冠宇电池股份有限公司	环境科学与工程	18	2023TQ0400

中国博士后科学基金第16批特别资助（站中）获资助人员名单

（部分获资助人员名单略）

序号	姓名	博士后编号	设站单位名称	一级学科	资助金额/万元	资助编号
1	高　丽	293292	安徽医科大学	临床医学	18	2023T160001
2	袁天宇	328853	北京大学	数学	18	2023T160002
3	张书文	256364	北京大学	物理学	18	2023T160003
4	张笑鸣	297309	北京大学	物理学	18	2023T160004
5	包秀娟	258279	北京大学	地质学	18	2023T160005
6	郭　壮	316829	北京大学	地质学	18	2023T160006
7	黎晏彰	316834	北京大学	地质学	18	2023T160007
8	刘国平	285268	北京大学	地质资源与地质工程	18	2023T160008
9	曹智杰	316647	北京大学	生物学	18	2023T160009
10	唐小鹿	316644	北京大学	生物学	18	2023T160010
11	田　野	287183	北京大学	化学	18	2023T160011
12	乔玉茜	316851	北京大学	材料科学与工程	18	2023T160012
13	申正会	306150	北京大学	材料科学与工程	18	2023T160013
14	谭兴华	315952	北京大学	材料科学与工程	18	2023T160014
15	郑雅菁	318735	北京大学	计算机科学与技术	18	2023T160015
16	王　睿	316883	北京大学	电子科学与技术	18	2023T160016
17	夏荣煜	296435	北京大学	力学	18	2023T160017
18	王　月	286135	北京大学	核科学与技术	18	2023T160018
19	王依漓	305088	北京大学	环境科学与工程	18	2023T160019
20	王佳文	328523	北京大学	环境科学与工程	18	2023T160020
21	刘梓桐	310477	北京大学	农业资源利用	18	2023T160021
22	赵春竹	296298	北京大学	生物医学工程	18	2023T160022
23	黄心瑜	328772	北京大学	法学	15	2023T160023
24	沈相辉	285757	北京大学	中国语言文学	15	2023T160024
25	赵元斌	306601	北京大学	图书情报与档案管理	15	2023T160025
26	陈烨轩	316841	北京大学	历史学	15	2023T160026
27	刘晚莹	285776	北京大学	哲学	15	2023T160027
28	孙晓娇	247743	北京大学医学部	临床医学	18	2023T160028
29	郭亚茹	288001	北京大学医学部	口腔医学	18	2023T160029
30	王　永	289647	北京大学医学部	药学	18	2023T160030
31	武　迪	255984	北京大学医学部	基础医学	18	2023T160031

续表

序号	姓名	博士后编号	设站单位名称	一级学科	资助金额/万元	资助编号
32	赵厚宇	287983	北京大学医学部	公共卫生与预防医学	18	2023T160032
33	马瑞升	308532	北京工业大学	土木工程	18	2023T160033
34	刘瑾瑾	320386	北京工业大学	环境科学与工程	18	2023T160034
35	张　坤	290229	北京工业大学	应用经济学	15	2023T160035
36	叶风晖	292976	北京化工大学	化学工程与技术	18	2023T160043
37	郭晟楠	286785	北京交通大学	计算机科学与技术	18	2023T160044
38	王　彪	289548	北京交通大学	机械工程	18	2023T160045
39	黄　河	286192	北京科技大学	材料科学与工程	18	2023T160046
40	陈鸿燕	295336	北京科技大学	力学	18	2023T160047
41	张　娜	286003	北京科技大学	矿业工程	18	2023T160048
42	李　晨	292079	北京林业大学	环境科学与工程	18	2023T160053
43	王水众	289441	北京林业大学	林业工程	18	2023T160054
44	许　行	289439	北京林业大学	林学	18	2023T160055
45	曹议匀	326790	北京脑科学与类脑研究中心	生物学	18	2023T160056
46	刘雅玲	329861	北京脑科学与类脑研究中心	临床医学	18	2023T160057
47	陈丽娟	306667	北京师范大学	中国语言文学	15	2023T160058
48	孙小蕾	327027	北京师范大学	历史学	15	2023T160059
49	程琳琳	332461	北京协和医学院	临床医学	18	2023T160060
50	刘　飞	309584	北京协和医学院	临床医学	18	2023T160061
51	刘玫汐	297846	北京协和医学院	临床医学	18	2023T160062
52	王子豪	331992	北京协和医学院	临床医学	18	2023T160063
53	刘　玮	296859	北京协和医学院	基础医学	18	2023T160064
54	索苗苗	311203	北京协和医学院	基础医学	18	2023T160065
55	李　昂	324527	北京协和医学院	公共卫生与预防医学	18	2023T160066
56	张荣辉	309627	北京邮电大学	信息与通信工程	18	2023T160067
57	陈国超	297141	北京中医药大学	中医学	18	2023T160068
58	翟　优	294046	北京中医药大学	中医学	18	2023T160069
59	张艳丽	335934	常州市第二人民医院	临床医学	18	2023T160070
60	张　晨	272357	成都中医药大学	中西医结合	18	2023T160071
61	邵长优	285642	大连工业大学	轻工技术与工程	18	2023T160072
62	胡姣婵	266705	大连海事大学	地理学	18	2023T160073
63	刘　翔	288624	大连海事大学	土木工程	18	2023T160074
64	林远海	291099	大连海事大学	环境科学与工程	18	2023T160075

续表

序号	姓名	博士后编号	设站单位名称	一级学科	资助金额/万元	资助编号
65	范会莹	326029	大连理工大学	数学	18	2023T160076
66	张占彪	306290	大连理工大学	土木工程	18	2023T160077
67	张　杰	280540	大连理工大学	水利工程	18	2023T160078
68	陈兵兵	298993	大连理工大学	动力工程及工程热物理	18	2023T160079
69	马　晋	309392	电子科技大学	地理学	18	2023T160080
70	任翱博	232888	电子科技大学	材料科学与工程	18	2023T160081
71	Artur Movsesyan	251716	电子科技大学	光学工程	18	2023T160082
72	余　鹏	227005	电子科技大学	光学工程	18	2023T160083
73	向路平	300222	电子科技大学	信息与通信工程	18	2023T160084
74	邓忠伟	333726	电子科技大学	机械工程	18	2023T160085
75	陈庆达	291109	东北大学	控制科学与工程	18	2023T160086
76	吴子扬	271312	东北大学	控制科学与工程	18	2023T160087
77	李小龙	290694	东北大学	冶金工程	18	2023T160088
78	张会慧	303051	东北林业大学	畜牧学	18	2023T160089
79	李　明	284373	东北林业大学	林学	18	2023T160090
80	孙方达	215499	东北农业大学	食品科学与工程	18	2023T160091
81	赵昕悦	248373	东北农业大学	农业工程	18	2023T160092
82	孟庆维	228840	东北农业大学	畜牧学	18	2023T160093
83	曹峻鸣	311645	东北师范大学	物理学	18	2023T160094
84	张志斌	279123	东北师范大学	生物学	18	2023T160095
85	孙　巍	254475	东北石油大学应用技术研究院	石油与天然气工程	18	2023T160096
86	张　倩	309313	东华大学	纺织科学与工程	18	2023T160097
87	仲文洲	295348	东南大学	建筑学	18	2023T160098
88	徐　刚	277680	东南大学	土木工程	18	2023T160099
89	祁　磊	264279	东南大学	计算机科学与技术	18	2023T160100
90	吴晨雨	262796	东南大学	电气工程	18	2023T160101
91	严兴煜	274615	东南大学	电气工程	18	2023T160102
92	葛泽峰	266887	东南大学	动力工程及工程热物理	18	2023T160103
93	苏银海	308410	东南大学	动力工程及工程热物理	18	2023T160104
94	徐向平	293910	东南大学	控制科学与工程	18	2023T160105
95	王　昕	334790	东南大学	核科学与技术	18	2023T160106
96	郑丽颖	304692	敦煌研究院	历史学	15	2023T160107

续表

序号	姓名	博士后编号	设站单位名称	一级学科	资助金额/万元	资助编号
97	郑慧敏	309553	佛山市第一人民医院（中山大学附属佛山医院）	临床医学	18	2023T160108
98	杨志伟	287199	复旦大学	数学	18	2023T160109
99	熊科诏	299156	复旦大学	物理学	18	2023T160110
100	王　涛	286387	复旦大学	大气科学	18	2023T160111
101	康惠嘉	293543	复旦大学	生物学	18	2023T160112
102	李　超	282927	复旦大学	生物学	18	2023T160113
103	李雪晶	301338	复旦大学	生物学	18	2023T160114
104	郑诗璐	297612	复旦大学	生物学	18	2023T160115
105	钟正伟	317797	复旦大学	生物学	18	2023T160116
106	闫宇华	286583	复旦大学	生物学	18	2023T160117
107	卢　博	286056	复旦大学	化学	18	2023T160118
108	杨树章	301807	复旦大学	电子科学与技术	18	2023T160119
109	陈臻瑶	301252	复旦大学	临床医学	18	2023T160120
110	贾代乐	275612	复旦大学	临床医学	18	2023T160121
111	李　坤	277421	复旦大学	临床医学	18	2023T160122
112	周晨浩	275635	复旦大学	临床医学	18	2023T160123
113	朱华贺	289277	复旦大学	中西医结合	18	2023T160124
114	陈钦俊	322609	复旦大学	药学	18	2023T160125
115	刘桂强	295466	复旦大学	法学	15	2023T160126
116	王　琦	299591	复旦大学	中国语言文学	15	2023T160127
117	王余辉	260082	复旦大学	历史学	15	2023T160128
118	程　鑫	295259	公安部交通管理科学研究所	交通运输工程	18	2023T160129
119	王中江	325079	谷神生物科技集团公司	食品科学与工程	18	2023T160130
120	肖迎波	319615	广东工业大学	材料科学与工程	18	2023T160131
121	刘　飞	320810	广东宏大控股集团股份有限公司	矿业工程	18	2023T160132
122	陈丽倩	295412	广东省心血管病研究所	生物学	18	2023T160133
123	谢辰仪	314551	广东省心血管病研究所	临床医学	18	2023T160134
124	赵亚敏	285857	广东省心血管病研究所	临床医学	18	2023T160135
125	徐有翠	308676	广东省心血管病研究所	生物医学工程	18	2023T160136
126	唐　蜜	310970	广明源光科技股份有限公司	材料科学与工程	18	2023T160137
127	李　聪	273172	广西大学	土木工程	18	2023T160138
128	郭文娟	300370	广州大学	数学	18	2023T160139

续表

序号	姓名	博士后编号	设站单位名称	一级学科	资助金额/万元	资助编号
129	王晓云	326904	广州大学	生物学	18	2023T160140
130	乔　成	292395	广州大学	计算机科学与技术	18	2023T160141
131	杨植全	300459	广州大学	作物学	18	2023T160142
132	关　涛	298340	广州大学	艺术学	15	2023T160143
133	章嘉伟	309203	广州南沙资讯科技园有限公司	物理学	18	2023T160144
134	夏　欣	336203	广州南沙资讯科技园有限公司	材料科学与工程	18	2023T160145
135	李望忠	323539	广州医科大学	临床医学	18	2023T160146
136	张文龙	288983	广州医科大学	临床医学	18	2023T160147
137	王　静	314587	广州医科大学	临床医学	18	2023T160148
138	陈羽娜	297771	广州中医药大学	中西医结合	18	2023T160149
139	沈　聪	312557	广州中医药大学	基础医学	18	2023T160150
140	赵　星	286864	国家纳米科学中心	化学	18	2023T160151
141	王晓东	327005	哈尔滨玻璃钢研究院	材料科学与工程	18	2023T160152
142	于　杨	291353	哈尔滨理工大学	电气工程	18	2023T160171
143	高　越	265133	哈尔滨医科大学	临床医学	18	2023T160172
144	李佳敏	210201	哈尔滨医科大学	临床医学	18	2023T160173
145	张欣欣	265155	哈尔滨医科大学	临床医学	18	2023T160174
146	张雅静	265144	哈尔滨医科大学	临床医学	18	2023T160175
147	刘　鑫	210266	哈尔滨医科大学	药学	18	2023T160176
148	丁　娜	265158	哈尔滨医科大学	生物医学工程	18	2023T160177
149	李运东	298458	海南大学	水产	18	2023T160178
150	李良英	330633	杭州制氧机集团股份有限公司	化学工程与技术	18	2023T160179
151	文　杰	287620	河北工业大学	机械工程	18	2023T160180
152	李　浩	280974	河北工业大学	化学工程与技术	18	2023T160181
153	徐素娟	330153	河北医科大学	临床医学	18	2023T160182
154	杭　磊	296362	河海大学	土木工程	18	2023T160183
155	张　瑨	304761	河海大学	土木工程	18	2023T160184
156	江润仁	304441	河海大学	环境科学与工程	18	2023T160185
157	郑明理	302334	河南大学	物理学	18	2023T160186
158	胡述聚	266837	河南大学	地理学	18	2023T160187
159	化五星	303219	河南大学	化学	18	2023T160188
160	王　超	314878	河南大学	力学	18	2023T160189
161	马　静	274505	河南大学	药学	18	2023T160190

续表

序号	姓名	博士后编号	设站单位名称	一级学科	资助金额/万元	资助编号
162	冀旺盛	322537	河南大学	基础医学	18	2023T160191
163	张　曦	271504	河南大学	民族学	15	2023T160192
164	张亚奇	264152	河南工业大学	材料科学与工程	18	2023T160193
165	洪紫杰	329284	河南理工大学	矿业工程	18	2023T160194
166	王亚玲	326721	河南农业大学	农业工程	18	2023T160195
167	杜长青	307373	河南农业大学	作物学	18	2023T160196
168	何曼曼	294763	河南农业大学	兽医学	18	2023T160197
169	黄淑成	251838	河南农业大学	兽医学	18	2023T160198
170	王　立	332634	河南农业大学	植物保护	18	2023T160199
171	段淑倩	281714	河南省城乡规划设计研究总院有限公司	土木工程	18	2023T160200
172	张宸铭	312476	河南中医药大学第一附属医院	中医学	18	2023T160201
173	王　鑫	321374	黑龙江大学	控制科学与工程	18	2023T160202
174	吴　边	310150	湖北省农业科学院	作物学	18	2023T160203
175	杨　辉	302393	湖南大学	物理学	18	2023T160204
176	高　磊	316517	湖南大学	材料科学与工程	18	2023T160205
177	刘　刚	286389	湖南大学	计算机科学与技术	18	2023T160206
178	郭　祺	245559	湖南大学	电气工程	18	2023T160207
179	段普宏	300838	湖南大学	信息与通信工程	18	2023T160208
180	庞　通	301496	湖南大学	机械工程	18	2023T160209
181	刘　昱	297044	湖南华菱涟源钢铁有限公司	冶金工程	18	2023T160210
182	朱罗敬	249033	湖南省教育科学研究院	体育学	15	2023T160211
183	辛睿龙	269272	湖南师范大学	中国语言文学	15	2023T160212
184	季　柯	329640	华北电力大学	电气工程	18	2023T160213
185	宋立忠	315447	华东交通大学	交通运输工程	18	2023T160214
186	伍贤青	284827	华东理工大学	化学	18	2023T160215
187	陈　莹	288208	华东理工大学	动力工程及工程热物理	18	2023T160216
188	戴鹏飞	277223	华东理工大学	应用经济学	15	2023T160217
189	王　雪	252993	华东师范大学	测绘科学与技术	18	2023T160218
190	朱春燕	309962	华东师范大学	水利工程	18	2023T160219
191	崔欣欣	280099	华东师范大学	中国语言文学	15	2023T160220
192	刘　骏	218701	华东政法大学	法学	15	2023T160221
193	戴明洁	302118	华南理工大学	地理学	18	2023T160222

续表

序号	姓名	博士后编号	设站单位名称	一级学科	资助金额/万元	资助编号
194	向志朋	264349	华南理工大学	化学	18	2023T160223
195	徐静文	307651	华南理工大学	材料科学与工程	18	2023T160224
196	金　鹏	303439	华南理工大学	船舶与海洋工程	18	2023T160225
197	陈佳洲	278978	华南理工大学	计算机科学与技术	18	2023T160226
198	马如宇	286454	华南理工大学	电子科学与技术	18	2023T160227
199	王枫亮	289563	华南理工大学	化学工程与技术	18	2023T160228
200	朱师云	300949	华南理工大学	轻工技术与工程	18	2023T160229
201	钱洁颖	297763	华南理工大学	生物医学工程	18	2023T160230
202	胡　甜	320178	华南农业大学	农业资源利用	18	2023T160231
203	黄　钊	320723	华南农业大学	兽医学	18	2023T160232
204	吕庆先	316211	华南师范大学	物理学	18	2023T160233
205	陈　楠	308622	华南师范大学	生物学	18	2023T160234
206	张　雷	292573	华南师范大学	化学	18	2023T160235
207	臧　应	304794	华南师范大学	化学	18	2023T160236
208	王保举	277228	华南师范大学	光学工程	18	2023T160237
209	刘虹男	260964	华南师范大学	历史学	15	2023T160238
210	付　雨	292711	华中科技大学	化学	18	2023T160239
211	欧阳迪	225928	华中科技大学	材料科学与工程	18	2023T160240
212	杨　群	306029	华中科技大学	材料科学与工程	18	2023T160241
213	巫皓迪	289696	华中科技大学	光学工程	18	2023T160242
214	罗　成	289411	华中科技大学	电气工程	18	2023T160243
215	鲁帅成	289692	华中科技大学	电子科学与技术	18	2023T160244
216	董　璐	282897	华中科技大学	动力工程及工程热物理	18	2023T160245
217	汪一苇	282715	华中科技大学	机械工程	18	2023T160246
218	程　凯	294394	华中科技大学	生物医学工程	18	2023T160247
219	李阳琳	286524	华中科技大学	应用经济学	15	2023T160248
220	唐宇翔	241155	华中科技大学同济医学院附属协和医院	生物学	18	2023T160249
221	王文韬	308021	华中农业大学	生物学	18	2023T160250
222	马益赞	316567	华中农业大学	作物学	18	2023T160251
223	张家豪	325555	华中农业大学	兽医学	18	2023T160252
224	卢利森	328694	华中农业大学	临床医学	18	2023T160253
225	王　聪	264322	华中师范大学	地理学	18	2023T160254

续表

序号	姓名	博士后编号	设站单位名称	一级学科	资助金额/万元	资助编号
226	张明辉	289415	华中师范大学	公共管理	15	2023T160255
227	沈筱譞	260443	华中师范大学	教育学	15	2023T160256
228	尚宇琛	322743	吉林大学	物理学	18	2023T160257
229	程钰翔	307113	吉林大学	地质资源与地质工程	18	2023T160258
230	韩浩博	258100	吉林大学	生物学	18	2023T160259
231	王晓雪	322746	吉林大学	化学	18	2023T160260
232	杨亚杰	308659	吉林大学	材料科学与工程	18	2023T160261
233	孙　庚	276473	吉林大学	计算机科学与技术	18	2023T160262
234	李红霞	269462	吉林大学	电子科学与技术	18	2023T160263
235	凌　壮	290799	吉林大学	信息与通信工程	18	2023T160264
236	杨明锡	258107	吉林大学	临床医学	18	2023T160265
237	牛　超	276551	吉林大学	基础医学	18	2023T160266
238	王明亮	307332	吉林大学	农林经济管理	15	2023T160267
239	赵晓昱	311910	济南圣泉集团股份有限公司	化学工程与技术	18	2023T160268
240	罗　东	290309	暨南大学	化学	18	2023T160269
241	张文华	279687	暨南大学	力学	18	2023T160270
242	熊　枭	320412	暨南大学	临床医学	18	2023T160271
243	杨　庆	274597	暨南大学	艺术学	15	2023T160272
244	高　锐	308236	江南大学	化学	18	2023T160273
245	张龙生	276060	江南大学	材料科学与工程	18	2023T160274
246	蔡赛华	274366	江苏大学	计算机科学与技术	18	2023T160275
247	李　彬	299523	江苏大学	动力工程及工程热物理	18	2023T160276
248	刘　洋	294379	江苏大学	机械工程	18	2023T160277
249	赵　梅	281828	江苏大学	食品科学与工程	18	2023T160278
250	黄万旭	293273	江苏康缘药业股份有限公司	药学	18	2023T160279
251	杨　超	301601	江苏省人民医院	生物学	18	2023T160280
252	张媛媛	265815	江苏省人民医院	临床医学	18	2023T160281
253	柴纬明	276824	江西省有机功能分子重点实验室	食品科学与工程	18	2023T160282
254	韩龙强	286947	昆明理工大学	矿业工程	18	2023T160283
255	李福厚	285822	兰州大学	畜牧学	18	2023T160284
256	苏小宁	266699	兰州交通大学	测绘科学与技术	18	2023T160285
257	杨晓宇	328677	利亚德光电股份有限公司	电子科学与技术	18	2023T160286
258	方非非	315726	临港实验室	药学	18	2023T160287

续表

序号	姓名	博士后编号	设站单位名称	一级学科	资助金额/万元	资助编号
259	钟志宏	278727	南昌大学	地球物理学	18	2023T160288
260	钱　军	277629	南昌大学	水产	18	2023T160289
261	黄　鑫	319581	南方科技大学	数学	18	2023T160290
262	杨君龙	295750	南方科技大学	地质学	18	2023T160291
263	冯伟镜	313257	南方医科大学	临床医学	18	2023T160292
264	宫　妍	294725	南方医科大学	临床医学	18	2023T160293
265	李　莉	278418	南方医科大学	临床医学	18	2023T160294
266	梁博萱	320177	南方医科大学	公共卫生与预防医学	18	2023T160295
267	檀　健	276753	南京大学	数学	18	2023T160296
268	陈　超	275009	南京大学	物理学	18	2023T160297
269	田　源	323302	南京大学	物理学	18	2023T160298
270	文钟灵	279563	南京大学	生物学	18	2023T160299
271	贾文东	318013	南京大学	化学	18	2023T160300
272	张令娥	306889	南京大学	材料科学与工程	18	2023T160301
273	鲁钰雯	295173	南京大学	建筑学	18	2023T160302
274	项晓仪	327895	南京大学	光学工程	18	2023T160303
275	吕阳阳	282528	南京大学	电子科学与技术	18	2023T160304
276	刘双鹤	300862	南京大学	药学	18	2023T160305
277	张海峰	301173	南京大学	应用经济学	15	2023T160306
278	王　新	297214	南京大学医学院附属鼓楼医院	临床医学	18	2023T160307
279	张　婧	326136	南京工业大学	土木工程	18	2023T160308
280	李　霄	256495	南京农业大学	作物学	18	2023T160322
281	项　阳	288145	南京农业大学	作物学	18	2023T160323
282	李龙龙	256687	南京农业大学	兽医学	18	2023T160324
283	孙晶晶	288051	南京农业大学	林学	18	2023T160325
284	许天颖	314715	南京农业大学	科学技术史	18	2023T160326
285	崔　研	315083	南京信息工程大学	管理科学与工程	15	2023T160327
286	孙乐家	303969	南京医科大学	临床医学	18	2023T160328
287	胡颖超	288908	南京医科大学	基础医学	18	2023T160329
288	高贝贝	294649	南京医科大学	公共卫生与预防医学	18	2023T160330
289	郑朋飞	284049	南京医科大学附属儿童医院	临床医学	18	2023T160331
290	汪　金	303899	南京邮电大学	电子科学与技术	18	2023T160332
291	李占杰	305365	南京邮电大学	控制科学与工程	18	2023T160333

续表

序号	姓名	博士后编号	设站单位名称	一级学科	资助金额/万元	资助编号
292	张中才	283395	南开大学	系统科学	18	2023T160334
293	贾　岩	276641	南开大学	计算机科学与技术	18	2023T160335
294	孙　林	241485	南开大学	电子科学与技术	18	2023T160336
295	杨高靖	293341	南开大学	化学工程与技术	18	2023T160337
296	欧阳少虎	256648	南开大学	环境科学与工程	18	2023T160338
297	刘文娟	317016	南开大学	中药学	18	2023T160339
298	方森辉	288246	南开大学	理论经济学	15	2023T160340
299	冯　凯	288337	南开大学	理论经济学	15	2023T160341
300	张远鹏	243221	南通大学	计算机科学与技术	18	2023T160342
301	芦晨阳	326224	宁波化学工业区	食品科学与工程	18	2023T160343
302	周　楠	294855	鹏城实验室	控制科学与工程	18	2023T160344
303	陈　翔	301990	奇瑞汽车股份有限公司	机械工程	18	2023T160345
304	赵　毅	333413	青岛大学	生物学	18	2023T160346
305	沈兆存	285071	青岛大学	化学	18	2023T160347
306	王立杰	271390	青岛大学	控制科学与工程	18	2023T160348
307	赵建伟	236611	青岛理工大学	环境科学与工程	18	2023T160349
308	赵　伟	317606	清华大学	数学	18	2023T160350
309	程丽丽	275458	清华大学	生物学	18	2023T160351
310	杜振海	226910	清华大学	生物学	18	2023T160352
311	李宗强	319223	清华大学	生物学	18	2023T160353
312	马丙婷	327696	清华大学	生物学	18	2023T160354
313	欧宇辉	319281	清华大学	生物学	18	2023T160355
314	沈炜敏	264819	清华大学	生物学	18	2023T160356
315	胡　枫	319221	清华大学	化学	18	2023T160357
316	张洪涛	306635	清华大学	化学	18	2023T160358
317	罗伟嘉	268484	清华大学	材料科学与工程	18	2023T160359
318	汪小培	305911	清华大学	材料科学与工程	18	2023T160360
319	唐　浩	301319	清华大学	建筑学	18	2023T160361
320	海乐天	264945	清华大学	土木工程	18	2023T160362
321	韩　瑞	318802	清华大学	信息与通信工程	18	2023T160363
322	徐勇庆	317366	清华大学	动力工程及工程热物理	18	2023T160364
323	乔　畅	318667	清华大学	控制科学与工程	18	2023T160365
324	张元龙	329560	清华大学	控制科学与工程	18	2023T160366

续表

序号	姓名	博士后编号	设站单位名称	一级学科	资助金额/万元	资助编号
325	文广为	282087	清华大学	航空宇航科学与技术	18	2023T160367
326	解增辉	286714	清华大学	机械工程	18	2023T160368
327	张胜波	257387	清华大学	化学工程与技术	18	2023T160369
328	刘丽萍	298950	清华大学	环境科学与工程	18	2023T160370
329	解学才	287867	清华大学	矿业工程	18	2023T160371
330	何梦崎	306639	清华大学	药学	18	2023T160372
331	李昊然	296079	清华大学	应用经济学	15	2023T160373
332	唐岩岩	286777	清华大学	应用经济学	15	2023T160374
333	李振东	282125	清华大学	工商管理	15	2023T160375
334	周怀康	312541	清华大学	工商管理	15	2023T160376
335	刘　菲	268391	清华大学	农林经济管理	15	2023T160377
336	吴娟娟	312834	清华大学	外国语言文学	15	2023T160378
337	苗争鸣	307490	清华大学	政治学	15	2023T160379
338	王玉漫	304801	散裂中子源科学中心	核科学与技术	18	2023T160380
339	李婷婷	252682	厦门大学	生物学	18	2023T160381
340	陈佐长	300038	厦门大学	化学	18	2023T160382
341	张　阳	288943	厦门大学	临床医学	18	2023T160383
342	巫洋涛	304201	厦门大学	基础医学	18	2023T160384
343	钟　泽	310059	山东大学	天文学	18	2023T160385
344	郑文韬	285481	山东大学	生物学	18	2023T160386
345	程冠桦	302977	山东大学	化学	18	2023T160387
346	李长龙	318488	山东大学	控制科学与工程	18	2023T160388
347	孙　杨	322796	山东大学	基础医学	18	2023T160389
348	孙亚杰	289137	山东大学	哲学	15	2023T160390
349	泮　玲	298184	山东大学齐鲁医院	临床医学	18	2023T160391
350	张西龙	260152	山东黄金金创集团有限公司	矿业工程	18	2023T160392
351	李发兰	304723	山东理工大学	食品科学与工程	18	2023T160393
352	孟祥喜	326815	山东能源集团有限公司	矿业工程	18	2023T160394
353	解加卓	294570	山东农大肥业科技有限公司	农业资源利用	18	2023T160395
354	张车荣	271540	山东师范大学	物理学	18	2023T160396
355	王康程	239735	山东师范大学	心理学	18	2023T160397
356	韩　聪	289326	山东中医药大学	中医学	18	2023T160398
357	卞艺斐	298212	山东中医药大学	中西医结合	18	2023T160399

续表

序号	姓名	博士后编号	设站单位名称	一级学科	资助金额/万元	资助编号
358	张　洋	288784	山东中医药大学	中药学	18	2023T160400
359	李文涛	280995	山西大学	计算机科学与技术	18	2023T160401
360	王敬前	286536	陕西科技大学	计算机科学与技术	18	2023T160402
361	高　杨	309820	陕西师范大学	地理学	18	2023T160403
362	张　静	261611	陕西师范大学	材料科学与工程	18	2023T160404
363	路亚龙	312731	陕西师范大学	食品科学与工程	18	2023T160405
364	郭华章	269046	上海大学	环境科学与工程	18	2023T160406
365	武文合	303037	上海大学	冶金工程	18	2023T160407
366	范　波	335216	上海交通大学	物理学	18	2023T160409
367	陈啊明	327331	上海交通大学	天文学	18	2023T160410
368	董卉子	323704	上海交通大学	海洋科学	18	2023T160411
369	胡登文	308344	上海交通大学	材料科学与工程	18	2023T160412
370	王铠丰	285676	上海交通大学	材料科学与工程	18	2023T160413
371	李　清	277986	上海交通大学	船舶与海洋工程	18	2023T160414
372	李弘扬	310147	上海交通大学	计算机科学与技术	18	2023T160415
373	周　超	263636	上海交通大学	电子科学与技术	18	2023T160416
374	于　洋	298510	上海交通大学	机械工程	18	2023T160417
375	赵林川	311372	上海交通大学	机械工程	18	2023T160418
376	石彦彪	290956	上海交通大学	环境科学与工程	18	2023T160419
377	唐海荣	286424	上海交通大学	药学	18	2023T160420
378	徐俪珑	304222	上海交通大学	外国语言文学	15	2023T160421
379	蔡　韧	323362	上海交通大学医学院	临床医学	18	2023T160422
380	贾若冰	323348	上海交通大学医学院	临床医学	18	2023T160423
381	李亚民	310550	上海交通大学医学院	临床医学	18	2023T160424
382	王艺娜	290074	上海交通大学医学院	临床医学	18	2023T160425
383	张倩月	323346	上海交通大学医学院	临床医学	18	2023T160426
384	郭河洲	241649	上海交通大学医学院	基础医学	18	2023T160427
385	王艺芳	302902	上海师范大学	教育学	15	2023T160428
386	贡玉凤	298795	上海市环境科学研究院	环境科学与工程	18	2023T160429
387	张偲严	300885	上海市建筑科学研究院（集团）有限公司	土木工程	18	2023T160430
388	朱宇博	275390	上海外国语大学	外国语言文学	15	2023T160431
389	王亚蕾	298399	深圳大学	化学	18	2023T160432

续表

序号	姓名	博士后编号	设站单位名称	一级学科	资助金额/万元	资助编号
390	杨海宾	297797	深圳大学	土木工程	18	2023T160433
391	张　娟	296955	深圳大学	中药学	18	2023T160434
392	尹　鹏	326347	深圳大学高新技术	化学	18	2023T160435
393	王显腾	313470	深圳市第二人民医院	临床医学	18	2023T160436
394	曾健智	314902	深圳湾实验室	生物学	18	2023T160437
395	兰国钰	303730	深圳湾实验室	临床医学	18	2023T160438
396	柳　琳	318722	深圳湾实验室	临床医学	18	2023T160439
397	杨　晨	299307	首都师范大学	艺术学	15	2023T160440
398	刘夏欣	298323	首都师范大学	历史学	15	2023T160441
399	臧学磊	323261	首都医科大学	临床医学	18	2023T160442
400	李怡俊	220121	四川大学	材料科学与工程	18	2023T160443
401	刘芝孟	298711	四川大学	材料科学与工程	18	2023T160444
402	冯　田	279231	四川大学	建筑学	18	2023T160445
403	陈思良	334137	四川大学	临床医学	18	2023T160446
404	姜　帅	304476	四川大学	临床医学	18	2023T160447
405	蒋涵羽	302670	四川大学	临床医学	18	2023T160448
406	孔德沛	281482	四川大学	临床医学	18	2023T160449
407	李志丹	303142	四川大学	临床医学	18	2023T160450
408	李轲宇	281284	四川大学	临床医学	18	2023T160451
409	吕梦媛	335118	四川大学	临床医学	18	2023T160452
410	钟　兵	299137	四川大学	临床医学	18	2023T160453
411	左元礼	280431	四川大学	临床医学	18	2023T160454
412	石思容	264791	四川大学	口腔医学	18	2023T160455
413	谢旭东	264802	四川大学	口腔医学	18	2023T160456
414	曹　欢	312970	四川大学	生物医学工程	18	2023T160457
415	杨静云	311440	四川大学	基础医学	18	2023T160458
416	缑迅杰	252580	四川大学	管理科学与工程	15	2023T160459
417	赵禹平	299918	四川大学	艺术学	15	2023T160460
418	郎一飞	298310	四川农业大学	兽医学	18	2023T160461
419	陈仲佳	301170	松山湖材料实验室	物理学	18	2023T160462
420	胡永攀	286344	苏州大学	材料科学与工程	18	2023T160463
421	孙海振	302594	苏州大学	机械工程	18	2023T160464
422	陈　斌	246438	苏州大学	核科学与技术	18	2023T160465

续表

序号	姓名	博士后编号	设站单位名称	一级学科	资助金额/万元	资助编号
423	郭宾宾	318263	苏州大学	临床医学	18	2023T160466
424	王　莉	292026	苏州大学	生物医学工程	18	2023T160467
425	张建晓	268018	苏州大学	马克思主义理论	15	2023T160468
426	丁长增	319751	苏州工业园区人力资源开发有限公司	化学	18	2023T160469
427	杨红超	319759	苏州工业园区人力资源开发有限公司	化学	18	2023T160470
428	张　勇	293848	苏州工业园区人力资源开发有限公司	材料科学与工程	18	2023T160471
429	王秀君	325098	苏州工业园区人力资源开发有限公司	电子科学与技术	18	2023T160472
430	肖　淼	305975	苏州依科曼生物农业科技有限公司	生物医学工程	18	2023T160473
431	刘文文	280684	太原理工天成科技股份有限公司	机械工程	18	2023T160474
432	王　冉	286474	天津大学	土木工程	18	2023T160475
433	史慎东	296661	天津大学	仪器科学与技术	18	2023T160476
434	雷　鸣	262999	天津大学	电气工程	18	2023T160477
435	任燕雄	289015	天津大学	化学工程与技术	18	2023T160478
436	康　勇	335189	天津大学	生物医学工程	18	2023T160479
437	张　騫	287281	天津大学	政治学	15	2023T160480
438	宁俊雅	296049	天津市人民医院	临床医学	18	2023T160481
439	吕慧珍	290756	天津医科大学	基础医学	18	2023T160482
440	杜英杰	317990	天津益倍生物科技集团有限公司	化学工程与技术	18	2023T160483
441	顾智炜	308600	同济大学	地球物理学	18	2023T160484
442	段　斌	318508	同济大学	生物学	18	2023T160485
443	许璐璐	316831	同济大学	生物学	18	2023T160486
444	赵　聪	272312	同济大学	交通运输工程	18	2023T160487
445	冯凯旋	288226	同济大学	航空宇航科学与技术	18	2023T160488
446	贺晓烈	267293	同济大学	临床医学	18	2023T160489
447	周邦国	306369	同济大学	临床医学	18	2023T160490
448	姜　凯	317387	同济大学	基础医学	18	2023T160491
449	潘盼盼	317934	威海长青海洋科技股份有限公司	海洋科学	18	2023T160492
450	方　星	284688	无锡气动技术研究所有限公司	控制科学与工程	18	2023T160493
451	张雪成	291191	武汉大学	生物学	18	2023T160494
452	李启杰	296238	武汉大学	水利工程	18	2023T160495
453	刘　炎	309806	武汉大学	电子科学与技术	18	2023T160496
454	陈云萍	227300	武汉大学	作物学	18	2023T160497
455	王　颖	282202	武汉大学	法学	15	2023T160498

续表

序号	姓名	博士后编号	设站单位名称	一级学科	资助金额/万元	资助编号
456	宋士杰	325475	武汉大学	图书情报与档案管理	15	2023T160499
457	张　亮	290050	武汉体育学院	体育学	15	2023T160500
458	谢　晋	277861	西安电子科技大学	计算机科学与技术	18	2023T160501
459	董文倩	286503	西安电子科技大学	信息与通信工程	18	2023T160502
460	胡卜亮	259414	西安建筑科技大学	冶金工程	18	2023T160503
461	宋鹏飞	263286	西安交通大学	数学	18	2023T160504
462	曹　瑜	295240	西安交通大学	物理学	18	2023T160505
463	李亚雯	302840	西安交通大学	化学	18	2023T160506
464	方敏侠	251488	西安交通大学	材料科学与工程	18	2023T160507
465	韩　斐	253400	西安交通大学	材料科学与工程	18	2023T160508
466	刘　鑫	302833	西安交通大学	材料科学与工程	18	2023T160509
467	杨　阳	264137	西安交通大学	材料科学与工程	18	2023T160510
468	丁　菡	273946	西安交通大学	计算机科学与技术	18	2023T160511
469	李　前	310014	西安交通大学	计算机科学与技术	18	2023T160512
470	蔡　骁	263714	西安交通大学	动力工程及工程热物理	18	2023T160513
471	王　睿	290502	西安交通大学	动力工程及工程热物理	18	2023T160514
472	覃华松	271167	西安交通大学	力学	18	2023T160515
473	建艳飞	313583	西安交通大学	环境科学与工程	18	2023T160516
474	姚　石	289637	西安交通大学	临床医学	18	2023T160517
475	佘　刚	255351	西安交通大学	基础医学	18	2023T160518
476	鄢哲明	252727	西安交通大学	理论经济学	15	2023T160519
477	尹兴强	293278	西安交通大学	工商管理	15	2023T160520
478	范　璐	309194	西安交通大学	外国语言文学	15	2023T160521
479	牛耀红	212026	西安交通大学	新闻传播学	15	2023T160522
480	王　楷	251245	西安交通大学	管理科学与工程	15	2023T160523
481	李晓光	265281	西安交通大学	社会学	15	2023T160524
482	刘　璠	291577	西北大学	地质学	18	2023T160525
483	刘　琼	298425	西北大学	基础医学	18	2023T160526
484	张　旺	295345	西北大学	应用经济学	15	2023T160527
485	刘建欣	246015	西北大学	中国语言文学	15	2023T160528
486	谌　霞	213055	西北农林科技大学	水利工程	18	2023T160532
487	兰　莹	257946	西北农林科技大学	食品科学与工程	18	2023T160533
488	杜娅丹	309196	西北农林科技大学	农业工程	18	2023T160534

续表

序号	姓名	博士后编号	设站单位名称	一级学科	资助金额/万元	资助编号
489	张　辉	327870	西北农林科技大学	畜牧学	18	2023T160535
490	祝令成	317252	西北农林科技大学	园艺学	18	2023T160536
491	李树龙	336152	西部超导材料科技股份有限公司	物理学	18	2023T160537
492	司　伟	283118	西藏天路股份有限公司	交通运输工程	18	2023T160538
493	巩阅瑄	314944	西南财经大学	公共管理	15	2023T160539
494	田斌年	280550	西南大学	植物保护	18	2023T160540
495	王晓杰	289465	西南大学	教育学	15	2023T160541
496	李　彧	288914	西南大学	心理学	15	2023T160542
497	张　川	292717	西南交通大学	土木工程	18	2023T160543
498	曾东方	257513	西南交通大学	交通运输工程	18	2023T160544
499	韩　莹	281870	西南交通大学	电气工程	18	2023T160545
500	叶运广	311301	西南交通大学	机械工程	18	2023T160546
501	熊尚超	309603	西南交通大学	环境科学与工程	18	2023T160547
502	蒋　波	288496	西宁特殊钢股份有限公司	冶金工程	18	2023T160548
503	班　友	265478	新疆大学	机械工程	18	2023T160549
504	范宝伟	308041	亚普汽车部件股份有限公司	动力工程及工程热物理	18	2023T160550
505	贾　鹏	290760	燕山大学	化学工程与技术	18	2023T160551
506	张　超	233457	扬州大学	农业工程	18	2023T160552
507	陈　昊	314969	扬州大学	临床医学	18	2023T160553
508	吴封盛	318121	云南大学	数学	18	2023T160554
509	吴　浩	308290	云南磷化集团有限公司	矿业工程	18	2023T160555
510	吕　慧	290098	张江实验室	化学	18	2023T160556
511	田　镇	283210	长安大学	测绘科学与技术	18	2023T160557
512	赵　艳	254453	长安大学	地质资源与地质工程	18	2023T160558
513	魏　慧	265596	长安大学	土木工程	18	2023T160559
514	李　林	278271	长安大学	交通运输工程	18	2023T160560
515	史金召	238036	长安大学	工商管理	15	2023T160561
516	方伊曼	312250	浙江大学	地质学	18	2023T160562
517	范月丹	289180	浙江大学	生物学	18	2023T160563
518	王　晔	300720	浙江大学	生物学	18	2023T160564
519	魏杰丽	277872	浙江大学	生物学	18	2023T160565
520	郑冰珠	321544	浙江大学	材料科学与工程	18	2023T160566
521	申江荣	313321	浙江大学	计算机科学与技术	18	2023T160567

续表

序号	姓名	博士后编号	设站单位名称	一级学科	资助金额/万元	资助编号
522	李　智	288832	浙江大学	动力工程及工程热物理	18	2023T160568
523	王孟志	296357	浙江大学	控制科学与工程	18	2023T160569
524	朱琦歆	327052	浙江大学	机械工程	18	2023T160570
525	程　豪	317743	浙江大学	化学工程与技术	18	2023T160571
526	丁淑婷	318601	浙江大学	园艺学	18	2023T160572
527	陈佳妮	288829	浙江大学	植物保护	18	2023T160573
528	邵喆孋	324020	浙江大学	临床医学	18	2023T160574
529	田　辰	271838	浙江大学	临床医学	18	2023T160575
530	章增杰	323927	浙江大学	临床医学	18	2023T160576
531	徐子叶	297428	浙江大学	基础医学	18	2023T160577
532	孙梦如	320874	浙江大学	新闻传播学	15	2023T160578
533	傅金娣	279626	浙江大学	管理科学与工程	15	2023T160579
534	陈　波	335838	浙江工业大学	机械工程	18	2023T160580
535	裘　烨	292584	浙江工业大学	机械工程	18	2023T160581
536	王文超	303465	浙江工业大学	药学	18	2023T160582
537	王新栋	312314	浙江清华柔性电子技术研究院	材料科学与工程	18	2023T160583
538	梁　晨	314198	浙江省人民医院	生物医学工程	18	2023T160584
539	钟　杰	273432	浙江师范大学	控制科学与工程	18	2023T160585
540	乐　天	326081	浙江西湖高等研究院（西湖大学）	物理学	18	2023T160586
541	曹　兴	322307	浙江西湖高等研究院（西湖大学）	化学	18	2023T160587
542	孙磊涛	281776	浙江中医药大学	中医学	18	2023T160588
543	李　猛	203442	郑州大学	数学	18	2023T160589
544	杨梦圆	307989	郑州大学	生物学	18	2023T160590
545	李　翔	246437	郑州大学	化学	18	2023T160591
546	杨得鑫	242939	郑州大学	化学	18	2023T160592
547	胡晓宗	261902	郑州大学	材料科学与工程	18	2023T160593
548	郭奥飞	292204	郑州大学	土木工程	18	2023T160594
549	李　赫	304363	郑州大学	水利工程	18	2023T160595
550	朱政宇	261999	郑州大学	信息与通信工程	18	2023T160596
551	李珺璞	264524	郑州大学	力学	18	2023T160597
552	张珂珂	304360	郑州大学	化学工程与技术	18	2023T160598
553	刘馨蔚	312129	郑州大学	临床医学	18	2023T160599
554	骆海洋	304382	郑州大学	临床医学	18	2023T160600

续表

序号	姓名	博士后编号	设站单位名称	一级学科	资助金额/万元	资助编号
555	孙囡囡	304344	郑州大学	药学	18	2023T160601
556	马　泉	318561	之江实验室	化学	18	2023T160602
557	杜　超	284849	中车株洲电力机车研究所有限公司	电气工程	18	2023T160603
558	戴隆海	334134	中恩（天津）医药科技有限公司	食品科学与工程	18	2023T160604
559	甘　叠	321693	中关村实验室	控制科学与工程	18	2023T160605
560	巢　鹏	308924	中国地质大学	海洋科学	18	2023T160606
561	靳　松	279424	中国地质大学	地质资源与地质工程	18	2023T160607
562	李　博	290358	中国地质大学	矿业工程	18	2023T160608
563	常钦鹏	288881	中国海洋大学	海洋科学	18	2023T160609
564	孙　剑	298485	中国海洋大学	地质资源与地质工程	18	2023T160610
565	万骁乐	211340	中国海洋大学	工商管理	15	2023T160611
566	章凯业	290483	中国海洋大学	法学	15	2023T160612
567	代建勋	311556	中国机械工业集团有限公司沈阳仪表科学研究院	电子科学与技术	18	2023T160613
568	白　冰	303296	中国科学技术大学	物理学	18	2023T160614
569	宛　振	326554	中国科学技术大学	天文学	18	2023T160615
570	蒋诗威	290625	中国科学技术大学	地质学	18	2023T160616
571	高飞跃	320194	中国科学技术大学	化学	18	2023T160617
572	古　健	308508	中国科学技术大学	化学	18	2023T160618
573	殷逸臣	328008	中国科学技术大学	化学	18	2023T160619
574	孔繁芳	287694	中国科学技术大学	化学	18	2023T160620
575	盛方猛	289058	中国科学技术大学	化学工程与技术	18	2023T160621
576	郭璞璨	309136	中国科学技术大学	环境科学与工程	18	2023T160622
577	沈智强	325018	中国科学技术大学	临床医学	18	2023T160623
578	杨宗澄	311831	中国科学技术大学	口腔医学	18	2023T160624
579	周　岩	284448	中国科学院半导体研究所	物理学	18	2023T160625
580	赵石磊	322865	中国科学院北京基因组研究所（国家生物信息中心）	生物学	18	2023T160626
581	谢馨瑶	295301	中国科学院成都山地灾害与环境研究所	地理学	18	2023T160627
582	包一丁	260384	中国科学院成都山地灾害与环境研究所	地质资源与地质工程	18	2023T160628
583	罗　磊	311548	中国科学院大连化学物理研究所	化学	18	2023T160629

续表

序号	姓名	博士后编号	设站单位名称	一级学科	资助金额/万元	资助编号
584	王玉奉	284567	中国科学院大连化学物理研究所	化学	18	2023T160630
585	江　洁	289533	中国科学院大气物理研究所	大气科学	18	2023T160631
586	王妍凤	292059	中国科学院大气物理研究所	大气科学	18	2023T160632
587	包　韬	213792	中国科学院大气物理研究所	环境科学与工程	18	2023T160633
588	王　杨	285097	中国科学院大学	材料科学与工程	18	2023T160634
589	郝　俊	289746	中国科学院大学	管理科学与工程	15	2023T160635
590	冯三三	304599	中国科学院地理科学与资源研究所	地理学	18	2023T160636
591	张星星	285759	中国科学院地理科学与资源研究所	地理学	18	2023T160637
592	袁　杰	267076	中国科学院地质与地球物理研究所	地质学	18	2023T160638
593	魏　佳	321920	中国科学院地质与地球物理研究所	地质资源与地质工程	18	2023T160639
594	杨雪辰	281542	中国科学院东北地理与农业生态研究所	地理学	18	2023T160640
595	张瀚林	332465	中国科学院动物研究所	生物学	18	2023T160641
596	唐诗婕	319071	中国科学院分子细胞科学卓越创新中心	生物学	18	2023T160642
597	高锦鹏	283942	中国科学院分子植物科学卓越创新中心	生物学	18	2023T160643
598	洪　松	294960	中国科学院分子植物科学卓越创新中心	植物保护	18	2023T160644
599	杨　雪	289249	中国科学院福建物质结构研究所	化学	18	2023T160645
600	朱增奎	303097	中国科学院福建物质结构研究所	化学	18	2023T160646
601	徐步青	290473	中国科学院广州地球化学研究所	地质学	18	2023T160647
602	宋谦石	289624	中国科学院广州能源研究所	化学工程与技术	18	2023T160648
603	谢文广	295819	中国科学院广州生物医药与健康研究院	生物学	18	2023T160649
604	沈子涵	285818	中国科学院过程工程研究所	材料科学与工程	18	2023T160650
605	张圣波	258949	中国科学院合肥物质科学研究院	化学	18	2023T160651
606	韩晓妮	319110	中国科学院化学研究所	化学	18	2023T160652
607	王　丹	317882	中国科学院基础医学与肿瘤研究所（筹）	化学	18	2023T160653
608	孙　健	276093	中国科学院金属研究所	材料科学与工程	18	2023T160654
609	陈洪葛	293115	中国科学院精密测量科学与技术创新研究院	数学	18	2023T160655

续表

序号	姓名	博士后编号	设站单位名称	一级学科	资助金额/万元	资助编号
610	王明华	300249	中国科学院空天信息创新研究院	地理学	18	2023T160656
611	范坤坤	288894	中国科学院南京土壤研究所	农业资源利用	18	2023T160657
612	王露悦	327170	中国科学院脑科学与智能技术卓越创新中心	生物学	18	2023T160658
613	周云桥	259877	中国科学院青藏高原研究所	地理学	18	2023T160659
614	杨世琪	321460	中国科学院上海硅酸盐研究所	材料科学与工程	18	2023T160660
615	陈　金	307516	中国科学院上海技术物理研究所	电子科学与技术	18	2023T160661
616	蔡洪敏	279881	中国科学院上海药物研究所	生物学	18	2023T160662
617	张贺峰	290868	中国科学院上海药物研究所	药学	18	2023T160663
618	潘　强	282281	中国科学院上海营养与健康研究所	生物学	18	2023T160664
619	谢培培	316488	中国科学院上海有机化学研究所	化学	18	2023T160665
620	韩传亮	307157	中国科学院深圳先进技术研究院	生物学	18	2023T160666
621	单永平	297167	中国科学院生态环境研究中心	环境科学与工程	18	2023T160667
622	赵　倩	262686	中国科学院生态环境研究中心	环境科学与工程	18	2023T160668
623	谢韵瑶	294583	中国科学院生物物理研究所	生物学	18	2023T160669
624	章　丽	313860	中国科学院数学与系统科学研究院	数学	18	2023T160670
625	孔维光	291211	中国科学院水生生物研究所	水产	18	2023T160671
626	刘健峰	322459	中国科学院天津工业生物技术研究所	环境科学与工程	18	2023T160672
627	彭蔚宇	328424	中国科学院微生物研究所	生物学	18	2023T160673
628	陈　静	293110	中国科学院武汉病毒研究所	生物学	18	2023T160674
629	顾雨豪	235361	中国科学院物理研究所	物理学	18	2023T160675
630	刘子儀	302802	中国科学院物理研究所	物理学	18	2023T160676
631	孙　朋	325797	中国科学院西双版纳热带植物园	中药学	18	2023T160677
632	张　婷	317580	中国科学院心理研究所	心理学	18	2023T160678
633	李广卯	306969	中国科学院新疆理化技术研究所	材料科学与工程	18	2023T160679
634	李　健	266207	中国科学院信息工程研究所	计算机科学与技术	18	2023T160680
635	江　珊	300192	中国科学院遗传与发育生物学研究所	生物学	18	2023T160681
636	杨冠青	288114	中国科学院长春应用化学研究所	材料科学与工程	18	2023T160682
637	孙沐毅	277481	中国科学院自动化研究所	控制科学与工程	18	2023T160683
638	陈令修	278561	中国矿业大学	物理学	18	2023T160684
639	赵　峰	246215	中国矿业大学	测绘科学与技术	18	2023T160685
640	余　坤	293369	中国矿业大学	地质资源与地质工程	18	2023T160686
641	宋贤芳	297078	中国矿业大学	计算机科学与技术	18	2023T160687

续表

序号	姓名	博士后编号	设站单位名称	一级学科	资助金额/万元	资助编号
642	王青祥	256497	中国矿业大学	矿业工程	18	2023T160688
643	尹　乾	240398	中国矿业大学	矿业工程	18	2023T160689
644	刘全龙	218150	中国矿业大学	公共管理	15	2023T160690
645	杜守航	296570	中国矿业大学（北京）	地理学	18	2023T160691
646	陈肖萌	321245	中国农业大学	土木工程	18	2023T160692
647	赵卿宇	320006	中国农业大学	食品科学与工程	18	2023T160693
648	冯欢欢	291366	中国农业大学	农业工程	18	2023T160694
649	邹民忠	291283	中国农业大学	农业工程	18	2023T160695
650	王　洋	308303	中国农业大学	农业资源利用	18	2023T160696
651	许瑞轩	299487	中国农业大学	畜牧学	18	2023T160697
652	聂　静	291361	中国农业大学	园艺学	18	2023T160698
653	马文强	299475	中国农业大学	基础医学	18	2023T160699
654	张　晶	325151	中国农业科学院	生物学	18	2023T160700
655	李志永	291560	中国农业科学院	作物学	18	2023T160701
656	熊　杰	289320	中国农业科学院	作物学	18	2023T160702
657	徐　奎	279942	中国农业科学院	畜牧学	18	2023T160703
658	蔡　旭	285807	中国农业科学院	园艺学	18	2023T160704
659	石琳琳	322679	中国农业科学院	植物保护	18	2023T160705
660	刘英楠	315909	中国农业科学院上海兽医研究所	兽医学	18	2023T160706
661	明　雷	289848	中国人民大学	应用经济学	15	2023T160707
662	陈　武	311893	中国人民大学	公共管理	15	2023T160708
663	赵申豪	260527	中国人民大学	法学	15	2023T160709
664	胡竞方	295614	中国人民大学	马克思主义理论	15	2023T160710
665	达吾力江·叶尔哈力克	291028	中国人民大学	历史学	15	2023T160711
666	袁华锡	297898	中国社会科学院	应用经济学	15	2023T160712
667	曾　敏	295839	中国社会科学院	应用经济学	15	2023T160713
668	吴　茜	330737	中国社会科学院	马克思主义理论	15	2023T160714
669	云　庆	335175	中国社会科学院	社会学	15	2023T160715
670	安素峰	307682	中国石化集团抚顺石油化工研究院	化学工程与技术	18	2023T160716
671	吕晓方	281080	中国石化西北分公司	石油与天然气工程	18	2023T160717
672	金国文	303830	中国石油大学（北京）	地质资源与地质工程	18	2023T160718
673	李曹雄	250108	中国石油大学（北京）	石油与天然气工程	18	2023T160719

续表

序号	姓名	博士后编号	设站单位名称	一级学科	资助金额/万元	资助编号
674	孙言春	244033	中国水产科学研究院黑龙江水产研究所	水产	18	2023T160720
675	魏玉秋	293402	中国水产科学研究院黄海水产研究所	海洋科学	18	2023T160721
676	皖　宁	317444	中国药科大学	药学	18	2023T160722
677	孟繁翔	291506	中国医科大学附属第一医院	基础医学	18	2023T160723
678	李咏泽	276039	中国医科大学附属第一医院	公共卫生与预防医学	18	2023T160724
679	赵　洁	289253	中国政法大学	政治学	15	2023T160725
680	崔文强	305908	中国中医科学院	中医学	18	2023T160726
681	刘　彤	325167	中国中医科学院	中西医结合	18	2023T160727
682	付　超	321331	中海油研究总院有限责任公司	地质资源与地质工程	18	2023T160728
683	孙文龙	318498	中华全国供销合作总社济南果品研究院	食品科学与工程	18	2023T160729
684	李益飞	309146	中化环境控股有限公司	环境科学与工程	18	2023T160730
685	许泳昊	293840	中南财经政法大学	应用经济学	15	2023T160731
686	张　亮	325365	中南财经政法大学	应用经济学	15	2023T160732
687	邹　伟	298593	中南财经政法大学	公共管理	15	2023T160733
688	黄　鹊	315260	中南大学	动力工程及工程热物理	18	2023T160734
689	廖婉茹	312918	中南大学	化学工程与技术	18	2023T160735
690	李广超	279922	中南大学	冶金工程	18	2023T160736
691	徐世红	305144	中南大学	矿业工程	18	2023T160737
692	罗　飞	331046	中南大学	临床医学	18	2023T160738
693	饶珊珊	332060	中南大学	临床医学	18	2023T160739
694	孙　星	312679	中南大学	基础医学	18	2023T160740
695	尚顺来	324165	中日友好医院	临床医学	18	2023T160741
696	陈祖政	310249	中山大学	地球物理学	18	2023T160742
697	杨　帅	291687	中山大学	生物学	18	2023T160743
698	陈　槐	326821	中山大学	化学	18	2023T160744
699	鲁玉麟	329685	中山大学	化学	18	2023T160745
700	闫　波	294166	中山大学	材料科学与工程	18	2023T160746
701	宋世明	323500	中山大学	环境科学与工程	18	2023T160747
702	梁宇静	324764	中山大学	临床医学	18	2023T160748
703	刘国英	294721	中山大学	临床医学	18	2023T160749
704	王子洋	290469	中山大学	临床医学	18	2023T160750

续表

序号	姓名	博士后编号	设站单位名称	一级学科	资助金额/万元	资助编号
705	肖　薇	290604	中山大学	临床医学	18	2023T160751
706	余小丹	280423	中山大学	临床医学	18	2023T160752
707	张　渝	298835	中山大学	临床医学	18	2023T160753
708	尚冯青	294227	中山大学	口腔医学	18	2023T160754
709	叶秋平	292427	中山大学	中医学	18	2023T160755
710	石中山	306194	中山大学	基础医学	18	2023T160756
711	田泽众	308760	中山大学	公共卫生与预防医学	18	2023T160757
712	樊宇澜	294871	中山大学	工商管理	15	2023T160758
713	黄友灏	268583	中山大学	历史学	15	2023T160759
714	谢裕伟	275931	中山大学	哲学	15	2023T160760
715	鲁　澧	297182	重庆大学	数学	18	2023T160761
716	谢　今	293601	重庆大学	信息与通信工程	18	2023T160762
717	彭宏刚	266076	重庆大学	管理科学与工程	15	2023T160763
718	王　丹	274204	重庆大学	管理科学与工程	15	2023T160764
719	周志浩	309503	重庆地质矿产研究院	仪器科学与技术	18	2023T160765
720	王成龙	311925	重庆市地质矿产勘查开发局	土木工程	18	2023T160766
721	赵　爽	319013	重庆市建筑科学研究院	土木工程	18	2023T160767
722	黎　斌	294969	重庆市渝东南农业科学院	农业工程	18	2023T160768
723	陈　智	291324	重庆市中医院（重庆市中医研究院）	中医学	18	2023T160769
724	任　放	289011	重庆市中医院（重庆市中医研究院）	中药学	18	2023T160770
725	陈　锐	304257	重庆医科大学	临床医学	18	2023T160771
726	黄　菊	323641	重庆医科大学	临床医学	18	2023T160772
727	武　靖	292313	重庆医科大学	临床医学	18	2023T160773
728	杨丽萍	323532	重庆医科大学	临床医学	18	2023T160774
729	吴廷伟	315144	重庆重邮信科通信技术有限公司	信息与通信工程	18	2023T160775
730	张　欢	315843	珠海市人民医院	生物医学工程	18	2023T160776
731	汤胜楠	318586	卓郎（常州）纺织机械有限公司	动力工程及工程热物理	18	2023T160777